제 2 판

Mathematics II Multivariable Calculus

수학 II 다변수 미분적분학

| 정문자 · 민만식 · 정형철 · 황상민 · 이 성 · 김경화 지음 |

한티미디어

저자 소개

정문자 Purdue University 수학과 이학박사
수원대학교 데이터과학부 Professor

민만식 고려대학교 통계학과 이학박사
수원대학교 데이터과학부 Adjunct Professor

정형철 고려대학교 통계학과 이학박사
수원대학교 데이터과학부 Professor

황상민 성균관대학교 수학과 이학박사 수료
수원대학교 데이터과학부 Adjunct Professor

이 성 고려대학교 수학과 이학박사
수원대학교 데이터과학부 Adjunct Professor

김경화 연세대학교 수학과 이학박사
수원대학교 데이터과학부 Adjunct Professor

수학 II

다변수 미분적분학

발행일 2023년 8월 10일 제2판 1쇄
지은이 정문자 · 민만식 · 정형철 · 황상민 · 이 성 · 김경화
펴낸이 김준호
펴낸곳 한티미디어 | **주 소** 서울시 마포구 동교로 23길 67 3층
등 록 제15-571호 2006년 5월 15일
전 화 02)332-7993~4 | **팩스** 02)332-7995
ISBN 978-89-6421-468-8
가 격 25,000원

마케팅 노호근 박재인 최상욱 김원국 김택성 | **관리** 김지영 문지희
편 집 김은수 유채원 | **본문** 김은수 | **표지** 유채원

이 책에 대한 의견이나 잘못된 내용에 대한 수정 정보는 한티미디어 홈페이지나 이메일로 알려주십시오.
독자님의 의견을 충분히 반영하도록 늘 노력하겠습니다.

홈페이지 www.hanteemedia.co.kr | 이메일 hantee@hanteemedia.co.kr

PREFACE

이 책은 벡터를 이용하여 공간 도형을 이해하고 여러 가지 물리적인 현상을 풀어 나가는 데 매우 폭넓게 이용될 수 있도록 하고자 한다. 일변수미분적분학에서 다루었던 미분의 개념이나 적분의 개념을 다변수 함수로 확장하여 다변수 함수의 최댓값이나 최솟값을 다루는 문제나 입체의 체적 등과 관련된 문제를 해결하고, 벡터함수를 이용하여 물리적인 현상을 이해하는 데 도움이 될 수 있도록 하였다. 따라서 이 책을 이해하는 데는 일변수미분적분학에서 배운 내용을 기본 바탕으로 하고 있다.

이 책은 일곱 개의 장으로 구성되어 있다. 1장에서는 급수를 2장에서는 매개변수미적을 개념적으로 다루고, 3장에서는 벡터를 소개하고, 벡터의 내적과 외적을 이용하여 직선과 평면을 다룬다. 4장에서는 직선과 평면의 확장된 내용인 곡선과 곡면을 다루는데, 특별히 이차곡면과 공간 곡선의 길이와 곡률을 다룬다. 5장에서는 다변수 함수에 대한 극한과 연속성, 그리고 편도함수를 정의한다. 또한 이변수 함수의 접평면의 방정식과 연쇄법칙을 다룬다. 기울기 벡터의 정의와 기울기 벡터의 응용으로 접평면과 최댓값 및 최솟값을 다루는 문제를 알아본다. 6장에서는 다중적분에 대하여 다루게 되는데, 좌표계에 따른 다중적분과 변수 변환에 따른 다중적분의 계산과정을 다룬다. 7장에서는 과학, 공학, 경제학 등에서 많은 응용되는 미분방정식을 다룬다.

끝으로 이 책이 나올 수 있도록 도와준 도서출판 한티미디어에 감사를 표한다. 또한 이 책을 통하여 학생들이 미분적분학에 대해 깊이 이해하고 전공과목에서 활용할 수 있기를 바란다.

2023.

저자 일동

CONTENTS

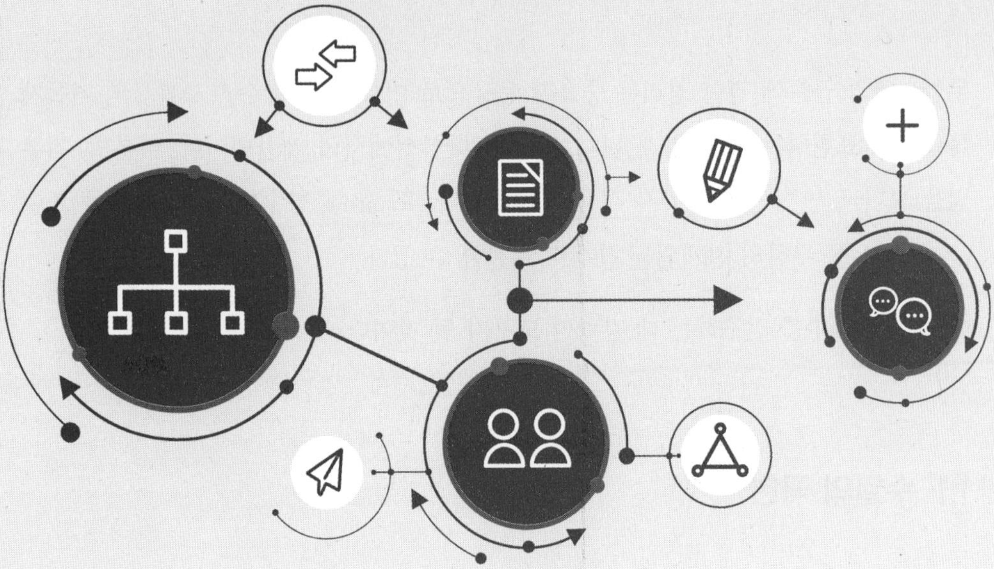

CHAPTER 1

수열과 급수

무한수열과 급수에 관한 정리는 중요한 응용으로 미분 가능 함수 $f(x)$를 x의 거듭제곱급수로 표현하는 법을 알게 된다. 그러면 다항식에서의 계산법이나, 미분법, 적분법을 보다 일반적인 함수까지 적용 가능해진다. 또 $\sin x$ 함수나 $\cos x$ 함수들 또는 e^x, $\ln x$ 등을 무한히 전개되는 함수로 표현할 수 있다.

이 방법은 함수를 연구하는 데 강력한 도구가 될 것이다.

1.1 수열의 극한

수열 $\{a_n\}$에서 충분히 큰 n에 대하여 항 a_n이 L에 근접하게 만들 수 있다면, 수열 $\{a_n\}$의 극한은 L이라 하고 다음과 같이 나타낸다.

$$\lim_{n\to\infty} a_n = L, \text{ 또는 } n\to\infty \text{ 일 때, } a_n \to L$$

$\lim_{n\to\infty} a_n$이 존재하면 수열은 수렴한다고 하고, 그렇지 않으면 수열 $\{a_n\}$은 발산한다고 한다.

수열$\{a_n\}$과 $\{b_n\}$을 실수값을 갖는 수열이라 하자. 실수 A와 B에 대하여 $\lim_{n\to\infty} a_n = A$, $\lim_{n\to\infty} b_n = B$라고 할 때, 다음이 성립한다.

1. 합의 법칙 : $\lim_{n\to\infty}(a_n + b_n) = A + B$
2. 차의 법칙 : $\lim_{n\to\infty}(a_n - b_n) = A - B$
3. 상수곱의 법칙 : $\lim_{n\to\infty}(k \cdot b_n) = k \cdot B$ (k는 상수)
4. 곱의 법칙 : $\lim_{n\to\infty}(a_n \cdot b_n) = A \cdot B$
5. 나눗셈 법칙 : $\lim_{n\to\infty}\left(\frac{a_n}{b_n}\right) = \frac{A}{B}$, $B \neq 0$

예제 1.1

주어진 수열의 극한을 구하여라.

(1) $a_n = \dfrac{5}{n^2}$ (2) $a_n = \dfrac{4-7n^6}{n^6+3}$

풀이

(1) $\lim_{n\to\infty}\dfrac{5}{n^2}=5\cdot\lim_{n\to\infty}\dfrac{1}{n^2}=5\cdot 0=0$

(2) $\lim_{n\to\infty}\dfrac{4-7n^6}{n^6+3}=\lim_{n\to\infty}\dfrac{(4/n^6)-7}{1+(3/n^6)}=\dfrac{0-7}{1+0}=-7$

예제 1.2

주어진 수열의 극한을 구하여라.

(1) $\lim_{n\to\infty}\dfrac{2n^2-3n}{3n^2+2n-1}$ (2) $\lim_{n\to\infty}\dfrac{n^2+3n}{2n-1}$

(3) $\lim_{n\to\infty}(\sqrt{n+2}-\sqrt{n})$ (4) $\lim_{n\to\infty}\left(\sqrt{n^2+n}-n\right)$

풀이

(1) $\lim_{n\to\infty}\dfrac{2n^2-3n}{3n^2+2n-1}=\lim_{n\to\infty}\dfrac{2-\dfrac{3}{n}}{3+\dfrac{2}{n}+\dfrac{1}{n^2}}=\dfrac{2}{3}$

(2) $\lim_{n\to\infty}\dfrac{n^2+3n}{2n-1}=\lim_{n\to\infty}\dfrac{n+3}{2-\dfrac{1}{n}}=\infty$

(3) $\lim_{n\to\infty}(\sqrt{n+2}-\sqrt{n})=\lim_{n\to\infty}\dfrac{(\sqrt{n+2}-\sqrt{n})(\sqrt{n+2}+\sqrt{n})}{\sqrt{n+2}+\sqrt{n}}=\lim_{n\to\infty}\dfrac{2}{\sqrt{n+2}+\sqrt{n}}=0$

(4) $\lim_{n\to\infty}\left(\sqrt{n^2+n}-n\right)=\lim_{n\to\infty}\dfrac{(\sqrt{n^2+n}-n)(\sqrt{n^2+n}+n)}{\sqrt{n^2+n}+n}=\lim_{n\to\infty}\dfrac{n}{\sqrt{n^2+n}+n}$

$$=\lim_{n\to\infty}\frac{1}{\dfrac{\sqrt{n^2+n}}{n}+1}=\lim_{n\to\infty}\frac{1}{\sqrt{1+\dfrac{1}{n}}+1}=\frac{1}{2}$$

연습문제 1.1

1. 주어진 수열의 극한을 구하여라.

(1) $a_n = 2 + (0.1)^n$

(2) $a_n = \left(\dfrac{n+1}{2n}\right)\left(1 - \dfrac{1}{n}\right)$

(3) $a_n = \dfrac{\sin n}{n}$

(4) $a_n = \left(\dfrac{3}{n}\right)^{\frac{1}{n}}$

(5) $a_n = \ln\left(1 + \dfrac{1}{n}\right)^n$

(6) $a_n = n \sin \dfrac{1}{n}$

(7) $a_n = \dfrac{4^{n+1} + 3^n}{4^n}$

2. 다음 무한수열의 수렴, 발산을 조사하고, 수렴하면 그 극한값을 구하여라.

(1) $1, \dfrac{4}{3}, \dfrac{9}{5}, \dfrac{16}{7} \cdots$

(2) $\dfrac{1^2+1}{1}, \dfrac{2^2+1}{1+2}, \dfrac{3^2+1}{1+2+3}, \cdots$

(3) $(\log 1 - \log 2), (\log 2 - \log 3), (\log 3 - \log 4), \cdots$

3. 다음 극한을 구하여라.

(1) $\lim\limits_{n\to\infty}(\sqrt{n+1} - \sqrt{n-1})$

(2) $\lim\limits_{n\to\infty}\dfrac{n}{\sqrt{n^2-1} - \sqrt{n}}$

(3) $\lim\limits_{n\to\infty}(3 + 2n - n^3)$

(4) $\lim\limits_{n\to\infty}\dfrac{3n^4+5}{4n^4 - 7n^2 + 9}$

4. 다음 극한값을 구하여라.

(1) $\lim\limits_{n\to\infty}\dfrac{3^{n+1} + 2^n}{2^{2n} - 3^n}$

(2) $\lim\limits_{n\to\infty}\dfrac{r^n}{1 + r^n}$ (단 $r \neq -1$)

1.2 급수

1.2.1 급수

수열 $\{a_n\}$이 주어질 때, $a_1 + a_2 + a_3 + \cdots + a_n + \cdots$ 을 급수(Series)라 한다. 이때 a_n을 급수의 n번째 항(nth $term$)이라 한다.

$$s_1 = a_1$$
$$s_2 = a_1 + a_2$$
$$\vdots$$
$$s_n = a_1 + a_2 + \cdots + a_n = \sum_{k=1}^{n} a_k$$

위와 같이 정의한 수열 $\{a_n\}$을 급수의 부분합의 수열(sequence of partial sum)이라 하며, s_n은 n번째 부분합(nth partial sum)이 된다. 부분합의 수열이 극한값 L에 수렴하면 급수는 수렴(converges)하고, 이때의 합은 L이 된다. 수렴하는 경우 다음과 같이 쓰기도 한다.

$$a_1 + a_2 + \cdots + a_n + \cdots = \sum_{k=1}^{\infty} a_k = L$$

급수의 부분합의 수열이 수렴하지 않을 때, 급수가 발산한다(diverge)고 한다.

예제 1.3

다음을 구하여라.

(1) $\displaystyle\sum_{n=1}^{\infty}\left(\frac{1}{n} - \frac{1}{n+1}\right)$

(2) $\displaystyle\sum_{n=1}^{\infty}\left(\ln\sqrt{n+1} - \ln\sqrt{n}\right)$

풀이

(1) $\sum_{n=1}^{\infty}\left(\frac{1}{n}-\frac{1}{n+1}\right)$

$$S_k=\left(1-\frac{1}{2}\right)+\left(\frac{1}{2}-\frac{1}{3}\right)+\left(\frac{1}{3}-\frac{1}{4}\right)+\cdots+\left(\frac{1}{k-1}-\frac{1}{k}\right)+\left(\frac{1}{k}-\frac{1}{k+1}\right)$$

$$=1-\frac{1}{k+1}$$

$$\Rightarrow \lim_{k\to\infty} S_k$$

$$=\lim_{k\to\infty}\left(1-\frac{1}{k+1}\right)=1$$

(2) $\sum_{n=1}^{\infty}(\ln\sqrt{n+1}-\ln\sqrt{n})$

$$S_k=(\ln\sqrt{2}-\ln\sqrt{1})+(\ln\sqrt{3}-\ln\sqrt{2})+(\ln\sqrt{4}-\ln\sqrt{3})+\cdots$$
$$+(\ln\sqrt{k}-\ln\sqrt{k-1})+(\ln\sqrt{k+1}-\ln\sqrt{k})$$
$$=\ln\sqrt{k+1}-\ln\sqrt{1}=\ln\sqrt{k+1}$$
$$\Rightarrow \lim_{k\to\infty} S_k=\lim_{k\to\infty}\ln\sqrt{k+1}=\infty$$

1.2.2 기하급수

무한등비급수 $a+ar+ar^2+\cdots+ar^{n-1}+\cdots$은 $|r|<1$일 때, $a/(1-r)$로 수렴한다.

$$\sum_{n=1}^{\infty} ar^{n-1}=\frac{a}{1-r},\quad |r|<1$$

반면에 $|r|\geq 1$이면, 급수는 발산한다.

예제 1.4

무한등비급수 $\sum_{n=1}^{\infty} \frac{1}{9}\left(\frac{1}{3}\right)^{n-1}$ 을 구하여라.

풀이

$$\frac{1}{9}+\frac{1}{27}+\frac{1}{81}+\cdots=\sum_{n=1}^{\infty}\frac{1}{9}\left(\frac{1}{3}\right)^{n-1}=\frac{1/9}{1-(1/3)}=\frac{1}{6}$$

예제 1.5

다음 무한등비급수의 합 S를 구하여라.

(1) $20+10+5+2.5+\cdots$

(2) $0.3-0.03+0.003-0.0003+\cdots$

(3) $(\sqrt{3}+1)+(\sqrt{3}-3)+(9\sqrt{3}-15)+\cdots$

(4) $\sin 30^\circ+\sin^2 30^\circ+\sin^3 30^\circ+\sin^4 30^\circ+\cdots$

풀이

(1) $a=20,\quad r=\frac{1}{2}$ 이고, $-1<r<1$ 이므로 $S=\frac{20}{1-(1/2)}=40$

(2) $a=0.3,\quad r=-0.1$ 이고, $-1<r<1$ 이므로 $S=\frac{0.3}{1-(-0.1)}=\frac{0.3}{1.1}=\frac{3}{11}$

(3) $a=\sqrt{3}+1,\quad r=3-2\sqrt{3}$ 이고, $-1<r<1$ 이므로

$$S=\frac{\sqrt{3}+1}{1-(3-2\sqrt{3})}=\frac{\sqrt{3}+1}{2\sqrt{3}-2}=\frac{2+\sqrt{3}}{2}$$

(4) $a=\sin 30^\circ=\frac{1}{2},\quad r=\sin 30^\circ=\frac{1}{2}$ 이고, $-1<r<1$ 이므로 $S=\frac{\frac{1}{2}}{1-(1/2)}=1$

예제 1.6

다음 무한급수의 합을 구하여라.

(1) $\displaystyle\sum_{n=1}^{\infty} \frac{2^n + (-3)^n}{4^n}$ (2) $\displaystyle\sum_{n=1}^{\infty} (2^{n+1} - 1)\left(\frac{1}{3}\right)^n$

풀이

(1) $\text{준 식} = \displaystyle\sum_{n=1}^{\infty}\left\{\left(\frac{1}{2}\right)^n + \left(-\frac{3}{4}\right)^n\right\} = \sum_{n=1}^{\infty}\left(\frac{1}{2}\right)^n + \sum_{n=1}^{\infty}\left(-\frac{3}{4}\right)^n$

$$= \frac{\frac{1}{2}}{1-\frac{1}{2}} + \frac{-\frac{3}{4}}{1-\left(-\frac{3}{4}\right)} = 1 - \frac{3}{7} = \frac{4}{7}$$

(2) $\text{준 식} = \displaystyle\sum_{n=0}^{\infty}\left\{2 \cdot 2^n \cdot \left(\frac{1}{3}\right)^n - \left(\frac{1}{3}\right)^n\right\} = 2\sum_{n=0}^{\infty}\left(\frac{2}{3}\right)^n - \sum_{n=0}^{\infty}\left(\frac{1}{3}\right)^n$

$$= 2 \cdot \frac{1}{1-\frac{2}{3}} - \frac{1}{1-\frac{1}{3}} = 6 - \frac{3}{2} = \frac{9}{2}$$

연습문제 1.2

1. 각 급수를 구하여라.

(1) $\sum_{n=1}^{\infty} \frac{6}{(2n-1)(2n+1)}$

(2) $\sum_{n=1}^{\infty} \frac{2n+1}{n^2(n+1)^2}$

(3) $\sum_{n=1}^{\infty} \left(\frac{1}{\ln(n+2)} - \frac{1}{\ln(n+1)} \right)$

(4) $\sum_{n=1}^{\infty} (\tan^{-1}(n) - \tan^{-1}(n+1))$

2. 각 급수의 수렴, 발산을 판정하고 수렴하면 그 합을 구하여라.

(1) $\sum_{n=1}^{\infty} (-1)^{n+1} \frac{3}{2^n}$

(2) $\sum_{n=0}^{\infty} e^{-2n}$

(3) $\sum_{n=0}^{\infty} \frac{2^n - 1}{3^n}$

(4) $\sum_{n=0}^{\infty} \left(\frac{e}{\pi} \right)^n$

3 주어진 등비급수가 수렴하도록 하는 x의 구간을 찾고 급수의 합을 구하여라.

(1) $\sum_{n=0}^{\infty} 2^n x^n$

(2) $\sum_{n=0}^{\infty} (-1)^n (x+1)^n$

(3) $\sum_{n=0}^{\infty} \sin^n x$

(4) $\sum_{n=0}^{\infty} (\ln x)^n$

1.3 급수의 수렴성검정

1.3.1 발산을 위한 n항 판정법

극한 $\lim_{n\to\infty} a_n$이 존재하지 않거나 0이 아닌 다른 값이면, $\sum_{n=1}^{\infty} a_n$은 발산한다.

예제 1.7

다음 급수가 발산함을 보여라.

(1) $\sum_{n=1}^{\infty} n^2$ (2) $\sum_{n=1}^{\infty} \frac{n+1}{n}$

(3) $\sum_{n=1}^{\infty} (-1)^{n+1}$ (4) $\sum_{n=1}^{\infty} \frac{-n}{2n+5}$

풀이

(1) $n^2 \to \infty$ 이므로 $\sum_{n=1}^{\infty} n^2$은 발산

(2) $\frac{n+1}{n} \to 1$이므로 $\sum_{n=1}^{\infty} \frac{n+1}{n}$ 은 발산

(3) $\lim_{n\to\infty} (-1)^{n+1}$ 이 존재하지 않으므로 $\sum_{n=1}^{\infty} (-1)^{n+1}$은 발산

(4) $\lim_{n\to\infty} \frac{-n}{2n+5} = -\frac{1}{2} \neq 0$이므로 $\sum_{n=1}^{\infty} \frac{-n}{2n+5}$은 발산

1.3.2 적분판정법

함수$f(x)$가 연속이고 양이며 감소함수이면서 $f(n) = a_n$이 성립한다고 하자. 그러면 $\sum a_n$과 적분$\int_1^{\infty} f(x)\,dx$는 수렴하는가? 둘 다 수렴하거나 둘 다 발산한다.

급수 $\sum a_n$이 수렴하는 것과 이상적분 $\int_1^{\infty} f(x)$이 수렴하는 것은 서로 필요충분조건이다. 따라서

(a) 이상적분 $\int_1^{\infty} f(x)\,dx$가 수렴하면 급수 $\sum a_n$이 수렴한다.

(b) 이상적분 $\int_1^{\infty} f(x)\,dx$가 발산하면 급수 $\sum a_n$이 발산한다.

예제 1.8

급수 $\sum_{n=1}^{\infty} \frac{n}{n^2+1}$이 수렴하는가?

풀이

$$\int_1^{\infty} \frac{x\,dx}{x^2+1} = \lim_{b\to\infty} \frac{1}{2}\ln(x^2+1)\Big|_1^b = \infty$$ 이므로

$\sum_{n=1}^{\infty} \frac{n}{n^2+1}$은 발산한다.

예제 1.9

급수 $\sum_{n=1}^{\infty} \frac{n}{e^n}$이 수렴하는가?

풀이

$$\int_1^{\infty} \frac{x}{e^x}dx = \lim_{b\to\infty}\int_1^b xe^{-x}dx = \lim_{b\to\infty} -e^{-x}(1+x)\Big|_1^b$$

$$= -\lim_{b\to\infty}\left(\frac{1+b}{e^b} - \frac{2}{e}\right) = \frac{2}{e}$$

이므로 $\sum_{n=1}^{\infty} \frac{n}{e^n}$은 수렴한다.

1.3.3 비교판정법

$\sum a_n$과 $\sum b_n$의 각 항이 모두 양수인 급수일 때, 모든 양의 정수 n에 대하여

$$d_n \le a_n \le c_n$$

(a) $\sum b_n$이 수렴하고, 모든 n에 대해 $a_n \le b_n$이면 $\sum a_n$도 수렴한다.

(b) $\sum b_n$이 발산하고, 모든 n에 대해 $a_n \ge b_n$이면 $\sum a_n$도 발산한다.

예제 1.10

비교판정법을 이용하여 다음 급수의 수렴, 발산을 판정하여라.

(1) $\displaystyle\sum_{n=1}^{\infty} \frac{5}{5n-1}$　　(2) $\displaystyle\sum_{n=0}^{\infty} \frac{1}{n!} = 1 + \frac{1}{1!} + \frac{1}{2!} + \frac{1}{3!} + \cdots$

풀이

(1) 급수

$\displaystyle\sum_{n=1}^{\infty} \frac{5}{5n-1}$는

$\displaystyle\frac{5}{5n-1} = \frac{1}{n-\frac{1}{5}} > \frac{1}{n}$이므로 발산한다.

(2) 급수

$\displaystyle\sum_{n=0}^{\infty} \frac{1}{n!} = 1 + \frac{1}{1!} + \frac{1}{2!} + \frac{1}{3!} + \cdots < 1 + \sum_{n=1}^{\infty} \frac{1}{2^n}$이고

$\displaystyle 1 + \sum_{n=0}^{\infty} \frac{1}{2^n} = 1 + 1 + \frac{1}{2} + \frac{1}{2^2} + \cdots = 1 + \frac{1}{1-(1/2)} = 3$ 이므로

$\displaystyle\sum_{n=0}^{\infty} \frac{1}{n!}$은 수렴한다.

1.3.4 극한비교판정법

급수 $\sum a_n$과 $\sum b_n$의 항이 양수이고 $L>0$인 양이 아닌 유한수에 대해 $\lim_{n\to\infty}\frac{a_n}{b_n}=L$이 성립하면 두 급수는 모두 수렴하거나 모두 발산한다.

예제 1.11

다음 급수의 수렴, 발산을 조사하여라.

(1) $\frac{3}{4}+\frac{5}{9}+\frac{7}{16}+\frac{9}{25}+\cdots=\sum_{n=1}^{\infty}\frac{2n+1}{(n+1)^2}=\sum_{n=1}^{\infty}\frac{2n+1}{n^2+2n+1}$

(2) $\frac{1}{1}+\frac{1}{3}+\frac{1}{7}+\frac{1}{15}+\cdots=\sum_{n=1}^{\infty}\frac{1}{2^n-1}$

(3) $\frac{1+2\ln 2}{9}+\frac{1+3\ln 3}{14}+\frac{1+4\ln 4}{21}+\cdots=\sum_{n=2}^{\infty}\frac{1+n\ln n}{n^2+5}$

풀이

(1) $a_n=(2n+1)/(n^2+2n+1)$이라 두자. 충분히 큰 n에 대하여 a_n은 $2n/n^2=\frac{2}{n}$와 행동이 유사하도록 $b_n=1/n$이라 두자.

$\sum_{n=1}^{\infty}b_n=\sum_{n=1}^{\infty}\frac{1}{n}$ 발산

$\lim_{n\to\infty}\frac{a_n}{b_n}=\lim_{n\to\infty}\frac{2n^2+n}{n^2+2n+1}=2$

따라서, 극한비교판정법에 의해 $\sum a_n$은 발산한다.

(2) $a_n=1/(2^n-1)$에서 충분히 큰 n에 대하여 a_n은 $1/2^n$과 유사하므로 $b_n=1/2^n$이라 두자.

$\sum_{n=1}^{\infty}b_n=\sum_{n=1}^{\infty}\frac{1}{2^n}$ 수렴

$$\lim_{n\to\infty}\frac{a_n}{b_n}=\lim_{n\to\infty}\frac{2^n}{2^n-1}$$
$$=\lim_{n\to\infty}\frac{1}{1-(1/2^n)}$$
$$=1$$

극한비교판정법에 의해 $\sum a_n$ 은 수렴한다.

(3) $a_n = (1+n\ln n)/(n^2+5)$에서 충분히 큰 n에 대하여 a_n은 $(n\ln n)/n^2 = (\ln n)/n$과 행동이 유사하고, 여기서 $b_n = 1/n$이라 두자.

$\sum_{n=2}^{\infty} b_n = \sum_{n=2}^{\infty} \frac{1}{n}$ 발산

$\lim_{n\to\infty} \frac{a_n}{b_n} = \lim_{n\to\infty} \frac{n+n^2\ln n}{n^2+5} = \infty$

따라서, 극한비교판정법에 의해 $\sum a_n$은 발산한다.

1.3.5 비판정법

급수 $\sum a_n$을 양수항을 갖는 급수라 하자.

$$\lim_{n\to\infty} \frac{a_{n+1}}{a_n} = \rho\text{이라 놓을 때}$$

(a) $\rho < 1$이면 급수는 수렴한다.

(b) $\rho > 1$이면 급수는 발산한다.

(c) $\rho = 1$이면 판정불가하다.

예제 1.12

급수 $\sum_{n=1}^{\infty} \frac{n^n}{n!}$이 수렴하는가?

풀이

$\frac{a_{n+1}}{a_n} = \frac{(n+1)^{n+1}}{(n+1)!} \cdot \frac{n!}{n^n} = \frac{(n+1)^n}{n^n}$

$\lim_{n\to\infty} \left(\frac{n+1}{n}\right)^n = \lim_{n\to\infty} \left(1+\frac{1}{n}\right)^n = e$

$e > 1$, $\sum_{n=1}^{\infty} \frac{n^n}{n!}$은 비판정법에 의해 발산한다.

1.3.6 근판정법

급수 $\sum_{n=1}^{\infty} a_n (a_n \geq 0)$에서 $\lim_{n \to \infty} \sqrt[n]{a_n} = L$ 이라 가정하면

(a) $L < 1$이면 급수는 수렴한다.

(b) $L > 1$이면 급수는 발산한다.

(c) $L = 1$이면 판정불가이다.

예제 1.13

급수 $\sum_{n=1}^{\infty} \left(\frac{n}{2n+1} \right)^n$이 수렴하는지 조사하여라.

풀이

$\lim_{n \to \infty} \sqrt[n]{\left(\frac{n}{2n+1} \right)^n} = \lim_{n \to \infty} \frac{n}{2n+1} = \frac{1}{2} < 1$이므로 수렴한다.

1.3.7 교대급수판정법

■ 교대급수

$$\sum_{n=1}^{\infty} (-1)^{n+1} a_n = a_1 - a_2 + a_3 - \cdots$$

이 다음의 세 가지 조건을 만족시키면 수렴한다.

(1) 모든 n에 대해 $a_n > 0$

(2) 모든 n에 대해 $a_{n+1} < a_n$

(3) $\lim_{n \to \infty} a_n = 0$

예제 1.14

교대급수 $\sum_{n=1}^{\infty} \frac{(-1)^{n+1}}{n}$ 은 수렴하는가?

풀이

(1) $\frac{1}{n+1} < \frac{1}{n}$

(2) $\lim_{n \to \infty} \frac{1}{n} = 0$

(3) $a_n > 0$이므로 수렴한다.

예제 1.15

급수 $\sum_{n=1}^{\infty} (-1)^{n+1} \frac{1}{n^2} = 1 - \frac{1}{4} + \frac{1}{9} - \frac{1}{16} + \cdots$ 은 수렴하는가?

풀이

$\sum_{n=1}^{\infty} (-1)^{n+1} \frac{1}{n^2} = 1 - \frac{1}{4} + \frac{1}{9} - \frac{1}{16} + \cdots$ 에서 교대급수이고 교대급수 판정법의 세 가지 조건을 만족하므로

$\sum_{n=1}^{\infty} (-1)^{n+1} \frac{1}{n^2}$ 은 수렴한다. 따라서 수렴한다.

연습문제 1.3

1. n항 판정법을 이용해서 다음 급수가 발산함을 보여라.

(1) $\displaystyle\sum_{n=1}^{\infty}\frac{n(n+1)}{(n+2)(n+3)}$ (2) $\displaystyle\sum_{n=1}^{\infty}\frac{n}{n^2+3}$

(3) $\displaystyle\sum_{n=0}^{\infty}\frac{e^n}{e^n+n}$ (4) $\displaystyle\sum_{n=0}^{\infty}\cos n\pi$

2. 적분판정법을 이용해서 다음 급수가 수렴하는지 발산하는지 보여라.

(1) $\displaystyle\sum_{n=1}^{\infty}\frac{1}{n^{0.2}}$ (2) $\displaystyle\sum_{n=1}^{\infty}\frac{1}{n+4}$

(3) $\displaystyle\sum_{n=2}^{\infty}\frac{1}{n(\ln n)^2}$ (4) $\displaystyle\sum_{n=2}^{\infty}\frac{\ln(n^2)}{n}$

3. 비교판정법을 이용해서 각 급수들이 수렴하는지 발산하는지 알아보고 그 이유를 설명하여라.

(1) $\displaystyle\sum_{n=1}^{\infty}\frac{1}{n^2+30}$ (2) $\displaystyle\sum_{n=2}^{\infty}\frac{1}{\sqrt{n}-1}$

(3) $\displaystyle\sum_{n=1}^{\infty}\frac{n-1}{n^4+2}$ (4) $\displaystyle\sum_{n=1}^{\infty}\frac{1}{n3^n}$

4. 극한비교판정법을 이용해서 각 급수들이 수렴하는지 혹은 발산하는지를 판정하여라.

(1) $\displaystyle\sum_{n=1}^{\infty}\frac{n-2}{n^3-n^2+3}$ (2) $\displaystyle\sum_{n=1}^{\infty}\sqrt{\frac{n+1}{n^2+2}}$

(3) $\displaystyle\sum_{n=1}^{\infty}\frac{2^n}{3+4^n}$ (4) $\displaystyle\sum_{n=1}^{\infty}\ln\left(1+\frac{1}{n^2}\right)$

5. 비판정법을 이용해서 각 급수들의 수렴, 발산을 조사하여라.

(1) $\sum_{n=1}^{\infty} \frac{2^n}{n!}$

(2) $\sum_{n=1}^{\infty} \frac{n+2}{3^n}$

(3) $\sum_{n=1}^{\infty} \frac{2^{n+1}}{n3^{n-1}}$

(4) $\sum_{n=2}^{\infty} \frac{3^{n+2}}{\ln n}$

6. 근판정법을 이용해서 각 급수들이 수렴하는지 발산하는지 조사하여라.

(1) $\sum_{n=1}^{\infty} \frac{7}{(2n+5)^n}$

(2) $\sum_{n=1}^{\infty} \frac{4^n}{(3n)^n}$

(3) $\sum_{n=1}^{\infty} \frac{8}{(3+(1/n))^{2n}}$

(4) $\sum_{n=2}^{\infty} \frac{1}{n^{1+n}}$

7. 교대급수의 발산과 수렴을 판정하여라.

(1) $\sum_{n=1}^{\infty} (-1)^{n+1} \frac{1}{\sqrt{n}}$

(2) $\sum_{n=1}^{\infty} (-1)^{n+1} \frac{1}{n3^n}$

(3) $\sum_{n=1}^{\infty} (-1)^{n+1} \frac{2^n}{n^2}$

(4) $\sum_{n=1}^{\infty} (-1)^{n+1} \frac{\ln n}{n}$

8. 급수의 수렴과 발산을 판정하여라.

(1) $\sum_{n=1}^{\infty} (-1)^{n+1} (0.1)^n$

(2) $\sum_{n=1}^{\infty} (-1)^n \frac{1}{\sqrt{n}}$

(3) $\sum_{n=1}^{\infty} (-1)^n \frac{1}{n+3}$

(4) $\sum_{n=1}^{\infty} (-1)^{n+1} (\sqrt[n]{10})$

1.4 테일러 급수

1.4.1 거듭제곱급수

$x=0$에서 거듭제곱급수(power series about $x=0$)는 다음과 같은 형태의 급수이다.

$$\sum_{n=0}^{\infty} c_n x^n = c_0 + c_1 x + c_2 x^2 + \cdots + c_n x^n + \cdots \tag{1}$$

$x=a$에서 거듭제곱급수(power series about $x=a$)는 다음과 같은 형태의 급수이다.

$$\sum_{n=0}^{\infty} c_n (x-a)^n = c_0 + c_1 (x-a) + c_2 (x-a)^2 + \cdots + c_n (x-a)^n + \cdots \tag{2}$$

여기서 a는 중심(center), $c_0, c_1, c_2, \cdots, c_n \cdots$는 계수(coefficients)라고 한다.

예제 1.16

거듭제곱급수

$$\sum_{n=0}^{\infty} x^n = 1 + x + x^2 + \cdots + x^n + \cdots$$

은 첫 항이 1, 공비가 x인 등비급수일 때, $|x| < 1$일 때 이 거듭제곱급수의 수렴 값을 구하여라.

풀이

$$1 + x + x^2 + \cdots + x^n + \cdots = \frac{1}{1-x}, \quad -1 < x < 1$$

예제 1.17

거듭제곱급수

$$1-\frac{1}{2}(x-2)+\frac{1}{4}(x-2)^2+\cdots+\left(-\frac{1}{2}\right)^n(x-2)^n+\cdots$$

이 수렴하는 x의 범위와 수렴값을 구하여라.

풀이

주어진 거듭제곱 급수가 $a=1$ $r=-\frac{x-2}{2}$인 등비급수이므로 수렴값과 수렴범위는

$$\frac{1}{1-r}=\frac{1}{1+\frac{x-2}{2}}=\frac{2}{x},$$

$$\frac{2}{x}=1-\frac{(x-2)}{2}+\frac{(x-2)^2}{4}-\cdots+\left(-\frac{1}{2}\right)^n(x-2)^n+\cdots,\quad 0<x<4$$

1.4.2 수렴 반지름과 수렴구간

거듭제곱급수가 $\sum_{n=0}^{\infty} c_n(x-a)^n$에 대해 다음 세 가지 중 어느 하나만 가능하다.

(1) $x=a$일 때만 수렴한다.

(2) 모든 x에 대해 수렴한다.

(3) 적당한 양수 R이 존재해서 $|x-a|<R$이면 수렴하고, $|x-a|>R$이면 발산한다.

예제 1.18

거듭제곱급수 $\sum_{n=1}^{\infty}\frac{(-1)^{n-1}x^{n-1}}{n+1}$가 수렴하는 구간은?

풀이

$a_n = \dfrac{(-1)^{n-1}x^{n-1}}{n+1}$ 이라 하자.

$\lim\limits_{n\to\infty}\left|\dfrac{a_{n+1}}{a_n}\right| = \lim\limits_{n\to\infty}\left|\dfrac{x^n}{n+2}\cdot\dfrac{n+1}{x^{n-1}}\right| = \lim\limits_{n\to\infty}|x| = |x| < 1$

$x=1$일 때, $\sum a_n = \dfrac{1}{2}-\dfrac{1}{3}+\dfrac{1}{4}-\dfrac{1}{5}+\cdots$, 교대급수이므로 수렴

$x=-1$일 때, $\sum a_n = \dfrac{1}{2}+\dfrac{1}{3}+\dfrac{1}{4}+\cdots$, 조화급수이므로 발산

따라서 주어진 거듭제곱급수는

$-1 < x \le 1$에서 수렴한다.

예제 1.19

다음 급수가 수렴하는 x의 구간은?

$$1+\frac{x-2}{2^1}+\frac{(x-2)^2}{2^2}+\cdots+\frac{(x-2)^{n-1}}{2^{n-1}}+\cdots$$

풀이

$\lim\limits_{n\to\infty}\left|\dfrac{a_{n+1}}{a_n}\right| = \lim\limits_{n\to\infty}\left|\dfrac{(x-2)^n}{2^n}\cdot\dfrac{2^{n-1}}{(x-2)^{n-1}}\right| = \lim\limits_{n\to\infty}\dfrac{|x-2|}{2} = \dfrac{|x-2|}{2}$,

$|x-2|<2$, 즉, $0<x<4$일 때 수렴

$|x-2|>2$, $x<0$ 또는 $x>4$일 때 발산. $x=0$일 때 $1-1+1-1+\cdots$이므로 발산.

$x=4$일 때 $1+1+1\cdots$ 발산. 따라서 수렴구간은 $0<x<4$이다.

1.4.3 테일러 급수와 맥클로린 급수

a를 포함하는 구간에서 함수 f가 무한번 미분 가능할 때, $x=a$에서 f의 테일러 급수(Taylor series generated by f at $x=a$)는

$$\sum_{k=0}^{\infty}\frac{f^{(k)}(a)}{k!}(x-a)^k = f(a)+f'(a)(x-a)+\frac{f''(a)}{2!}(x-a)^2 + \cdots + \frac{f^{(n)}(a)}{n!}(x-a)^n+\cdots$$

$x=0$에서 f의 테일러 급수인 f의 맥클로린 급수(Maclaurin series generated by f)는

$$\sum_{k=0}^{\infty}\frac{f^{(k)}(0)}{k!}x^k = f(0)+f'(0)x+\frac{f''(0)}{2!}x^2+\cdots+\frac{f^{(n)}(0)}{n!}x^n+\cdots$$

예제 1.20

함수 $f(x)=\sin x$에 대한 맥클로린 급수를 구하여라.

풀이

$f(x)=\sin x;$ $\qquad f(0)=0;$

$f'(x)=\cos x;$ $\qquad f'(0)=1;$

$f''(x)=-\sin x;$ $\qquad f''(0)=0;$

$f^{(3)}(x)=-\cos x;$ $\qquad f^{(3)}(0)=-1;$

$f^{(4)}(x)=\sin x$ $\qquad f^{(4)}(0)=0;$

$\vdots \qquad \vdots$

그러므로

$$\sin x = x-\frac{x^3}{3!}+\frac{x^5}{5!}-\cdots+(-1)^{n-1}\frac{x^{2n-1}}{(2n-1)!}+\cdots.$$

예제 1.21

함수 $f(x)=\ln x$에 대하여 $x=1$에서 f의 테일러 급수를 구하여라.

풀이

$f(x)=\ln x;$ $\qquad f(1)=\ln 1=0;$

$f'(x)=\dfrac{1}{x};$ $\qquad f'(1)=1;$

$f''(x)=-\dfrac{1}{x^2};$ $\qquad f''(1)=-1$

$f^{(3)}(x)=\dfrac{2}{x^3};$ $\qquad f^{(3)}(1)=2;$

$f^{(4)}(x) = \frac{-3!}{x^4}$;　　　　$f^{(4)}(1) = -3!$;

$\vdots$　　　　　　$\vdots$

$f^{(n)}(x) = \frac{(-1)^{n-1}(n-1)!}{x^n}$;　　$f^{(n)}(1) = (-1)^{n-1}(n-1)!$

$\ln x = (x-1) - \frac{(x-1)^2}{2} + \frac{(x-1)^3}{3} - \frac{(x-1)^4}{4} + \cdots + \frac{(-1)^{n-1}(x-1)^n}{n} + \cdots$

1.4.4 테일러 다항식

a를 포함하는 구간에서 f가 k번 미분 가능할 때($k = 1, 2, \cdots, N$) 0부터 N까지 중 임의의 정수 n에 대하여 $x = a$에서 f의 n차 테일러 다항식(Taylor polynomial of order n)은 다음의 다항식이다.

$$P_n(x) = f(a) + f'(a)(x-a) + \frac{f''(a)}{2!}(x-a)^2 + \\ + \frac{f^{(3)}(a)}{3!}(x-a)^3 + \cdots + \frac{f^{(n)}(a)}{n!}(x-a)^n$$

예제 1.22

함수 $f(x) = e^x$에 대하여 $x = 0$에서 f의 테일러 급수와 테일러 다항식을 구하여라.

풀이

$f(x) = e^x$, $f'(x) = e^x$, $\cdots$, $f^{(n)}(x) = e^x$, $\cdots$

이므로

$f(0) = e^0 = 1$, $f'(0) = 1$, $\cdots$, $f^{(n)}(0) = 1$, $\cdots$

따라서 $x = 0$에서 f의 테일러 급수는

$$f(0) + f'(0)x + \frac{f''(0)}{2!}x^2 + \cdots + \frac{f^{(n)}(0)}{n!}x^n + \cdots$$
$$= 1 + x + \frac{x^2}{2} + \cdots + \frac{x^n}{n!} + \cdots$$
$$= \sum_{k=0}^{\infty} \frac{x^k}{k!}$$

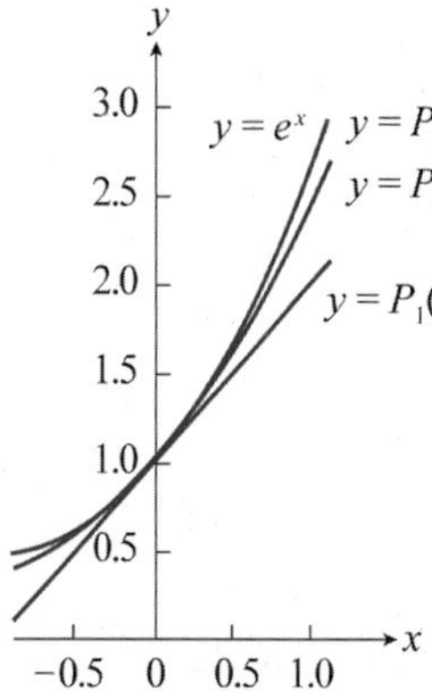

그림 1.1

이것은 또한 e^x의 맥클로린 급수이다.

$x=0$에서 f의 n차 테일러 다항식은

$$P_n(x)=1+x+\frac{x^2}{2}+\ \cdots\ +\frac{x^n}{n!}$$

1.4.5 거듭제곱급수의 활용

두 테일러 급수의 공통수렴 구간에서 두 급수를 더하거나 빼거나, 상수배, 곱, 나누기 미분, 적분하여도 또 다른 테일러 급수가 된다. 이러한 성질들이 또 다른 어려운 계산을 제공하고 거듭제곱급수는 부정형인 함수의 극한값, 정적분의 근사치를 찾는 방법을 보일 것이다.

예제 1.23

$x=0$에서 다음 함수의 테일러 급수를 구하여라.

(1) $\frac{1}{3}(2x+x\cos x)$ (2) $e^x\cos x$

풀이

(1) $$\frac{1}{3}(2x+x\cos x)=\frac{2}{3}x+\frac{1}{3}x\left(1-\frac{x^2}{2!}+\frac{x^4}{4!}-\cdots+(-1)^k\frac{x^{2k}}{(2k)!}+\cdots\right)$$
$$=\frac{2}{3}x+\frac{1}{3}x-\frac{x^3}{3!}+\frac{x^5}{3\cdot 4!}-\cdots$$
$$=x-\frac{x^3}{6}+\frac{x^5}{72}-\cdots$$

(2) $$e^x\cos x=\left(1+x+\frac{x^2}{2!}+\frac{x^3}{3!}+\frac{x^4}{4!}+\cdots\right)\cdot\left(1-\frac{x^2}{2!}+\frac{x^4}{4!}-\cdots\right)$$
$$=\left(1+x+\frac{x^2}{2!}+\frac{x^3}{3!}+\frac{x^4}{4!}+\cdots\right)-\left(\frac{x^2}{2!}+\frac{x^3}{2!}+\frac{x^4}{2!2!}+\frac{x^5}{2!3!}+\cdots\right)+\left(\frac{x^4}{4!}+\frac{x^5}{4!}+\frac{x^6}{2!4!}+\cdots\right)+\cdots$$
$$=1+x-\frac{x^3}{3}-\frac{x^4}{6}+\cdots$$

예제 1.24

테일러 급수를 이용하여 $\lim_{x \to 1} \frac{\ln x}{x-1}$를 계산하여라.

풀이

$x=1$에서 $\ln x$의 테일러 급수를 구해보자. 예제 1.21에 나와 있는 $\ln x$의 테일러 급수는 다음과 같다.

$$\ln x = (x-1) - \frac{1}{2}(x-1)^2 + \frac{(x-1)^3}{3} - \cdots + \frac{(-1)^{n-1}(x-1)^n}{n} + \cdots$$

따라서, $\lim_{x \to 1} \frac{\ln x}{x-1} = \lim_{x \to 1}\left(1 - \frac{1}{2}(x-1) + \cdots\right) = 1$

예제 1.25

테일러 급수를 이용하여 $\int \sin x^2\, dx$를 거듭제곱급수로 나타내라.

풀이

$\sin x$의 급수 표현에서 x를 x^2으로 치환하면 다음을 얻는다.

$$\sin x^2 = x^2 - \frac{x^6}{3!} + \frac{x^{10}}{5!} - \frac{x^{14}}{7!} + \frac{x^{18}}{9!} - \cdots$$

따라서, $\int \sin x^2 dx = C + \frac{x^3}{3} - \frac{x^7}{7 \cdot 3!} + \frac{x^{11}}{11 \cdot 5!} - \frac{x^{15}}{15 \cdot 7!} + \frac{x^{19}}{19 \cdot 9!} - \cdots$

자주 사용하는 테일러 급수

$$\frac{1}{1-x}=1+x+x^2+\cdots+x^n+\cdots=\sum_{n=0}^{\infty}x^n,\ |x|<1$$

$$\frac{1}{1+x}=1-x+x^2-\cdots+(-x)^n+\cdots=\sum_{n=0}^{\infty}(-1)^n x^n,\ |x|<1$$

$$e^x=1+x+\frac{x^2}{2!}+\cdots+\frac{x^n}{n!}+\cdots=\sum_{n=0}^{\infty}\frac{x^n}{n!},\ |x|\le\infty$$

$$\sin x=x-\frac{x^3}{3!}+\frac{x^5}{5!}-\cdots+(-1)^n\frac{x^{2n+1}}{(2n+1)!}+\cdots=\sum_{n=0}^{\infty}\frac{(-1)^n x^{2n+1}}{(2n+1)!},\ |x|\le\infty$$

$$\cos x=1-\frac{x^2}{2!}+\frac{x^4}{4!}-\cdots+(-1)^n\frac{x^{2n}}{(2n)!}+\cdots=\sum_{n=0}^{\infty}\frac{(-1)^n x^{2n}}{(2n)!},\ |x|\le\infty$$

$$\ln(1+x)=x-\frac{x^2}{2}+\frac{x^3}{3}\cdots+\frac{(-1)^{n-1}x^n}{n}+\cdots$$

$$=\sum_{n=1}^{\infty}(-1)^{n+1}x^n/n,\ -1<x\le 1$$

$$\tan^{-1}x=x-\frac{x^3}{3}+\frac{x^5}{5}-\cdots+(-1)^n\frac{x^{2n+1}}{(2n+1)}+\cdots=\sum_{n=0}^{\infty}\frac{(-1)^n x^{2n+1}}{(2n+1)},\ |x|\le 1$$

연습문제 1.4

1. 거듭제곱급수의 수렴구간을 구하여라.

(1) $\sum_{n=0}^{\infty} n!(x-3)^n$

(2) $x+\frac{x^2}{2}+\frac{x^3}{3}+\cdots+\frac{x^n}{n}+\cdots$

(3) $(x+1)-\frac{(x+1)^2}{2!}+\frac{(x+1)^3}{3!}-\frac{(x+1)^4}{4!}+\cdots$

(4) $\sum_{n=0}^{\infty} n!x^n = 1+x+2!x^2+3!x^3+\cdots$

2. 다음 거듭제곱급수의 수렴반경과 수렴구간을 구하여라.

(1) $\sum_{k=0}^{\infty} \frac{2^k}{k!}(x-2)^k$

(2) $\sum_{k=1}^{\infty} \frac{(-1)^k}{k3^k}(x-1)^k$

(3) $\sum_{k=1}^{\infty} \frac{1}{k}(x-1)^k$

(4) $\sum_{k=0}^{\infty} \frac{k!}{(2k)!}x^k$

3. $x=a$에서 f의 3차의 테일러 다항식을 구하여라.

(1) $f(x)=e^{2x},\ a=0$

(2) $f(x)=\ln x,\ a=1$

(3) $f(x)=\sin x,\ a=\pi/4$

(4) $f(x)=\tan x,\ a=\pi/4$

4. 치환을 이용하여 $x=0$에서 다음 함수의 테일러 급수를 구하여라.

(1) e^{-5x}

(2) $\sin\left(\frac{\pi x}{2}\right)$

(3) $\ln(1+x^2)$

(4) $\frac{1}{2-x}$

5. $x=0$에서 다음 함수의 테일러 급수를 구하여라.

(1) xe^x

(2) $x\cos\pi x$

(3) $x\ln(1+2x)$

(4) $x\tan^{-1}x^2$

6. 급수를 이용하여 근사적분값을 계산하여라.

(1) $\int_0^{0.1}\frac{\sin x}{x}dx$

(2) $\int_0^{0.1}e^{-x^2}dx$

(3) $\int_0^{1}\frac{1-\cos x}{x^2}dx$

(4) $\int_0^{0.2}\sin x^2\,dx$

7. 급수를 이용하여 극한값을 구하여라.

(1) $\lim_{x\to 0}\frac{e^x-(1+x)}{x^2}$

(2) $\lim_{t\to 0}\frac{1-\cos t-(t^2/2)}{t^4}$

(3) $\lim_{y\to 0}\frac{y-\tan^{-1}y}{y^3}$

(4) $\lim_{x\to 0}\frac{\ln(1+x^2)}{1-\cos x}$

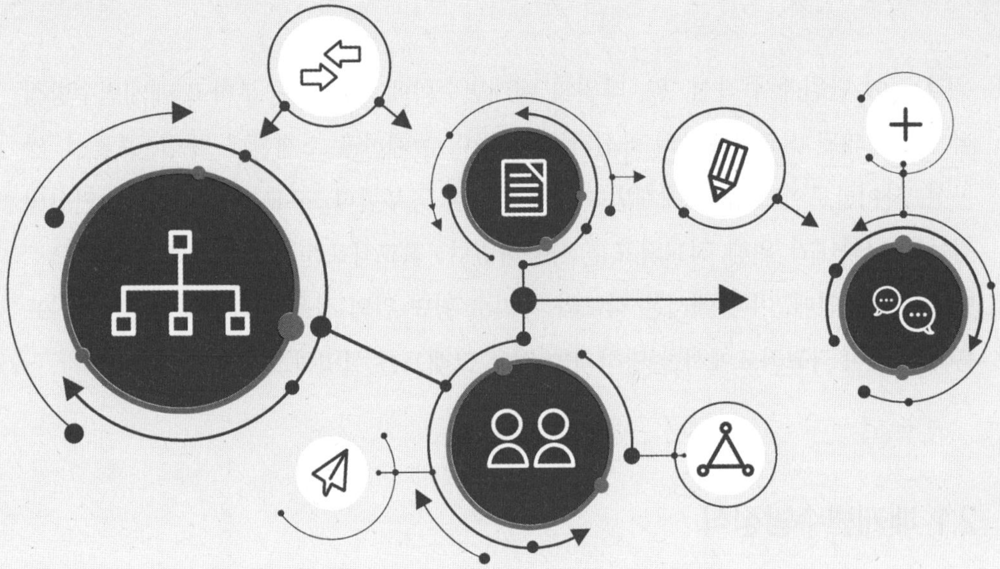

CHAPTER 2

매개변수방정식과 극좌표

우리는 이 단원에서 직선, 원, 타원의 매개변수화에 대하여 공부하고 매개변수방정식으로 정의된 직교좌표상의 곡선과 곡선의 미분 계산을 소개한다. 또한, 포물선, 쌍곡선, 사이클로이드 등의 매개변수화에 대하여 공부한다. 고교과정에서는 평면상의 점들을 나타내기 위해 직교좌표를 사용하였다. 직교좌표는 두 개의 축이 직각으로 만나는 좌표인데, 이 절에서는 각도와 거리로 평면 위의 점을 나타낼 수 있는 극좌표를 도입하여 직교좌표에서 설명하기 어려운 그래프를 설명하고자 한다.

2.1 매개변수방정식

2.1.1 매개변수방정식의 정의

평면의 점 (x, y)는 매개변수를 이용하여 나타내는 것이 편리한 경우가 많다. 정의역이 같은 두 함수 $g(t), h(t)$에 대하여, 방정식 $x = g(t), y = h(t)$를 매개변수방정식이라 한다.

각 t의 값들은 점 (x, y)를 결정하고, 좌표평면에 이 점들을 이어 곡선을 그릴 수 있다. t가 변할 때 점 $(x, y) = (g(t), h(t))$도 변하고, 그 자취를 따라 곡선 C가 형성되며, 이것을 매개변수곡선(parametric curve)이라 부른다. 많은 매개변수곡선의 응용분야에 있어서 t는 시간을 나타낸다. 그러므로 $(x, y) = (f(t), g(t))$를 시간 t에 있어서 질점(material partical)의 위치로 간주할 수 있다.

예제 2.1

매개변수방정식 $x = t^2 - 2t$와 $y = t + 1$로 정의된 곡선을 그리고, 매개변수를 소거하여 직교방정식도 구하여라.

풀이

표 2.1에서 각 t의 값은 곡선상의 한 점을 나타낸다. 예를 들어, $t=0$이면 $x=0$, $y=1$이고 이에 대응하는 점은 $(0,1)$이다. 그림 2.1에서 몇 개의 매개변수들의 값으로 점 (x,y)를 구하여, 그것들을 연결하면 곡선을 만들 수 있다.

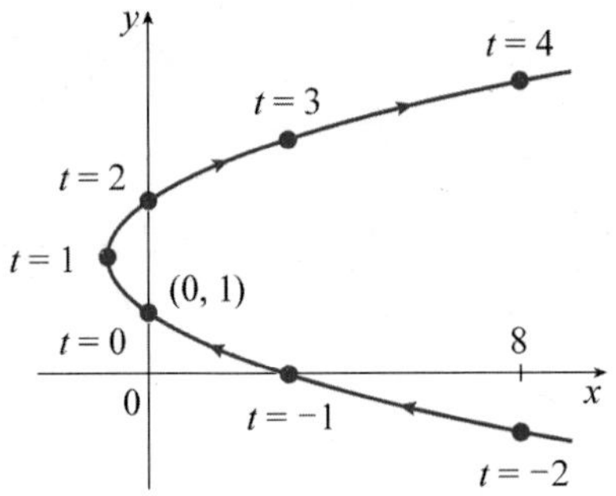

그림 2.1

표 2.1

t	x	y
−2	8	−1
−1	3	0
0	0	1
1	−1	2
2	0	3
3	3	4
4	8	5

매개변수방정식으로 주어진 질점의 위치는 t가 증가할 때 화살표 방향으로 곡선을 따라 움직인다. 두 번째 방정식으로부터 $t=y-1$을 얻어 이를 첫 번째 방정식에 대입한다. 그러면

$$x=t^2-2t=(y-1)^2-2(y-1)=y^2-4y+3$$

이 되며, 따라서 주어진 매개변수방정식이 나타내는 곡선은 포물선 $x=y^2-4y+3$이다.

예제 2.2

매개변수를 소거하여 직교방정식을 구하여라.

(1) $x=-\sqrt{t},\ y=t,\ t\geq 0$

(2) $x=4\cos t,\ y=2\sin t,\ 0\leq t\leq 2\pi$

(3) $x=\sin t,\ y=\cos 2t,\ -\dfrac{\pi}{2}\leq t\leq\dfrac{\pi}{2}$

(4) $x=\sec^2 t-1,\ y=\tan t,\ -\pi/2<t<\pi/2$

풀이

(1) $x=-\sqrt{t}, y=t, t \geq 0 \Rightarrow x=-\sqrt{y}$

또는 $y=x^2, x \leq 0$

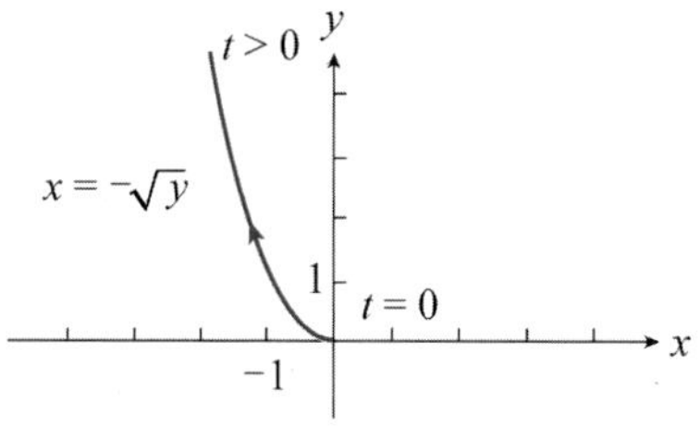

그림 2.2

(2) $x=4\cos t, y=2\sin t, 0 \leq t \leq 2\pi$

$\Rightarrow \dfrac{16\cos^2 t}{16}+\dfrac{4\sin^2 t}{4}=1 \Rightarrow \dfrac{x^2}{16}+\dfrac{y^2}{4}=1$

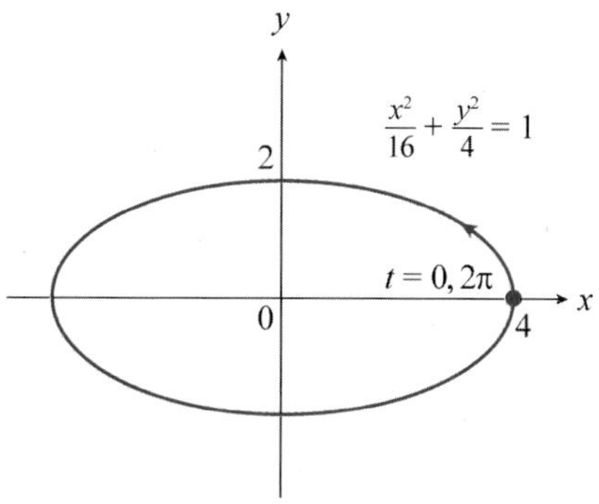

그림 2.3

(3) $x=\sin t, y=\cos 2t, -\dfrac{\pi}{2} \leq t \leq \dfrac{\pi}{2}$

$\Rightarrow y=\cos 2t=1-2\sin^2 t \Rightarrow y=1-2x^2$

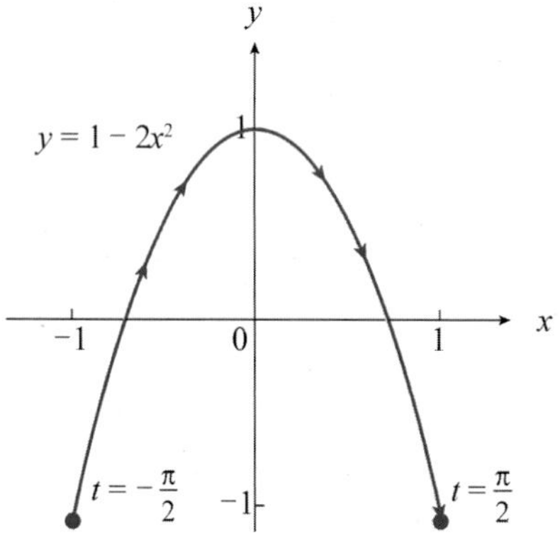

그림 2.4

(4) $x=\sec^2 t-1, y=\tan t, -\dfrac{\pi}{2}<t<\dfrac{\pi}{2}$

$\Rightarrow \sec^2 t-1=\tan^2 t \Rightarrow x=y^2$

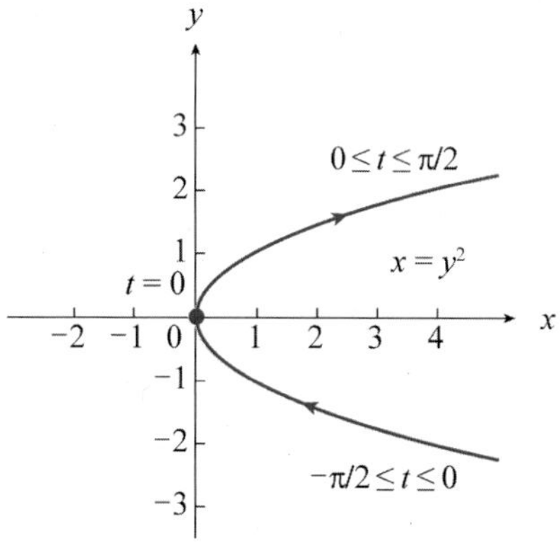

그림 2.5

2.1.2 매개변수방정식의 미분

매개변수방정식의 기울기를 구하기 위해 $y=F(x)$에 $x=g(t)$와 $y=h(t)$를 대입하면, $F[g(t)]=h(t)$이고 연쇄법칙을 이용한다. 즉,

$$F'[g(t)] \cdot g'(t) = h'(t)$$

$$F'(x) = \frac{h'(t)}{g'(t)},\ (g'(t) \neq 0)$$

$$F'(x) = \frac{dy}{dx},\ g'(t) = \frac{dx}{dt},\ h'(t) = \frac{dy}{dt}$$

이므로

$$\frac{dy}{dx} = \frac{\frac{dy}{dt}}{\frac{dx}{dt}} \quad \text{단, } \frac{dx}{dt} \neq 0$$

$$\frac{d^2y}{dx^2} = \frac{d\left(\frac{dy}{dx}\right)}{dx} = \frac{\frac{d\left(\frac{dy}{dx}\right)}{dt}}{\frac{dx}{dt}}$$

예제 2.3

주어진 t에 대하여 곡선의 접선의 방정식과 $\frac{d^2y}{dx^2}$을 구하여라.

(1) $x = 4\sin t,\ y = 2\cos t,\ t = \pi/4$

(2) $x = \sec t,\ y = \tan t,\ t = \pi/6$

(3) $x = 1/t,\ y = -2 + \ln t,\ t = 1$

(4) $x = t + e^t,\ y = 1 - e^t,\ t = 0$

풀이

(1) $t = \frac{\pi}{4}$

$\Rightarrow x = 4\sin\frac{\pi}{4} = 2\sqrt{2},\ y = 2\cos\frac{\pi}{4} = \sqrt{2};\quad \frac{dx}{dt} = 4\cos t,\ \frac{dy}{dt} = -2\sin t$

$\Rightarrow \frac{dy}{dx} = \frac{dy/dt}{dx/dt} = \frac{-2\sin t}{4\cos t} = -\frac{1}{2}\tan t \Rightarrow \left.\frac{dy}{dx}\right|_{t=\frac{\pi}{4}} = -\frac{1}{2}\tan\frac{\pi}{4} = -\frac{1}{2};$

접선의 방정식 $y-\sqrt{2}=-\frac{1}{2}(x-2\sqrt{2})$ 또는

$y=-\frac{1}{2}x+2\sqrt{2}$;

$\frac{d\left(\frac{dy}{dx}\right)}{dt}=-\frac{1}{2}sec^2t$

$\Rightarrow\frac{d^2y}{dx^2}=\frac{dy'/dt}{dx/dt}=\frac{-\frac{1}{2}\sec^2t}{4\cos t}=-\frac{1}{8\cos^3t}\Rightarrow\frac{d^2y}{dx^2}\bigg|_{t=\frac{\pi}{4}}=-\frac{\sqrt{2}}{4}$

(2) $t=\frac{\pi}{6}\Rightarrow x=\sec\frac{\pi}{6}=\frac{2}{\sqrt{3}}, y=\tan\frac{\pi}{6}=\frac{1}{\sqrt{3}}$; $\frac{dx}{dt}=\sec t\tan t, \frac{dy}{dt}=\sec^2t$

$\Rightarrow\frac{dy}{dx}=\frac{dy/dt}{dx/dt}=\frac{\sec^2t}{\sec t\tan t}=\csc t\Rightarrow\frac{dy}{dx}\bigg|_{t=\frac{\pi}{6}}=\csc\frac{\pi}{6}=2;$

접선의 방정식 $y-\frac{1}{\sqrt{3}}=2\left(x-\frac{2}{\sqrt{3}}\right)$ or

$y=2x-\sqrt{3}$; $\frac{dy'}{dt}=-\csc t\cot t$

$\Rightarrow\frac{d^2y}{dx^2}=\frac{dy'/dt}{dx/dt}=\frac{-\csc t\cot t}{\sec t\tan t}=-\cot^3t\Rightarrow\frac{d^2y}{dx^2}\bigg|_{t=\frac{\pi}{6}}=-3\sqrt{3}$

(3) $t=1$

$\Rightarrow x=1, y=-2; \frac{dx}{dt}=-\frac{1}{t^2}, \frac{dy}{dt}=\frac{1}{t}$

$\Rightarrow\frac{dy}{dx}=\frac{\left(\frac{1}{t}\right)}{\left(-\frac{1}{t^2}\right)}=-t\Rightarrow\frac{dy}{dx}\bigg|_{t=1}=-1;$

접선의 방정식 $y-(-2)=-1(x-1)$ 또는

$y=-x-1; \frac{dy'}{dt}=-1\Rightarrow\frac{d^2y}{dx^2}=\frac{-1}{\left(-\frac{1}{t^2}\right)}=t^2\Rightarrow\frac{d^2y}{dx^2}\bigg|_{t=1}=1$

(4) $t=0$

$\Rightarrow x=0+e^0=1,\ y=1-e^0=0;\ \frac{dx}{dt}=1+e^t, \frac{dy}{dt}=-e^t$

$\Rightarrow\frac{dy}{dx}=\frac{-e^t}{1+e^t}\Rightarrow\frac{dy}{dx}\bigg|_{t=0}=\frac{-e^0}{1+e^0}=-\frac{1}{2}$

접선의 방정식

$y=-\frac{1}{2}x+\frac{1}{2}; \frac{dy'}{dt}=\frac{-e^t}{(1+e^t)^2}$

$\Rightarrow\frac{d^2y}{dx^2}=\frac{-e^t}{(1+e^t)^3}\Rightarrow\frac{d^2y}{dx^2}\bigg|_{t=0}\frac{-e^0}{(1+e^0)^3}=-\frac{1}{8}$

예제 2.4

$\theta = \dfrac{2\pi}{3}$ 인 점에서 사이클로드 $x = \theta - \sin\theta$, $y = 1 - \cos\theta$에 대한 접선의 기울기와 볼록성을 조사하여라.

풀이

$$\frac{dy}{dx} = \frac{\frac{dy}{d\theta}}{\frac{dx}{d\theta}} = \frac{\sin\theta}{1-\cos\theta}$$

$\theta = \dfrac{2}{3}\pi$일 때

$$\frac{dy}{dx} = \frac{\sin\frac{2}{3}\pi}{1-\cos\frac{2}{3}\pi} = \frac{\frac{\sqrt{3}}{2}}{1+\frac{1}{2}} = \frac{\sqrt{3}}{3}$$

$$\frac{d^2y}{dx^2} = \frac{\frac{dy'}{d\theta}}{\frac{dx}{d\theta}} = \frac{-\frac{1}{1-\cos\theta}}{1-\cos\theta} = -\frac{1}{(1-\cos\theta)^2}$$

$\dfrac{d^2y}{dx^2} < 0$이므로 $\theta = \dfrac{2}{3}\pi$에서 위로 볼록하다.

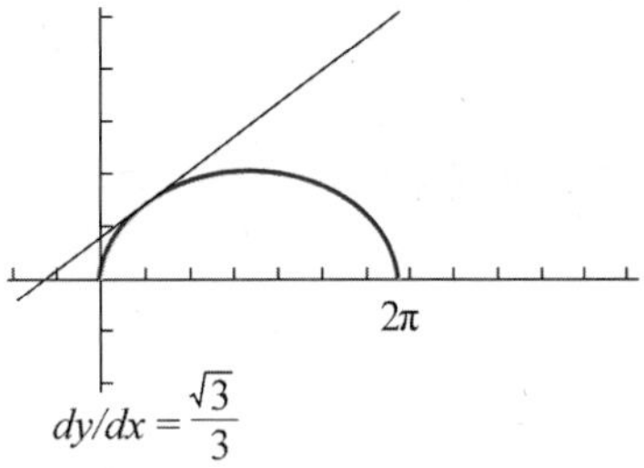

그림 2.6

2.1.3 매개변수방정식의 적분

매개변수방정식으로 표현된 곡선이 x축 위에 있을때 곡선 아래의 넓이의 계산은 이미 알고 있는 적분의 확장이다. $[a,b]$에서 정의된 연속함수 f에 대하여, $f(x) \geq 0$이면 구간 $a \leq x \leq b$에 있는 곡선 $y = f(x)$의 아래쪽 부분의 넓이는 다음과 같다.

$$A = \int_a^b f(x)dx = \int_a^b ydx$$

동일한 곡선을 매개변수방정식 $x = g(t), y = h(t)$로 나타낸다. 곡선이 $c \leq t \leq d$에 대해 한번 그려진다면 $x = g(t)$를 대입하여 넓이를 계산할 수 있다. $dx = g'(t)dt$이므로 넓이는 다음과 같다.

$$A = \int_a^b y dx = \int_c^d h(t) g'(t) dt$$

여기서는 새로운 적분변수에 알맞게 적분구간도 변경해야 한다.

예제 2.5

타원 $x = 2\cos\theta,\quad y = 3\sin\theta$로 둘러싸인 영역의 넓이를 구하여라.

풀이

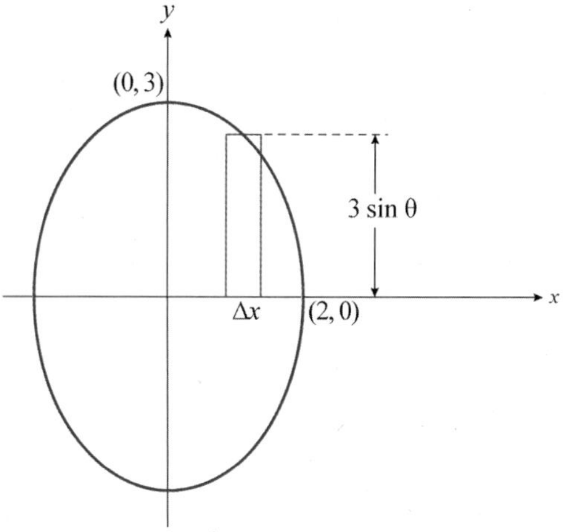

그림 2.7

$$4\int_0^2 y dx = 4\int_{\pi/2}^0 3\sin\theta(-2\sin\theta)d\theta = 6\pi$$

예제 2.6

$x=r(\theta-\sin\theta)$와 $y=r(1-\cos\theta)$인 사이클로이드의 한 반원형 밑의 넓이를 구하여라(그림 2.8 참조).

풀이

사이클로이드의 한 반원형은 $0 \le \theta \le 2\pi$로 주어진다. $y=r(1-\cos\theta)$와 $dx=r(1-\cos\theta)d\theta$을 이용하면

$$\begin{aligned}
A&=\int_0^{2\pi r} y dx=\int_0^{2\pi} r(1-\cos\theta)r(1-\cos\theta)d\theta \\
&=r^2\int_0^{2\pi}(1-\cos\theta)^2 d\theta=r^2\int_0^{2\pi}(1-2\cos\theta+\cos^2\theta)d\theta \\
&=r^2\int_0^{2\pi}[1-2\cos\theta+\frac{1}{2}(1+\cos 2\theta)]d\theta \\
&=r^2\left[\frac{3}{2}\theta-2\sin\theta+\frac{1}{4}\sin 2\theta\right]_0^{2\pi} \\
&=r^2\left(\frac{3}{2}\cdot 2\pi\right)=3\pi r^2
\end{aligned}$$

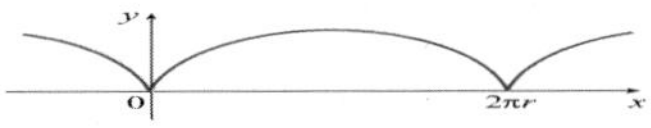

그림 2.8

2.1.4 매개변수방정식에서 호의 길이

곡선 C가 매개변수방정식 $x=g(t)$, $y=h(t)(\alpha \le t \le \beta)$으로 정의되고, g'과 h'이 $[\alpha,\beta]$에서 연속이며 t가 α에서 β로 증가할 때 C가 꼭 한번 그려진다면, C의 길이는

$$L=\int_\alpha^\beta \sqrt{\left(\frac{dx}{dt}\right)^2+\left(\frac{dy}{dt}\right)^2}\,dt$$

이다(증명 생략).

예제 2.7

다음 매개방정식의 호의 길이를 구하여라.

$$\begin{cases} x = e^t \cos t \\ y = e^t \sin t \end{cases}, \quad 0 \le t \le \pi$$

풀이

$$\frac{dx}{dt} = e^t \cos t - e^t \sin t = e^t(\cos t - \sin t)$$

$$\frac{dy}{dt} = e^t(\sin t) + e^t \cos t = e^t(\cos t + \sin t)$$

$$\begin{aligned} \left(\frac{dx}{dt}\right)^2 + \left(\frac{dy}{dt}\right)^2 &= e^{2t}(\cos t - \sin t)^2 + e^{2t}(\cos t + \sin t)^2 \\ &= e^{2t}(\cos^2 t - 2\cos t \sin t + \sin^2 t + \cos^2 t + 2\cos t \sin t + \sin^2 t) \\ &= 2e^{2t} \end{aligned}$$

그러므로

$$\int_0^\pi \sqrt{[f'(t)]^2 + [g'(t)]^2}\, dt = \int_0^\pi \sqrt{2e^{2t}}\, dt = \int_0^\pi \sqrt{2}\, e^t dt = \sqrt{2}\,[e^t]_0^\pi = \sqrt{2}(e^\pi - 1)$$

예제 2.8

다음 매개방정식의 호의 길이를 구하여라.

(1) $x = \cos t$, $y = \sin t$, $0 \le t \le 2\pi$

(2) $x = \cos^3 t$, $y = \sin^3 t$, $0 \le t \le 2\pi$

풀이

(1) $\frac{dx}{dt} = -\sin t$와 $\frac{dy}{dt} = \cos t$이므로,

$$L = \int_0^{2\pi} \sqrt{\left(\frac{dx}{dt}\right)^2 + \left(\frac{dy}{dt}\right)^2}\, dt = \int_0^{2\pi} \sqrt{\sin^2 t + \cos^2 t}\, dt = \int_0^{2\pi} dt = 2\pi$$

(2) $x = \cos^3 t \quad y = \sin^3 t$의 그래프는 다음과 같다.

$$\left(\frac{dx}{dt}\right)^2 = [3\cos^2 t(-\sin t)]^2 = 9\cos^4 t \sin^2 t$$

$$\left(\frac{dy}{dt}\right)^2 = [3\sin^2 t(\cos t)]^2 = 9\sin^4 t \cos^2 t$$

$$\sqrt{\left(\frac{dx}{dt}\right)^2 + \left(\frac{dy}{dt}\right)^2} = \sqrt{9\cos^2 t \sin^2 t(\cos^2 t + \sin^2 t)}$$

$$= \sqrt{9\cos^2 t \sin^2 t} = 3|\cos t \sin t|$$

$$= 3\cos t \sin t \quad \left(0 < t < \frac{\pi}{2}\right)$$

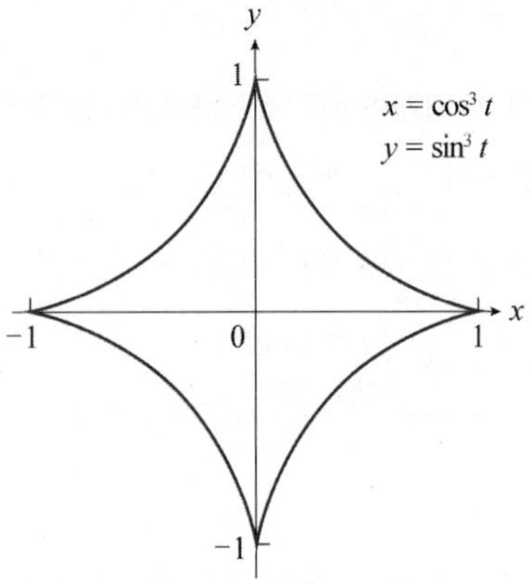

그림 2.9

그러므로 제1사분면의 호의 길이는

$$= \int_0^{\pi/2} 3\cos t \sin t \, dt$$

$$= \frac{3}{2}\int_0^{\pi/2} \sin 2t \, dt = -\frac{3}{4}\cos 2t\Big]_0^{\pi/2} = \frac{3}{2}$$

전체 호의 길이 $4(3/2) = 6$

연습문제 2.1

1. 매개변수를 소거하여 직교방정식을 구하여라.

(1) $\begin{cases} x = 1 - t^2 \\ y = t \end{cases}$ (2) $\begin{cases} x = \cos\theta \\ y = |\sin\theta| \end{cases}$

(3) $\begin{cases} x = \sec t \\ y = \tan t \end{cases}$ (4) $\begin{cases} x = 2 + 4\cos t \\ y = 3 + 4\sin t \end{cases}$

2. 주어진 t에 대하여 곡선의 접선의 방정식과 $\dfrac{d^2y}{dx^2}$를 구하여라.

(1) $x = 2\cos t,\ y = 2\sin t,\ t = \pi/4$

(2) $x = t,\ y = \sqrt{t},\ t = 1/4$

(3) $x = 2t^2 + 3,\ y = t^4,\ t = -1$

(4) $x = \cos t,\ y = 1 + \sin t,\ t = \pi/2$

3. 주어진 곡선에서 (a) 수평접선, (b) 수직접선을 갖는 점을 모두 구하여라.

(1) $\begin{cases} x = \cos 2t \\ y = \sin 4t \end{cases}$ (2) $\begin{cases} x = t^2 - 1 \\ y = t^4 - 4t \end{cases}$

4. 다음 매개곡선으로 둘러싸인 영역의 넓이를 구하여라.

(1) $\begin{cases} x = 3\cos t \\ y = 2\sin t \end{cases}$

(2) $\begin{cases} x = \cos t \\ y = \sin 2t \end{cases},\ \dfrac{\pi}{2} \le t \le \dfrac{3\pi}{2}$

(3) $\begin{cases} x = t^3 - 4t \\ y = t^4 - 1 \end{cases},\ -2 \le t \le 2$

(4) $x = \theta - \sin\theta,\ y = 1 - \cos\theta$

5. 다음 매개방정식의 호의 길이를 구하여라.

(1) $x = t^2, y = t^3, \quad 0 \le t \le 1$

(2) $x = \sin 2t,\ y = \cos 2t,\ \ 0 \le t \le 2\pi$

(3) $x = e^{-t}\cos t,\ y = e^{-t}\sin t,\ 0 \le t \le \pi$

(4) $x = r(\theta - \sin\theta), y = r(1 - \cos\theta), 0 \le \theta \le 2\pi$

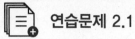

2.2 극좌표

2.2.1 극좌표의 정의

이제까지 직교좌표계를 다루었다. 이 절에서는 **극좌표계**(polar coordinate system)를 다룬다. 평면에서 극좌표계를 구성하기 위하여 **극**(pole) 또는 **원점**(origin)이라고 하는 점 O를 고정하고 O에서 출발하여 **극축**(polar axis)이라고 하는 반직선을 그린다(그림 2.10 참조).

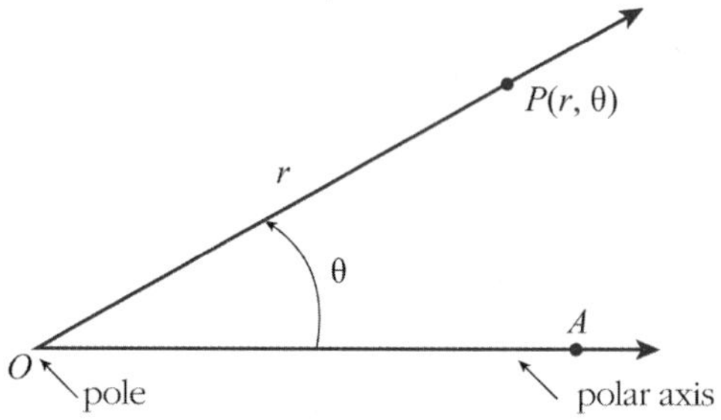

그림 2.10

그러면 평면의 점 P에 대하여 r은 원점 O으로부터 점 P까지의 유향거리, θ는 극축으로부터 선분 $\overline{OP}$까지 시계반대방향으로 측정된 유향각으로 할 때 (r, θ)를 점 P의 **극좌표**(polar coordinate)라 한다. 각이 극축으로부터 시계방향으로 측정되면 음의 각이다. 그림 2.11은 극좌표계의 세 점을 나타낸다. 극점이 중심인 동심원과 극점에서 방사된 반직선이 만나는 격자판으로 점의 위치를 나타내면 편리하다.

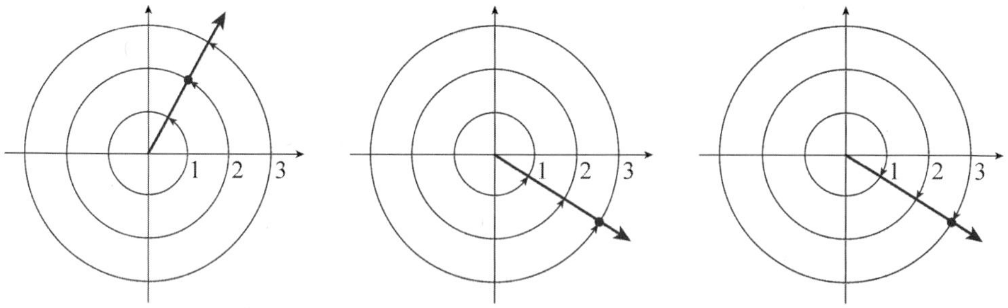

그림 2.11

여기에서 $r<0$이면 (r,θ)는 반직선 $\theta\pm\pi$ 위에 극으로부터 $|r|$만큼의 거리를 갖는 점을 나타내는 것으로 약속한다.

예제 2.9

극좌표를 좌표평면에 도시하여라.

$$P\left(2,\frac{\pi}{6}\right),\ Q\left(1,\frac{2\pi}{3}\right),\ R\left(-1,\frac{\pi}{2}\right),\ \ S\left(-\frac{3}{2},\frac{3\pi}{4}\right).$$

풀이

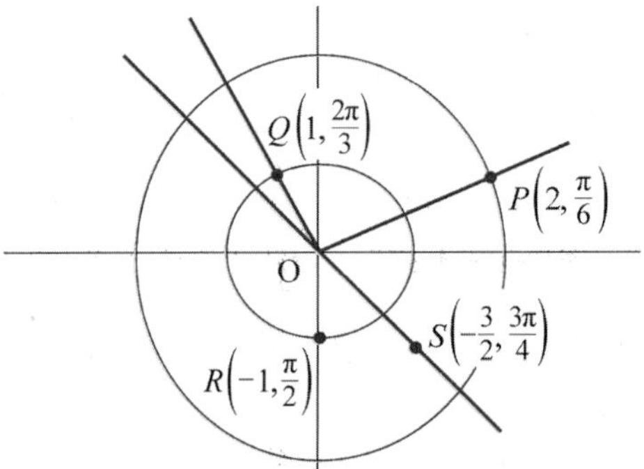

그림 2.12

2.2.2 극좌표와 직교좌표 사이의 관계

극좌표와 직교좌표 사이의 관계는 그림 2.13으로부터 알 수 있는데, 여기에서 극점은 원점에 대응되고 극축은 양의 x축과 일치한다. 점 P가 직교좌표로 (x,y)이고 극좌표로 (r,θ)이면, $(x,y)=(r\cos\theta, r\sin\theta)$ 또는 $\begin{cases}x=r\cos\theta\\ y=r\sin\theta\end{cases}$가 되는 것을 알 수 있다.

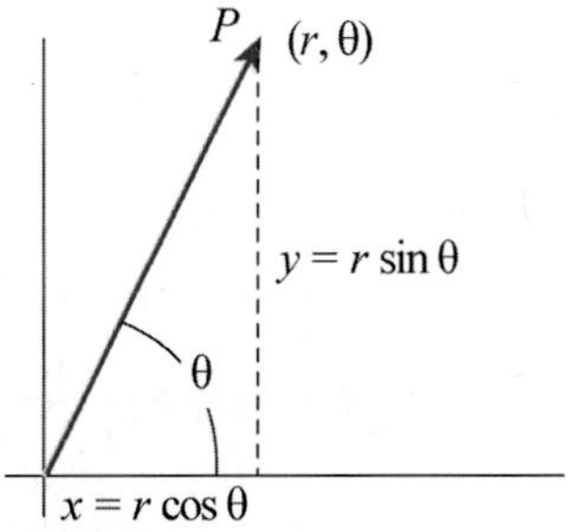

그림 2.13

그림 2.13으로부터 $\cos\theta=\frac{x}{r}$, $\sin\theta=\frac{y}{r}$가 된다.

직교좌표 x와 y를 알고 있을 때 r과 θ를 구하기 위해 다음 방정식을 이용한다.

$$r^2 = x^2 + y^2, \ \tan\theta = \frac{y}{x}$$

즉, $r = \pm\sqrt{x^2+y^2}$, $\theta = \tan^{-1}\left(\frac{y}{x}\right)$이다. 각 점이 직교좌표에서는 유일하게 표현되지만, 극좌표에서는 여러 가지로 표현된다.

예제 2.10

다음 직교좌표인 점을 극좌표로 나타내라.

(1) $\left(-2, 2\sqrt{3}\right)$ (2) $(1, -1)$

풀이

(1) $r^2 = 4+12 = 16$, $\tan\theta = -\sqrt{3}$. $\left(-2, 2\sqrt{3}\right)$이 2사분면이므로

$\tan\theta = -\sqrt{3} \Rightarrow \theta = \frac{2\pi}{3}$

$(r,\theta) = \left(4, \frac{2\pi}{3}\right)$ 또는 $(r,\theta) = \left(-4, -\frac{\pi}{3}\right)$

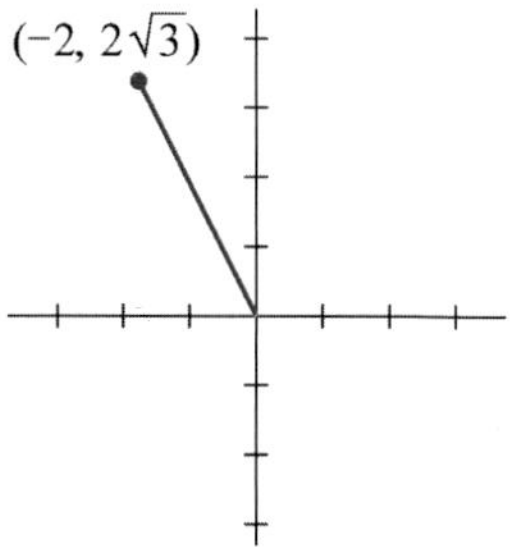

그림 2.14

(2) $r^2 = x^2+y^2$, $r^2 = 1^2+(-1)^2 = 2$, $r = \pm\sqrt{2}$

i) $r = \sqrt{2}$일 때

$\sqrt{2}\cos\theta = 1$, $\sqrt{2}\sin\theta = -1$을 동시에

만족시키는 θ는 $\frac{7}{4}\pi$ 또는 $-\frac{1}{4}\pi$를 택할 수 있다.

$\therefore (r,\theta) = \left(\sqrt{2}, \frac{7}{4}\pi\right)$ 또는 $\left(\sqrt{2}, -\frac{1}{4}\pi\right)$

ii) $r = -\sqrt{2}$일 때

$-\sqrt{2}\cos\theta = 1$, $-\sqrt{2}\sin\theta = -1$을 동시에

만족시키는 θ는 $\frac{3}{4}\pi$ 또는 $-\frac{5}{4}\pi$를 택할 수 있다.

$\therefore (r,\theta) = \left(-\sqrt{2}, \frac{3}{4}\pi\right)$ 또는 $\left(-\sqrt{2}, -\frac{5}{4}\pi\right)$

예제 2.11

각각의 극좌표 점을 직교좌표로 나타내어라.

(1) $(2,\ \pi/3)$ (2) $\left(4, \dfrac{2\pi}{3}\right)$

풀이

(1) $r=2,\ \theta=\pi/3$이므로

$$x=r\cos\theta=2\cos\frac{\pi}{3}=2\cdot\frac{1}{2}=1,\ y=r\sin\theta=2\sin\frac{\pi}{3}=2\cdot\frac{\sqrt{3}}{2}=\sqrt{3}$$

따라서 $(1,\ \sqrt{3})$

(2) $r=4$이고 $\theta=\dfrac{2}{3}\pi$이므로

$$x=r\cos\theta=4\cos\frac{2}{3}\pi=-2$$

$$y=r\sin\theta=4\sin\frac{2}{3}\pi=2\sqrt{3}$$

그러므로 이 점의 직교좌표는 $(-2,\ 2\sqrt{3})$이다.

예제 2.12

직교좌표에서 함수의 직교방정식을 극좌표에서의 극방정식으로 바꾸어라.

(1) $x^2+(y-3)^2=9$ (2) $x=7$

(3) $x^2-y^2=1$ (4) $y^2=4x$

풀이

(1) $x^2+(y-3)^2=9$

$x^2+y^2-6y+9=9$

$x^2+y^2-6y=0$

$r^2-6r\sin\theta=0$

$r=0$ 또는 $r-6\sin\theta=0$

$r=6\sin\theta$

(2) $r\cos\theta=7$

(3) $r^2(\cos^2\theta - \sin^2\theta) = 1$, $r^2\cos 2\theta = 1$

(4) $r\sin^2\theta = 4\cos\theta$

예제 2.13

다음 극방정식을 직교방정식으로 바꾸어라.

(1) $r\cos\theta = -4$

(2) $r^2 = 4r\cos\theta$

(3) $r = \dfrac{4}{2\cos\theta - \sin\theta}$

(4) $r = \cot\theta\csc\theta$

풀이

$r\cos\theta = x$, $r\sin\theta = y$, $r^2 = x^2 + y^2$

(1) $r\cos\theta = -4$

$x = -4$

(2) $r^2 = 4r\cos\theta$

$x^2 + y^2 = 4x$

$x^2 - 4x + y^2 = 0$

$x^2 - 4x + 4 + y^2 = 4$

$(x-2)^2 + y^2 = 4$

(3) $r = \dfrac{4}{2\cos\theta - \sin\theta}$

$r(2\cos\theta - \sin\theta) = 4$

$2r\cos\theta - r\sin\theta = 4$

$2x - y = 4$

$y = 2x - 4$

(4) $r = \dfrac{\cos\theta}{\sin\theta}\dfrac{1}{\sin\theta}$

$\Rightarrow r\sin^2\theta = \cos\theta$

$\Rightarrow r^2\sin^2\theta = r\cos\theta$

$\Rightarrow y^2 = x$

2.2.3 극곡선 그리기

극방정식을 만족하는 그래프인 극곡선을 그리려면 극방정식 $r=f(\theta)$의 그래프 (r, θ) 값에 대한 표를 만든 다음 대응점들을 표시하고, θ가 증가하는 순서대로 점들을 연결하여 그린다. 표시된 점들이 곡선의 유형을 잘 나타내고 있을 때에는 이 방법이 그래프를 그릴 때 유용하다. 다음 방법은 보통 그래프를 신속하게 그릴 수 있는 유용한 방법이다.

1. r축과 θ축이 수직인 $r\theta$평면에 $r=f(\theta)$의 그래프를 그린다.
2. 알기 쉬운 몇 개의 θ에 대한 r의 값을 구한 표를 이용하여 xy 직교평면 위에 극방정식의 그래프를 그린다.
3. 극방정식의 그래프에 대한 대칭성을 판정하면서 그린다.

   a) 원점에 대한 대칭 : 그래프 위에 있는 점 (r, θ)에 대하여

   $$f(\theta)=f(\pi+\theta)$$

   b) x축에 대한 대칭 : 그래프 위에 있는 점 (r, θ)에 대하여

   $$f(\theta)=f(-\theta)$$

   c) y축에 대한 대칭 : 그래프 위에 있는 점 (r, θ)에 대하여

   $$f(\theta)=f(\pi-\theta)$$

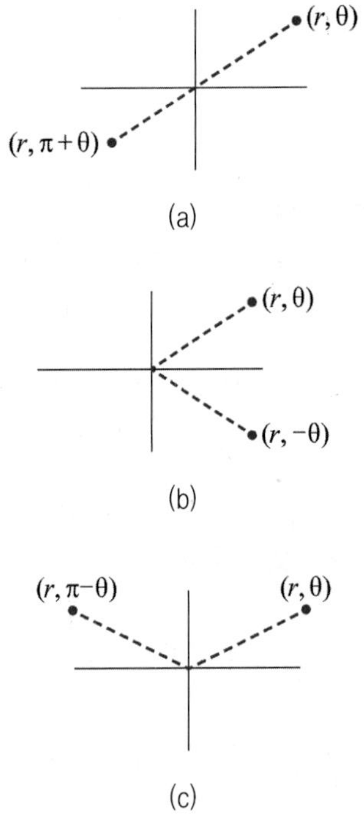

그림 2.15

예제 2.14

극방정식 $r = 2\cos\theta$를 갖는 곡선을 그리고 이 곡선에 대한 직교방정식을 구하여라.

풀이

표 2.2에서 사용하기 편리한 몇 개의 값 θ에 대한 r의 값을 구하고, 이에 대응하는 점 (r, θ)를 정한다. 그리고 나서 이런 점들을 곡선으로 연결하면 한 원이 된다.

표 2.2

θ	r
0	2
$\frac{\pi}{6}$	$\sqrt{3}$
$\frac{\pi}{3}$	1
$\frac{\pi}{2}$	0
$\frac{2\pi}{3}$	-1
$\frac{5\pi}{6}$	$-\sqrt{3}$
π	-2

θ	r
$\frac{7\pi}{6}$	$-\sqrt{3}$
$\frac{4\pi}{3}$	-1
$\frac{3\pi}{2}$	0
$\frac{5\pi}{3}$	1
$\frac{11\pi}{6}$	$\sqrt{3}$
2π	2

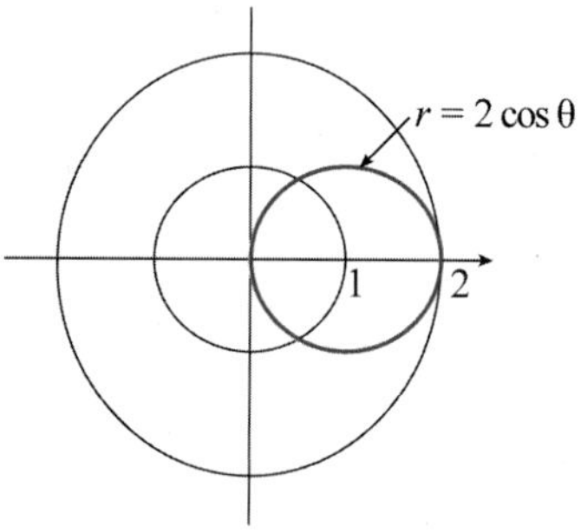

그림 2.16

양변에 r을 곱하면 $r^2 = 2r\cos\theta$이다. $x^2 + y^2 = 2x$에서 $(x-1)^2 + y^2 = 1$

예제 2.15

극방정식 $r = 1 - \cos\theta$를 갖는 곡선을 그려라.

풀이

$\cos(-\theta) = \cos\theta$이므로 x축에 대하여 대칭이다. $0 \le \theta \le \pi$에서 위치를 정한 다음 x축에 대하여 대칭시키면 다음과 같다.

표 2.3

θ	r
0	0
$\frac{\pi}{6}$	$1-\frac{\sqrt{3}}{2}\approx 0.13$
$\frac{\pi}{3}$	$\frac{1}{2}$
$\frac{\pi}{2}$	$\frac{3}{2}$
$\frac{2\pi}{3}$	$1+\frac{\sqrt{3}}{2}\approx 1.87$
$\frac{5\pi}{6}$	2
π	

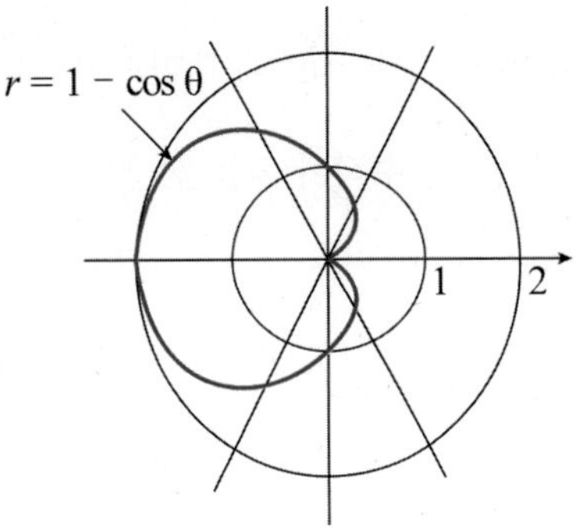

그림 2.17

2.2.4 극곡선의 기울기

곡선 $r=f(\theta)$에 대한 접선을 구하기 위해서는 θ를 매개변수로 생각하고 곡선의 매개변수방정식을 $x=r\cos\theta=f(\theta)\cos\theta$, $y=r\sin\theta=f(\theta)\sin\theta$로 쓰고, 매개변수곡선의 기울기를 구하는 방법을 이용하면

$$\frac{dy}{dx}=\frac{\frac{dy}{d\theta}}{\frac{dx}{d\theta}}=\frac{\frac{d}{d\theta}(f(\theta)\sin\theta)}{\frac{d}{d\theta}(f(\theta)\cos\theta)}=\frac{f'(\theta)\sin\theta+f(\theta)\cos\theta}{f'(\theta)\cos\theta-f(\theta)\sin\theta}=\frac{\frac{dr}{d\theta}\sin\theta+r\cos\theta}{\frac{dr}{d\theta}\cos\theta-r\sin\theta}$$

를 얻는다. $\frac{dy}{d\theta}=0\left(\frac{dx}{d\theta}\neq 0\right)$인 점들을 구함으로써 수평접선의 위치를 알 수 있다. 마찬가지로, $\frac{dx}{d\theta}=0\left(\frac{dy}{d\theta}\neq 0\right)$인 점들을 구함으로써 수직접선의 위치도 알 수 있다.

예제 2.16

다음을 구하여라.

(1) 심장형 곡선 $r=1+\sin\theta$에 대하여 $\theta=\dfrac{\pi}{3}$일 때의 접선의 기울기를 구하여라.

(2) 접선이 수평 또는 수직이 되는 심장형 곡선 위의 점들을 구하여라.

풀이

$r=1+\sin\theta$일 때의 기울기는

$$\frac{dy}{dx}=\frac{\frac{dy}{d\theta}}{\frac{dx}{d\theta}}=\frac{\frac{dr}{d\theta}\sin\theta+r\cos\theta}{\frac{dr}{d\theta}\cos\theta-r\sin\theta}=\frac{\cos\theta\sin\theta+(1+\sin\theta)\cos\theta}{\cos\theta\cos\theta-(1+\sin\theta)\sin\theta}$$

$$=\frac{\cos\theta(1+2\sin\theta)}{1-2\sin^2\theta-\sin\theta}=\frac{\cos\theta(1+2\sin\theta)}{(1+\sin\theta)(1-2\sin\theta)}$$

(1) $\theta=\dfrac{\pi}{3}$인 점에서의 접선의 기울기는

$$\left.\frac{dy}{dx}\right|_{\theta=\frac{\pi}{3}}=\frac{\cos\frac{\pi}{3}\left(1+2\sin\frac{\pi}{3}\right)}{\left(1+\sin\frac{\pi}{3}\right)\left(1-2\sin\frac{\pi}{3}\right)}=\frac{\frac{1}{2}(1+\sqrt{3})}{\left(1+\frac{\sqrt{3}}{2}\right)(1-\sqrt{3})}$$

$$=\frac{1+\sqrt{3}}{(2+\sqrt{3})(1-\sqrt{3})}=\frac{1+\sqrt{3}}{-1-\sqrt{3}}=-1$$

(2) $\dfrac{dy}{d\theta}=0$, $\dfrac{dx}{d\theta}=0$인 곳을 알아보자.

$\theta=\dfrac{\pi}{2},\dfrac{3\pi}{2},\dfrac{7\pi}{6},\dfrac{11\pi}{6}$일 때 $\dfrac{dy}{d\theta}=\cos\theta(1+2\sin\theta)=0$

$\theta=\dfrac{3\pi}{2},\dfrac{\pi}{6},\dfrac{5\pi}{6}$일 때 $\dfrac{dx}{d\theta}=(1+\sin\theta)(1-2\sin\theta)=0$

그러므로 점 $\left(2,\dfrac{\pi}{2}\right)$, $\left(\dfrac{1}{2},\dfrac{7\pi}{6}\right)$, $\left(\dfrac{1}{2},\dfrac{11\pi}{6}\right)$에서 수평접선이 존재하고, 점 $\left(\dfrac{3}{2},\dfrac{\pi}{6}\right)$, $\left(\dfrac{3}{2},\dfrac{5\pi}{6}\right)$에서 수직접선이 존재한다.

예제 2.17

$r = 2(1 - \cos\theta)$의 그래프의 수평접선과 수직접선을 구하여라.

풀이

$y = r\sin\theta$에서 $y = r\sin\theta = 2(1-\cos\theta)\sin\theta$이다. 수평접선을 갖는 점을 구하려면 $dy/d\theta = 0$인 점을 찾는다.

$$\frac{dy}{d\theta} = 2[(1-\cos\theta)(\cos\theta) + \sin\theta(\sin\theta)]$$
$$= -2(2\cos\theta + 1)(\cos\theta - 1) = 0$$

그러면 $\cos\theta = -\frac{1}{2}$, $\cos\theta = 1$이고 $\theta = 2\pi/3$, $4\pi/3$, 0일 때 $\frac{dy}{d\theta} = 0$이다.

마찬가지로 $x = r\cos\theta$에서

$x = r\cos\theta = 2\cos\theta - 2\cos^2\theta$

이다. 수직접선을 갖는 점을 구하려면 $dx/d\theta = 0$인 점을 찾는다.

$$\frac{dx}{d\theta} = -2\sin\theta + 4\cos\theta\sin\theta$$
$$= -2\sin\theta(1 - 2\cos\theta) = 0$$

$\sin\theta = 0, \cos\theta = \frac{1}{2}$이고

$\theta = 0, \pi, \frac{\pi}{3}, \frac{5}{3}\pi$일 때 $\frac{dx}{d\theta} = 0$이다.

$\theta = \frac{2}{3}\pi, \theta = \frac{4}{3}\pi$일 때 수평접선을 갖는다.

$\theta = \frac{\pi}{3}$, $\theta = \pi$, $\theta = \frac{5}{3}\pi$일 때 수직접선을 갖는다.

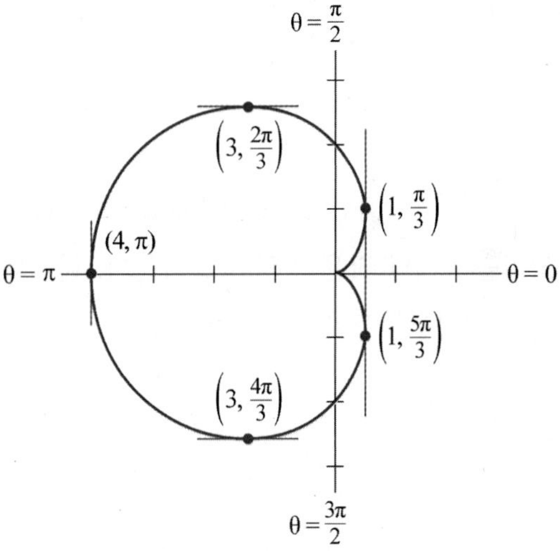

그림 2.18

수평접선 : $y = \frac{3\sqrt{3}}{2}$, $y = -\frac{3\sqrt{3}}{2}$

수직접선 : $x = \frac{1}{2}$, $x = -4$

2.2.5 극곡선의 제한된 영역에서의 면적

극곡선 $r=f(\theta)$와 반직선 $\theta=\alpha$와 $\theta=\beta$들로 제한된 영역의 넓이는 다음과 같이 설명한다.

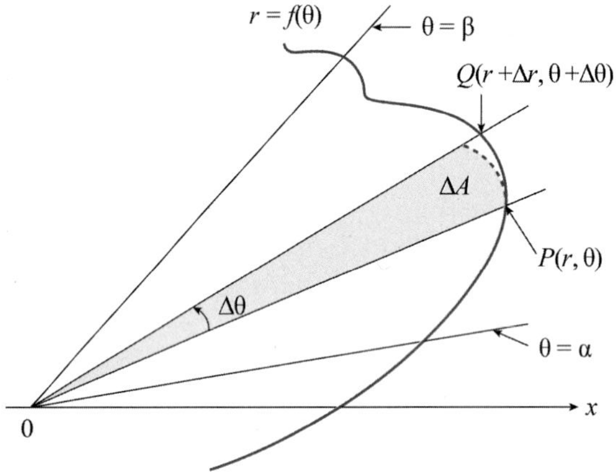

그림 2.19

$r=f(\theta)$와 반직선 $\theta=\alpha$와 $\theta=\beta$들로 제한된 영역의 넓이 A를 찾으려면 (그림 2.19) 영역을 n개의 작은 영역으로 나눈다. 넓이의 증분 $\triangle A$를 반지름 r과 중심각 $\triangle\theta$를 가진 원형부채꼴이라고 생각한다면, $\triangle A$는 아래와 같이 주어진다.

$$\triangle A=\frac{1}{2}r^2\triangle\theta$$

n개의 부채꼴의 넓이를 더하면 전체 영역의 넓이를 근사시킬 수 있다. 즉, 리만합에 극한을 취하면 넓이 $A=\lim_{n\to\infty}\sum_{k=1}^{n}\frac{1}{2}r_k^2\triangle\theta_k$를 얻을 수 있다. 정적분의 기호를 사용하여 나타내면

$$A=\int_{\alpha}^{\beta}\frac{1}{2}r^2d\theta \tag{1}$$

예제 2.18

심장형 곡선 $r = 2(1+\cos\theta)$로 둘러싸인 영역의 넓이를 찾아라.

풀이

θ가 $[0, 2\pi]$에서 변할 때, r의 값을 구하고, 심장형 곡선을 xy 직교평면에 그려본다.

그림 2.20을 그리기 위해서는 대칭을 이용하면 편리하다.

$$A = 2 \cdot \frac{1}{2}\int_0^\pi r^2 d\theta = 4\int_0^\pi (1+\cos\theta)^2 d\theta$$

$$= 4\int_o^\pi (1+2\cos\theta+\cos^2\theta)d\theta$$

$$= 4\int_0^\pi \left(1+2\cos\theta+\frac{1}{2}+\frac{\cos2\theta}{2}\right)d\theta$$

$$= 4[\theta+2\sin\theta+\frac{\theta}{2}+\frac{\sin2\theta}{4}]_0^\pi = 6\pi$$

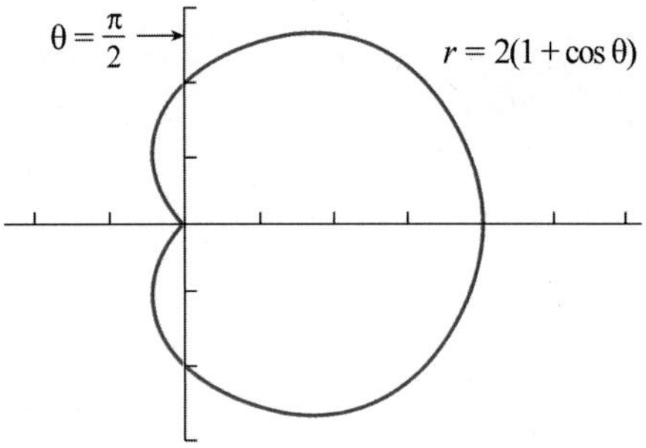

그림 2.20

예제 2.19

4엽 장미 $r = \cos2\theta$의 한 개의 고리로 둘러싸인 영역의 넓이를 구하여라.

풀이

곡선 $r = \cos2\theta$는 그림 2.21로부터 고리로 둘러싸인 영역은 $\theta = -\frac{\pi}{4}$에서 $\theta = \frac{\pi}{4}$로 회전하는 반직선에 의하여 생기는 영역이다. 그러므로 아래의 식이 얻어진다.

$$A = \int_{-\frac{\pi}{4}}^{\frac{\pi}{4}} \frac{1}{2}r^2 d\theta = \frac{1}{2}\int_{-\frac{\pi}{4}}^{\frac{\pi}{4}} \cos^2 2\theta d\theta = \int_0^{\frac{\pi}{4}} \cos^2 2\theta d\theta$$

$$= \int_0^{\frac{\pi}{4}} \frac{1}{2}(1+\cos4\theta)d\theta = \frac{1}{2}\left[\theta+\frac{1}{4}\sin4\theta\right]_0^{\frac{\pi}{4}} = \frac{\pi}{8}$$

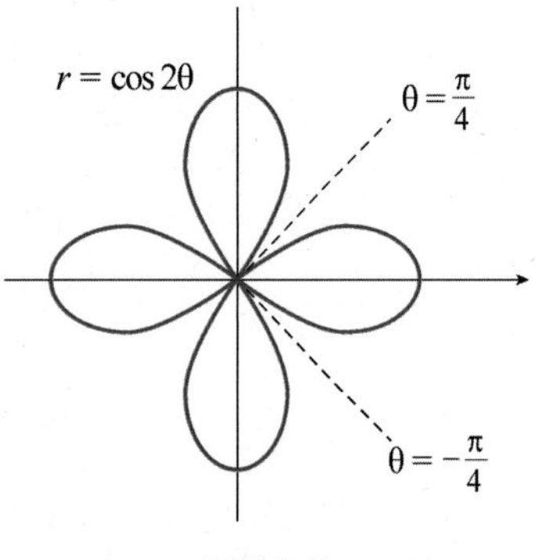

그림 2.21

두 개의 곡선으로 둘러싸인 영역 R을 극방정식 $r=f(\theta), r=g(\theta)$와 반직선 $\theta=\alpha, \theta=\beta$로 둘러싸인 영역이라 하자. 두개의 곡선으로 둘러싸인 영역 R의 넓이 A는 $r_2=f(\theta)$의 내부 넓이에서 $r_1=g(\theta)$의 내부 넓이를 빼서 구한다. 따라서 (1)을 이용하면 다음과 같다.

$$A=\int_{\alpha}^{\beta}\frac{1}{2}r_2^2d\theta-\int_{\alpha}^{\beta}\frac{1}{2}r_1^2d\theta=\int_{\alpha}^{\beta}\frac{1}{2}\left(r_2^2-r_1^2\right)d\theta \tag{2}$$

예제 2.20

원 $r=3\sin\theta$의 내부와 심장형 곡선 $r=1+\sin\theta$의 내부에서 공통이 되는 영역의 넓이를 구하여라.

풀이

곡선을 그려보자. 그림 2.22에 필요한 넓이가 색칠되어 있다.

$\theta=\dfrac{\pi}{6}$ 또는 $\theta=\dfrac{5\pi}{6}$일 때 $3\sin\theta=1+\sin\theta$이므로, 넓이는 $\theta=0$에서 $\pi/6$까지의 영역과 $\theta=\dfrac{\pi}{6}$부터 $\dfrac{\pi}{2}$까지 영역의 넓이의 합의 두 배이다.

따라서 $A=2\left[\displaystyle\int_0^{\pi/6}\frac{9}{2}\sin^2\theta d\theta+\int_{\pi/6}^{\pi/2}\frac{1}{2}(1+\sin\theta)^2d\theta\right]=\frac{5\pi}{4}$

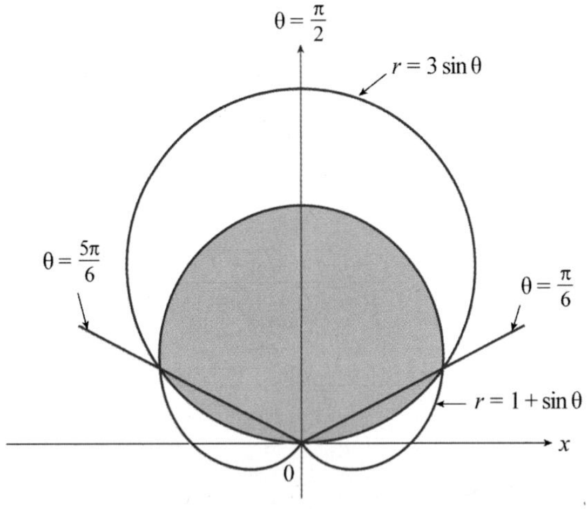

그림 2.22

예제 2.21

원 $r=1$의 내부와 $r=1-\cos\theta$의 외부에 있는 영역의 넓이를 구하여라.

풀이

$$A=\int_{-\pi/2}^{\pi/2}\frac{1}{2}(r_2^2-r_1^2)d\theta$$

$$=2\int_{0}^{\pi/2}\frac{1}{2}\left(r_2^2-r_1^2\right)d\theta$$

$$=2\int_{0}^{\pi/2}\frac{1}{2}\left(1^2-(1-\cos\theta)^2\right)d\theta$$

$$=\int_{0}^{\pi/2}\left(2\cos\theta-\cos^2\theta\right)d\theta$$

$$=\int_{0}^{\pi/2}\left(2\cos\theta-\frac{1+\cos2\theta}{2}\right)d\theta$$

$$=\left[2\sin\theta-\frac{\theta}{2}-\frac{\sin2\theta}{4}\right]_0^{\pi/2}=2-\frac{\pi}{4}$$

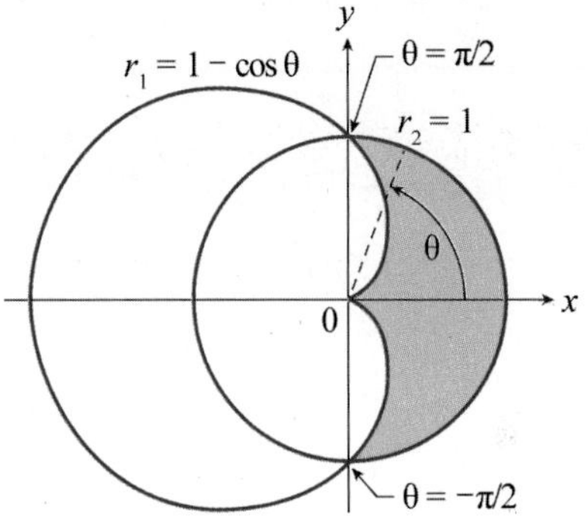

그림 2.23

연습문제 2.2

1. 극좌표가 다음과 같은 점을 직교좌표 평면에 그려라.

(1) $(3, \pi/4)$ (2) $\left(-3, \dfrac{\pi}{4}\right)$

(3) $(3, -\pi/4)$ (4) $(-3, -\pi/4)$

2. 다음 직교좌표인 점을 극좌표로 나타내어라.

(1) $(2, 2\sqrt{3})$ (2) $(\sqrt{3}, -1)$

(3) $(-4, -4)$ (4) $(\sqrt{3}, 1)$

(5) $(-3, 3)$ (6) $(-2, 2\sqrt{3})$

3. 다음에 주어진 극좌표를 직교좌표로 나타내어라.

(1) $(\sqrt{2}, \pi/4)$ (2) $(1, 0)$

(3) $(0, \pi/2)$ (4) $(-\sqrt{2}, \pi/4)$

(5) $(-3, 5\pi/6)$ (6) $(5, \tan^{-1}(4/3))$

(7) $(-1, 7\pi)$ (8) $(2\sqrt{3}, 2\pi/3)$

4. 직교좌표에서 주어진 직교방정식을 극좌표에서 극방정식으로 바꾸어라.

(1) $x = y$

(2) $\dfrac{x^2}{9} + \dfrac{y^2}{4} = 1$

(3) $x^2 + (y-2)^2 = 4$

(4) $(x-3)^2 + (y+1)^2 = 4$

5. 다음 극방정식을 직교방정식으로 바꾸어라.

(1) $r = 4\csc\theta$

(2) $r\cos\theta + r\sin\theta = 1$

(3) $r = \csc\theta\, e^{r\cos\theta}$

(4) $r = 2\cos\theta + 2\sin\theta$

6. 다음 극 방정식이 나타내는 곡선을 그려라.

(1) $\theta = \dfrac{\pi}{3}$

(2) $r = 1 - \sin\theta$

(3) $r = 4\sin\theta$

(4) $r = 1 + 2\sin\theta$

(5) $r = \cos 2\theta$

(6) $r = 2\sin 3\theta$

7. 다음 영역의 넓이를 구하여라.

(1) $r = \theta,\ 0 \le \theta \le \pi$

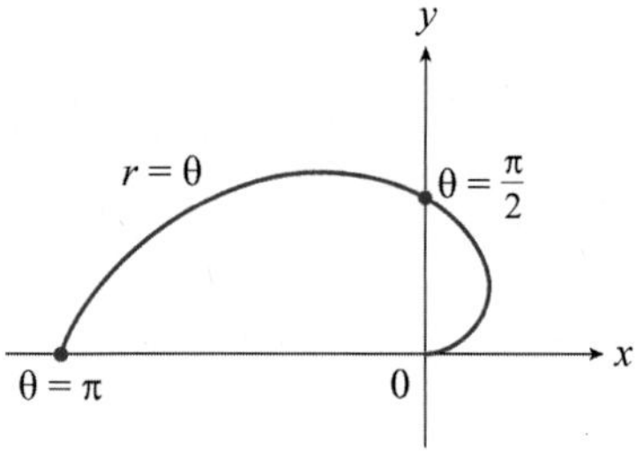

(2) $r = 2\sin\theta,\ \pi/4 \le \theta \le \pi/2$

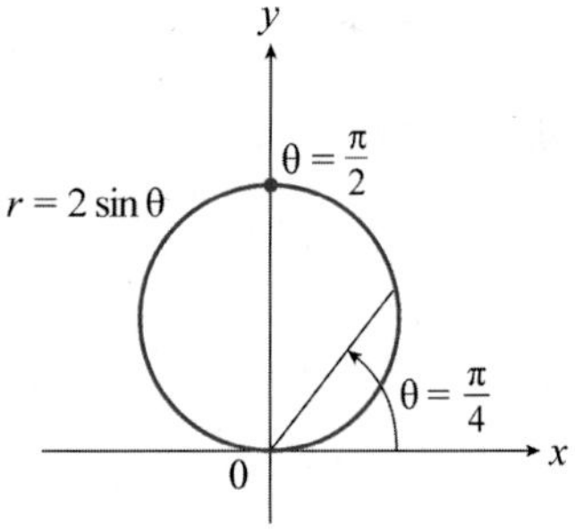

(3) $r = 2\cos\theta$의 내부

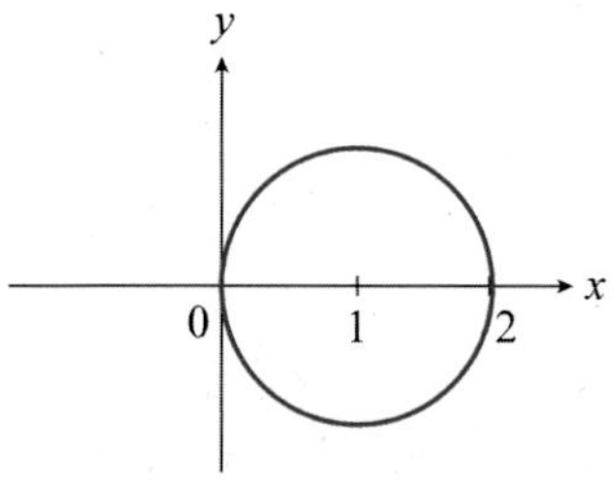

(4) $r = \cos 3\theta$의 한 고리

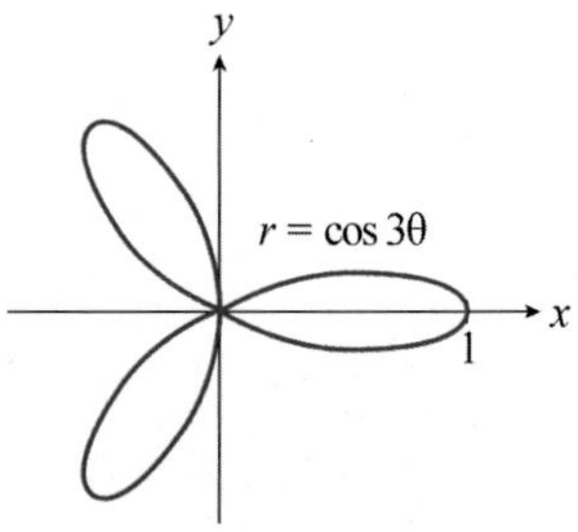

8. 다음 영역의 넓이를 구하여라.

(1) 원 $r=2\cos\theta$와 $r=2\sin\theta$의 공통부분의 넓이

(2) 원 $r=1$과 $r=2\sin\theta$의 공통부분의 넓이

(3) 원 $r=2$과 심장형 $r=2(1-\cos\theta)$의 공통부분의 넓이

(4) 원 $r=-2\cos\theta$의 내부와 원 $r=1$의 외부의 공통부분의 넓이

(5) 원 $r=6$의 내부와 $r=3\csc\theta$의 윗부분의 공통부분의 넓이

(6) 원 $r=4\cos\theta$의 내부와 수직선 $r=\sec\theta$ 오른쪽 부분의 공통부분의 넓이

9. 다음 문제에서 θ 값에 대한 점에서 극 방정식으로 나타내는 곡선의 접선의 기울기를 구하여라.

(1) $r=2\cos\theta,\ \theta=\frac{\pi}{3}$

(2) $r=\frac{1}{\theta},\ \theta=\pi$

(3) $r=\cos 2\theta,\ \theta=\frac{\pi}{4}$

(4) $r=2+\sin 3\theta,\ \theta=\frac{\pi}{4}$

2.3 원추곡선

2.3.1 포물선

포물선은 고정점 F(초점이라 부른다)와 고정선(준선이라 부른다)으로부터 같은 거리에 있는 평면 위의 점들의 집합이다. 초점과 준선의 중간점이 포물선 위의 점인데, 이 점을 꼭짓점이라 한다. 초점을 지나고 준선에 수직이 되는 직선을 포물선의 축이라 부른다.

초점이 점 $F(0,p)$이면, 준선의 방정식은 $y=-p$이다. $P(x,y)$가 포물선 위의 한 점이면, P에서 초점까지의 거리는

$$|PF| = \sqrt{x^2+(y-p)^2}$$

이고 P에서 준선까지의 거리는 $|y+p|$이다(그림 2.24는 $p>0$인 경우를 설명한다). 포물선은 평면에서 이 두 거리가 같은 점들의 집합이다. 즉,

$$\sqrt{x^2+(y-p)^2} = |y+p|$$

이고 제곱하여 간단히 하면 다음과 같은 방정식을 얻는다.

$$\begin{aligned} x^2+(y-p)^2 &= |y+p|^2 = (y+p)^2 \\ x^2+y^2-2py+p^2 &= y^2+2py+p^2 \\ x^2 &= 4py \end{aligned}$$

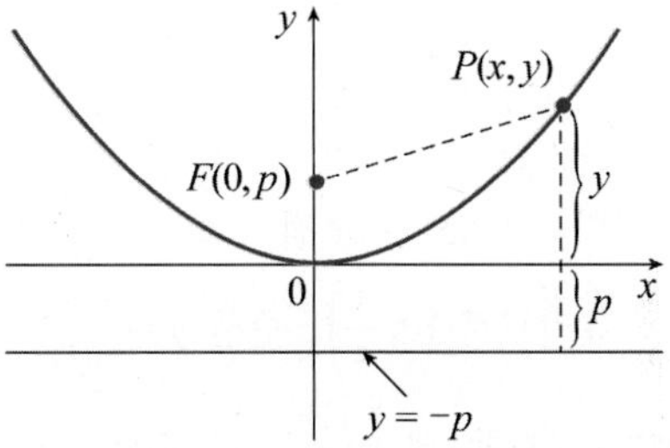

그림 2.24

① 포물선

초점 $(0, p)$와 준선 $y=-p$를 갖는 포물선의 방정식은 $x^2=4py$이다.

초점 $(p, 0)$과 준선 $x=-p$를 갖는 포물선의 방정식은 $y^2=4px$이다.

예제 2.22

다음 조건을 만족시키는 포물선의 방정식을 구하여라.

(1) 초점 $(1,0)$, 준선 $x=-1$ (2) 초점 $(-2,0)$, 준선 $x=2$

(3) 초점 $(0,2)$, 준선 $y=-2$ (4) 초점 $(0,-1)$, 준선 $y=1$

풀이

(1) $y^2=4px$에서 $p=1$인 경우이므로 $y^2=4x$

(2) $y^2=4px$에서 $p=-2$인 경우이므로 $y^2=-8x$

(3) $x^2=4py$에서 $p=2$인 경우이므로 $x^2=8y$

(4) $x^2=4py$에서 $p=-1$인 경우이므로 $x^2=-4y$

예제 2.23

다음 각 포물선의 초점의 좌표 및 준선의 방정식을 구하여라.

(1) $y^2=8x$ (2) $y^2=-12x$

(3) $x^2=y$ (4) $x^2=-2y$

풀이

(1) $4p=8$이므로 $p=2$이다. 그러므로 초점 $(2,0)$, 준선 $x=-2$

(2) $4p=-12$이므로 $p=-3$이다. 그러므로 초점 $(-3,0)$, 준선 $x=3$

(3) $4p=1$이므로 $p=\frac{1}{4}$이다. 그러므로 $\left(0, \frac{1}{4}\right)$, 준선 $y=-\frac{1}{4}$

(4) $4p=-2$이므로 $p=-\frac{1}{2}$이다. 그러므로 $\left(0, -\frac{1}{2}\right)$, 준선 $y=\frac{1}{2}$

예제 2.24

다음 포물선의 꼭짓점, 초점, 준선의 방정식을 각각 구하여라.

(1) $y^2+4x-6y+9=0$ (2) $x^2+2x-8y+17=0$

풀이

(1) $y^2-6y+9=-4x$

그러므로 $(y-3)^2=-4x$ ①

한편 $y^2=-4x$의 꼭짓점, 초점, 준선은

꼭짓점 : $(0,0)$, 초점 : $(-1,0)$, 준선의 방정식 : $x=1$

이므로 ①의 꼭짓점, 초점, 준선은

꼭짓점 $(0,3)$, 초점 $(-1,3)$, 준선 $x=1$

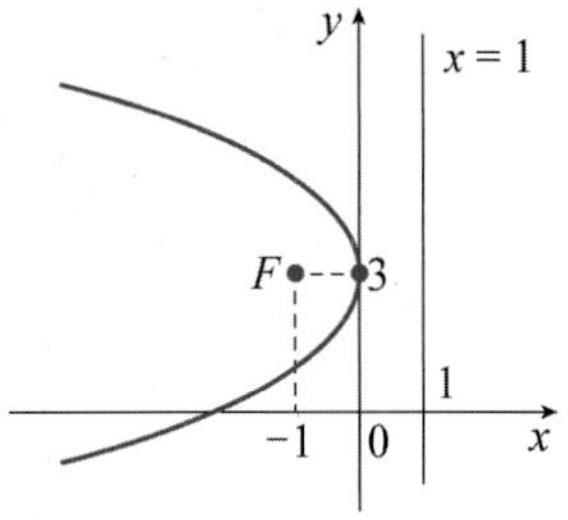

그림 2.24

(2) $x^2+2x+1=8y-16$

그러므로 $(x+1)^2=8(y-2)$ ②

한편 $x^2=8y$의 꼭짓점, 초점, 준선은

꼭짓점 : $(0,0)$, 초점 : $(0,2)$, 준선의 방정식 : $y=-2$

이므로 ②의 꼭짓점, 초점, 준선은

꼭짓점 $(-1,2)$, 초점 $(-1,4)$, 준선 $y=0$

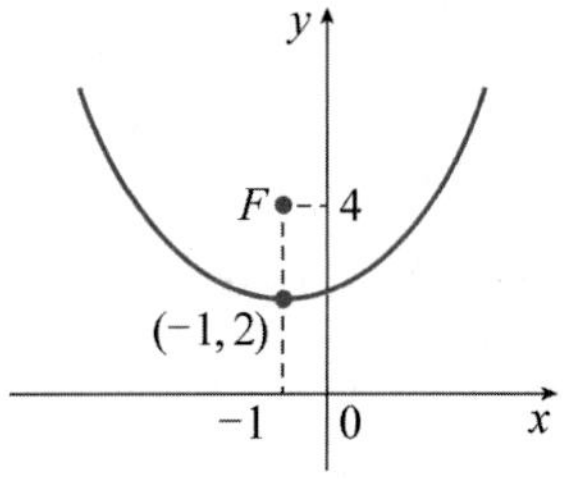

그림 2.25

2.3.2 타원

타원은 평면에서 두 고정점 F_1과 F_2로부터의 거리의 합이 일정한 점들의 집합이다 (그림 2.26 참조). 이 두 고정점들을 초점이라 부른다.

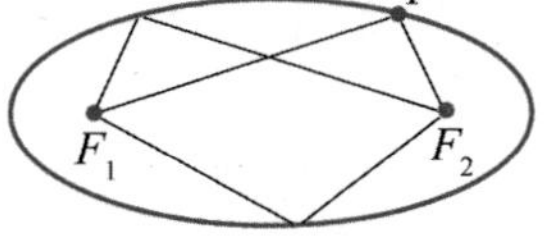

그림 2.26

타원에 대한 가장 간단한 방정식을 얻기 위해, 그림 2.27에서처럼 초점을 x축 위에 점 $(-c,0)$과 $(c,0)$으로 놓으면 원점은 초점들 사이의 중간점이 된다. 타원 위의 한

점으로부터 초점까지의 거리들의 합을 $2a > 0$이라 놓자. 그러면

$$|PF_1| + |PF_2| = 2a$$

일 때 $P(x, y)$는 타원 위의 한 점이 된다. 즉, $\sqrt{(x+c)^2+y^2} + \sqrt{(x-c)^2+y^2} = 2a$ 또는 $\sqrt{(x-c)^2+y^2} = 2a - \sqrt{(x+c)^2+y^2}$ 이 된다.

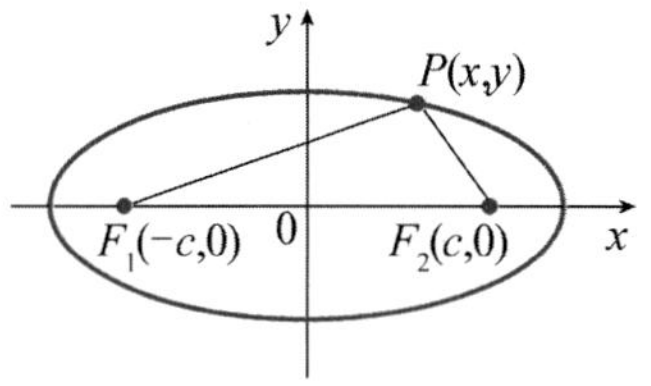

그림 2.27

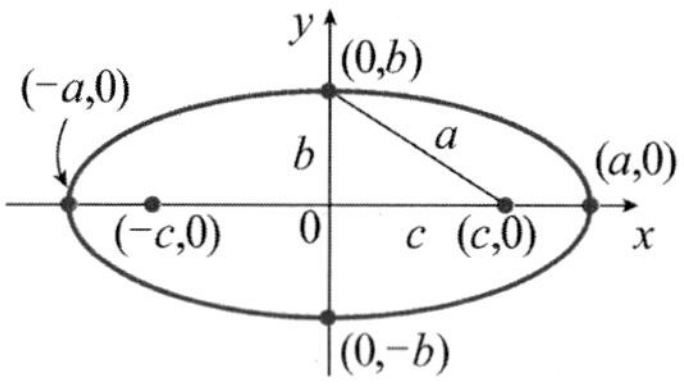

그림 2.28

양변을 제곱하여 $x^2 - 2cx + c^2 + y^2 = 4a^2 - 4a\sqrt{(x+c)^2+y^2} + x^2 + 2cx + c^2 + y^2$을 얻는다. 위 식을 간단히 하면 $a\sqrt{(x+c)^2+y^2} = a^2 + cx$가 된다. 다시 양변을 제곱하면 $a^2(x^2+2cx+c^2+y^2) = a^4 + 2a^2cx + c^2x^2$이고, 정리하면 다음과 같이 된다.

$$(a^2-c^2)x^2 + a^2y^2 = a^2(a^2-c^2)$$

편의상 $b^2 = a^2 - c^2$이라 놓으면, 타원의 방정식은 $b^2x^2 + a^2y^2 = a^2b^2$이 되고, 양변을 a^2b^2으로 나누면 $\dfrac{x^2}{a^2} + \dfrac{y^2}{b^2} = 1$이 된다. $b^2 = a^2 - c^2 < a^2$이므로 $b < a$이다. $y = 0$으로 놓으면 x절편이 나온다. 즉 $\dfrac{x^2}{a^2} = 1$ 또는 $x^2 = a^2$이므로 $x = \pm a$가 된다. 타원의 두 꼭짓점 $(\pm a, 0)$을 잇는 선분을 장축, 두 꼭지점 $(0, \pm b)$를 잇는 선분은 단축이라 한다.

② 타원

$$\frac{x^2}{a^2} + \frac{y^2}{b^2} = 1,\quad a \ge b > 0$$

은 초점 $(\pm c, 0)$(단, $c^2 = a^2 - b^2$)과 꼭짓점 $(\pm a, 0)$, $(0, \pm b)$를 갖는다.

타원의 초점이 y축 위의 점 $(0,\pm c)$이면 ②에서 x와 y를 바꾸어 이 타원의 방정식을 구할 수 있다(그림 2.27 참조).

③ 타원

$$\frac{x^2}{b^2}+\frac{y^2}{a^2}=1,\quad a\geq b>0$$

은 초점 $(0,\pm c)$(단, $c^2=a^2-b^2$)과

꼭짓점 $(0,\pm a)$, $(\pm b,0)$를 갖는다.

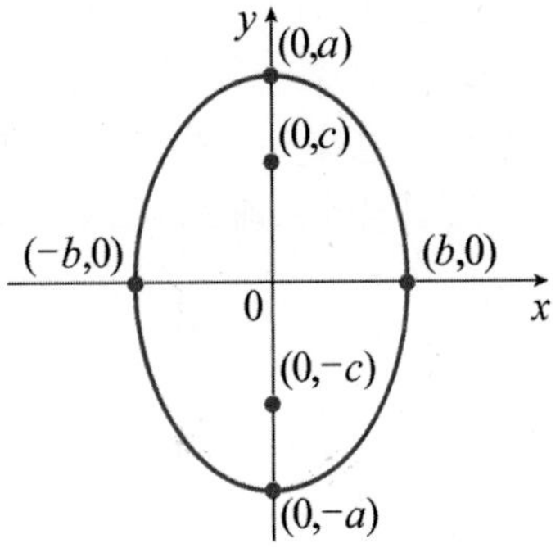

그림 2.29

예제 2.25

다음 방정식이 나타내는 타원의 초점, 꼭짓점, 중심의 좌표 및 장축과 단축의 길이를 구하여라.

(1) $\dfrac{x^2}{25}+\dfrac{y^2}{16}=1$ (2) $\dfrac{x^2}{16}+\dfrac{y^2}{25}=1$

풀이

(1) $\dfrac{x^2}{5^2}+\dfrac{y^2}{4^2}=1$에서 $a=5$, $b=4$이므로 초점은 x축 위에 있다.

한편 $k=\sqrt{a^2-b^2}=\sqrt{5^2-4^2}=3$이므로

초점 $(3,0)$, $(-3,0)$

꼭짓점 $(5,0)$, $(-5,0)$, $(0,4)$, $(0,-4)$

중심 $(0,0)$

장축의 길이 $2a=2\times5=10$,

단축의 길이 $2b=2\times4=8$이고 타원의 그래프는 그림 2.30과 같다.

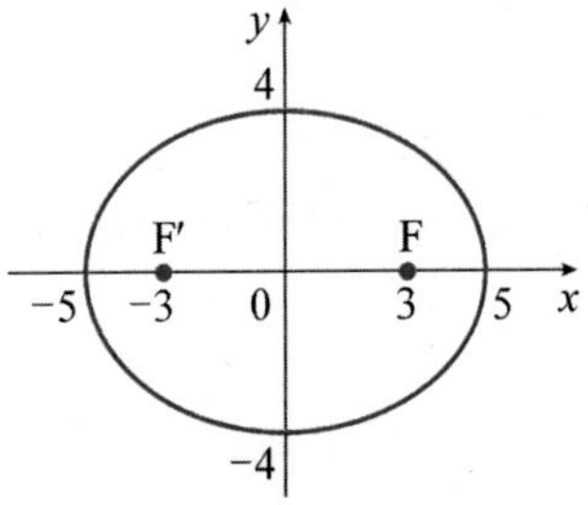

그림 2.30

(2) $\dfrac{x^2}{4^2}+\dfrac{y^2}{5^2}=1$에서 $a=5$, $b=4$이므로 초점은 y축 위

에 있다.

한편 $k=\sqrt{a^2-b^2}=\sqrt{5^2-4^2}=3$이므로

초점 $(0,3)$, $(0,-3)$

꼭짓점 $(4,0)$, $(-4,0)$, $(0,5)$, $(0,-5)$

중심 $(0,0)$

장축의 길이 $2a=2\times5=10$, 단축의 길이 $2b=2\times4=8$

이고 타원의 그래프는 그림 2.31과 같다.

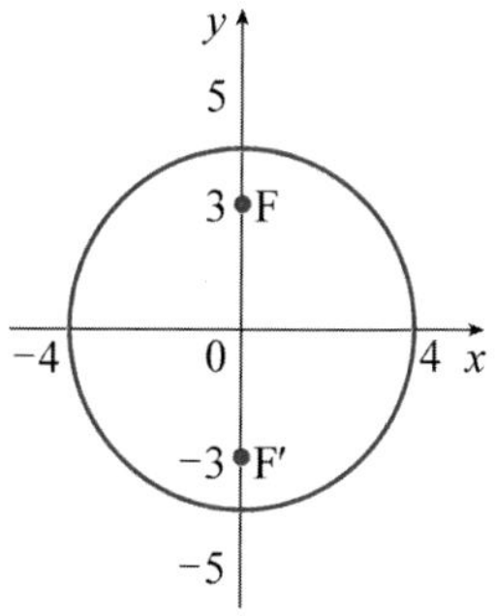

그림 2.31

예제 2.26

초점 $(0,\pm2)$와 꼭짓점 $(0,\pm3)$을 갖는 타원의 방정식을 구하여라.

풀이

$c=2$이고 $a=3$이다. 따라서 $b^2=a^2-c^2=9-4=5$가 되어, 타원의 방정식은

$$\frac{x^2}{5}+\frac{y^2}{9}=1$$

이다. 이 방정식을 다른 방법으로 쓰면 $9x^2+5y^2=45$이다.

예제 2.27

다음 방정식으로 나타내어지는 타원이 있다.

$$4x^2+9y^2-16x-54y+61=0$$

이 타원에 대하여 다음을 각각 구하여라.

(1) 장축의 길이

(2) 단축의 길이

(3) 중심의 좌표

(4) 꼭짓점의 좌표

(5) 초점의 좌표

풀이

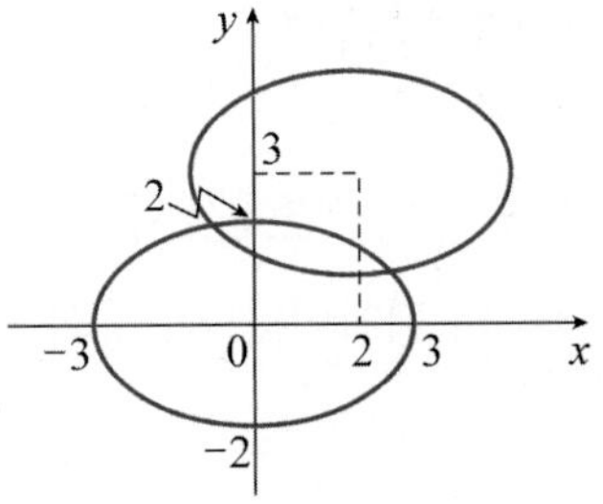

그림 2.32

준식에서 $4(x-2)^2+9(y-3)^2=36$

그러므로 $\dfrac{(x-2)^2}{3^2}+\dfrac{(y-3)^2}{2^2}=1$ ①

또한, $\dfrac{x^2}{3^2}+\dfrac{y^2}{2^2}=1$ ②

로 놓으면 ①은 ②의 그래프를 x축 방향으로 2만큼, y축 방향으로 3만큼 평행이동한 것이다.

②에서 장축의 길이 6, 단축의 길이 4, 중심 (0,0), 꼭짓점 (3,0), (−3,0), (0,2), (0,−2), 초점 $(\sqrt{5},0), (-\sqrt{5},0)$이므로 ①에 대해서는 다음과 같다.

답 (1) 6 (2) 4 (3) (2,3) (4) (5,3),(−1,3),(2,5),(2,1) (5) $(2+\sqrt{5},3), (2-\sqrt{5},3)$

예제 2.28

타원 $x^2+4y^2+4x-8y+4=0$의 장축의 길이, 단축의 길이, 중심, 초점의 좌표를 각각 구하여라.

풀이

타원의 방정식을 정리하면

$(x+2)^2+4(y-1)^2-4-4+4=0$

$\dfrac{(x+2)^2}{2^2}+\dfrac{(y+1)^2}{1}=1$ ①

또한 $\dfrac{x^2}{2^2}+\dfrac{y^2}{1}=1$ ②

로 놓으면 ①은 ②의 그래프를 x축 방향으로 −2만큼, y축 방향으로 −1만큼 평행이동한 것이다. 따라서

$c=\sqrt{4-1}=\sqrt{3}$

②식의 초점 $F(\sqrt{3},0), F'(-\sqrt{3},0)$

①식의 초점 $F(-2+\sqrt{3},0), F'(-2-\sqrt{3},0)$

답 4, 2, (−2,1), $(-2\pm\sqrt{3},1)$

2.3.3 쌍곡선

쌍곡선은 평면에서 두 개의 고정점 F_1, F_2(초점)로부터의 거리의 차가 일정한 모든 점들의 집합이다. 이 정의는 그림 2.33에서 설명된다.

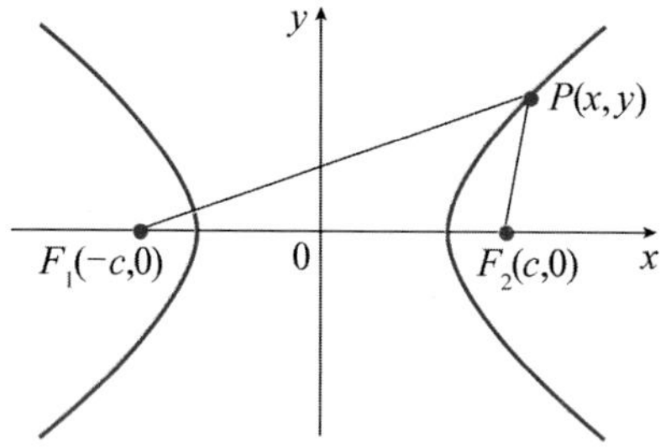

그림 2.33

쌍곡선은 화학(보일의 법칙), 물리학(옴의 법칙), 생물학(산소해리곡선), 경제학(공급과 수요곡선)에서 방정식의 그래프로 흔히 나타난다. 특별한 의미가 있는 쌍곡선의 응용은 세계 1차 대전과 2차 대전 때 개발된 내비게이션 시스템에 나타난다.

쌍곡선의 정의는 타원의 정의와 유사하다. 단지 바뀐 것은 거리의 합이 거리의 차로 되었다는 것뿐이다. 사실 쌍곡선의 방정식을 유도하는 과정은 앞에서 주어진 타원에 대한 것과 유사하다. 초점이 x축 위의 $(\pm c, 0)$이고 거리의 차가 $|PF_1| - |PF_2| = \pm 2a$일 때 쌍곡선의 방정식은 다음과 같다. 즉

$$\frac{x^2}{a^2} - \frac{y^2}{b^2} = 1, \quad c^2 = a^2 + b^2$$

x절편은 $\pm a$이고, 점 $(a, 0)$과 $(-a, 0)$이 이 쌍곡선의 꼭짓점이다. 이 쌍곡선은 두 좌표축에 관해서 대칭이다. 쌍곡선을 그리는 데 있어 먼저 이 곡선의 점근선을 그리는 것이 편리한데, 이 점근선은 $y = \frac{b}{a}x$와 $y = -\frac{b}{a}x$이다. 쌍곡선의 두 분지는 점근선에 접근한다. 즉, 점근선에 임의로 가까워진다.

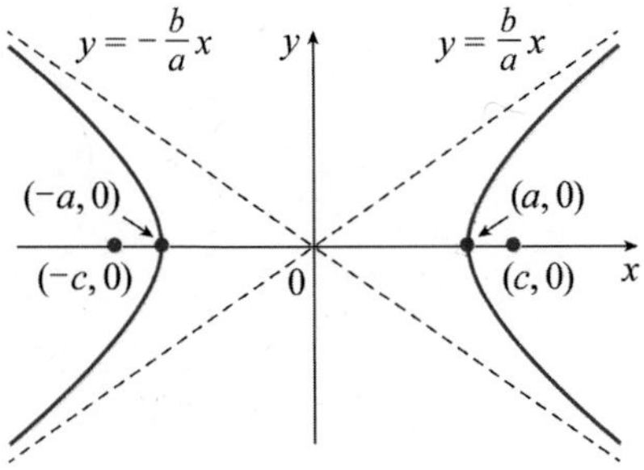

그림 2.34

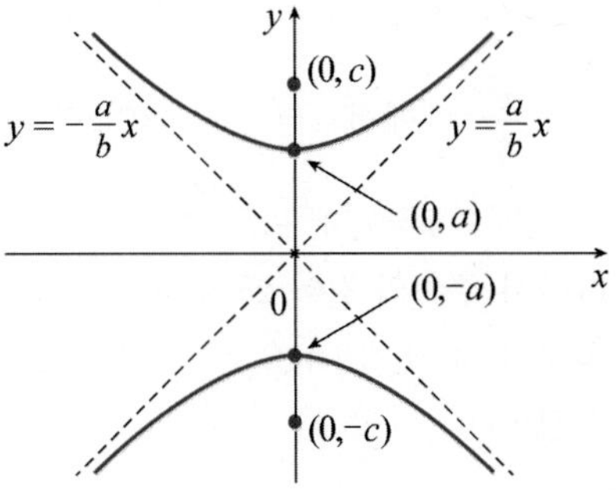

그림 2.35

④ 쌍곡선

$$\frac{x^2}{a^2}-\frac{y^2}{b^2}=1$$

은 초점 $(\pm c, 0)$(단, $c^2=a^2+b^2$), 꼭짓점 $(\pm a, 0)$, 점근선 $y=\pm\frac{b}{a}x$를 갖는다.

쌍곡선의 초점이 y축 위에 있으면, x와 y의 역할을 바꿈으로써 다음 결과가 얻어지고 그림 2.35에서 이를 설명한다.

⑤ 쌍곡선

$$\frac{y^2}{a^2}-\frac{x^2}{b^2}=1$$

은 초점 $(0, \pm c)$(단, $c^2=a^2+b^2$), 꼭짓점 $(0, \pm a)$, 점근선 $y=\pm\frac{a}{b}x$를 갖는다.

예제 2.29

다음 방정식으로 나타내어지는 쌍곡선의 주축의 길이 및 꼭짓점, 초점의 좌표를 구하여라.

(1) $9x^2-16y^2=144$ (2) $9x^2-16y^2=-144$

풀이

(1) $\dfrac{x^2}{4^2}-\dfrac{y^2}{3^2}=1$에서 $a=4$, $b=3$인 경우이므로

$c=\sqrt{a^2+b^2}=\sqrt{4^2+3^2}=5$

따라서 주축의 길이 $2a=2\times4=8$,

꼭짓점 $(4,0)$, $(-4,0)$

초점 $(5,0)$, $(-5,0)$

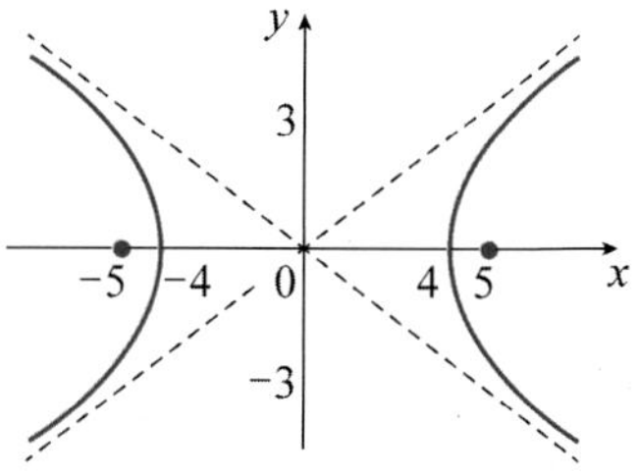

그림 2.36

(2) $\dfrac{y^2}{3^2}-\dfrac{x^2}{4^2}=1$에서 $a=3$, $b=4$인 경우이므로

$c=\sqrt{a^2+b^2}=\sqrt{4^2+3^2}=5$

따라서 주축의 길이 $2a=2\times3=6$

꼭짓점 $(0,3)$, $(0,-3)$

초점 $(0,5)$, $(0,-5)$

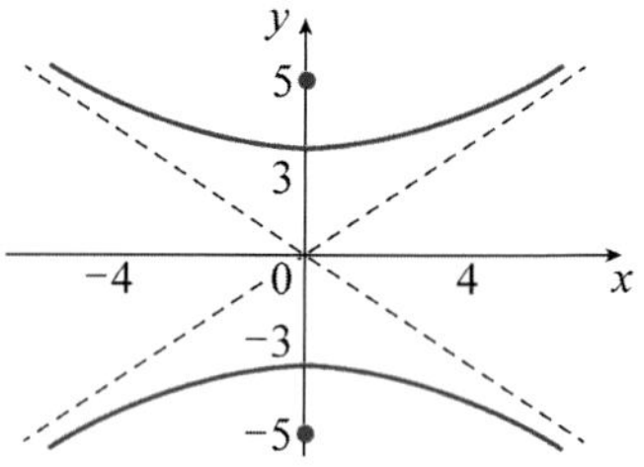

그림 2.37

예제 2.30

다음 쌍곡선의 점근선의 방정식을 구하여라.

(1) $9x^2-16y^2=144$ (2) $9x^2-16y^2=-144$

풀이

(1) 준식을 정리하면 $\dfrac{x^2}{4^2}-\dfrac{y^2}{3^2}=1$이므로 $\dfrac{x^2}{4^2}-\dfrac{y^2}{3^2}=0$이 점근선의 방정식이다.

그러므로 $y=\pm\dfrac{3}{4}x$

(2) 준식을 정리하면 $\dfrac{y^2}{3^2}-\dfrac{x^2}{4^2}=1$이므로 $\dfrac{y^2}{3^2}-\dfrac{x^2}{4^2}=0$이 점근선의 방정식이다.

그러므로 $y=\pm\dfrac{3}{4}x$

예제 2.31

쌍곡선 $4x^2 - 9y^2 - 32x + 36y - 8 = 0$에 대하여 다음을 각각 구하여라.

(1) 주축의 길이
(2) 중심의 좌표
(3) 꼭짓점의 좌표
(4) 초점의 좌표
(5) 점근선의 방정식

풀이

준식에서 $4(x-4)^2 - 9(y-2)^2 = 36$

그러므로 $\dfrac{(x-4)^2}{3^2} - \dfrac{(y-2)^2}{2^2} = 1$ ①

또한, $\dfrac{x^2}{3^2} - \dfrac{y^2}{2^2} = 1$ ②

로 놓으면 ①은 ②의 그래프를 x축 방향으로 4만큼, y축 방향으로 2만큼 평행이동한 것임을 알 수 있다.

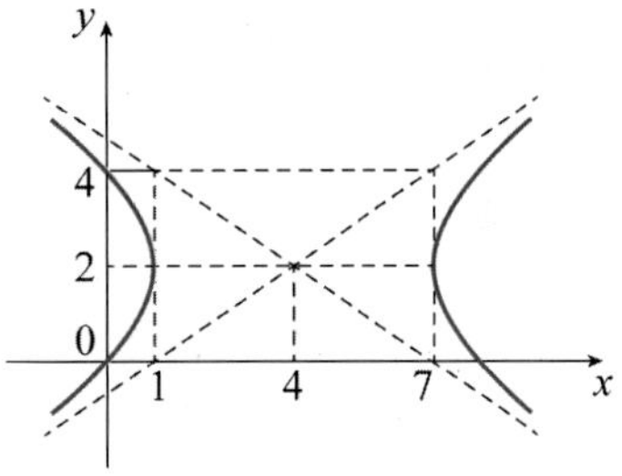

그림 2.38

②에서 주축의 길이 6, 중심$(0,0)$, 꼭지점 $(3,0)$, $(-3,0)$, 초점 $(\sqrt{13},0)$, $(-\sqrt{13},0)$, 점근선 $y = \pm\dfrac{2}{3}x$

답 (1) 6
(2) $(4,2)$
(3) $(7,2),(1,2)$
(4) $(\sqrt{13}+4,2),(-\sqrt{13}+4,2)$
(5) $y-2 = \pm\dfrac{2}{3}(x-4)$

예제 2.32

쌍곡선 $9x^2 - 4y^2 - 72x + 8y + 176 = 0$의 주축의 길이, 초점의 좌표 및 점근선의 방정식을 구하여라.

풀이

주축의 길이 6, 초점 $(4, 1\pm\sqrt{13})$, 점근선 $y = \pm\dfrac{3}{2}(x-4)+1$

연습문제 2.3

1. 포물선의 꼭짓점, 초점 및 준선을 구하고, 그래프의 개형을 그려라.

(1) $x = 2y^2$

(2) $4x^2 = -y$

(3) $(x+2)^2 = 8(y-3)$

(4) $y^2 + 2y + 12x + 25 = 0$

2. 포물선의 방정식을 구하고, 초점과 준선을 구하여라.

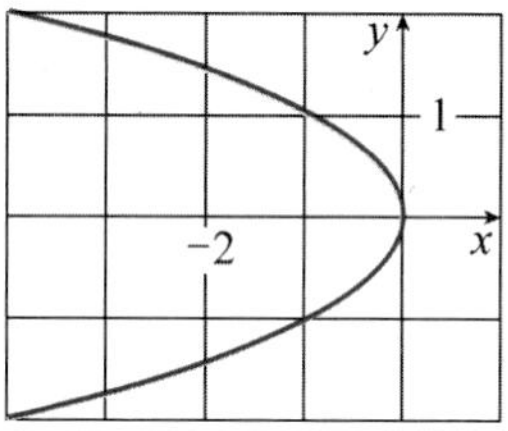

3. 타원의 꼭짓점 및 초점을 구하고, 그래프의 개형을 그려라.

(1) $\dfrac{x^2}{16} + \dfrac{y^2}{4} = 1$

(2) $25x^2 + 9y^2 = 225$

(3) $9x^2 - 18x + 4y^2 = 27$

(4) $x^2 + 3y^2 + 2x - 12y + 10 = 0$

4. 타원의 방정식을 구하고, 초점을 구하여라.

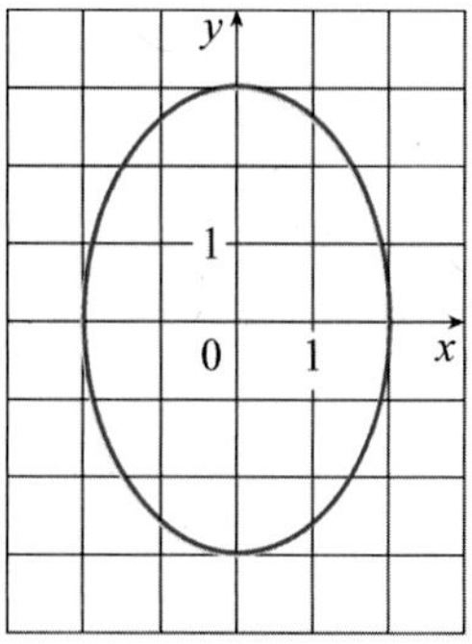

5. 쌍곡선의 꼭짓점, 초점 및 점근선을 구하고, 그래프의 개형을 그려라.

(1) $\dfrac{x^2}{144} - \dfrac{y^2}{25} = 1$ (2) $y^2 - x^2 = 4$

(3) $4x^2 - y^2 - 24x - 4y + 28 = 0$ (4) $9y^2 - 4x^2 - 36y - 8x = 4$

6. 다음 주어진 원추곡선의 형태를 확인하고 꼭짓점과 초점을 구하여라.

(1) $x^2 = y + 1$ (2) $x^2 = 4y - 2y^2$

(3) $y^2 + 2y = 4x^2 + 3$ (4) $y^2 + 6y + 2x + 1 = 0$

7. 주어진 조건을 만족하는 원추곡선의 방정식을 구하여라.

(1) 꼭짓점 $(0,0)$, 초점 $(0,-2)$인 포물선

(2) 초점 $(-4,0)$, 준선 $x=2$인 포물선

(3) 꼭짓점 $(0,0)$, x축을 대칭축으로 하고 $(1,-4)$를 지나는 포물선

(4) 초점 $(\pm 2,0)$, 꼭짓점 $(\pm 5,0)$인 타원

(5) 초점 $(0,2)$, $(0,6)$, 꼭짓점 $(0,0)$, $(0,8)$인 타원

(6) 중심 $(-1,4)$, 꼭짓점 $(-1,0)$, 초점 $(-1,6)$인 타원

(7) 꼭짓점 $(\pm 3,0)$, 초점 $(\pm 5,0)$인 쌍곡선

(8) 꼭지점 $(-3,-4)$, $(-3,-6)$, 초점 $(-3,-7)$, $(-3,9)$인 쌍곡선

(9) 꼭짓점 $(\pm 3,0)$, 점근선 $y = \pm 2x$인 쌍곡선

8. 달 주위의 궤도에서 달의 표면과 가장 가까운 점을 근월점, 가장 먼 점을 원월점이라 부른다. 아폴로 11호 우주선은 근월점의 고도가 110km, 원월점의 고도가 314km인 타원 궤도에 진입했다. 달의 반지름이 1728km이고, 달의 중심이 한 초점에 있다고 할 때 이 타원의 방정식을 구하여라.

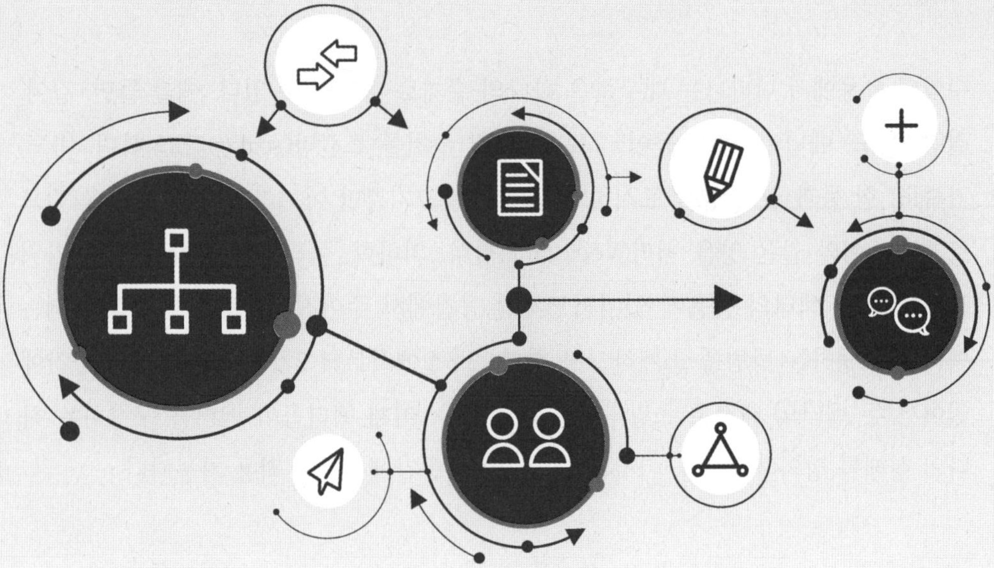

CHAPTER 3

벡터와 공간기하

수학의 응용에서 나타나는 대부분은 하나의 수치로 나타낼 수 있다. 예를 들면, 길이, 질량, 온도, 에너지, 면적 등이 그렇다. 이런 수치를 스칼라(scalar)라고 하며, 속도, 가속도, 힘 등과 같이 양을 표시하기 위해서는 크기뿐만 아니라 방향의 개념을 필요로 한다. 이와 같은 양을 벡터(Vector)라 한다. 기하학, 물리학과 공학의 여러 가지 문제에 대한 벡터의 응용에 있어서 3차원 공간에서 주어진 두 벡터에 수직이 되는 벡터를 구성하는 방법을 소개하고자 한다. 3.3절에서부터 2차원 또는 3차원 공간에 있어서 두 벡터의 내적은 스칼라임을 상기하자. 이제 벡터곱이 벡터를 구성하는 하나의 형태를 정의하겠지만, 이것은 오직 3차원 공간에서만이 적용 가능하다.

3.1 벡터

과학자들은 **벡터**(vector)라는 용어를 (변위, 속도 또는 힘과 같이) 크기와 방향을 가진 양을 가리키는 데 이용한다. 벡터는 흔히 화살표나 유향 선분으로 나타낸다. 화살표의 길이는 벡터의 크기를 나타내고, 화살표의 끝점은 벡터의 방향을 가리킨다. 벡터는 굵은 글씨($\mathbf{v}$) 또는 글씨 위에 화살표($\vec{v}$)를 붙여 표시한다.

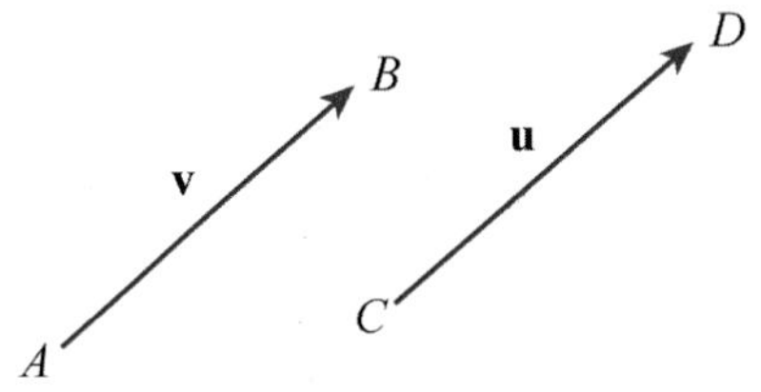

그림 3.1

예를 들어 입자가 점 A에서 B까지 선분을 따라 움직인다고 가정하자. 그림 3.1과 같이 이에 해당하는 **변위벡터**(displacement vector) $\mathbf{v}$는 시점(initial point)이 A이고 **종점**(terminal point)이 B이며 $\mathbf{v}=\overrightarrow{AB}$로 나타낸다. 벡터 $\mathbf{u}=\overrightarrow{CD}$는 $\mathbf{v}$와 위치는 다르지만, 길이가 같고 방향도 같음에 유의하자. $\mathbf{u}$와 $\mathbf{v}$를 **동치**(또는 **같다**)라 하고 $\mathbf{u}=\mathbf{v}$라 쓴다. **영벡터**(zero vector)는 $\mathbf{0}$으로 쓰는데 길이가 0이다. 영벡터는 특별한 방향이 없는 유일한 벡터이다.

정의 3.1

u와 v를 v의 시점에 u의 종점이 놓이는 벡터라 하자. 그러면 합 u + v는 u의 시점에서 v의 종점까지의 벡터이다.

그림 3.2는 벡터의 합을 나타낸다. 이 그림을 보면 이 정의를 때때로 **삼각형 법칙**(Triangle Law)이라 하는 이유를 알 수 있다.

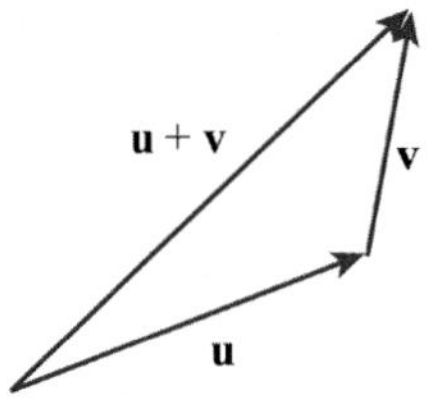

그림 3.2

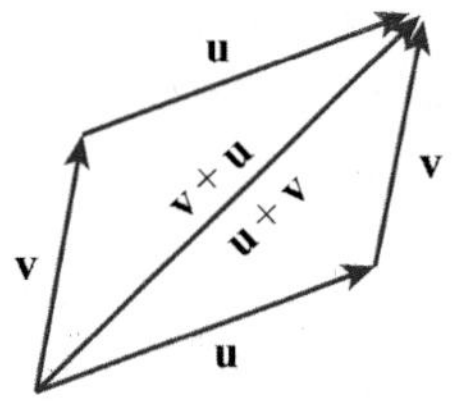

그림 3.3

그림 3.3은 그림 3.2에서와 같은 두 벡터 u, v 로 u와 동일한 시점을 갖는 v의 또 다른 복사본을 그린다. 평행사변형을 그리면 u + v = v + u가 됨을 볼 수 있다. 이로써 벡터의 합을 작도하는 또 다른 방법을 알았다. 벡터 u와 v를 동일한 점에서 시작하도록 놓으면, u + v는 u와 v를 변으로 하는 평행사변형의 대각선과 같다. [이를 **평행사변형 법칙**(Parallelogram Law)이라 한다.]

예제 3.1

그림 3.4의 벡터 u와 v의 합을 그려라.

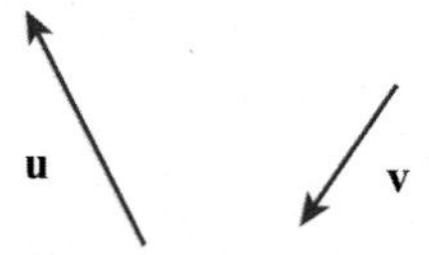

그림 3.4

풀이

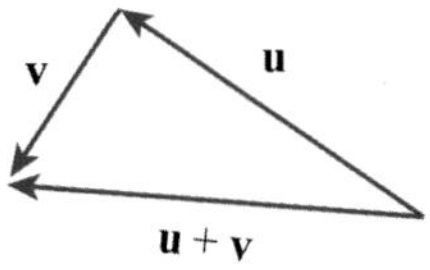

그림 3.5

정의 3.2

c가 스칼라이고 v가 벡터이면 cv는 길이는 v의 길이에 $|c|$를 곱한 것과 같고, $c > 0$이면 v와 같은 방향이고 $c < 0$이면 v와 반대방향의 벡터이다. $c = 0$이거나 v= 0이면 cv= 0이다.

예제 3.2

벡터 a와 b가 그림 3.6과 같을 때 2b− a를 그려라.

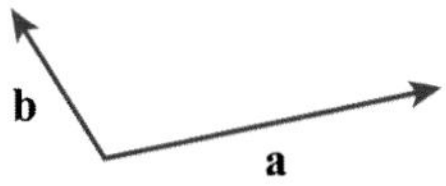

그림 3.6

풀이

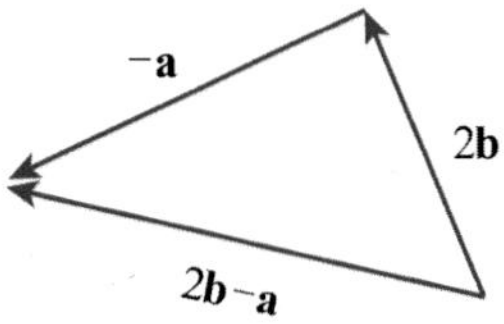

그림 3.7

정의 3.3

시점이 원점인 평면벡터 $\mathbf{v}$의 종점이 $(v_1,\ v_2)$이면 $\mathbf{v}$의 성분형태는

$$\mathbf{v} = \langle v_1,\ v_2 \rangle$$

이고 좌표 v_1과 v_2를 $\mathbf{v}$ **의 성분**(component)이라고 한다. 시점과 종점이 모두 원점이면 $\mathbf{v}$는 **영벡터**(zero vector)라 하고 $\mathbf{0} = \langle 0, 0 \rangle$으로 나타낸다.

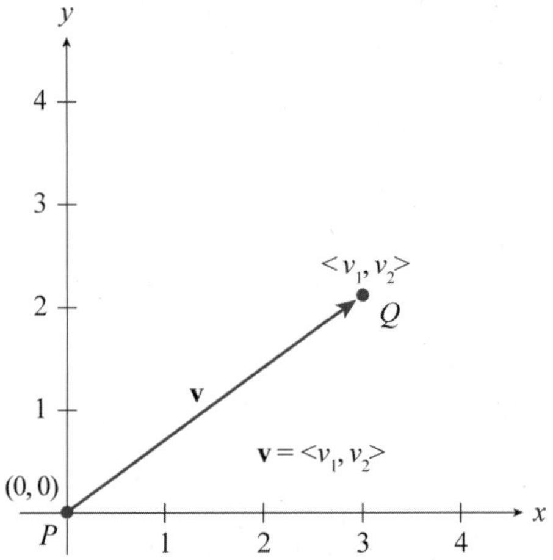

그림 3.8

다음 과정은 유향선분을 성분형태로 바꾸거나 또는 역으로 성분형태를 유향선분으로 바꾸는 데 이용할 수 있다.

(1) $P(p_1,\ p_2)$와 $Q(q_1,\ q_2)$가 한 유향선분의 시점과 종점이라면 $\overrightarrow{PQ}$에 의하여 대표되는 벡터 $\mathbf{v}$의 성분형태는 $\langle v_1,\ v_2 \rangle = \langle q_1 - p_1,\ q_2 - p_2 \rangle$이다. $\mathbf{v}$의 길이($|\mathbf{v}|$ 또는 $\|\mathbf{v}\|$)는 다음과 같다.

$$|\mathbf{v}| = \sqrt{(q_1 - p_1)^2 + (q_2 - p_2)^2} = \sqrt{{v_1}^2 + {v_2}^2}$$

(2) $\mathbf{v} = \langle v_1,\ v_2 \rangle$이면 $\mathbf{v}$는 $P(0,\ 0)$과 $Q(v_1,\ v_2)$를 시점과 종점으로 하는 표준위치에 있는 유향선분으로 나타낸다.

벡터 v의 길이는 벡터 v의 크기(norm)라고도 한다. $|\mathrm{v}|=1$이면 v는 **단위벡터**(unit vector)라고 한다. $|\mathrm{v}|=0$이기 위한 필요충분조건은 v가 영벡터이다.

예제 3.3

시점 (2,5), 종점 (−3,−1)인 벡터 v의 성분형태와 크기를 구하여라.

풀이

$\mathrm{P}(2, 5)=(p_1, p_2)$, $\mathrm{Q}(-3, -1)=(q_1, q_2)$라 하면

$\mathrm{v}=\langle v_1, v_2\rangle$의 성분은

$v_1=q_1-p_1=-3-2=-5$

$v_2=q_2-p_2=-1-5=-6$

이므로 그림 3.9에서와 같이 $\mathrm{v}=\langle -5, -6\rangle$이고

v의 크기는

$|\mathrm{v}|=\sqrt{(-5)^2+(-6)^2}=\sqrt{61}$ (그래프에서 ↙)

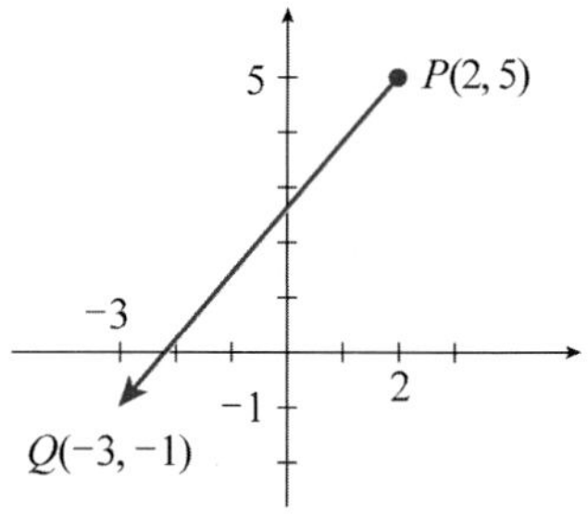

그림 3.9

정의 3.4

벡터 $\mathrm{u}=\langle u_1, u_2\rangle$, $\mathrm{v}=\langle v_1, v_2\rangle$와 스칼라 c에 대하여

1. u와 v의 합은 벡터 $\mathrm{u}+\mathrm{v}=\langle u_1+v_1, u_2+v_2\rangle$
2. c와 u의 스칼라곱은 벡터 $c\mathrm{u}=\langle cu_1, cu_2\rangle$
3. 음의 v는 벡터 $-\mathrm{v}=(-1)\mathrm{v}=\langle -v_1, -v_2\rangle$
4. u와 v의 차는 벡터 $\mathrm{u}-\mathrm{v}=\mathrm{u}+(-\mathrm{v})=\langle u_1-v_1, u_2-v_2\rangle$

예제 3.4

두 벡터 $\mathrm{u}=\langle 4, 9\rangle$, $\mathrm{v}=\langle 2, -5\rangle$에 대하여 다음 벡터를 구하여라.

(1) $\frac{2}{3}\mathrm{u}$

(2) $\mathrm{v}-\mathrm{u}$

(3) $2\mathrm{u}+5\mathrm{v}$

풀이

(1) $\frac{2}{3}\mathrm{u}=\frac{2}{3}\langle 4, 9\rangle=\left\langle \frac{8}{3}, 6\right\rangle$

(2) $\mathrm{v}-\mathrm{u}=\langle 2, -5\rangle-\langle 4, 9\rangle=\langle -2, -14\rangle$

(3) $2\mathrm{u}+5\mathrm{v}=2\langle 4, 9\rangle+5\langle 2, -5\rangle=\langle 18, -7\rangle$

정리 3.1

벡터 v와 스칼라 c에 대하여 스칼라곱의 크기는 $|c\mathrm{v}|=|c||\mathrm{v}|$이다.

정리 3.2

평면에서 v가 영벡터가 아닌 벡터이면 v 방향의 단위벡터는

$$\mathrm{u}=\frac{\mathrm{v}}{|\mathrm{v}|}=\frac{1}{|\mathrm{v}|}\mathrm{v}$$

이며, 이는 크기가 1이고 방향은 v와 같다.

예제 3.5

$\mathrm{v} = \langle -3, 4 \rangle$ 방향의 단위벡터를 구하여라.

풀이

정리에 의하여 v 방향의 단위벡터는

$$\frac{\mathrm{v}}{|\mathrm{v}|} = \frac{\langle -3, 4 \rangle}{\sqrt{(-3)^2 + 4^2}} = \frac{1}{5}\langle -3, 4 \rangle = \left\langle -\frac{3}{5}, \frac{4}{5} \right\rangle$$

정의 3.5

단위벡터 $\langle 1, 0 \rangle$, $\langle 0, 1 \rangle$을 평면의 **표준단위벡터**라 하고

$$\mathrm{i} = \langle 1, 0 \rangle,\ \mathrm{j} = \langle 0, 1 \rangle$$

로 나타낸다(그림 3.10). 이 벡터들에 의하여 임의의 평면벡터는 다음과 같이 유일하게 표시된다.

$$\mathrm{v} = \langle v_1, v_2 \rangle = \langle v_1, 0 \rangle + \langle 0, v_2 \rangle = v_1\langle 1, 0 \rangle + v_2\langle 0, 1 \rangle = v_1\mathrm{i} + v_2\mathrm{j}$$

벡터 $\mathrm{v} = v_1\mathrm{i} + v_2\mathrm{j}$ 는 i와 j 의 **일차결합**(linear combination)이라 한다. 스칼라 v_1, v_2를 각각 v의 **수평성분**과 **수직성분**이라 한다.

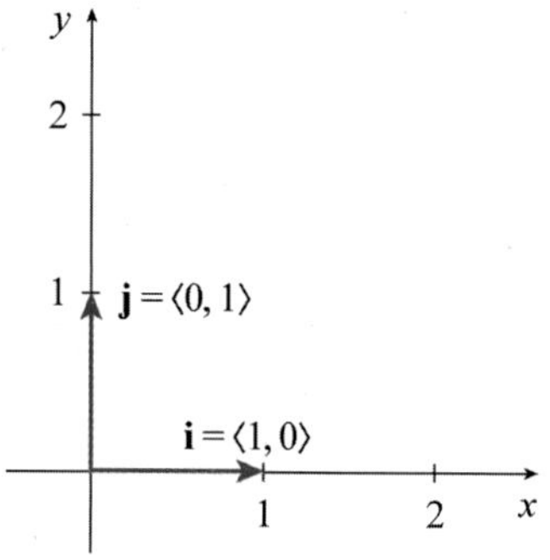

그림 3.10

예제 3.6

벡터 u의 시점은 (2, −5) 종점은 (−1, 3)이고 $\mathrm{v} = 2i - j$이다. 다음 각 벡터들을 i와 j의 일차결합으로 나타내어라.

(1) u (2) $\mathrm{w} = 2\mathrm{u} - 3\mathrm{v}$

풀이

(1) $\mathrm{u} = \langle q_1 - p_1, q_2 - p_2 \rangle = \langle -1-2, 3-(-5) \rangle = \langle -3, 8 \rangle = -3\mathrm{i} + 8\mathrm{j}$

(2) $\mathrm{w} = 2\mathrm{u} - 3\mathrm{v} = 2(-3\mathrm{i} + 8\mathrm{j}) - 3(2\mathrm{i} - \mathrm{j}) = -6\mathrm{i} + 16\mathrm{j} - 6\mathrm{i} + 3\mathrm{j} = -12\mathrm{i} + 19\mathrm{j}$

정의 3.6

그림 3.11에서와 같이 u는 단위벡터이고 θ는 극축(x축)에서 시계반대방향으로 u까지의 각(방향각)이면 u의 종점이 단위원의 점이므로

$$\mathrm{u} = \langle \cos\theta, \sin\theta \rangle = \cos\theta \mathrm{i} + \sin\theta \mathrm{j}$$

이고 영벡터가 아닌 벡터 v가 양의 x축과 이룬 각이 θ이고 u와 같은 방향이면

$$\mathrm{v} = |\mathrm{v}| \langle \cos\theta, \sin\theta \rangle = |\mathrm{v}| \cos\theta \mathrm{i} + |\mathrm{v}| \sin\theta \mathrm{j}$$

로 나타낼 수 있다.

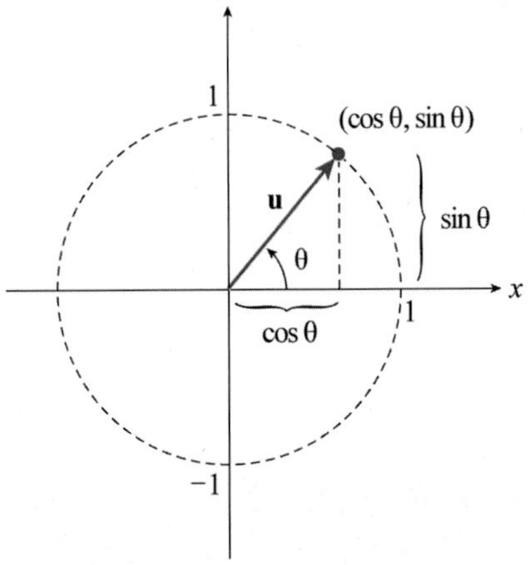

그림 3.11 양의 x축으로부터 벡터 u까지의 각θ

예제 3.7

벡터 v의 크기는 5이고 양의 x축과 각도 $30^\circ = \pi/6$를 이룬다. v를 단위벡터 i와 j의 일차결합으로 나타내어라.

풀이

v와 양의 x축 사이의 각이 $\theta = \pi/6$이므로 v는 다음과 같다.

$$\begin{aligned}\mathrm{v} &= |\mathrm{v}|\cos\theta\,\mathrm{i} + |\mathrm{v}|\sin\theta\,\mathrm{j} \\ &= 5\cos\frac{\pi}{6}\mathrm{i} + 5\sin\frac{\pi}{6}\mathrm{j} \\ &= \frac{5\sqrt{3}}{2}\mathrm{i} + \frac{5}{2}\mathrm{j}\end{aligned}$$

1. 그림과 같은 벡터를 이용해서 다음 벡터를 그려라.

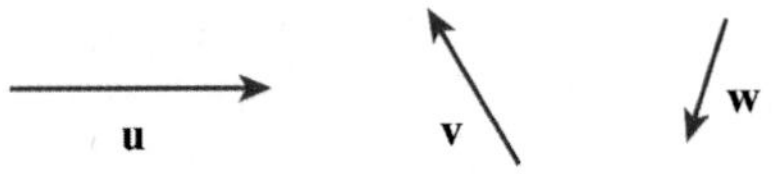

(1) $\mathbf{u}+\mathbf{v}$ (2) $\mathbf{u}-\mathbf{v}$

(3) $\mathbf{v}+\mathbf{u}+\mathbf{w}$ (4) $\mathbf{u}-\mathbf{w}-\mathbf{v}$

2. 그림과 같은 벡터를 이용해서 다음 벡터를 그려라.

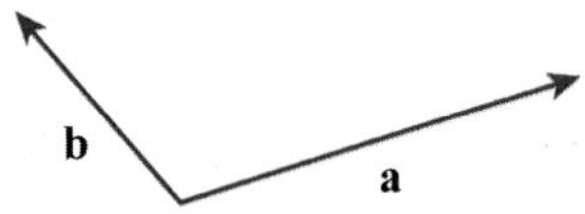

(1) $\mathbf{a}-\mathbf{b}$ (2) $\frac{1}{2}\mathbf{a}$

(3) $-3\mathbf{b}$ (4) $\mathbf{a}+2\mathbf{b}$

3. 벡터 v의 시점과 종점이 다음과 같이 주어져 있다. (a) 유향선분을 그려라. (b) 벡터의 성분형태를 구하여라. (c) 벡터의 시점이 원점이 되도록 그려라.

	시점	종점
(1)	$(1,\ 2)$	$(5,\ 5)$
(2)	$(10,\ 2)$	$(6,\ -1)$
(3)	$(6,\ 2)$	$(6,\ 6)$
(4)	$\left(\frac{3}{2},\ \frac{4}{3}\right)$	$\left(\frac{1}{2},\ 3\right)$

연습문제 3.1

4. 두 벡터 $\mathrm{u} = \langle -3, -8 \rangle$, $\mathrm{v} = \langle 8, 25 \rangle$에 대하여 다음 벡터를 구하여라.

(1) $\frac{2}{3}\mathrm{u}$

(2) $\mathrm{v} - \mathrm{u}$

(3) $2\mathrm{u} + 5\mathrm{v}$

5. 다음 u 방향의 단위벡터를 구하여라.

(1) $\mathrm{u} = \langle 3, 12 \rangle$

(2) $\mathrm{u} = \langle 5, 15 \rangle$

(3) $\mathrm{u} = \left\langle \frac{3}{2}, \frac{5}{2} \right\rangle$

(4) $\mathrm{u} = \langle -6.2, 3.4 \rangle$

6. 크기와 양의 x축과 이루는 각이 다음과 같이 주어진 벡터 v의 성분형태를 구하여라.

(1) $|\mathrm{v}| = 3$, $\theta = 0°$

(2) $|\mathrm{v}| = 5$, $\theta = 120°$

(3) $|\mathrm{v}| = 2$, $\theta = 150°$

(4) $|\mathrm{v}| = 1$, $\theta = 3.5°$

3.2 공간좌표와 공간 벡터

3.2.1 공간좌표

점 $P(a,\ b,\ c)$는 그림 3.12에서와 같은 직육면체 상자를 결정한다. P에서 xy평면에 수선을 내리면 xy평면으로 P의 **사영**(projection)이라 부르는 좌표가 $(a,\ b,\ 0)$인 점 Q를 얻는다. 이 점과 마찬가지로 $R(0,\ b,\ c)$와 $S(a,\ 0,\ c)$는 각각 yz평면과 xz평면으로 P의 사영이다.

수치적인 설명으로 점 (-4, 3, -5)와 (3, -2, -6)이 그림 3.12에 표시되어 있다.

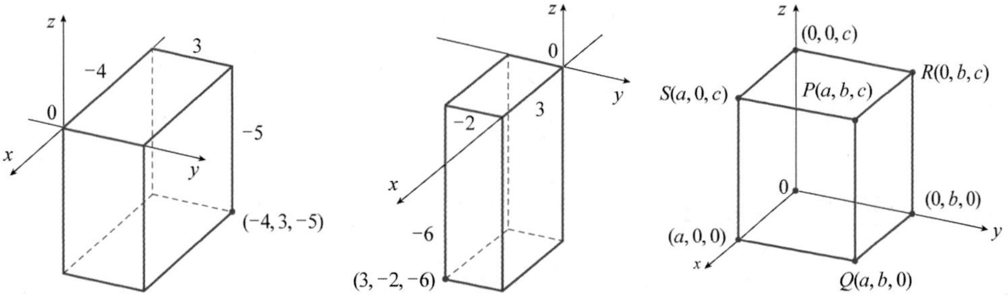

그림 3.12

카테시안 곱 $R\times R\times R=\{(x,\ y,\ z)\mid x,\ y,\ z\in R\}$은 세 실수의 순서쌍 전체의 집합이고, R^3으로 나타낸다. 이것은 공간의 점 P와 R^3의 순서쌍 $(a,\ b,\ c)$ 사이에 일대일 대응관계를 준 것으로 **3차원 직교좌표계**라 한다. 좌표상으로는 제1팔분공간은 좌표가 모두 양수인 점의 집합으로 나타낼 수 있음에 주목하자.

예제 3.8

점 (0, 5, 2), (4, 0, −1), (2, 4, 6), (1, −1, 2)들을 삼차원 공간에 나타내어라.

풀이

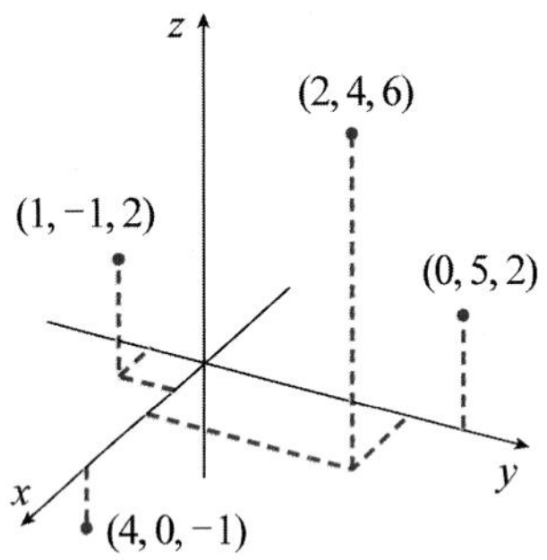

그림 3.13

3.2.2 3차원에서 거리공식과 구면방정식

두 점 $P_1(x_1, y_1, z_1)$과 $P_2(x_2, y_2, z_2)$ 사이의 3**차원에서 거리** $|\overrightarrow{P_1P_2}|$는 다음과 같다.

$$|\overrightarrow{P_1P_2}| = \sqrt{(x_2 - x_1)^2 + (y_2 - y_1)^2 + (z_2 - z_1)^2}$$

예제 3.9

점 $P_1(2, 1, 5)$에서 $P_2(-2, 3, 0)$까지의 거리를 구하여라.

풀이

$$\begin{aligned}|\overrightarrow{P_1P_2}| &= \sqrt{(-2-2)^2 + (3-1)^2 + (0-5)^2} \\ &= \sqrt{16+4+25} \\ &= \sqrt{45} \approx 6.708\end{aligned}$$

공간에서 구면 방정식을 나타내는데 거리 공식을 사용할 수 있다(그림 3.14). $P(x, y, z)$는 $|\overrightarrow{P_0 P}| = a$, 즉

$$(x-x_0)^2+(y-y_0)^2+(z-z_0)^2=a^2$$

일 때, 정확하게 $P_0(x_0, y_0, z_0)$을 중심으로 하고, 반지름이 a인 구면 상에 놓인 한 점이다.

중심이 (x_0, y_0, z_0)이고 반지름이 a인 구면 방정식의 표준방정식
$(x-x_0)^2+(y-y_0)^2+(z-z_0)^2=a^2$

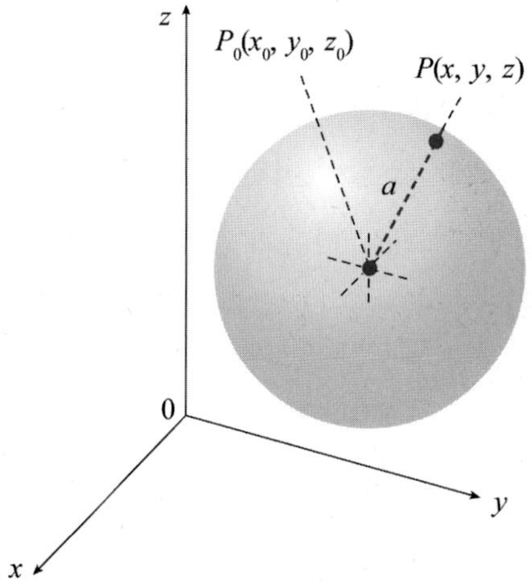

그림 3.14 점 (x_0, y_0, z_0)을 중심으로 하고 반지름이 a인 구

예제 3.10

$x^2+y^2+z^2+4x-6y+2z+6=0$이 구면의 방정식임을 보이고, 중심과 반지름을 구하라.

풀이

주어진 방정식을 다음과 같이 완전제곱꼴로 바꾸면 구면의 방정식의 형태로 고쳐 쓸 수 있다.

$(x^2+4x+4)+(y^2-6y+9)+(z^2+2z+1)=-6+4+9+1$

$(x+2)^2+(y-3)^2+(z+1)^2=8$

중심 $(-2,3,-1)$, 반지름 $2\sqrt{2}$

3.2.3 공간벡터

공간에는 단위벡터 $\mathrm{i}=\langle 1,0,0\rangle$, $\mathrm{j}=\langle 0,1,0\rangle$ 그리고 양의 z축 방향으로 $\mathrm{k}=\langle 0,0,1\rangle$이 있다. 그림 3.15에서와 같이 이것을 이용하여 삼중순서쌍 $\mathrm{v}=\langle v_1,v_2,v_3\rangle$으로 나타내는 벡터 v의 성분형태는 다음과 같이 나타낼 수 있다.

$$\mathrm{v}=v_1\mathrm{i}+v_2\mathrm{j}+v_3\mathrm{k}$$

그림 3.16에서와 같이 벡터 v가 점 $P(p_1,\ p_2,\ p_3)$에서 점 $Q(q_1,\ q_2,\ q_3)$으로 향하는 유향선분이면 벡터 v의 성분형태는 종점좌표에서 시점좌표를 빼서 다음과 같이 나타낸다.

$$\mathrm{v}=\langle v_1,v_2,v_3\rangle=\langle q_1-p_1,\ q_2-p_2,\ q_3-p_3\rangle$$

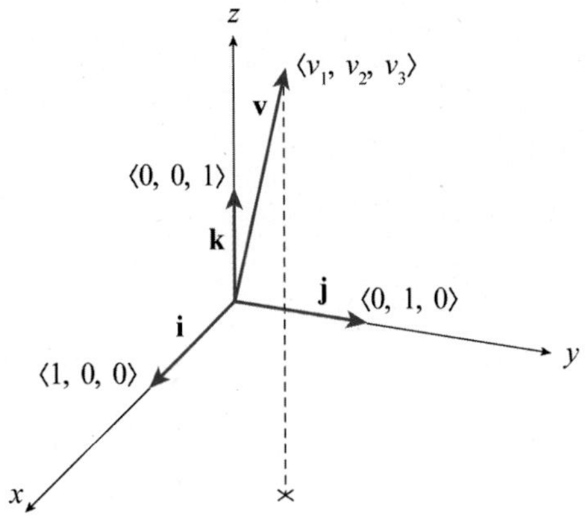

그림 3.15 공간표준단위 벡터

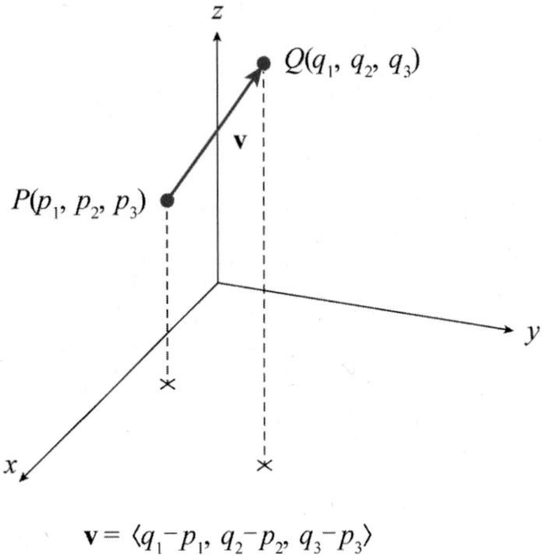

그림 3.16

공간벡터 $\mathbf{u} = \langle u_1, u_2, u_3 \rangle$, $\mathbf{v} = \langle v_1, v_2, v_3 \rangle$과 스칼라 c에 대하여

1. 벡터의 상등: $\mathbf{u} = \mathbf{v}$이기 위한 필요충분조건은 $u_1 = v_1,\ u_2 = v_2,\ u_3 = v_3$
2. 성분형태: $\mathbf{v}$가 점 $P(p_1, p_2, p_3)$에서 점 $Q(q_1, q_2, q_3)$을 향하는 유향선분이면
$$\mathbf{v} = \langle v_1, v_2, v_3 \rangle = \langle q_1 - p_1,\ q_2 - p_2,\ q_3 - p_3 \rangle$$
3. 크기: $|\mathbf{v}| = \sqrt{{v_1}^2 + {v_2}^2 + {v_3}^2}$
4. $\mathbf{v}$ 방향의 단위벡터: $\dfrac{\mathbf{v}}{|\mathbf{v}|} = \left(\dfrac{1}{|\mathbf{v}|}\right)\langle v_1,\ v_2,\ v_3 \rangle,\ \mathbf{v} \neq 0$
5. 벡터의 합: $\mathbf{v} + \mathbf{u} = \langle v_1 + u_1,\ v_2 + u_2,\ v_3 + u_3 \rangle$
6. 스칼라곱: $c\mathbf{v} = \langle cv_1,\ cv_2,\ cv_3 \rangle$

예제 3.11

시점 $P(-3, 4, 1)$, 종점 $Q(-5, 2, 2)$의 성분과 길이를 구하여라.

풀이

$$\overrightarrow{PQ} = (-5-(-3), 2-4, 2-1)$$
$$= (-2, -2, 1)$$

$$|\overrightarrow{PQ}| = \sqrt{(-2)^2+(-2)^2+1^2}$$
$$= \sqrt{9} = 3$$

예제 3.12

시점이 (−2, 3, 1), 종점이 (0, −4, 4)인 벡터 v의 성분형태와 크기를 구하여라. 그리고 v 방향의 단위벡터를 구하여라.

풀이

$$\mathrm{v} = \langle q_1 - p_1,\ q_2 - p_2,\ q_3 - p_3 \rangle$$
$$= \langle 0-(-2),\ -4-3,\ 4-1 \rangle$$
$$= \langle 2,\ -7,\ 3 \rangle$$

이므로 크기는

$$|\mathrm{v}| = \sqrt{2^2+(-7)^2+3^2} = \sqrt{62}$$

이고 v 방향의 단위벡터는

$$\mathrm{u} = \frac{\mathrm{v}}{|\mathrm{v}|} = \frac{1}{\sqrt{62}} \langle 2,\ -7,\ 3 \rangle$$

1. 다음 점들을 삼차원 좌표공간에 나타내어라.

(1) (a) $(5,\ -2,\ 2)$ (b) $(5,\ -2,\ -2)$ (2) (a) $(0,\ 4,\ -5)$ (b) $(4,\ 0,\ 5)$

2. P_1과 P_2 사이의 거리를 구하여라.

(1) $P_1(1, 1, 1)$, $P_2(3, 3, 0)$ (2) $P_1(-1, 1, 5)$, $P_2(2, 5, 0)$

(3) $P_1(1, 4, 5)$, $P_2(4, -2, 7)$ (4) $P_1(3, 4, 5)$, $P_2(2, 3, 4)$

3. 다음 방정식이 구면을 나타냄을 보이고 그 중심과 반지름을 구하여라.

(1) $x^2+y^2+z^2-2x-4y+8z=15$

(2) $x^2+y^2+z^2+8x-6y+2z+17=0$

(3) $2x^2+2y^2+2z^2=8x-24z+1$

(4) $3x^2+3y^2+3z^2=10+6y+12z$

4. 다음을 각각 구하여라.

(1) 중심이 $(1,\ -4,\ 3)$이고 반지름이 5인 구면의 방정식을 구하여라.
이 구면과 xz평면의 교선은 무엇인가?

(2) 중심이 $(2,\ -6,\ 4)$이고 반지름이 5인 구면의 방정식을 구하여라.

(3) 중심이 $(3,\ 8,\ 1)$이고 점 $(4,\ 3,\ -1)$을 지나는 구면의 방정식을 구하여라.

(4) 중심이 $(1,\ 2,\ 3)$이고 원점을 지나는 구면의 방정식을 구하여라.

5. 벡터 $\overrightarrow{P_1P_2}$의 단위벡터를 구하여라.

(1) $P_1(-1,\ 1,\ 5)$ $P_2(2,\ 5,\ 0)$ (2) $P_1(1,\ 4,\ 5)$ $P_2(4,\ -2,\ 7)$

(3) $P_1(3,\ 4,\ 5)$ $P_2(2,\ 3,\ 4)$ (4) $P_1(0,\ 0,\ 0)$ $P_2(2,\ -2,\ -2)$

3.3 두 벡터들의 내적

정의 3.7

두 평면벡터 $\mathbf{u} = \langle u_1, u_2 \rangle$와 $\mathbf{v} = \langle v_1, v_2 \rangle$의 내적의 정의는

$$\mathbf{u} \cdot \mathbf{v} = u_1v_1 + u_2v_2$$

이고 두 공간벡터 $\mathbf{u} = \langle u_1, u_2, u_3 \rangle$과 $\mathbf{v} = \langle v_1, v_2, v_3 \rangle$의 내적은

$$\mathbf{u} \cdot \mathbf{v} = u_1v_1 + u_2v_2 + u_3v_3$$

로 정의한다.

정리 3.3

u, v, w는 평면 또는 공간벡터, c는 스칼라일 때 다음이 성립한다.

1. $\mathbf{u} \cdot \mathbf{v} = \mathbf{v} \cdot \mathbf{u}$ 교환법칙
2. $\mathbf{u} \cdot (\mathbf{v} + \mathbf{w}) = \mathbf{u} \cdot \mathbf{v} + \mathbf{u} \cdot \mathbf{w}$ 분배법칙
3. $(c\mathbf{u}) \cdot \mathbf{v} = c(\mathbf{u} \cdot \mathbf{v}) = \mathbf{u} \cdot (c\mathbf{v})$
4. $\mathbf{0} \cdot \mathbf{v} = 0$
5. $\mathbf{v} \cdot \mathbf{v} = |\mathbf{v}|^2$

증명

$\mathbf{u} = \langle u_1, u_2, u_3 \rangle$, $\mathbf{v} = \langle v_1, v_2, v_3 \rangle$으로 하면

1. $\mathbf{u} \cdot \mathbf{v} = u_1v_1 + u_2v_2 + u_3v_3 = v_1u_1 + v_2u_2 + v_3u_3 = \mathbf{v} \cdot \mathbf{u}$

5. $\mathbf{v} \cdot \mathbf{v} = v_1^2 + v_2^2 + v_3^2 = \left(\sqrt{v_1^2 + v_2^2 + v_3^2}\right)^2 = |\mathbf{v}|^2$

다른 법칙도 같은 방법으로 증명할 수 있다.

예제 3.13

$\mathbf{u} = \langle 2, -2 \rangle$, $\mathbf{v} = \langle 5, 8 \rangle$, $\mathbf{w} = \langle -4, 3 \rangle$에 대하여 다음을 계산하여라.

(1) $\mathbf{u} \cdot \mathbf{v}$

(2) $(\mathbf{u} \cdot \mathbf{v})\mathbf{w}$

(3) $\mathbf{u} \cdot (2\mathbf{v})$

(4) $|\mathbf{w}|^2$

풀이

(1) $\mathbf{u} \cdot \mathbf{v} = \langle 2, -2 \rangle \cdot \langle 5, 8 \rangle = 2(5) + (-2)(8) = -6$

(2) $(\mathbf{u} \cdot \mathbf{v})\mathbf{w} = -6\langle -4, 3 \rangle = \langle 24, -18 \rangle$

(3) $\mathbf{u} \cdot (2\mathbf{v}) = 2(\mathbf{u} \cdot \mathbf{v}) = 2(-6) = -12$

(4) $|\mathbf{w}|^2 = \mathbf{w} \cdot \mathbf{w} = \langle -4, 3 \rangle \cdot \langle -4, 3 \rangle = (-4)(-4) + (3)(3) = 25$

정리 3.4

θ가 영벡터가 아닌 두 벡터 $\mathbf{u}$와 $\mathbf{v}$ 사이의 각이면

$$\cos\theta = \frac{\mathbf{u} \cdot \mathbf{v}}{|\mathbf{u}||\mathbf{v}|}$$

증명

벡터 $\mathbf{u}$, $\mathbf{v}$, $\mathbf{v} - \mathbf{u}$로 이루어진 삼각형에서(그림 3.17) 코사인법칙에 따라

$$|\mathbf{v} - \mathbf{u}|^2 = |\mathbf{u}|^2 + |\mathbf{v}|^2 - 2|\mathbf{u}||\mathbf{v}|\cos\theta$$

이다. 내적의 법칙에 따라 좌변은

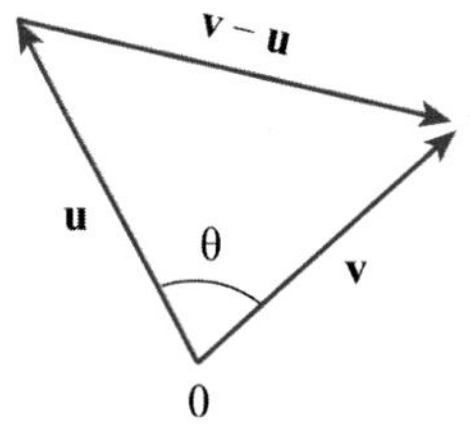

그림 3.17

$$
\begin{aligned}
|\mathrm{v}-\mathrm{u}|^2 &= (\mathrm{v}-\mathrm{u})\cdot(\mathrm{v}-\mathrm{u}) = (\mathrm{v}-\mathrm{u})\cdot \mathrm{v} - (\mathrm{v}-\mathrm{u})\cdot \mathrm{u} \\
&= \mathrm{v}\cdot\mathrm{v} - \mathrm{u}\cdot\mathrm{v} - \mathrm{v}\cdot\mathrm{u} + \mathrm{u}\cdot\mathrm{u} \\
&= |\mathrm{v}|^2 - 2\mathrm{u}\cdot\mathrm{v} + |\mathrm{u}|^2
\end{aligned}
$$

이고 결과를 코사인법칙을 적용한 식에 대입하면

$$|\mathrm{v}|^2 - 2\mathrm{u}\cdot\mathrm{v} + |\mathrm{u}|^2 = |\mathrm{u}|^2 + |\mathrm{v}|^2 - 2|\mathrm{u}||\mathrm{v}|\cos\theta$$

$$-2\mathrm{u}\cdot\mathrm{v} = -2|\mathrm{u}||\mathrm{v}|\cos\theta$$

$$\cos\theta = \frac{\mathrm{u}\cdot\mathrm{v}}{|\mathrm{u}||\mathrm{v}|}$$

정리 3.5

$\mathrm{u}\cdot\mathrm{v} = 0$이면 두 벡터 u와 v는 직교한다.

예제 3.14

벡터 $\mathrm{u} = \langle 3, -1, 2\rangle$, $\mathrm{v} = \langle -4, 0, 2\rangle$, $\mathrm{w} = \langle 1, -1, -2\rangle$, $\mathrm{z} = \langle 2, 0, -1\rangle$에 대하여 다음 벡터 사이의 각을 구하여라.

(1) u와 v (2) u와 w

(3) v와 z

풀이

(1) $\cos\theta = \dfrac{\mathbf{u} \cdot \mathbf{v}}{|\mathbf{u}||\mathbf{v}|} = \dfrac{-12+0+4}{\sqrt{14}\sqrt{20}} = \dfrac{-8}{2\sqrt{14}\sqrt{5}} = \dfrac{-4}{\sqrt{70}}$

$\mathbf{u} \cdot \mathbf{v} < 0$이므로 $\theta = \arccos\dfrac{-4}{\sqrt{70}} \approx 2.069$ rad이다.

(2) $\cos\theta = \dfrac{\mathbf{u} \cdot \mathbf{w}}{|\mathbf{u}||\mathbf{w}|} = \dfrac{3+1-4}{\sqrt{14}\sqrt{6}} = \dfrac{0}{\sqrt{84}} = 0$

$\mathbf{u} \cdot \mathbf{w} = 0$이므로 u와 w는 직교한다. 따라서 $\theta = \pi/2$이다.

(3) $\cos\theta = \dfrac{\mathbf{v} \cdot \mathbf{z}}{|\mathbf{v}||\mathbf{z}|} = \dfrac{-8+0-2}{\sqrt{20}\sqrt{5}} = \dfrac{-10}{\sqrt{100}} = -1$

그러므로 $\theta = \pi$이다. 실제로 $\mathbf{v} = -2\mathbf{z}$이므로 v와 z는 서로 평행임에 유의하여라.

정의 3.8

영이 아닌 벡터의 **방향각**(direction angle)은 x축, y축, z축의 방향과 구간 $[0, \pi]$에서 만드는 각 α, β, γ를 말한다.
또 이들 방향각의 코사인 $\cos\alpha$, $\cos\beta$, $\cos\gamma$를 벡터의 **방향코사인**(direction cosine)이라 한다. (이것은 그림 3.18에서 직접 알 수도 있다.)

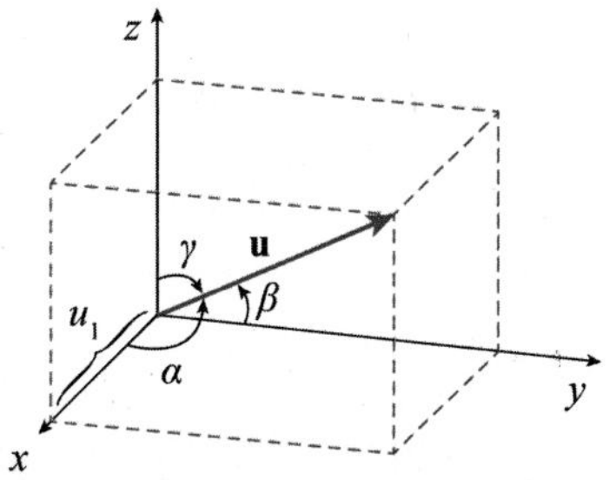

그림 3.18

$$\cos\alpha = \frac{\mathbf{u} \cdot \mathbf{i}}{|\mathbf{u}||\mathbf{i}|} = \frac{u_1}{|\mathbf{u}|}$$

유사하게 다음을 얻는다.

$$\cos\beta = \frac{u_2}{|\mathbf{u}|} \qquad \cos\gamma = \frac{u_3}{|\mathbf{u}|}$$

제곱해서 더하면 다음과 같다.

$$\cos^2\alpha + \cos^2\beta + \cos^2\gamma = 1$$

또한 다음과 같이 쓸 수 있다.

$$\mathbf{u} = \langle u_1, u_2, u_3 \rangle = \langle |\mathbf{u}|\cos\alpha, |\mathbf{u}|\cos\beta, |\mathbf{u}|\cos\gamma \rangle$$

예제 3.15

벡터 $\mathrm{v} = 2\mathrm{i} + 3\mathrm{j} + 4\mathrm{k}$의 방향코사인과 방향각을 구하여라. 그리고 $\cos^2\alpha + \cos^2\beta + \cos^2\gamma = 1$임을 확인하여라.

풀이

$|\mathrm{v}| = \sqrt{2^2+3^2+4^2} = \sqrt{29}$ 이므로

$\cos\alpha = \dfrac{v_1}{|\mathrm{v}|} = \dfrac{2}{\sqrt{29}} \Rightarrow \alpha \approx 68.2^\circ$ v와 i의 사이의 각

$\cos\beta = \dfrac{v_2}{|\mathrm{v}|} = \dfrac{3}{\sqrt{29}} \Rightarrow \beta \approx 56.1^\circ$ v와 j 사이의 각

$\cos\gamma = \dfrac{v_3}{|\mathrm{v}|} = \dfrac{4}{\sqrt{29}} \Rightarrow \gamma \approx 42.0^\circ$ v와 k 사이의 각

이고 방향코사인 제곱의 합은

$$\cos^2\alpha + \cos^2\beta + \cos^2\gamma = \frac{4}{29} + \frac{9}{29} + \frac{16}{29} = \frac{29}{29} = 1$$

정의 3.9

그림 3.19에서와 같이 영벡터가 아닌 두 벡터 u와 v에 대하여 $\mathrm{u} = \mathrm{w}_1 + \mathrm{w}_2$이고 w_1은 v와 평행하며 w_2는 v와 직교한다고 할 때

v 위로 u의 스칼라사영 : $\mathrm{comp}_{\mathrm{v}}\mathrm{u}\ |\mathrm{u}|\cos\theta = |\mathrm{u}|\dfrac{\mathrm{u}\cdot\mathrm{v}}{|\mathrm{u}||\mathrm{v}|} = \dfrac{\mathrm{u}\cdot\mathrm{v}}{|\mathrm{v}|}$

v 위로 u의 벡터사영 : $\mathrm{w}_1 = \mathrm{proj}_{\mathrm{v}}\mathrm{u} = \left(\dfrac{\mathrm{u}\cdot\mathrm{v}}{|\mathrm{v}|}\right)\dfrac{\mathrm{v}}{|\mathrm{v}|} = \dfrac{\mathrm{u}\cdot\mathrm{v}}{|\mathrm{v}|^2}\mathrm{v}$

v에 수직인 u의 벡터성분 : $\mathrm{w}_2 = \mathrm{u} - \mathrm{w}_1$

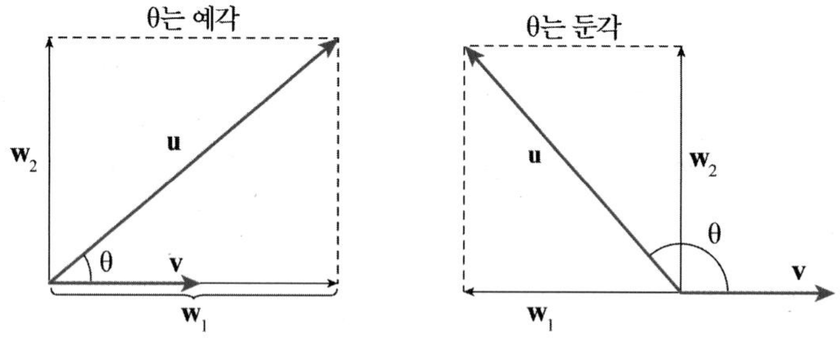

그림 3.19

예제 3.16

벡터 $\mathrm{u} = 3\mathrm{i} - 5\mathrm{j} + 2\mathrm{k}$와 $\mathrm{v} = 7\mathrm{i} + \mathrm{j} - 2\mathrm{k}$에 대하여 v 위로 u 의 스칼라사영과 u 의 v 로의 벡터사영과 v에 수직인 u 의 벡터성분을 구하여라.

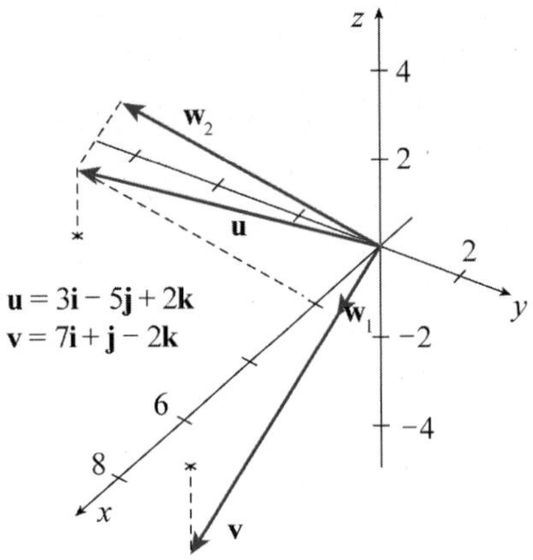

그림 3.20

풀이

v 위로 u 의 스칼라사영은

$$\mathrm{comp}_{\mathrm{v}}\,\mathrm{u} = \frac{\mathrm{u} \cdot \mathrm{v}}{|\mathrm{v}|} = \frac{12}{\sqrt{54}}$$

u 의 v로의 벡터사영은

$$\mathrm{w}_1 = \left(\frac{\mathrm{u} \cdot \mathrm{v}}{|\mathrm{v}|^2}\right)\mathrm{v} = \left(\frac{12}{54}\right)(7\mathrm{i} + \mathrm{j} - 2\mathrm{k})$$

$$= \frac{14}{9}\mathrm{i} + \frac{2}{9}\mathrm{j} - \frac{4}{9}\mathrm{k}$$

이고 v에 수직인 u 의 벡터성분은

$$\mathrm{w}_2 = \mathrm{u} - \mathrm{w}_1 = (3\mathrm{i} - 5\mathrm{j} + 2\mathrm{k}) - \left(\frac{14}{9}\mathrm{i} + \frac{2}{9}\mathrm{j} - \frac{4}{9}\mathrm{k}\right)$$

$$= \frac{13}{9}\mathrm{i} - \frac{47}{9}\mathrm{j} + \frac{22}{9}\mathrm{k}$$

그림 3.21(a) 같이 직선운동을 하는 물체에 직선방향으로 일정한 힘 F가 한 일 W는

$$W = (\text{힘의 크기}) \times (\text{거리}) = |\mathrm{F}|\,|\overrightarrow{PQ}|$$

이고 힘의 방향이 그림 3.21(b)와 같이 직선운동방향이 아니면 이 힘이 한 일은

$$W = |\operatorname{proj}_{\overrightarrow{PQ}}\mathrm{F}|\,|\overrightarrow{PQ}| = (\cos\theta)|\mathrm{F}|\,|\overrightarrow{PQ}| = \mathrm{F}\cdot\overrightarrow{PQ}$$

이다.

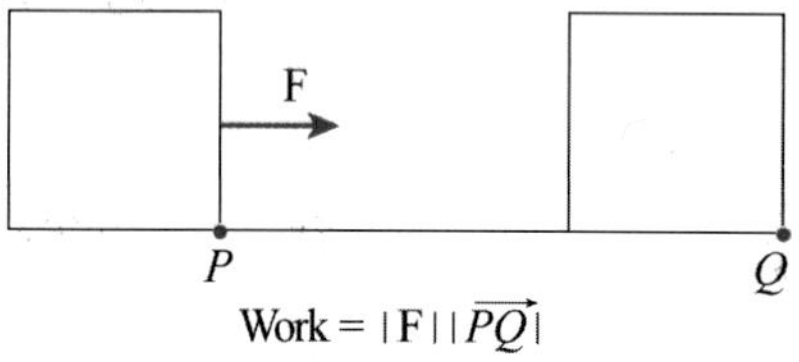

(a) 힘이 직선운동방향으로 작용한다.

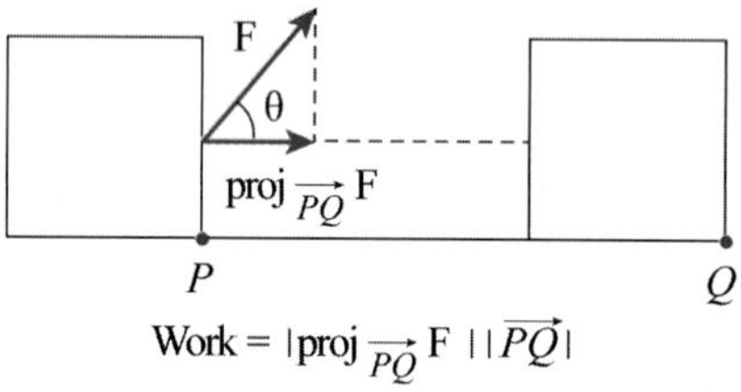

(b) 힘이 직선운동방향과 각 θ를 이루며 작용한다.

그림 3.21

정의 3.10

일정한 힘 F의 작용점이 벡터 $\overrightarrow{PQ}$를 따라 움직였을 때 힘 F가 한 일 W는 다음 중 하나다.

$$W = |\operatorname{proj}_{\overrightarrow{PQ}}\mathrm{F}|\,|\overrightarrow{PQ}| \qquad \text{정사영 형태}$$

$$W = \mathrm{F}\cdot\overrightarrow{PQ} \qquad \text{내적 형태}$$

예제 3.17

70N의 일정한 힘으로 짐수레를 수평인 길을 따라서 100m를 끌고 있다. 짐수레의 손잡이가 수평 위로 35° 각도로 달려 있다. 이 힘이 한 일을 구하라.

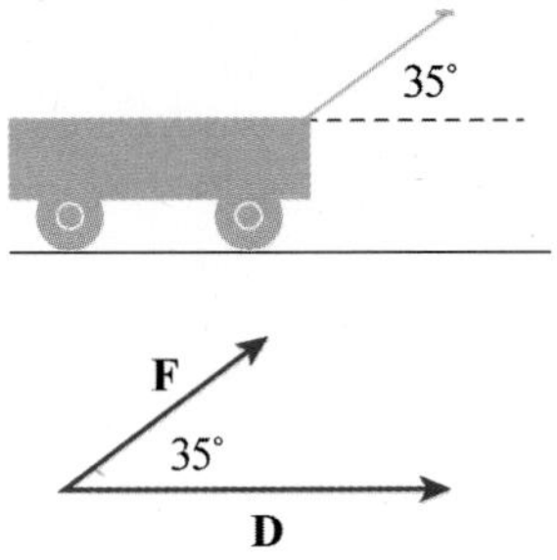

그림 3.22

풀이

그림 3.22에서와 같이 F, D를 각각 힘, 변위벡터라고 하면 한 일은 다음과 같다.

$$W = \mathrm{F} \cdot \mathrm{D} = |\mathrm{F}||\mathrm{D}|\cos 35^\circ$$
$$= (70)(100)\cos 35^\circ \approx 5734\,\mathrm{N} \cdot \mathrm{m} = 5734\,\mathrm{J}$$

예제 3.18

벡터 $\mathrm{F} = 3\mathrm{i} + 4\mathrm{j} + 5\mathrm{k}$로 주어진 힘이 입자를 점 $P(2, 1, 0)$에서 점 $Q(4, 6, 2)$로 이동시킬 때 한 일을 구하라.

풀이

변위벡터는 $\mathrm{D} = \overrightarrow{PQ} = \langle 2,5,2 \rangle$이므로 일은 다음과 같다.

$$W = \mathrm{F} \cdot \mathrm{D} = \langle 3, 4, 5 \rangle \cdot \langle 2, 5, 2 \rangle$$
$$= 6 + 20 + 10 = 36$$

길이의 단위가 m이고, 힘의 크기의 단위가 N이면 한 일은 36J이다.

연습문제 3.3

1. 다음에서 (a) $\mathrm{u} \cdot \mathrm{v}$, (b) $|\mathrm{u}|^2$, (c) $(\mathrm{u} \cdot \mathrm{v})\mathrm{v}$ (d) $\mathrm{u} \cdot (2\mathrm{v})$ (e) $\mathrm{u} \cdot (2\mathrm{v})$를 각각 구하여라.

   (1) $\mathrm{u} = \langle 5, -1 \rangle$, $\mathrm{v} = \langle -3, 2 \rangle$

   (2) $\mathrm{u} = \langle 2, -3, 4 \rangle$, $\mathrm{v} = \langle 0, 6, 5 \rangle$

   (3) $\mathrm{u} = 2\mathrm{i} - \mathrm{j} + \mathrm{k}$, $\mathrm{v} = \mathrm{i} - \mathrm{k}$

2. 다음 두 벡터 사이의 각 θ를 구하여라.

   (1) $\mathrm{u} = 3\mathrm{i} + \mathrm{j}$, $\mathrm{v} = -2\mathrm{i} + 4\mathrm{j}$

   (2) $\mathrm{u} = \cos\left(\frac{\pi}{6}\right)\mathrm{i} + \sin\left(\frac{\pi}{6}\right)\mathrm{j}$, $\mathrm{v} = \cos\left(\frac{3\pi}{4}\right)\mathrm{i} + \sin\left(\frac{3\pi}{4}\right)\mathrm{j}$

   (3) $\mathrm{u} = \langle 1,1,1 \rangle$, $\mathrm{v} = \langle 2,1,-1 \rangle$

   (4) $\mathrm{u} = 3\mathrm{i} + 2\mathrm{j} + \mathrm{k}$, $\mathrm{v} = 2\mathrm{i} - 3\mathrm{j}$

3. 다음 벡터들의 방향각을 구하여라.

   (1) $\mathrm{u} = 3\mathrm{i} + 2\mathrm{j} - 2\mathrm{k}$ (2) $\mathrm{u} = \langle -2, 6, 1 \rangle$

4. 다음 두 벡터에서 (a) v 위로 u의 벡터사영, (b) v에 수직인 u의 벡터성분을 각각 구하여라.

   (1) $\mathrm{u} = \langle 2,3 \rangle$, $\mathrm{v} = \langle 5,1 \rangle$ (2) $\mathrm{u} = \langle 2, -3 \rangle$, $\mathrm{v} = \langle 3,2 \rangle$

   (3) $\mathrm{u} = \langle 2,1,2 \rangle$, $\mathrm{v} = \langle 0,3,4 \rangle$ (4) $\mathrm{u} = \langle 1,0,4 \rangle$, $\mathrm{v} = \langle 3,0,2 \rangle$

5. 다음을 구하여라.

   (1) 물체를 점 (0, 10, 8)에서 점 (6, 12, 20)까지 직선을 따라 움직인 힘 $\mathrm{F} = 8\mathrm{i} - 6\mathrm{j} + 9k$가 한 일을 구하라. 거리의 단위는 m이고 힘의 단위는 N이다.

   (2) 한 여성이 나무상자에 수평힘 140N을 가해 수평과 20°의 각을 이루는 길이 4m의 경사로 끝으로 이 상자를 밀어 올렸다. 상자에 한 일을 구하라.

3.4 외적

정의 3.11

두 벡터 $\mathrm{u} = \langle u_1, u_2, u_3 \rangle$, $\mathrm{v} = \langle v_1, v_2, v_3 \rangle$의 외적의 정의는 다음과 같은 벡터이다.

$$\mathrm{u} \times \mathrm{v} = \langle u_2v_3 - u_3v_2,\ u_3v_1 - u_1v_3,\ u_1v_2 - u_2v_1 \rangle$$

$\mathrm{u} \times \mathrm{v}$를 계산하는 방법은 행렬식의 여인자전개를 이용하면 편리하다.

$$\mathrm{u} \times \mathrm{v} = \begin{vmatrix} \mathrm{i} & \mathrm{j} & \mathrm{k} \\ u_1 & u_2 & u_3 \\ v_1 & v_2 & v_3 \end{vmatrix} = \begin{vmatrix} u_2 & u_3 \\ v_2 & v_3 \end{vmatrix} \mathrm{i} - \begin{vmatrix} u_1 & u_3 \\ v_1 & v_3 \end{vmatrix} \mathrm{j} + \begin{vmatrix} u_1 & u_2 \\ v_1 & v_2 \end{vmatrix} \mathrm{k}$$
$$= (u_2v_3 - u_3v_2)\mathrm{i} - (u_1v_3 - u_3v_1)\mathrm{j} + (u_1v_2 - u_2v_1)\mathrm{k}$$

예제 3.19

두 벡터 $\mathrm{u} = \mathrm{i} - 2\mathrm{j} + \mathrm{k}$, $\mathrm{v} = 3\mathrm{i} + \mathrm{j} - 2\mathrm{k}$에 대하여 다음을 구하여라.

(1) $\mathrm{u} \times \mathrm{v}$
(2) $\mathrm{v} \times \mathrm{u}$
(3) $\mathrm{v} \times \mathrm{v}$

풀이

(1) $\mathrm{u} \times \mathrm{v} = \begin{vmatrix} \mathrm{i} & \mathrm{j} & \mathrm{k} \\ 1 & -2 & 1 \\ 3 & 1 & -2 \end{vmatrix} = \begin{vmatrix} -2 & 1 \\ 1 & -2 \end{vmatrix} \mathrm{i} - \begin{vmatrix} 1 & 1 \\ 3 & -2 \end{vmatrix} \mathrm{j} + \begin{vmatrix} 1 & -2 \\ 3 & 1 \end{vmatrix} \mathrm{k}$

$= (4-1)\mathrm{i} - (-2-3)\mathrm{j} + (1+6)\mathrm{k} = 3\mathrm{i} + 5\mathrm{j} + 7\mathrm{k}$

(2) $\mathrm{v} \times \mathrm{u} = \begin{vmatrix} \mathrm{i} & \mathrm{j} & \mathrm{k} \\ 3 & 1 & -2 \\ 1 & -2 & 1 \end{vmatrix} = \begin{vmatrix} 1 & -2 \\ -2 & 1 \end{vmatrix} \mathrm{i} - \begin{vmatrix} 3 & -2 \\ 1 & 1 \end{vmatrix} \mathrm{j} + \begin{vmatrix} 3 & 1 \\ 1 & -2 \end{vmatrix} \mathrm{k}$

$= (1-4)\mathrm{i} - (3+2)\mathrm{j} + (-6-1)\mathrm{k} = -3\mathrm{i} - 5\mathrm{j} - 7\mathrm{k}$

이 결과는 (1)과 부호가 반대임에 유의하여라.

(3) $\mathrm{v} \times \mathrm{v} = \begin{vmatrix} \mathrm{i} & \mathrm{j} & \mathrm{k} \\ 3 & 1 & -2 \\ 3 & 1 & -2 \end{vmatrix} = 0$

정리 3.6

벡터 $\mathbf{u} \times \mathbf{v}$는 $\mathbf{u}$와 $\mathbf{v}$에 모두 수직이다.

증명

$\mathbf{u} \times \mathbf{v}$가 $\mathbf{u}$와 직교함을 보이기 위해 다음과 같이 내적을 계산한다.

$$\begin{aligned}(\mathbf{u} \times \mathbf{v}) \cdot \mathbf{u} &= \begin{vmatrix} u_2 & u_3 \\ v_2 & v_3 \end{vmatrix} u_1 - \begin{vmatrix} u_1 & u_3 \\ v_1 & v_3 \end{vmatrix} u_2 + \begin{vmatrix} u_1 & u_2 \\ v_1 & v_2 \end{vmatrix} u_3 \\ &= u_1(u_2v_3 - u_3v_2) - u_2(u_1v_3 - u_3v_1) + u_3(u_1v_2 - u_2v_1) \\ &= u_1u_2v_3 - u_1v_2u_3 - u_1u_2v_3 + v_1u_2u_3 + u_1v_2u_3 - v_1u_2u_3 \\ &= 0\end{aligned}$$

예제 3.20

다음에서 $\mathbf{u} \times \mathbf{v}$를 계산하고 $\mathbf{u} \times \mathbf{v}$가 $\mathbf{u}$와 $\mathbf{v}$에 모두 수직임을 보여라

$$\mathbf{u} = \langle 2,\ -3,\ 1 \rangle,\ \mathbf{v} = \langle 1,\ -2,\ 1 \rangle$$

풀이

$\mathbf{u} = \langle 2,\ -3,\ 1 \rangle,\ \mathbf{v} = \langle 1,\ -2,\ 1 \rangle$

$$\mathbf{u} \times \mathbf{v} = \begin{vmatrix} \mathbf{i} & \mathbf{j} & \mathbf{k} \\ 2 & -3 & 1 \\ 1 & -2 & 1 \end{vmatrix} = -\mathbf{i} - \mathbf{j} - \mathbf{k} = \langle -1, -1, -1 \rangle$$

$\mathbf{u} \cdot (\mathbf{u} \times \mathbf{v}) = 2(-1) + (-3)(-1) + (1)(-1) = 0 \Rightarrow \mathbf{u} \perp \mathbf{u} \times \mathbf{v}$

$\mathbf{v} \cdot (\mathbf{u} \times \mathbf{v}) = 1(-1) + (-2)(-1) + (1)(-1) = 0 \Rightarrow \mathbf{v} \perp \mathbf{u} \times \mathbf{v}$

정리 3.7

$\theta(\ 0 \le \theta \le \pi\ )$가 u와 v 사이의 각이면 다음이 성립한다.

$$|\mathrm{u} \times \mathrm{v}| = |\mathrm{u}||\mathrm{v}|\sin\theta$$

증명

외적과 벡터의 길이의 정의로부터 다음을 얻는다.

$$\begin{aligned}
|\mathrm{u} \times \mathrm{v}|^2 &= (u_2v_3 - u_3v_2)^2 + (u_3v_1 - u_1v_3)^2 + (u_1v_2 - u_2v_1)^2 \\
&= u_2^2v_3^2 - 2u_2u_3v_2v_3 + u_3^2v_2^2 + u_3^2v_1^2 - 2u_1u_3v_1v_3 + u_1^2v_3^2 \\
&\qquad + u_1^2v_2^2 - 2u_1u_2v_1v_2 + u_2^2v_1^2 \\
&= (u_1^2 + u_2^2 + u_3^2)(v_1^2 + v_2^2 + v_3^2) - (u_1v_1 + u_2v_2 + u_3v_3)^2 \\
&= |\mathrm{u}|^2|\mathrm{v}|^2 - (\mathrm{u} \cdot \mathrm{v})^2 \\
&= |\mathrm{u}|^2|\mathrm{v}|^2 - |\mathrm{u}|^2|\mathrm{v}|^2\cos^2\theta \\
&\equiv |\mathrm{u}|^2|\mathrm{v}|^2(1 - \cos^2\theta) \\
&\equiv |\mathrm{u}|^2|\mathrm{v}|^2\sin^2\theta
\end{aligned}$$

제곱근을 택하고 $0 \le \theta \le \pi$일 때 $\sin\theta \ge 0$이므로 $\sqrt{\sin^2\theta} = \sin\theta$이다. 따라서 다음을 얻는다.

$$|\mathrm{u} \times \mathrm{v}| = |\mathrm{u}||\mathrm{v}|\sin\theta$$

정리 3.8

외적 $\mathrm{u} \times \mathrm{v}$의 크기는 u와 v로 결정되는 평행사변형의 넓이와 같다.

정리 3.7의 기하학적인 해석은 그림 3.23을 살펴보면 알 수 있다. $\mathbf{u}$와 $\mathbf{v}$를 시점이 같은 유향 선분으로 표현하면, 이들은 밑변 $|\mathbf{u}|$, 높이 $|\mathbf{v}|\sin\theta$이고 넓이가 다음과 같은 평행사변형을 결정한다.

$$A = |\mathbf{u}|(|\mathbf{v}|\sin\theta) = |\mathbf{u}\times\mathbf{v}|$$

따라서 외적의 크기를 다음과 같이 설명할 수 있다.

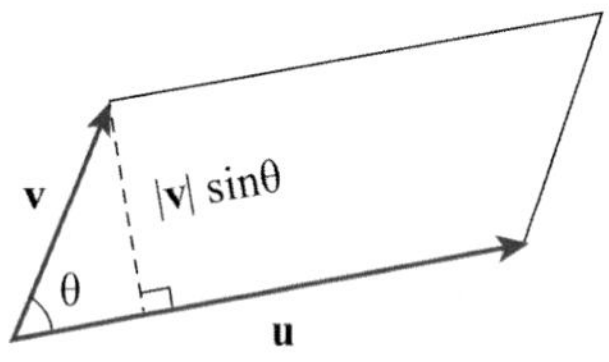

그림 3.23

예제 3.21

세 점 $P(1,4,6)$, $Q(-2,5,-1)$, $R(1,-1,1)$을 지나는 평면에 수직인 벡터를 구하라.

풀이

벡터 $\overrightarrow{PQ}\times\overrightarrow{PR}$은 두 벡터 $\overrightarrow{PQ}$와 $\overrightarrow{PR}$에 모두 수직이고, 따라서 P,Q,R을 지나는 평면에 직교한다. 다음과 같다.

$\overrightarrow{PQ}=(-2-1)\mathrm{i}+(5-4)\mathrm{j}+(-1-6)\mathrm{k}=-3\mathrm{i}+\mathrm{j}-7\mathrm{k}$
$\overrightarrow{PR}=(1-1)\mathrm{i}+(-1-4)\mathrm{j}+(1-6)\mathrm{k}=-5\mathrm{j}-5\mathrm{k}$

이들 벡터의 외적을 구하면 다음과 같다.

$$\begin{aligned}\overrightarrow{PQ}\times\overrightarrow{PR} &= \begin{vmatrix} \mathrm{i} & \mathrm{j} & \mathrm{k} \\ -3 & 1 & -7 \\ 0 & -5 & -5 \end{vmatrix} \\ &= (-5-35)\mathrm{i}-(15-0)\mathrm{j}+(15-0)\mathrm{k} \\ &= -40\mathrm{i}-15\mathrm{j}+15\mathrm{k}\end{aligned}$$

따라서 벡터 $\langle -40, -15, 15\rangle$는 주어진 평면에 수직이다.

예제 3.22

꼭짓점이 $P(1,4,6)$, $Q(-2,5,-1)$, $R(1,-1,1)$인 삼각형의 넓이를 구하여라.

풀이

예제 3.21에서 구한 바와 같이 $\overrightarrow{PQ}\times\overrightarrow{PR}=\langle -40,\ -15,\ 15\rangle$이다. 선분 PQ와 PR을 이웃하는 변으로 하는 평행사변형의 넓이는 다음과 같이 외적 $\overrightarrow{PQ}\times\overrightarrow{PR}$의 크기와 같다.

$$|\overrightarrow{PQ}\times\overrightarrow{PR}|=\sqrt{(-40)^2+(-15)^2+15^2}=5\sqrt{82}$$

삼각형 PQR의 넓이 A는 이 평행사변형의 넓이의 반이다.

즉 $\frac{5}{2}\sqrt{82}$ 이다.

정리 3.9

$\mathrm{u},\mathrm{v},\mathrm{w}$는 공간벡터이고 c는 스칼라일 때 다음이 성립한다.

1. $\mathrm{u}\times\mathrm{v}=-(\mathrm{v}\times\mathrm{u})$
2. $\mathrm{u}\times(\mathrm{v}+\mathrm{w})=(\mathrm{u}\times\mathrm{v})+(\mathrm{u}\times\mathrm{w})$
3. $c(\mathrm{u}\times\mathrm{v})=(c\mathrm{u})\times\mathrm{v}=\mathrm{u}\times(c\mathrm{v})$
4. $\mathrm{u}\times 0=0\times\mathrm{u}=0$
5. $\mathrm{u}\times\mathrm{u}=0$
6. $\mathrm{u}\cdot(\mathrm{v}\times\mathrm{w})=(\mathrm{u}\times\mathrm{v})\cdot\mathrm{w}=(\mathrm{w}\times\mathrm{u})\cdot\mathrm{v}$

증명

1. $\mathrm{u}=u_1\mathrm{i}+u_2\mathrm{j}+u_3\mathrm{k}$, $\mathrm{v}=v_1\mathrm{i}+v_2\mathrm{j}+v_3\mathrm{k}$라 하면

   $\mathrm{u}\times\mathrm{v}=(u_2v_3-u_3v_2)\mathrm{i}-(u_1v_3-u_3v_1)\mathrm{j}+(u_1v_2-u_2v_1)\mathrm{k}$이고

   $\mathrm{v}\times\mathrm{u}=(v_2u_3-v_3u_2)\mathrm{i}-(v_1u_3-v_3u_1)\mathrm{j}+(v_1u_2-v_2u_1)\mathrm{k}$이다.

   그러므로 $\mathrm{u}\times\mathrm{v}=-(\mathrm{v}\times\mathrm{u})$이다.

   성질 2, 3, 4, 5, 6의 증명은 생략한다.

정리 3.10 스칼라 삼중적

$\mathbf{u}=u_1\mathbf{i}+u_2\mathbf{j}+u_3\mathbf{k}$, $\mathbf{v}=v_1\mathbf{i}+v_2\mathbf{j}+v_3\mathbf{k}$, $\mathbf{w}=w_1\mathbf{i}+w_2\mathbf{j}+w_3\mathbf{k}$에 대하여 스칼라 삼중적은

$$\mathbf{u}\cdot(\mathbf{v}\times\mathbf{w})=\begin{vmatrix} u_1 & u_2 & u_3 \\ v_1 & v_2 & v_3 \\ w_1 & w_2 & w_3 \end{vmatrix}$$

이다.

정리 3.11 스칼라 삼중적의 기하학적 성질

$\mathbf{u},\mathbf{v},\mathbf{w}$가 이웃하는 변인 평행육면체의 부피는

$$V=|\mathbf{u}\cdot(\mathbf{v}\times\mathbf{w})|$$

이다.

증명

그림 3.24에서

$$|\mathbf{v}\times\mathbf{w}|=\text{밑면의 넓이}$$
$$|\mathrm{proj}_{\mathbf{v}\times\mathbf{w}}\mathbf{u}|=\text{평행육면체의 높이}$$

이므로

$$\begin{aligned} V=(\text{높이})(\text{밑면의 넓이}) &= |\mathrm{proj}_{\mathbf{v}\times\mathbf{w}}\mathbf{u}|\,|\mathbf{v}\times\mathbf{w}| \\ &= \left|\frac{\mathbf{u}\cdot(\mathbf{v}\times\mathbf{w})}{|\mathbf{v}\times\mathbf{w}|}\right|\,|\mathbf{v}\times\mathbf{w}| \\ &= |\mathbf{u}\cdot(\mathbf{v}\times\mathbf{w})| \end{aligned}$$

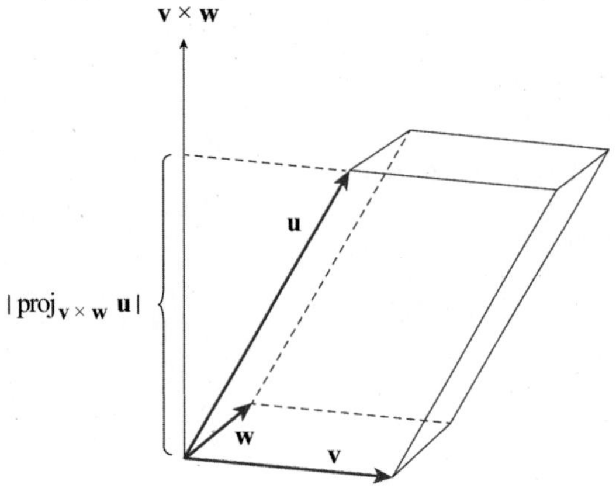

그림 3.24 밑면의 넓이 = | v × w |
평행육면체의 부피 = | u • (v × w) |

예제 3.23

벡터 $\mathbf{u} = 3\mathbf{i} - 5\mathbf{j} + \mathbf{k}$, $\mathbf{v} = 2\mathbf{j} - 2\mathbf{k}$, $\mathbf{w} = 3\mathbf{i} + \mathbf{j} + \mathbf{k}$가 이웃하는 세 변인 평행육면체의 부피를 구하여라.

풀이

정리 3.10에 따라 부피는

$$
\begin{aligned}
V &= |\mathbf{u} \cdot (\mathbf{v} \times \mathbf{w})| \\
&= \begin{vmatrix} 3 & -5 & 1 \\ 0 & 2 & -2 \\ 3 & 1 & 1 \end{vmatrix} = 3\begin{vmatrix} 2 & -2 \\ 1 & 1 \end{vmatrix} - (-5)\begin{vmatrix} 0 & -2 \\ 3 & 1 \end{vmatrix} + (1)\begin{vmatrix} 0 & 2 \\ 3 & 1 \end{vmatrix} \\
&= 3(4) + 5(6) + 1(-6) \\
&= 36
\end{aligned}
$$

이다.

연습문제 3.4

1. 다음에서 $\mathbf{u}\times\mathbf{v}$를 계산하여라.

(1) $\mathbf{u}=\langle 1, 1, -1\rangle$, $\mathbf{v}=\langle 2, 4, 6\rangle$

(2) $\mathbf{u}=\mathbf{i}+3\mathbf{j}-2\mathbf{k}$, $\mathbf{v}=-\mathbf{i}+5\mathbf{k}$

(3) $\mathbf{u}=\mathbf{j}+7\mathbf{k}$, $\mathbf{v}=2\mathbf{i}-\mathbf{j}+4\mathbf{k}$

(4) $\mathbf{u}=t\mathbf{i}+\cos t\mathbf{j}+\sin t\mathbf{k}$, $\mathbf{v}=\mathbf{i}-\sin t\mathbf{j}+\cos t\mathbf{k}$

2. 다음에서 $\mathbf{u}\times\mathbf{v}$를 계산하고 $\mathbf{u}\times\mathbf{v}$가 $\mathbf{u}$와 $\mathbf{v}$에 모두 수직임을 보여라

(1) $\mathbf{u}=\langle 12, -3, 0\rangle$, $\mathbf{v}=\langle -2, 5, 0\rangle$

(2) $\mathbf{u}=\mathbf{i}+\mathbf{j}+\mathbf{k}$, $\mathbf{v}=2\mathbf{i}+\mathbf{j}-\mathbf{k}$

3. 다음 주어진 벡터 $\mathbf{u}$와 $\mathbf{v}$로 결정되는 삼각형의 넓이를 구하여라.

(1) $\mathbf{u}=\mathbf{j}$, $\mathbf{v}=\mathbf{j}+\mathbf{k}$

(2) $\mathbf{u}=\mathbf{i}+\mathbf{j}+\mathbf{k}$, $\mathbf{v}=\mathbf{j}+\mathbf{k}$

(3) $\mathbf{u}=\langle 3, 2, -1\rangle$, $\mathbf{v}=\langle 1, 2, 3\rangle$

(4) $\mathbf{u}=\langle 2, -1, 0\rangle$, $\mathbf{v}=\langle -1, 2, 0\rangle$

4. 다음 주어진 점을 꼭짓점으로 하는 삼각형의 넓이를 구하여라.

(1) $(0, 0, 0)$, $(1, 2, 3)$, $(-1, 0, 0)$

(2) $(2, -3, 4)$, $(0, 1, 2)$, $(-1, 2, 0)$

(3) $(2, -7, 3)$, $(-1, 5, 8)$, $(4, 6, -1)$

(4) $(1, 2, 0)$, $(-2, 1, 0)$, $(0, 0, 0)$

5. 삼중적을 이용하여 $\mathbf{u}$, $\mathbf{v}$, $\mathbf{w}$가 이웃하는 세 변인 평행육면체의 부피를 구하여라.

(1) $\mathbf{u} = \mathbf{i} + \mathbf{j}, \mathbf{v} = \mathbf{j} + \mathbf{k}, \mathbf{w} = \mathbf{i} + \mathbf{k}$

(2) $\mathbf{u} = \langle 1, 3, 1 \rangle, \mathbf{v} = \langle 0, 6, 6 \rangle, \mathbf{w} = \langle -4, 0, -4 \rangle$

6. 다음이 꼭짓점인 평행육면체의 부피를 구하여라.

(1) (0, 0, 0), (3, 0, 0), (0, 5, 1), (3, 5, 1)
(2, 0, 5), (5, 0, 5), (2, 5, 6), (5, 5, 6)

(2) (0, 0, 0), (1, 1, 0), (1, 0, 2), (0, 1, 1)
(2, 1, 2), (1, 1, 3), (1, 2, 1), (2, 2, 3)

3.5 공간의 직선과 평면

3.5.1 공간에서의 직선

평면에서 기울기는 직선의 방정식을 결정하는 데 사용했으나 공간에서는 벡터를 사용한다. 점 $P(x_1, y_1, z_1)$을 지나 벡터 $\mathrm{v} = \langle a,\ b,\ c \rangle$에 평행인 직선은 그림 3.25에서와 같이 벡터 $\overrightarrow{PQ}$가 v에 평행이 되는 점 $Q(x,\ y,\ z)$의 집합이다. 따라서 스칼라 t에 대하여 $\overrightarrow{PQ} = t\mathrm{v}$로 나타낼 수 있다. 따라서

$$\overrightarrow{PQ} = \langle x - x_1,\ y - y_1,\ z - z_1 \rangle = \langle at,\ bt,\ ct \rangle = t\mathrm{v}$$

이고 성분별로 비교하여 공간의 직선 L의 **매개방정식**(parametric equation)을 얻는다. 여기서 v를 L의 **방향벡터**, a, b, c를 L의 방향수라 한다.

정리 3.12 공간의 직선의 매개방정식

점 $P(x_1, y_1, z_1)$을 지나 벡터 $\mathrm{v} = \langle a, b, c \rangle$에 평행인 직선 L의 **매개방정식**은

$$x = x_1 + at,\ \ y = y_1 + bt,\ \ z = z_1 + ct$$

이다.

방향수 a, b, c가 모두 0이 아니면 t를 소거한 직선의 **대칭방정식**(symmetric equation)을 얻는다.

$$\frac{x - x_1}{a} = \frac{y - y_1}{b} = \frac{z - z_1}{c}$$

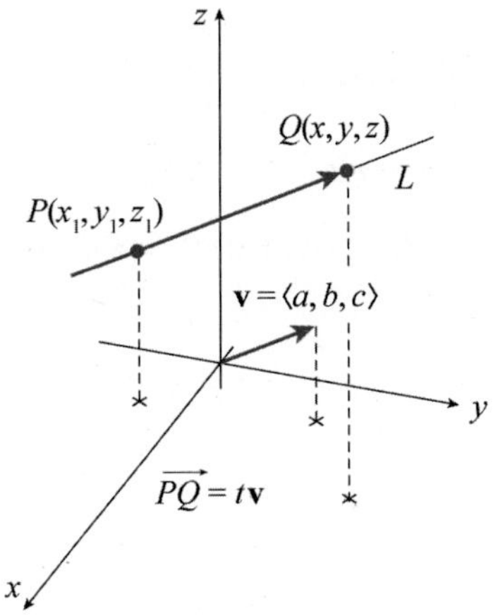

그림 3.25 직선 L과 방향벡터 v

예제 3.24

점 $(1, -2, 4)$를 지나 $\mathrm{v} = \langle 2, 4, -4\rangle$에 평행인 직선의 매개방정식과 대칭방정식을 구하여라.

풀이

$x_1 = 1$, $y_1 = -2$, $z_1 = 4$ $a = 2$, $b = 4$, $c = -4$이므로

$x = 1 + 2t$, $y = -2 + 4t$, $z = 4 - 4t$

이고 a, b, c 모두 0이 아니므로 대칭방정식은

$$\frac{x-1}{2} = \frac{y+2}{4} = \frac{z-4}{-4}$$

이다.

예제 3.25

두 점 $(-2, 1, 0)$과 $(1, 3, 5)$를 지나는 직선의 매개방정식을 구하여라.

풀이

두 점 $P(-2,1,0)$과 $Q(1,3,5)$를 지나는 벡터 $\overrightarrow{PQ}$는

$\mathrm{v}=\overrightarrow{PQ}=\langle 1-(-2), 3-1, 5-0\rangle=\langle 3,2,5\rangle=\langle a,b,c\rangle$

이고 방향수 $a=3,\ b=2,\ c=5$와 점 $P(-2,1,0)$을 이용하면

$x=-2+3t,\ y=1+2t,\ z=5t$

이다.

3.5.2 공간에서의 평면

이제 한 점을 지나고 주어진 벡터에 수직인 평면방정식을 구해보자. 그림 3.26에서와 같이 점 $P(x_1,\ y_1,\ z_1)$를 포함하고 영벡터가 아닌 벡터 $\mathrm{n}=\langle a,\ b,\ c\rangle$에 수직인 평면은 벡터 $\overrightarrow{PQ}$가 n에 수직인 모든 점 $Q(x,\ y,\ z)$의 집합이다. 따라서 내적을 이용하여 다음과 같이 쓸 수 있다.

$$\mathrm{n}\cdot\overrightarrow{PQ}=0$$
$$\langle a,\ b,\ c\rangle\cdot\langle x-x_1, y-y_1, z-z_1\rangle=0$$
$$a(x-x_1)+b(y-y_1)+c(z-z_1)=0$$

세 번째 식을 평면방정식의 **표준형**(standard form)이라고 한다.

정리 3.13 공간의 평면의 표준방정식

점 $P(x_1,\ y_1,\ z_1)$을 포함하고 법선벡터 $\mathrm{n}=\langle a,\ b,\ c\rangle$를 갖는 평면방정식의 **표준형**은

$$a(x-x_1)+b(y-y_1)+c(z-z_1)=0$$

이다.

항을 정리하여 평면방정식을 다음의 **일반형**(general form)으로 변형할 수 있다.

$$ax + by + cz + d = 0$$

주어진 평면방정식(일반형)으로부터 이 평면의 법선벡터를 쉽게 얻을 수 있다.

단순히 x, y, z의 계수로 $\mathrm{n} = \langle a,\ b,\ c \rangle$를 얻는다.

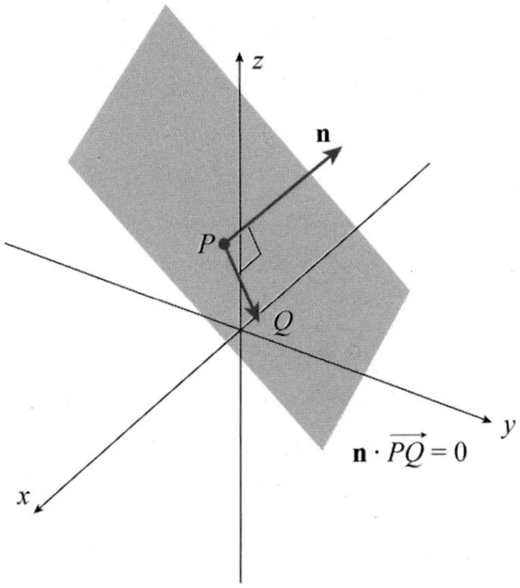

그림 3.26

예제 3.26

점 $P_0(-3, 0, 7)$을 지나고 $\mathrm{n} = 5\mathrm{i} + 2\mathrm{j} - \mathrm{k}$에 수직인 평면의 방정식을 구하여라.

풀이

성분 방정식은

$5(x-(-3)) + 2(y-0) + (-1)(z-7) = 0$

이를 간단히 하면

$5x + 15 + 2y - z + 7 = 0$

$5x + 2y - z = -22$

예제 3.27

세 점 $A(0,0,1)$, $B(2,0,0)$, $C(0,3,0)$을 지나는 평면의 방정식을 구하여라.

풀이

평면에 수직인 벡터와 평면 위의 임의의 한 점을 이용하여 평면의 방정식을 구하여라.

외적 $\overrightarrow{AB}\times\overrightarrow{AC}=\begin{vmatrix} \mathrm{i} & \mathrm{j} & \mathrm{k} \\ 2 & 0 & -1 \\ 0 & 3 & -1 \end{vmatrix}=3\mathrm{i}+2\mathrm{j}+6\mathrm{k}$

은 평면에 수직이다. 구한 외적의 성분과 점 $A(0,0,1)$의 좌표를 평면의 성분 방정식에 대입하면,

$3(x-0)+2(y-0)+6(z-1)=0$

$3x+2y+6z=6$

3.5.3 교선

두 직선이 서로 평행일 필요충분조건은 이들이 동일한 방향벡터를 가지는 것이다. 이와 마찬가지로 두 평면이 서로 평행할 필요충분조건은 이들 각각의 법선벡터가 서로 평행, 즉 적당한 스칼라 k에 대하여 $\mathrm{n}_1=k\mathrm{n}_2$이다. 평행하지 않은 두 평면은 한 직선에서 만난다.

예제 3.28

두 평면 $3x-6y-2z=15$, $2x+y-2z=5$의 교선에 평행한 벡터를 구하여라.

풀이

두 평면의 교선은 두 평면의 법선 n_1, n_2와 동시에 수직이고 따라서 $\mathrm{n}_1\times\mathrm{n}_2$에 평행하다. 다시 말해 $\mathrm{n}_1\times\mathrm{n}_2$은 두 평면의 교선에 평행한 벡터이다.

$\mathrm{n}_1\times\mathrm{n}_2=\begin{vmatrix} \mathrm{i} & \mathrm{j} & \mathrm{k} \\ 3 & -6 & -2 \\ 2 & 1 & -2 \end{vmatrix}=14\mathrm{i}+2\mathrm{j}+15\mathrm{k}$

$\mathrm{n}_1\times\mathrm{n}_2$의 임의의 0 아닌 스칼라곱도 답일 수 있다.

예제 3.29

두 평면 $3x-6y-2z=15$, $2x+y-2z=5$의 교선의 매개변수방정식을 구하여라.

풀이

예제 3.28에서 교선에 평행한 벡터가 $\mathbf{v}=14\mathbf{i}+2\mathbf{j}+15\mathbf{k}$임을 알았다. 교선 상의 한 점은 두 평면의 방정식을 동시에 만족시키는 점을 택하면 된다. 평면의 방정식에서 $z=0$을 대입하고 x, y에 관한 연립방정식을 풀면, 교선 상의 한 점 $(3,-1,0)$이 정해진다. 따라서 직선의 매개변수방정식은

$$x=3+14t,\quad y=-1+2t,\quad z=15t$$

$z=0$은 임의로 택한 값이고 $z=1$ 또는 $z=-1$을 택해도 된다. 혹은 $x=0$으로 두고 y, z에 대해 풀 수도 있다. 이렇게 점을 다르게 택하면 동일한 직선에 대해 서로 다른 매개변수방정식이 나온다.

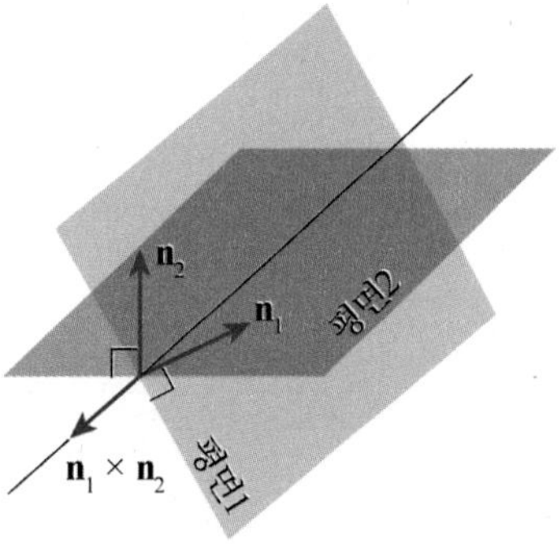

그림 3.27

3.5.4 한 점에서 평면까지의 거리

P가 법선벡터 $\mathbf{n}$을 갖는 평면상의 한 점이라 하자. 그러면 임의의 한 점 S에서 평면까지의 거리는 $\overrightarrow{PS}$의 $\mathbf{n}$ 위로의 벡터사영의 크기이다. 즉, S에서 평면까지의 거리는

$$d=\left|\overrightarrow{PS}\cdot\frac{\mathbf{n}}{|\mathbf{n}|}\right|$$

여기서 $\mathbf{n}=A\mathbf{i}+B\mathbf{j}+C\mathbf{k}$는 평면의 법선벡터이다.

예제 3.30

점 $S(1,1,3)$에서 평면 $3x+2y+6z=6$까지의 거리를 구하여라.

풀이

먼저 평면상의 한 점 P를 찾고 $\overrightarrow{PS}$의 법선벡터 n 위로의 벡터사영의 길이를 구한다(그림 3.28 참조). 평면의 방정식 $3x+2y+6z=6$의 계수에서 $\mathrm{n} = 3\mathrm{i}+2\mathrm{j}+6\mathrm{k}$

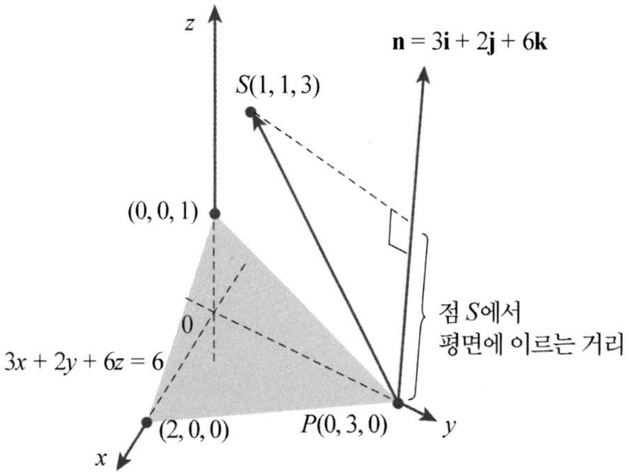

그림 3.28

평면의 방정식에서 평면상의 점을 가장 쉽게 찾는 방법은 절편을 이용하는 것이다. y축과 만나는 점 (0, 3, 0)을 P로 택하면,

$$\overrightarrow{PS} = (1-0)\mathrm{i} + (1-3)\mathrm{j} + (3-0)\mathrm{k} = \mathrm{i} - 2\mathrm{j} + 3\mathrm{k}$$

$$|\mathrm{n}| = \sqrt{(3)^2 + (2)^2 + (6)^2} = \sqrt{49} = 7$$

S에서 평면까지의 거리는

$$d = \left| \overrightarrow{PS} \cdot \frac{\mathrm{n}}{|\mathrm{n}|} \right| = \left| (\mathrm{i} - 2\mathrm{j} + 3\mathrm{k}) \cdot \left(\frac{3}{7}\mathrm{i} + \frac{2}{7}\mathrm{j} + \frac{6}{7}\mathrm{k} \right) \right|$$

$$= \left| \left(\frac{3}{7} - \frac{4}{7} + \frac{18}{7} \right) \right| = \frac{17}{7}$$

3.5.5 두 평면 사이의 각

공간의 서로 다른 두 평면은 평행이거나 한 직선에서 만난다. 한 직선에서 만날 경우 두 평면 사이의 각($0 \le \theta \le \pi/2$)을 그림 3.29와 같이 두 평면에 수직인 벡터들 사이의 각으로 정한다. 특히 두 벡터 $\mathbf{n}_1$과 $\mathbf{n}_2$가 만나는 두 평면의 법선벡터라고 하면 두 법선벡터의 사이의 각 θ가 두 평면의 사이의 각이 되고

$$\cos\theta = \frac{|\mathbf{n}_1 \cdot \mathbf{n}_2|}{|\mathbf{n}_1||\mathbf{n}_2|}$$

이다. 그러므로 법선벡터 $\mathbf{n}_1$, $\mathbf{n}_2$를 갖는 두 평면은

1. $\mathbf{n}_1 \cdot \mathbf{n}_2 = 0$이면 서로 수직이다.
2. $\mathbf{n}_1$이 $\mathbf{n}_2$의 스칼라곱이면 평행이다.

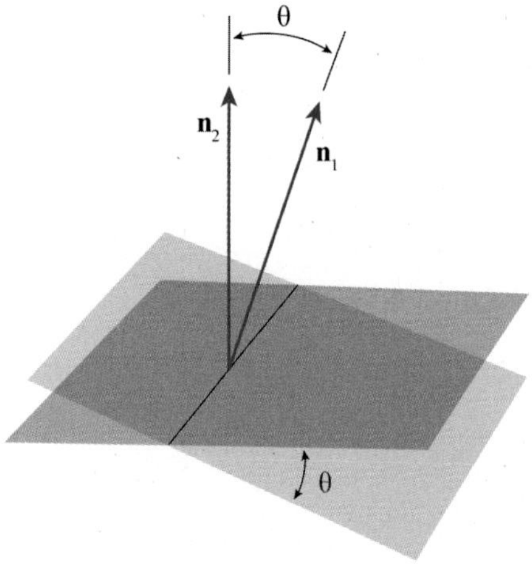

그림 3.29

예제 3.31

두 평면 $3x-6y-2z=15$, $2x+y-2z=5$ 사이의 각을 구하여라.

풀이

$\mathbf{n}_1=3\mathbf{i}-6\mathbf{j}-2\mathbf{k}$, $\mathbf{n}_2=2\mathbf{i}+\mathbf{j}-2\mathbf{k}$

는 각각 주어진 두 평면의 법선벡터이다.

$$\theta=\cos^{-1}\left(\frac{\mathbf{n}_1\cdot\mathbf{n}_2}{|\mathbf{n}_1||\mathbf{n}_2|}\right)=\cos^{-1}\left(\frac{4}{21}\right)$$

$$\approx 1.38\text{라디안}$$

1. 다음 주어진 점을 지나고 주어진 벡터 또는 직선과 평행인 직선의 (a) 매개방정식과 (b) 대칭방정식을 구하여라(각 직선의 방향성분을 정수로 나타내어라).

	점	벡터 또는 직선
(1)	$(0,0,0)$	$\mathbf{v} = \langle 1,2,3 \rangle$
(2)	$(0,0,0)$	$\mathbf{v} = \langle -2, \frac{5}{2}, 1 \rangle$
(3)	$(-2,0,3)$	$\mathbf{v} = 2\mathbf{i} + 4\mathbf{j} - 2\mathbf{k}$
(4)	$(-3,0,2)$	$\mathbf{v} = 6\mathbf{j} + 3\mathbf{k}$
(5)	$(1,0,1)$	$x = 3+3t,\quad y = 5-2t,\quad z = -7+t$
(6)	$(-3,5,4)$	$\frac{x-1}{3} = \frac{y+1}{-2} = z-3$

2. 다음 두 점을 지나는 직선의 (a) 매개방정식과 (b) 대칭방정식을 구하여라(각 직선의 방향성분을 정수로 나타내어라).

(1) $(5, -3, -2), \left(-\frac{2}{3}, \frac{2}{3}, 1\right)$

(2) $(2, 0, 2), (1, 4, -3)$

(3) $(2, 3, 0), (10, 8, 12)$

(4) $(0, 0, 25), (10, 10, 0)$

3. 다음 주어진 점을 지나고 주어진 벡터 또는 직선에 수직인 평면 방정식을 구하여라.

	점	벡터 또는 직선
(1)	$(2,1,2)$	$\mathbf{n} = \mathbf{i}$
(2)	$(1,0,-3)$	$\mathbf{n} = \mathbf{k}$
(3)	$(3,2,2)$	$\mathbf{n} = 2\mathbf{i} + 3\mathbf{j} - \mathbf{k}$
(4)	$(0,0,0)$	$\mathbf{n} = -3\mathbf{i} + 2\mathbf{k}$
(5)	$(0,0,6)$	$x = 1-t,\quad y = 2+t,\quad z = 4-2t$
(6)	$(3,2,2)$	$\frac{x-1}{4} = y+2 = \frac{z+3}{-3}$

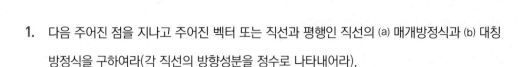

연습문제 3.5

4. 다음 세 점을 지나는 평면의 방정식을 구하여라.

(1) $(0,\ 0,\ 0)$, $(1,\ 2,\ 3)$, $(-2,\ 3,\ 3)$.

(2) $(2,\ 3,\ -2)$, $(3,\ 4,\ 2)$, $(1,\ -1,\ 0)$.

(3) $(1,\ 2,\ 3)$, $(3,\ 2,\ 1)$, $(-1,\ -2,\ 2)$.

(4) $(1,\ 2,\ 3)$을 지나며 xz평면에 평행

5. 두 평면의 교선의 매개변수방정식을 구하여라.

(1) $x+y+z=1$, $x+y=2$

(2) $3x-6y-2z=3$, $2x+y-2z=2$

(3) $x-2y+4z=2$, $x+y-2z=5$

(4) $5x-2y=11$, $4y-5z=-17$

6. 다음에서 점과 평면 사이의 거리를 구하여라.

(1) $(2,\ -3,\ 4)$, $x+2y+2z=13$

(2) $(0,\ 1,\ 1)$, $4y+3z=-12$

(3) $(0,\ -1,\ 0)$, $2x+y+2z=4$

(4) $x+2y+6z=1$과 $x+2y+6z=10$까지의 거리

7. 다음 두 평면 사이의 각을 구하여라.

(1) $x+y=1$, $2x+y-2z=2$

(2) $5x+y-z=10$, $x-2y+3z=-1$

8. 다음 평면의 방정식을 구하여라.

(1) $\dfrac{x-1}{-2}=y-4=z$, $\dfrac{x-2}{-3}=\dfrac{y-1}{4}=\dfrac{z-2}{-1}$을 포함하는 평면

(2) $\dfrac{x}{2}=\dfrac{y-4}{-1}=z$을 포함하고 $(2,\ 2,\ 1)$을 지나는 평면

(3) $2x-3y+z=3$에 수직이고 $(2, 2, 1)$, $(-1, 1, -1)$을 지나는 평면

(4) x축에 평행하고 $(1,\ -2,\ -1)$, $(2, 5, 6)$을 지나는 평면

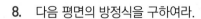

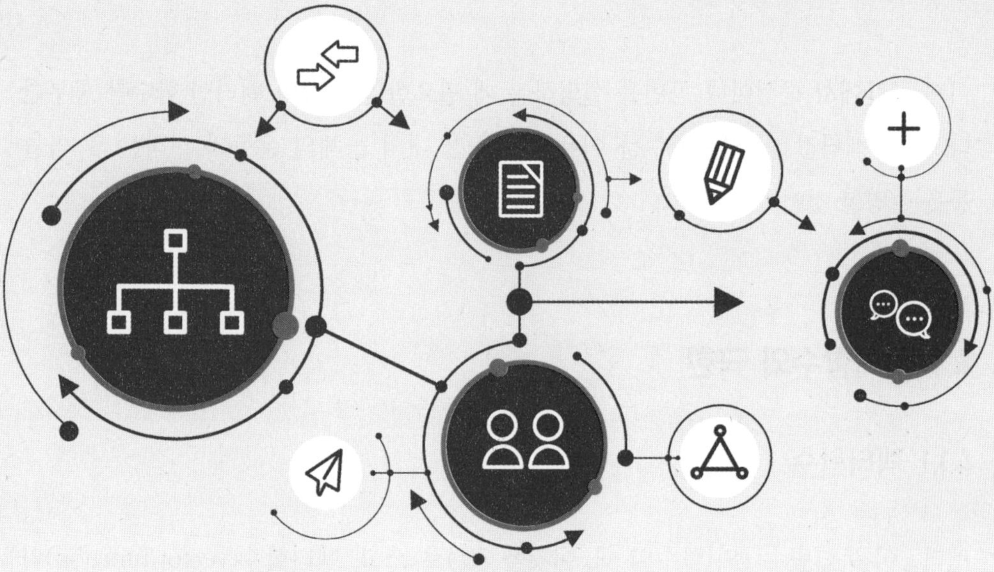

CHAPTER 4

벡터함수의 미적분

이제 공간에서 곡선이나 곡면을 설명하는 데 필요한 함숫값이 벡터인 함수를 공부한다. 또한 벡터값을 갖는 함수를 이용하여 공간 내의 물체의 운동과 미적분 및 곡률 등을 설명할 것이다.

4.1 벡터함수와 극한

4.1.1 벡터함수

벡터 r이 독립변수 t의 함수일 때, 이것을 $r(t)$로 쓰고, 벡터함수(vector function)라 한다.

벡터함수는 그 정의역이 실수의 집합이고, 그 치역이 벡터의 집합인 함수이다. 우리가 가장 관심을 가지는 벡터함수는 삼차원벡터이다. f, g, h는 같은 정의역 D에서 정의된 실함수이고,

$$r(t) = < f(t),\ g(t),\ h(t) > \tag{1}$$

를 정의역 D에서 정의된 벡터함수라 할 때, $f(t)$, $g(t)$, $h(t)$를 $r(t)$의 성분함수(component function)라 한다.

예제 4.1

벡터함수 $r(t) = \left\langle \sqrt{4-t^2},\ e^{-3t},\ \ln(t+1) \right\rangle$의 정의역을 구하라.

풀이

$\sqrt{4-t^2}$, e^{-3t} 그리고 $\ln(t+1)$에서 $4-t^2 \geq 0 \Rightarrow -2 \leq t \leq 2, t+1 > 0 \Rightarrow t > -1$. 따라서 r의 정의역은 $(-1, 2]$이다.

위치벡터 $r(t)$의 끝점 $(f(t), g(t), h(t))$는 t가 정의역 D에서 변함에 따라 하나의 공간곡선(space curve) C를 나타내고, 이 곡선의 매개방정식은

$$x = f(t),\ y = g(t),\ z = h(t) \tag{2}$$

꼴로 나타내진다.

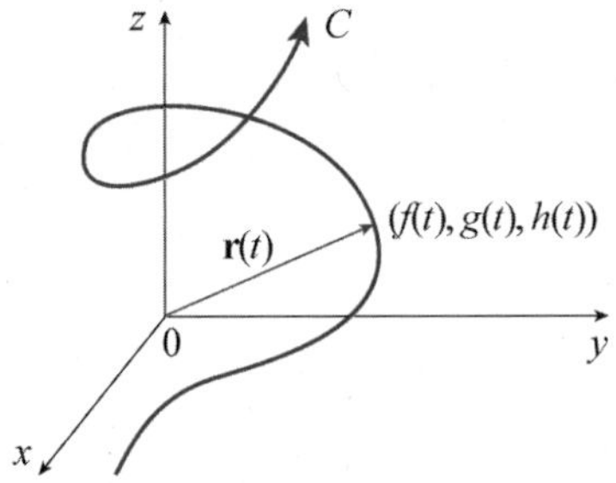

그림 4.1

예제 4.2

벡터함수 $r(t) = \langle 5-2t, 2+3t, -1+7t \rangle$로 정의된 곡선을 설명하라.

풀이

대응하는 매개변수방정식은 다음과 같다.

$x = 5-2t,\ y = 2+3t,\ z = -1+7t$

이것은 점 $(5, 2, -1)$을 지나고 벡터 $\langle -2, 3, 7 \rangle$에 평행인 직선의 매개변수방정식임을 알 수 있다.

예제 4.3

다음 벡터방정식이 나타내는 곡선을 그려라.

$$r(t) = \langle 1, \cos t, 2\sin t \rangle$$

풀이

매개방정식 $x=1, y=\cos t, z=2\sin t$이고,
$y^2+(z/2)^2=\cos^2 t+\sin^2 t=1$

또는 $y^2+z^2/4=1$, $x=1$이므로, 이 곡선은 평면 $x=1$ 위에 중심 $(1,0,0)$인 타원이다.

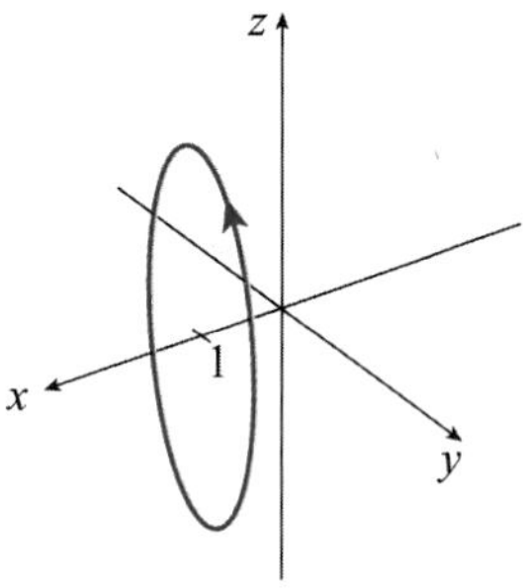

그림 4.2

4.1.2 벡터함수의 극한

공간에서 벡터함수에 대한 극한이나, 도함수의 개념은 평면의 경우와 마찬가지로 정의된다. t가 t_0에 한없이 가까이 갈 때, 벡터함수

$$r(t) = < f(t), g(t), h(t) >$$

의 극한은 각 성분의 극한이 존재할 경우, 다음 극한

$$\lim_{t\to t_0} r(t) = < \lim_{t\to t_0} f(t), \lim_{t\to t_0} g(t), \lim_{t\to t_0} h(t) > \qquad (3)$$

으로 정의한다.

예제 4.4

다음 극한을 구하라.

(1) $\lim_{t\to 0}\left(e^{-3t}\mathrm{i}+\dfrac{t^2}{\sin^2 t}\mathrm{j}+\cos 2t\,\mathrm{k}\right)$ (2) $\lim_{t\to\infty}\left\langle \dfrac{1+t^2}{1-t^2}, \tan^{-1}t, \dfrac{1-e^{-2t}}{t}\right\rangle$

풀이

(1) $\lim_{t\to 0} e^{-3t}=e^0=1$

$$\lim_{t\to 0}\frac{t^2}{\sin^2 t}=\lim_{t\to 0}\frac{1}{\dfrac{\sin^2 t}{t^2}}=\frac{1}{\lim_{t\to 0}\dfrac{\sin^2 t}{t^2}}=\frac{1}{\left(\lim_{t\to 0}\dfrac{\sin t}{t}\right)^2}=\frac{1}{1^2}=1$$

$\lim_{t\to 0}\cos 2t=1.$

따라서 $\lim_{t\to 0}\left(e^{-3t}\mathrm{i}+\dfrac{t^2}{\sin^2 t}\mathrm{j}+\cos 2t\,\mathrm{k}\right)=\mathrm{i}+\mathrm{j}+\mathrm{k}$

(2) $\lim_{t\to 0}\dfrac{1+t^2}{1-t^2}=\lim_{t\to\infty}\dfrac{(1/t^2)+1}{(1/t^2)-1}=\dfrac{0+1}{0-1}=-1$

$\lim_{t\to\infty}\tan^{-1}t=\dfrac{\pi}{2}$, $\lim_{t\to\infty}\left(\dfrac{1}{t}-\dfrac{1}{te^{2t}}\right)=0-0=0$

$\lim_{t\to\infty}\left\langle \dfrac{1+t^2}{1-t^2}, \tan^{-1}t, \dfrac{1-e^{-2t}}{t}\right\rangle=\left\langle -1, \dfrac{\pi}{2}, 0\right\rangle$

만일 t_0에서 벡터함수 r이 정의되어 있고, $\lim_{t\to t_0} r(t)$가 존재하며 $\lim_{t\to t_0} r(t)=r(t_0)$이면, r은 t_0에서 연속이다.

연습문제 4.1

1. $r(t) = \langle t^2, \ln(5-t), \sqrt{t-2} \rangle$의 정의역을 구하여라.

2. $r(t) = \dfrac{t-2}{t+2}\mathrm{i} + \sin t\mathrm{j} + \ln(9-t^2)\mathrm{k}$의 정의역을 구하여라.

3. 다음 벡터방정식이 나타내는 곡선을 그려라.

$$r(t) = 2\cos t\mathrm{i} + \sin t\mathrm{j} + t\mathrm{k}$$

4. 다음 점 P와 Q를 잇는 선분의 벡터방정식과 매개변수방정식을 구하라.

(1) $P(0, 0, 0)$, $Q(1, 2, 3)$

(2) $P(1, 0, 1)$, $Q(2, 3, 1)$

(3) $P(0, -1, 1)$, $Q(1/2, 1/3, 1/4)$

(4) $P(a, b, c)$, $Q(u, v, w)$

5. $r(t) = (1+t^3)\mathrm{i} + te^{-t}\mathrm{j} + \dfrac{\sin t}{t}\mathrm{k}$ 일 때, $\lim\limits_{t \to 0} r(t)$를 구하여라.

6. 다음을 구하여라.

(1) $\lim\limits_{t \to 1}\left(\dfrac{t^2-t}{t-1}\mathrm{i} + \sqrt{t+8}\,\mathrm{j} + \dfrac{\sin \pi t}{\ln t}\mathrm{k}\right)$

(2) $\lim\limits_{t \to \infty}\left\langle te^{-t}, \dfrac{t^3+t}{2t^3-1}, t\sin\dfrac{1}{t}\right\rangle$

4.2 벡터함수의 미분과 적분

4.2.1 벡터도함수

벡터함수 r의 도함수 $r'(t)$는

$$r'(t) = \lim_{\Delta t \to 0} \frac{r(t+\Delta t) - r(t)}{\Delta t} \tag{1}$$

로 정의되는 벡터함수이다. 만일 $r(t) = < f(t), g(t), h(t) >$이고 f, g, h가 미분 가능한 함수이면, $r(t)$의 도함수는 다음과 같다.

$$r'(t) = < f'(t), g'(t), h'(t) > \tag{2}$$

이것을 다음 사실에서 알 수 있다.

$$\begin{aligned} r'(t) &= \frac{d}{dt}(f(t)\mathrm{i} + g(t)\mathrm{j} + h(t)\mathrm{k}) \\ &= \frac{df}{dt}\mathrm{i} + \frac{dg}{dt}\mathrm{j} + \frac{dh}{dt}\mathrm{k} \\ &= f'(t)\mathrm{i} + g'(t)\mathrm{j} + h'(t)\mathrm{k} \end{aligned} \tag{3}$$

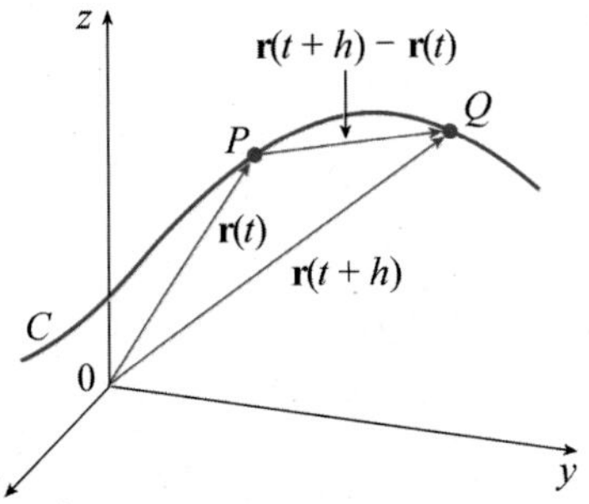

그림 4.3

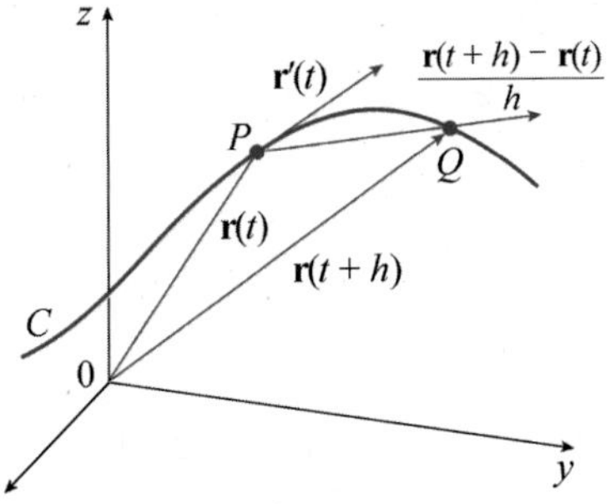

그림 4.4

증명

$$
\begin{aligned}
r'(t) &= \lim_{\Delta t \to 0} \frac{1}{\Delta t}[r(t + \Delta t) - r(t)] \\
&= \lim_{\Delta t \to 0} \frac{1}{\Delta t}[\langle f(t+\Delta t), g(t+\Delta t), h(t+\Delta t)\rangle - \langle f(t), g(t), h(t)\rangle] \\
&= \lim_{\Delta t \to 0} \left\langle \frac{f(t+\Delta t)-f(t)}{\Delta t}, \frac{g(t+\Delta t)-g(t)}{\Delta t}, \frac{h(t+\Delta t)-f(t)}{\Delta t} \right\rangle \\
&= \left\langle \lim_{\Delta t \to 0} \frac{f(t+\Delta t)-f(t)}{\Delta t}, \lim_{\Delta t \to 0} \frac{g(t+\Delta t)-g(t)}{\Delta t}, \lim_{\Delta t \to 0} \frac{h(t+\Delta t)-h(t)}{\Delta t} \right\rangle \\
&= \langle f'(t), g'(t), h'(t) \rangle
\end{aligned}
$$

예제 4.5

다음을 구하여라.

(a) 다음 벡터방정식으로 주어진 평면곡선을 그려라.

(b) $r'(t)$를 구하라.

(c) 주어진 t값에 대한 위치벡터 $r(t)$와 접선벡터 $r'(t)$를 그려라.

(1) $r(t) = \langle t-2, t^2+1 \rangle, t = -1$

(2) $r(t) = \sin t\mathrm{i} + 2\cos t\mathrm{j}, t = \pi/4$

(3) $r(t) = e^{2t}\mathrm{i} + e^{t}\mathrm{j}, t = 0$

풀이

(1) (a) $(x+2)^2 = t^2 = y-1$

$y = (x+2)^2 + 1$

(b) $r'(t) = < 1, 2t >$

(c) $r'(-1) = \langle 1, -2 \rangle$

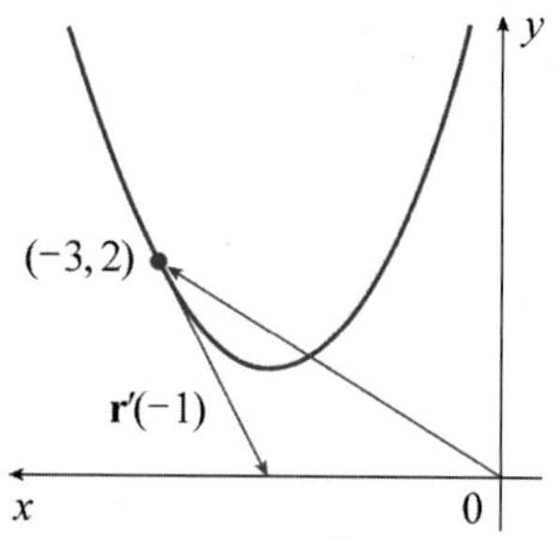

그림 4.5

(2) (a) $x = \sin t,\ y = 2\cos t$

$x^2 + (y/2)^2 = 1$

(b) $r'(t) = \cos t\,\mathrm{i} - 2\sin t\,\mathrm{j}$

(c) $r'\left(\dfrac{\pi}{4}\right) = \dfrac{\sqrt{2}}{2}\mathrm{i} - \sqrt{2}\,\mathrm{j}$

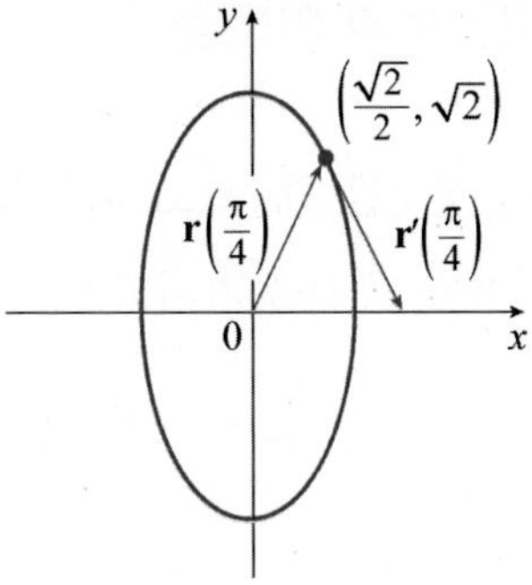

그림 4.6

(3) (a) $x = e^{2t} = (e^t)^2 = y^2$,

$x > 0, y > 0$

(b) $r'(t) = 2e^{2t}\mathrm{i} + e^t\mathrm{j}$

(c) $r'(0) = 2\mathrm{i} + \mathrm{j}$

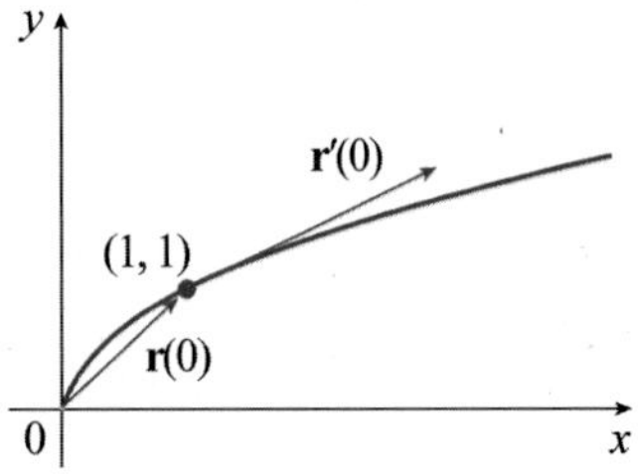

그림 4.7

예제 4.6

벡터함수의 도함수를 구하라.

(1) $r(t) = \langle t\sin t, t^2, t\cos 2t \rangle$

(2) $r(t) = \mathrm{i} - \mathrm{j} + e^{4t}k$

(3) $r(t) = e^{t^2}\mathrm{i} - \mathrm{j} + \ln(1+3t)\mathrm{k}$

풀이

(1) $r'(t) = \left\langle \dfrac{d}{dt}[t\sin t], \dfrac{d}{dt}[t^2], \dfrac{d}{dt}[t\cos 2t] \right\rangle = \langle t\cos t + \sin t, 2t, t(-\sin 2t)2 + \cos 2t \rangle$

$= \langle t\cos t + \sin t, 2t, \cos 2t - 2t\sin 2t \rangle$

(2) $r(t) = \mathrm{i} - \mathrm{j} + e^{4t}\mathrm{k} \Rightarrow r'(t) = 0i + 0j + 4e^{4t}k = 4e^{4t}k$

(3) $r(t) = e^{t^2}\mathrm{i} - \mathrm{j} + \ln(1+3t)\mathrm{k} \Rightarrow \mathrm{r}'(t) = 2te^{t^2}\mathrm{i} + \dfrac{3}{1+3t}\mathrm{k}$

4.2.2 벡터함수의 미분법칙

다음 정리는 실숫값 함수(real valued function)에 관한 미분 공식이 벡터함수에 대해서도 상응하는 공식을 가지고 있음을 보여 준다.

정리 4.1

u와 v를 미분 가능한 벡터함수, c를 스칼라, f를 실숫값 함수라 하면 다음이 성립한다.

1. $\frac{d}{dt}[\mathrm{u}(t)+\mathrm{v}(t)]=\mathrm{u}'(t)+\mathrm{v}'(t)$

2. $\frac{d}{dt}[c\mathrm{u}(t)]=c\mathrm{u}'(t)$

3. $\frac{d}{dt}[f(t)\mathrm{u}(t)]=f'(t)\mathrm{u}(t)+f(t)\mathrm{u}'(t)$

4. $\frac{d}{dt}[\mathrm{u}(t)\cdot\mathrm{v}(t)]=\mathrm{u}'(t)\cdot\mathrm{v}(t)+\mathrm{u}(t)\cdot\mathrm{v}'(t)$

5. $\frac{d}{dt}[\mathrm{u}(t)\times\mathrm{v}(t)]=\mathrm{u}'(t)\times\mathrm{v}(t)+\mathrm{u}(t)\times\mathrm{v}'(t)$

6. $\frac{d}{dt}[\mathrm{u}(f(t))]=\mathrm{u}'(f(t))f'(t)$ (연쇄법칙)

공식 4에 대한 증명을 소개하고 나머지 공식의 증명은 연습문제로 남겨 둔다.

증명

$\mathrm{u}(t)=\langle f_1(t), f_2(t), f_3(t)\rangle$, $\mathrm{v}(t)=\langle g_1(t), g_2(t), g_3(t)\rangle$라 하면 다음과 같다.

$$\mathrm{u}(t)\cdot\mathrm{v}(t)=f_1(t)g_1(t)+f_2(t)g_2(t)+f_3(t)g_3(t)=\sum_{i=1}^{3}f_i(t)g_i(t)$$

그러므로 일반적인 곱의 공식에 따라 다음이 성립한다.

$$\frac{d}{dt}[\mathrm{u}(t) \cdot \mathrm{v}(t)] = \frac{d}{dt}\sum_{i=1}^{3} f_i(t)g_i(t) = \sum_{i=1}^{3}\frac{d}{dt}[f_i(t)g_i(t)]$$

$$= \sum_{i=1}^{3}[f_i'(t)g_i(t) + f_i(t)g_i'(t)]$$

$$= \sum_{i=1}^{3} f_i'(t)g_i(t) + \sum_{i=1}^{3} f_i(t)g_i'(t)$$

$$= \mathrm{u}'(t) \cdot \mathrm{v}(t) + \mathrm{u}(t) \cdot \mathrm{v}'(t)$$

예제 4.7

$f(t) = 3e^t$, $\mathrm{u} = t\mathrm{i} - \mathrm{j} + 3t\mathrm{k}$, $\mathrm{v} = t^2\mathrm{i} + 2t\mathrm{j} - \mathrm{k}$라 할 때, 다음을 구하라.

(1) $(f(t)\mathrm{u})'$

(2) $(\mathrm{u} \cdot \mathrm{v})'$

(3) $(\mathrm{u} \times \mathrm{v})'$

풀이

(1) $(f(t)\mathrm{u})' = f'\mathrm{u} + f\mathrm{u}' = 3e^t(t\mathrm{i} - \mathrm{j} + 3t\mathrm{k}) + 3e^t(\mathrm{i} + 3\mathrm{k})$

$= (3te^t + 3e^t)\mathrm{i} - 3e^t\mathrm{j} + (9te^t + 9e^t)\mathrm{k}$

(2) $(\mathrm{u} \cdot \mathrm{v})' = \mathrm{u}' \cdot \mathrm{v} + \mathrm{u} \cdot \mathrm{v}'$

$= (\mathrm{i} + 3\mathrm{k}) \cdot (t^2\mathrm{i} + 2t\mathrm{j} - \mathrm{k}) + (t\mathrm{i} - \mathrm{j} + 3t\mathrm{k}) \cdot (2t\mathrm{i} + 2\mathrm{j})$

$= t^2 - 3 + 2t^2 - 2 = 3t^2 - 5$

(3) $(\mathrm{u} \times \mathrm{v})' = \mathrm{u}' \times \mathrm{v} + \mathrm{u} \times \mathrm{v}'$

$= (\mathrm{i} + 3\mathrm{k}) \times (t^2\mathrm{i} + 2t\mathrm{j} - \mathrm{k}) + (t\mathrm{i} - \mathrm{j} + 3t\mathrm{k}) \times (2t\mathrm{i} + 2\mathrm{j})$

$= [-6t\mathrm{i} + (3t^2 + 1)\mathrm{j} + 2t\mathrm{k}] + (-6t\mathrm{i} + 6t^2\mathrm{j} + 4t\mathrm{k})$

$= -12t\mathrm{i} + (9t^2 + 1)\mathrm{j} + 6t\mathrm{k}$

예제 4.8

$|r(t)| = c$(상수)이면 $r'(t)$는 모든 t에 대해 $r(t)$와 직교함을 보여라.

풀이

$r(t) \cdot r(t) = |r(t)|^2 = c^2$이고 c^2이 상수이므로

$$0 = \frac{d}{dt}[r(t) \cdot r(t)] = r'(t) \cdot r(t) + r(t) \cdot r'(t) = 2r'(t) \cdot r(t)$$

따라서 $r'(t) \cdot r(t) = 0$이고, 이것은 $r'(t)$가 $r(t)$에 직교임을 말해 준다.

기하학적으로, 이 결과는 한 곡선이 중심을 원점으로 갖는 구면 위에 놓여 있으면, 접선벡터 $r'(t)$는 언제나 위치벡터 $r(t)$에 수직임을 말해 준다.

4.2.3 벡터적분

연속인 벡터함수 $r(t)$의 **정적분**(definite integral)은 적분의 결과가 벡터라는 것을 제외하면, 실숫값 함수에서와 같은 방법으로 정의할 수 있다. 이 경우에 r의 적분은 그의 성분함수 f, g, h의 적분으로 나타낼 수 있다.

$$\int_a^b r(t)dt = \lim_{n\to\infty}\sum_{i=1}^{n} r(t_i^*)\Delta t$$
$$= \lim_{n\to\infty}\left[\left(\sum_{i=1}^{n} f(t_i^*)\Delta t\right)\mathrm{i} + \left(\sum_{i=1}^{n} g(t_i^*)\Delta t\right)\mathrm{j} + \left(\sum_{i=1}^{n} h(t_i^*)\Delta t\right)\mathrm{k}\right] \quad (4)$$

따라서 다음과 같이 정의할 수 있다.

$$\int_a^b r(t)dt = \left(\int_a^b f(t)dt\right)\mathrm{i} + \left(\int_a^b g(t)dt\right)\mathrm{j} + \left(\int_a^b h(t)dt\right)\mathrm{k} \quad (5)$$

이것은 각 성분함수를 적분함으로써 벡터함수의 적분을 구할 수 있음을 의미한다. 미적분학의 기본 정리는 다음과 같이 연속인 벡터함수에까지 그대로 확장될 수 있다. R이 r의 역도함수, 즉 $R'(t) = r(t)$일 때 다음이 성립한다.

$$\int_a^b r(t)dt = [R(t)]_a^b = R(b) - R(a) \tag{6}$$

부정적분(역도함수)에 대해서는 기호 $\int r(t)dt$를 사용한다.

예제 4.9

다음 적분을 구하라.

(1) $\int_0^2 (t\mathrm{i} - t^3\mathrm{j} + 3t^5\mathrm{k})dt$

(2) $\int_0^{\pi/2} (3\sin^2 t\cos t\,\mathrm{i} + 3\sin t\cos^2 t\,\mathrm{j} + 2\sin t\cos t\,\mathrm{k})dt$

(3) $\int (e^t\mathrm{i} + 2t\mathrm{j} + \ln t\,\mathrm{k})dt$

(4) $r'(t) = 2t\mathrm{i} + 3t^2\mathrm{j} + \sqrt{t}\,\mathrm{k}$이고 $r(1) = \mathrm{i} + \mathrm{j}$ 일 때 $r(t)$를 구하라.

풀이

(1) $\int_0^2 (t\mathrm{i} - t^3\mathrm{j} + 3t^5\mathrm{k})dt = \left(\int_0^2 t\,dt\right)\mathrm{i} - \left(\int_0^2 t^3 dt\right)\mathrm{j} + \left(\int_0^2 3t^5\,dt\right)\mathrm{k} = 2\mathrm{i} - 4\mathrm{j} + 32\mathrm{k}$

(2) $\int_0^{\pi/2} (3\sin^2 t\cos t\,\mathrm{i} + 3\sin t\cos^2 t\,\mathrm{j} + 2\sin t\cos t\,\mathrm{k})dt$

$$= \left(\int_0^{\pi/2} 3\sin^2 t\cos t\,dt\right)\mathrm{i} + \left(\int_0^{\pi/2} 3\sin t\cos^2 t\,dt\right)\mathrm{j} + \left(\int_0^{\pi/2} 2\sin t\cos t\,dt\right)\mathrm{k}$$

$$= [\sin^3 t]_0^{\pi/2}\mathrm{i} + [-\cos^3 t]_0^{\pi/2}\mathrm{j} + [\sin^2 t]_0^{\pi/2}\mathrm{k} = (1-0)\mathrm{i} + (0+1)\mathrm{j} + (1-0)\mathrm{k} = \mathrm{i} + \mathrm{j} + \mathrm{k}$$

(3) $\int (e^t\mathrm{i} + 2t\mathrm{j} + \ln t\mathrm{k})dt = \left(\int e^t dt\right)\mathrm{i} + \left(\int 2t\,dt\right)j + \left(\int \ln t\,dt\right)\mathrm{k} = e^t\mathrm{i} + t^2\mathrm{j} + (t\ln t - t)\mathrm{k} + \mathrm{C}$

단 C는 상수벡터이다.

(4) $r'(t) = 2t\mathrm{i} + 3t^2\mathrm{j} + \sqrt{t}\,\mathrm{k} \Rightarrow \mathrm{r}(t) = t^2\mathrm{i} + t^3\mathrm{j} + \frac{2}{3}t^{3/2}\mathrm{k} + \mathrm{C}$

C는 상수벡터이다.

$\mathrm{i} + \mathrm{j} = \mathrm{r}(1) = \mathrm{i} + \mathrm{j} + \frac{2}{3}\mathrm{k} + \mathrm{C}$, $\mathrm{C} = -\frac{2}{3}\mathrm{k}$, $\mathrm{r}(t) = t^2\mathrm{i} + t^3\mathrm{j} + \left(\frac{2}{3}t^{3/2} - \frac{2}{3}\right)\mathrm{k}$

연습문제 4.2

1. 다음을 구하여라.

(a) 다음 벡터방정식으로 주어진 평면곡선을 그려라.

(b) $r'(t)$를 구하라.

(c) 주어진 t값에 대한 위치벡터 $r(t)$와 접선벡터 $r'(t)$를 그려라.

(1) $r(t) = < t^2, t^3 >$

(2) $r(t) = < e^t, e^{-t} >$

2. 벡터함수의 도함수를 구하라.

(1) $r(t) = \langle \tan t, \sec t, 1/t^2 \rangle$

(2) $r(t) = \dfrac{1}{1+t}\mathrm{i} + \dfrac{t}{1+t}\mathrm{j} + \dfrac{t^2}{1+t}\mathrm{k}$

3. $\mathbf{u}(t) = \langle \sin t, \cos t, t \rangle$와 $\mathbf{v}(t) = \langle t, \cos t, \sin t \rangle$에 대해 다음을 구하라.

(1) $\dfrac{d}{dt}[\mathbf{u}(t) \cdot \mathbf{v}(t)]$

(2) $\dfrac{d}{dt}[\mathbf{u}(t) \times \mathbf{v}(t)]$

4. $\mathbf{u}(2) = < 1, 2, -1 >$, $\mathbf{u}'(2) = < 3, 0, 4 >$, $\mathbf{v}(t) = < t, t^2, t^3 >$일 때

(1) $f(t) = \mathbf{u}(t) \cdot \mathbf{v}(t)$일 때, $f'(2)$를 구하라.

(2) $f(t) = \mathbf{u}(t) \times \mathbf{v}(t)$일 때, $f'(2)$를 구하라.

5. $r(t) = 2\cos t\,\mathrm{i} + \sin t\,\mathrm{j} + 2t\,\mathrm{k}$이면, $\int r(t)\,dt$와 $\int_0^{\pi/2} r(t)$를 구하여라.

6. 다음을 구하여라.

(1) $\int_0^1 \left(\frac{4}{1+t^2} \mathrm{j} + \frac{2t}{1+t^2} \mathrm{k} \right) \mathrm{d}t$

(2) $\int_1^2 (t^2 \mathrm{i} + t\sqrt{t-1}\, \mathrm{j} + t \sin \pi t\, \mathrm{k}) \mathrm{d}t$

(3) $\int (\cos \pi t\, \mathrm{i} + \sin \pi t\, \mathrm{j} + t \mathrm{k}) \mathrm{d}t$

7. 다음 조건에서 $r(t)$를 구하여라.

(1) $r'(t) = 2t\mathrm{i} + 3t^2\mathrm{j} + \sqrt{t}\,\mathrm{k}$, $\mathrm{r}(1) = \mathrm{i} + \mathrm{j}$

(2) $r'(t) = t\mathrm{i} + e^t\mathrm{j} + te^t\mathrm{k}$, $\mathrm{r}(0) = \mathrm{i} + \mathrm{j} + \mathrm{k}$

4.3 호의 길이, 단위접선벡터, 단위법선벡터

4.3.1 호의 길이

평면에서 매개변수방정식 $x = x(t),\ y = y(t)\ (a \le t \le b)$로 주어지는 평면곡선에서 $t = a$로부터 $t = b$까지의 호의 길이는

$$L = \int_a^b \sqrt{[x'(t)]^2 + [y'(t)]^2}\, dt = \int_a^b \sqrt{\left(\frac{dx}{dt}\right)^2 + \left(\frac{dy}{dt}\right)^2}\, dt \qquad (1)$$

이므로 2차원의 벡터함수 $r(t) = < x(t), y(t) >$를 써서 (1)식은 $r(t)$의 매개변수 t에 관한 도함수 $r'(t)$로 나타낸다.

$$\int_a^b |r'(t)|\, dt$$

로 나타내진다.

공간곡선은 매개변수 t에 관한 벡터함수

$$r(t) = x(t)\mathrm{i} + y(t)\mathrm{j} + z(t)\mathrm{k}$$

로 정의되며, $r(t)$가 $t = a$에서 b까지의 구간에서 미분이 가능하면, $t = a$부터 $t = b$까지의 호의 길이는

$$s = \int_a^b |r'(t)|\, dt = \int_a^b \sqrt{\left(\frac{dx}{dt}\right)^2 + \left(\frac{dy}{dt}\right)^2 + \left(\frac{dz}{dt}\right)^2}\, dt \qquad (2)$$

로 주어진다.

예제 4.10

곡선의 주어진 부분의 길이를 구하여라.

(1) $r(t) = (2\cos t)\mathrm{i} + (2\sin t)\mathrm{j} + \sqrt{5}\,t\mathrm{k},\ 0 \le \mathrm{t} \le \pi$

(2) $r(t) = (\cos^3 t)\mathrm{j} + (\sin^3 t)\mathrm{k},\ 0 \le \mathrm{t} \le \pi/2$

풀이

(1) $r = (2\cos t)\mathrm{i} + (2\sin t)\mathrm{j} + \sqrt{5}t\mathrm{k} \Rightarrow \mathrm{r}'(t) = \mathrm{v}(t) = \mathbf{v} = (-2\sin t)\mathrm{i} + (2\cos t)\mathrm{j} + \sqrt{5}\mathrm{k}$

$\Rightarrow |\mathrm{v}| = \sqrt{(-2\sin t)^2 + (2\cos t)^2 + (\sqrt{5})^2} = \sqrt{4\sin^2 t + 4\cos^2 t + 5} = 3;$

길이 $= \int_0^\pi |\mathrm{v}|\, dt = \int_0^\pi 3\, dt = [3t]_0^\pi = 3\pi$

(2) $r = (\cos^3 t)\mathrm{j} + (\sin^3 t)\mathrm{k} \Rightarrow \mathrm{r}'(t) = \mathrm{v}(t) = \mathbf{v} = (-3\cos^2 t\sin t)\mathrm{j} + (3\sin^2 t\cos t)\mathrm{k}$

$\Rightarrow |\mathrm{v}| = \sqrt{(-3\cos^2 t\sin t)^2 + (3\sin^2 t\cos t)^2} = \sqrt{(9\cos^2 t\sin^2 t)(\cos^2 t + \sin^2 t)} = 3|\cos t\sin t|;$

길이 $= \int_0^{\pi/2} 3|\cos t\sin t|\, dt = \int_0^{\pi/2} 3\cos t\sin t\, dt = \int_0^{\pi/2} \frac{3}{2}\sin 2t\, dt = \left[-\frac{3}{4}\cos 2t\right]_0^{\pi/2} = \frac{3}{2}$

특히 $r'(t)$가 $[a, b]$에서 연속이면 $a \le t \le b$인 임의의 t에 관하여 곡선의 호의 길이는 다음과 같이 t의 함수 $s(t)$로 나타내진다.

$$s(t) = \int_a^t |r'(\mu)|\, d\mu \tag{3}$$

s를 이 곡선에 대한 **호의 길이 매개변수**(arc length parameter)라고 부른다. 이 매개변수의 값은 t가 증가하는 방향에서는 증가한다. 호의길이 매개변수는 특히 공간곡선의 회전과 비틀기의 성질을 조사하는 데 효과적이다. 우리는 문자 t를 상극한으로서 사용하고 있으므로 그리스 문자 μ(뮤)를 적분변수로서 사용한다. 기준점 $P(t_0)$를 가진 호의 길이는

$$s(t) = \int_{t_0}^{t} \sqrt{[x'(\mu)]^2 + [y'(\mu)]^2 + [z'(\mu)]^2}\, d\mu = \int_{t_0}^{t} |\mathrm{v}(\mu)|\, d\mu \tag{4}$$

이다.

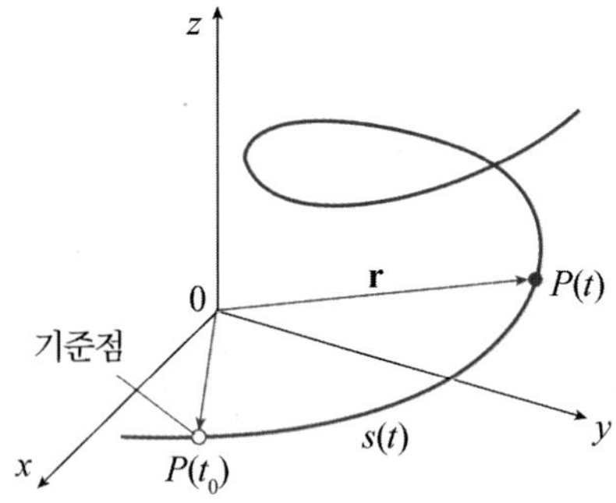

그림 4.8

예제 4.11

적분 $s = \int_0^t |\mathrm{v}(\mu)|\, d\mu$ 의 값을 구함으로써 $\mu = 0$인 점으로부터 다음 곡선을 호의 길이 매개변수를 이용하여 표현하라.

$$r(t) = (4\cos t)\mathrm{i} + (4\sin t)\mathrm{j} + 3t\mathrm{k},\ 0 \le \mathrm{t} \le \pi/2$$

풀이

$r = (4\cos t)\mathrm{i} + (4\sin t)\mathrm{j} + 3t\mathrm{k}$

$\Rightarrow \mathrm{v} = (-4\sin t)\mathrm{i} + (4\cos t)\mathrm{j} + 3\mathrm{k}$

$\Rightarrow |\mathrm{v}| = \sqrt{(-4\sin t)^2 + (4\cos t)^2 + 3^2} = \sqrt{25} = 5$

$\Rightarrow s(t) = \int_0^t 5\, dt = 5t \Rightarrow t = \frac{s}{5}$ 이므로

$r(s) = \left(4\cos\frac{s}{5}\right)\mathrm{i} + \left(4\sin\frac{s}{5}\right)\mathrm{j} + 3\frac{s}{5}\mathrm{k}\ ,\ \left(0 \le s \le \frac{5}{2}\pi\right)$

예제 4.12

곡선 $r(t) = 2t\mathrm{i} + (1-3t)\mathrm{j} + (5+4t)\mathrm{k}$를 $t=0$인 점에서 t가 증가하는 방향으로 측정한 호의 길이에 관해 다시 매개변수화하라.

풀이

$r(t) = 2t\mathrm{i} + (1-3t)\mathrm{j} + (5+4t)\mathrm{k} \Rightarrow \mathrm{r}'(t) = 2\mathrm{i} - 3\mathrm{j} + 4\mathrm{k},\ \dfrac{\mathrm{ds}}{\mathrm{dt}} = |\mathrm{r}'(t)| = \sqrt{4+9+16} = \sqrt{29}$.

$s = s(t) = \int_0^t |r'(u)|\,du = \int_0^t \sqrt{29}\,du = \sqrt{29}\,t$

그러므로 $t = \dfrac{s}{\sqrt{29}}$ 이고, t를 대입하여 구하고자 하는 s에 대한 매개변수화를 얻는다.

$r(t(s)) = \dfrac{2}{\sqrt{29}}s\,\mathrm{i} + \left(1 - \dfrac{3}{\sqrt{29}}s\right)\mathrm{j} + \left(5 + \dfrac{4}{\sqrt{29}}s\right)\mathrm{k}$

4.3.2 단위접선벡터 T

속도벡터 $\mathrm{v} = dr/dt$는 곡선에 접한다는 것을 이미 알고 있으므로 벡터

$$T = \frac{\mathrm{v}}{|\mathrm{v}|} \tag{5}$$

는 (매끄러운) 곡선에 접하는 단위벡터이다. 3차원 곡선에서의 단위접선벡터가 다음과 같이 정의된다.

$$T(t) = \frac{r'(t)}{|r'(t)|} \tag{6}$$

예제 4.13

곡선의 단위접선벡터를 구하여라. 곡선의 주어진 일부분의 길이를 구하여라.

(1) $r(t) = (2\cos t)\mathrm{i} + (2\sin t)\mathrm{j} + \sqrt{5}\,t\mathrm{k},\ 0 \le t \le \pi$

(2) $r(t) = t\,\mathrm{i} + (2/3)t^{3/2}\mathrm{k},\ 0 \le t \le 8$

풀이

(1) $r = (2\cos t)\mathrm{i} + (2\sin t)\mathrm{j} + \sqrt{5}\,t\mathrm{k} \Rightarrow \mathrm{v} = (-2\sin t)\mathrm{i} + (2\cos t)\mathrm{j} + \sqrt{5}\,\mathrm{k}$

$= |\mathrm{v}| = \sqrt{(-2\sin t)^2 + (2\cos t)^2 + (\sqrt{5})^2} = \sqrt{4\sin^2 t + 4\cos^2 t + 5} = 3;\ T = \dfrac{\mathrm{v}}{|\mathrm{v}|}$

$= \left(-\dfrac{2}{3}\sin t\right)\mathrm{i} + \left(\dfrac{2}{3}\cos t\right)\mathrm{j} + \dfrac{\sqrt{5}}{3}\mathrm{k}$, 길이$= \displaystyle\int_0^{\pi} |\mathrm{v}|\,dt = \int_0^{\pi} 3\,dt = [3t]_0^{\pi} = 3\pi$

(2) $r = t\mathrm{i} + \dfrac{2}{3}t^{3/2}\mathrm{k} \Rightarrow \mathrm{v} = \mathrm{i} + t^{1/2}\mathrm{k} \Rightarrow |\mathrm{v}| = \sqrt{1^2 + (t^{1/2})^2} = \sqrt{1+t};$

$T = \dfrac{\mathrm{v}}{|\mathrm{v}|} = \dfrac{1}{\sqrt{1+t}}\mathrm{i} + \dfrac{\sqrt{t}}{\sqrt{1+t}}\mathrm{k}$, 길이 $= \displaystyle\int_0^8 \sqrt{1+t}\,dt = \left[\frac{2}{3}(1+t)^{3/2}\right]_0^8 = \frac{52}{3}$

4.3.3 법선벡터와 종법선벡터

매끄러운(smooth) 공간곡선 $r(t)$ 상의 주어진 점에서 단위접선벡터 $T(t)$에 수직인 벡터가 존재한다. 모든 t에 대하여 $|T(t)| = 1$이므로 $T(t) \cdot T'(t) = 0$이다. 따라서 $T(t)$와 $T'(t)$는 수직이다. $T'(t)$는 $T(t)$에 수직인 법선벡터이다. 단위법선벡터 $N(t)$는

$$N(t) = \frac{T'(t)}{|T'(t)|} \tag{7}$$

로 정의된다.

예제 4.14

평면곡선에 대한 T, N를 구하여라.

$$r(t) = (2t+3)\mathrm{i} + (5-t^2)\mathrm{j}$$

풀이

$$r = (2t+3)\mathrm{i} + (5-t^2)\mathrm{j} \Rightarrow \mathbf{v} = 2\mathrm{i} - 2t\mathrm{j} \Rightarrow |\mathbf{v}| = \sqrt{2^2+(-2t)^2} = 2\sqrt{1+t^2} \Rightarrow \mathrm{T} = \frac{\mathbf{v}}{|\mathbf{v}|}$$

$$= \frac{2}{2\sqrt{1+t^2}}\mathrm{i} + \frac{-2t}{2\sqrt{1+t^2}}\mathrm{j} = \frac{1}{\sqrt{1+t^2}}\mathrm{i} - \frac{t}{\sqrt{1+t^2}}\mathrm{j}\ ;\ \frac{dT}{dt} = \frac{-t}{\left(\sqrt{1+t^2}\right)^3}\mathrm{i} - \frac{1}{\left(\sqrt{1+t^2}\right)^3}\mathrm{j}$$

$$\Rightarrow \left|\frac{dT}{dt}\right| = \sqrt{\left(\frac{-t}{\left(\sqrt{1+t^2}\right)^3}\right)^2 + \left(-\frac{1}{\left(\sqrt{1+t^2}\right)^3}\right)^2} = \sqrt{\frac{1}{(1+t^2)^2}} = \frac{1}{1+t^2} \Rightarrow N = \frac{\left(\frac{dT}{dt}\right)}{\left|\frac{dT}{dt}\right|}$$

$$= \frac{-t}{\sqrt{1+t^2}}\mathrm{i} - \frac{1}{\sqrt{1+t^2}}\mathrm{j}$$

예제 4.15

공간곡선에 대하여 T, N를 구하여라.

$$r(t) = (3\sin t)\mathrm{i} + (3\cos t)\mathrm{j} + 4t\mathrm{k}$$

풀이

$$r = (3\sin t)\mathrm{i} + (3\cos t)\mathrm{j} + 4t\mathrm{k} \Rightarrow \mathbf{v} = (3\cos t)\mathrm{i} + (-3\sin t)\mathrm{j} + 4\mathrm{k}$$

$$\Rightarrow |\mathbf{v}| = \sqrt{(3\cos t)^2 + (-3\sin t)^2 + 4^2} = \sqrt{25} = 5$$

$$\Rightarrow T = \frac{\mathbf{v}}{|\mathbf{v}|} = \left(\frac{3}{5}\cos t\right)\mathrm{i} - \left(\frac{3}{5}\sin t\right)\mathrm{j} + \frac{4}{5}\mathrm{k}$$

$$\Rightarrow \frac{dT}{dt} = \left(-\frac{3}{5}\sin t\right)\mathrm{i} - \left(\frac{3}{5}\cos t\right)\mathrm{j}$$

$$\Rightarrow \left|\frac{dT}{dt}\right| = \sqrt{\left(-\frac{3}{5}\sin t\right)^2 + \left(-\frac{3}{5}\cos t\right)^2} = \frac{3}{5} \Rightarrow N = \frac{\left(\frac{dT}{dt}\right)}{\left|\frac{dT}{dt}\right|} = (-\sin t)\mathrm{i} - (\cos t)\mathrm{j}$$

연습문제 4.3

1. 점 $(1,0,0)$에서 점 $(1,0,2\pi)$까지 벡터방정식이 $r(t)=\cos t\mathrm{i}+\sin t\mathrm{j}+t\mathrm{k}$인 원형나선의 호의 길이를 구하라.

2. 다음 벡터방정식의 호의 길이를 구하라

(1) $r(t)=t\mathrm{i}+(2/3)t^{3/2}\mathrm{k},\ 0\le t\le 8$

(2) $r(t)=(t\cos t)\mathrm{i}+(t\sin t)\mathrm{j}+(2\sqrt{2}/3)t^{3/2}\mathrm{k}, 0\le t\le \pi$

3. 나선 $r(t)=\cos t\mathrm{i}+\sin t\mathrm{j}+t\mathrm{k}$를 시점 $(1,0,0)$으로부터 t가 증가하는 방향으로 측정한 호의 길이에 관해 다시 매개변수화하라.

4. 곡선의 단위접선벡터를 구하여라.

(1) $r(t)=\langle t, 3\cos t, 3\sin t\rangle$

(2) $r(t)=\langle \sqrt{2}t, e^{t}, e^{-t}\rangle$

5. $r(t)=(1+t^2)\mathrm{i}+te^{-t}\mathrm{j}+\sin 2t\mathrm{k}$의 도함수를 구하고, $t=0$에서 단위접선벡터를 구하여라.

6. 다음 원형나선의 단위법선벡터를 구하라.

$$r(t)=\cos t\mathrm{i}+\sin t\mathrm{j}+t\mathrm{k}$$

7. 원운동 $r(t)=(\cos 2t)\mathrm{i}+(\sin 2t)\mathrm{j}$ 에 대하여 T와 N을 구하여라.

8. 다음 원형나선에 대한 단위접선벡터와 단위법선벡터를 구하라.

$$r(t)=\cos t\mathrm{i}+\sin t\mathrm{j}+t\mathrm{k}$$

4.4 곡률과 곡률 반지름

4.4.1 곡률의 정의

그림 4.9에서 점 Q에서보다 점 P에서 곡선이 더 예리하게 굽었다는 것을 알 수 있다. 이때 점 Q에서보다 점 P에서 **곡률**(curvature)이 더 크다고 말한다. 그림 4.10에서처럼 호의 길이 매개변수 s에 대한 단위접선벡터 T의 변화율의 크기를 계산하여 곡률을 구할 수 있다.

s가 호의 길이 매개변수일 때, $r(s)$로 주어진 매끄러운 곡선(평면 또는 공간곡선) C에 대하여 s에서 곡률은

$$K = \left| \frac{dT}{ds} \right| = |T'(s)| \tag{1}$$

이다.

구는 구의 어떤 점에서도 같은 곡률을 갖는다. 곡률과 원의 반지름은 서로 역수이다. 즉 반지름이 큰 원은 작은 원보다 곡률이 작고 작은 원은 큰 원보다 곡률이 크다.

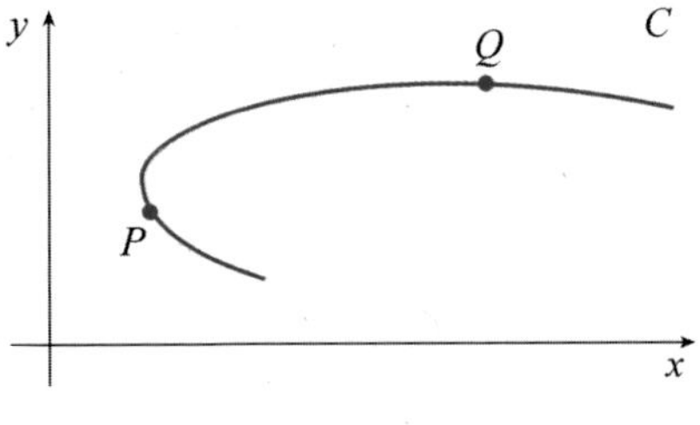

그림 4.9

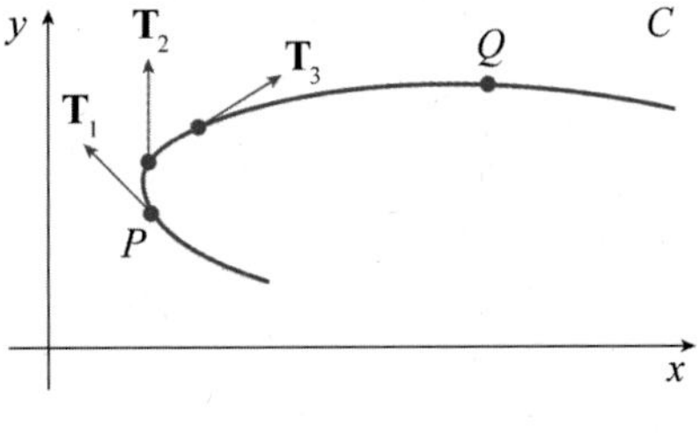

그림 4.10

매개변수가 s대신에 t로 표현되면 곡률을 보다 쉽게 계산할 수 있으므로, 연쇄 법칙을 이용해서 다음과 같이 쓴다.

$$\frac{dT}{dt} = \frac{dT}{ds}\frac{ds}{dt}, \quad K = \frac{|dT|}{|ds|} = \left| \frac{dT/dt}{ds/dt} \right| \tag{2}$$

그러나 $ds/dt = |r'(t)|$ 이므로 다음이 성립한다.

$$K(t) = \left| \frac{T'(t)}{r'(t)} \right| = \frac{|T'(t)|}{|\mathrm{v}|} \tag{3}$$

예제 4.16

다음 곡선의 곡률을 구하여라.

(1) $r(t) = \langle t, 3\cos t, 3\sin t \rangle$

(2) $r(t) = (3\sin t)\mathrm{i} + (3\cos t)\mathrm{j} + 4t\mathrm{k}$

풀이

(1) $r(t) = \langle t, 3\cos t, 3\sin t \rangle \Rightarrow r'(t) = \langle 1, -3\sin t, 3\cos t \rangle$

$$\Rightarrow |r'(t)| = \sqrt{1+9\sin^2 t+9\cos^2 t} = \sqrt{10}$$

$$T(t) = \frac{r'(t)}{|r'(t)|} = \frac{1}{\sqrt{10}}\langle 1, -3\sin t, 3\cos t \rangle \text{ 또는 } \left\langle \frac{1}{\sqrt{10}}, -\frac{3}{\sqrt{10}}\sin t, \frac{3}{\sqrt{10}}\cos t \right\rangle$$

$$T'(t) = \frac{1}{\sqrt{10}}\langle 0, -3\cos t, -3\sin t \rangle \Rightarrow |T'(t)| = \frac{1}{\sqrt{10}}\sqrt{0+9\cos^2 t+9\sin^2 t} = \frac{3}{\sqrt{10}}$$

$$K(t) = \frac{|T'(t)|}{|r'(t)|} = \frac{3/\sqrt{10}}{\sqrt{10}} = \frac{3}{10}$$

(2) $r = (3\sin t)\mathrm{i} + (3\cos t)\mathrm{j} + 4t\mathrm{k} \Rightarrow \mathrm{v} = (3\cos t)\mathrm{i} + (-3\sin t)\mathrm{j} + 4\mathrm{k}$

$$\Rightarrow |\mathrm{v}| = \sqrt{(3\cos t)^2 + (-3\sin t)^2 + 4^2} = \sqrt{25} = 5$$

$$\Rightarrow T = \frac{\mathrm{v}}{|\mathrm{v}|} = \left(\frac{3}{5}\cos t\right)\mathrm{i} - \left(\frac{3}{5}\sin t\right)\mathrm{j} + \frac{4}{5}\mathrm{k}$$

$$\Rightarrow \frac{dT}{dt} = \left(-\frac{3}{5}\sin t\right)\mathrm{i} - \left(\frac{3}{5}\cos t\right)\mathrm{j}$$

$$\Rightarrow \left|\frac{dT}{dt}\right| = \sqrt{\left(-\frac{3}{5}\sin t\right)^2 + \left(-\frac{3}{5}\cos t\right)^2} = \frac{3}{5}$$

$$K = \frac{1}{5} \cdot \frac{3}{5} = \frac{3}{25}$$

4.4.2 곡률의 공식

일반적으로 임의의 매개변수 t로 나타낸 곡선의 곡률을 구하는 공식은 다음과 같다.

매끄러운 곡선 C가 $r(t)$일 때, t에서 C의 곡률은

$$K = \left| \frac{T'(t)}{r'(t)} \right| = \left| \frac{r'(t) \times r''(t)}{|r'(t)|^3} \right| \tag{4}$$

이다.

증명

$T = r'/|r'|$이고, $|r'| = ds/dt$이므로 다음과 같다.

$$r' = |r'|T = \frac{ds}{dt}T$$

그러므로 곱의 미분법에 따라 다음을 얻는다.

$$r'' = \frac{d^2s}{dt^2}T + \frac{ds}{dt}T'$$

$T \times T = 0$이므로 다음이 성립한다.

$$r' \times r'' = \left(\frac{ds}{dt}\right)^2 (T \times T')$$

이제 모든 t에 대해 $|T(t)| = 1$이므로, T와 T'은 직교한다. 따라서 다음이 성립한다.

$$|r' \times r''| = \left(\frac{ds}{dt}\right)^2 |T \times T'| = \left(\frac{ds}{dt}\right)^2 |T||T'| = \left(\frac{ds}{dt}\right)^2 |T'|$$

따라서 다음을 얻는다.

$$|T'| = \frac{|r' \times r''|}{\left(\frac{ds}{dt}\right)^2} = \frac{|r' \times r''|}{|r'|^2}$$

$$K = \frac{|T'|}{|r'|} = \frac{|r' \times r''|}{|r'|^3}$$

예제 4.17

다음 곡선의 곡률을 구하라.

(1) $r(t) = t^3\mathrm{j} + t^2\mathrm{k}$

(2) $r(t) = 3t\mathrm{i} + 4\sin t\mathrm{j} + 4\cos t\,\mathrm{k}$

풀이

(1) $r(t) = t^3\mathrm{j} + t^2\mathrm{k} \Rightarrow \mathrm{r}'(t) = 3t^2\mathrm{j} + 2t\mathrm{k}$,

$r''(t) = 6t\mathrm{j} + 2\mathrm{k}$, $|r'(t)| = \sqrt{0^2 + (3t^2)^2 + (2t)^2} = \sqrt{9t^4 + 4t^2}$

$r'(t) \times r''(t) = -6t^2\mathrm{i}$, $|\mathrm{r}'(t) \times \mathrm{r}''(t)| = 6t^2$,

$$K(t) = \frac{|r'(t) \times r''(t)|}{|r'(t)|^3} = \frac{6t^2}{\left(\sqrt{9t^4 + 4t^2}\right)^3} = \frac{6t^2}{(9t^4 + 4t^2)^{3/2}}$$

(2) $r(t) = 3t\mathrm{i} + 4\sin t\mathrm{j} + 4\cos t\mathrm{k} \Rightarrow \mathrm{r}'(t) = 3\mathrm{i} + 4\cos t\mathrm{j} - 4\sin t\mathrm{k}$

$r''(t) = -4\sin t\mathrm{j} - 4\cos t\mathrm{k}$

$|r'(t)| = \sqrt{9 + 16\cos^2 t + 16\sin^2 t} = \sqrt{9 + 16} = 5$,

$r'(t) \times r''(t) = -16\mathrm{i} + 12\cos t\mathrm{j} - 12\sin t\mathrm{k}$,

$|r'(t) \times r''(t)| = \sqrt{256 + 144\cos^2 t + 144\sin^2 t} = \sqrt{400} = 20$,

$$K(t) = \frac{|r'(t) \times r''(t)|}{|r'(t)|^3} = \frac{20}{5^3} = \frac{4}{25}$$

예제 4.18

점 $(1, 1, 1)$에서 $r(t) = \langle t, t^2, t^3 \rangle$의 곡률을 구하라.

풀이

$r(t) = \langle t, t^2, t^3 \rangle \Rightarrow r'(t) = \langle 1, 2t, 3t^2 \rangle$, $(1, 1, 1)$는 $t = 1$일 때이다.

$r'(1) = \langle 1,2,3 \rangle \Rightarrow |r'(1)| = \sqrt{1+4+9} = \sqrt{14}$, $r''(t) = \langle 0, 2, 6t \rangle \Rightarrow r''(1) = \langle 0,2,6 \rangle$,
$r'(1) \times r''(1) = \langle 6, -6, 2 \rangle$, $|r'(1) \times r''(1)| = \sqrt{36+36+4} = \sqrt{76}$

따라서 $K(1) = \dfrac{|r'(1) \times r''(1)|}{|r'(1)|^3} = \dfrac{\sqrt{76}}{\sqrt{14}^3} = \dfrac{1}{7}\sqrt{\dfrac{19}{14}}$

4.4.3 직교좌표에서의 곡률

C가 $y = f(x)$로 주어진 두 번 미분 가능인 함수의 그래프이면 점 (x, y)에서 곡률은

$$K = \frac{|y''|}{\left[1+(y')^2\right]^{3/2}} \tag{5}$$

이다.

증명

곡선 C를 $r(x) = x\mathrm{i} + f(x)\mathrm{j} + 0\mathrm{k}$($x$는 매개변수)로 나타내면 $r'(x) = \mathrm{i} + f'(x)\mathrm{j}$, $|r'(x)| = \sqrt{1+[f'(x)]^2}$ 이고 $r''(x) = f''(x)\mathrm{j}$ 이다.

$r'(x) \times r''(x) = f''(x)\mathrm{k}$이므로 곡률은

$$K = \frac{|r'(x) \times r''(x)|}{|r'(x)|^3} = \frac{|f''(x)|}{\{1+[f'(x)]^2\}^{3/2}} = \frac{|y''|}{\{1+(y')^2\}^{3/2}}$$

이다.

곡선 C가 점 P에서 곡률 K를 갖는다고 하자. 반지름 $r = 1/K$이고 P를 지나는 원이 곡선 C의 오목한 쪽에 있을 때 이 원을 **곡률원**(circle of curvature), r을 P에서의 **곡률반지름**(radius of curvature), 곡률원의 중심을 **곡률중심**(center of curvature)이라 한다(그림 4.11). 곡선 C와 곡률원은 점 P에서 같은 접선을 갖는다. 곡률반지름이 r이면 곡선의 곡률 K는 $K = 1/r$이다.

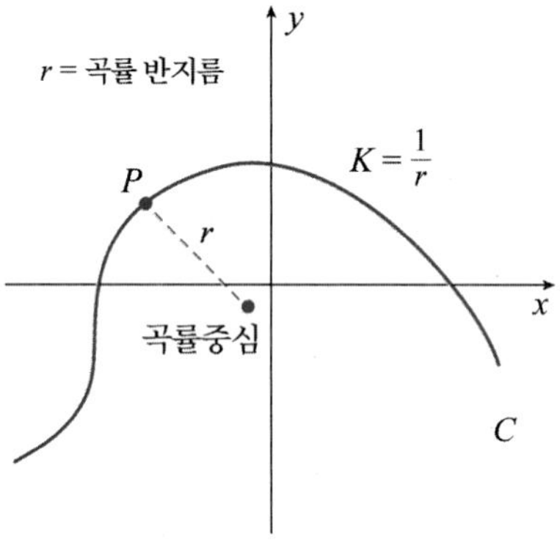

그림 4.11

예제 4.19

다음 곡선의 곡률을 구하여라.

(1) $y = x^4$ (2) $y = xe^x$

풀이

(1) $f(x) = x^4$, $f'(x) = 4x^3$, $f''(x) = 12x^2$,

$$K(x) = \frac{|f''(x)|}{\left[1+(4x^3)^2\right]^{3/2}} = \frac{12x^2}{(1+16x^6)^{3/2}}$$

(2) $f(x) = xe^x$, $f'(x) = xe^x + e^x$, $f''(x) = xe^x + 2e^x$,

$$K(x) = \frac{|f''(x)|}{\left[1+(f'(x))^2\right]^{3/2}} = \frac{|x+2|e^x}{\left[1+(xe^x+e^x)^2\right]^{3/2}}$$

1. 반지름 a인 원의 곡률이 $1/a$임을 보여라.

2. 평면곡선에 대한 $T,\ N,\ K$를 구하여라.

(1) $r(t)=\mathrm{i}+(\ln\cos t)\mathrm{j},\quad -\pi/2< t<\pi/2$

(2) $r(t)=(2t+3)\mathrm{i}+(5-t^2)\mathrm{j}$

3. 공간곡선에 대하여 T, N, K를 구하여라.

(1) $r(t)=(e^t\cos t)\mathrm{i}+(e^t\sin \mathrm{t})\mathrm{j}+2\mathrm{k}$ (2) $r(t)=(t^3/3)\mathrm{i}+(t^2/2)\mathrm{j},\ t>0$

4. $r(t)=2t\mathrm{i}+t^2\mathrm{j}-\dfrac{1}{3}t^3\mathrm{k}$ 로 주어진 곡선의 곡률을 구하여라.

5. 임의의 점과 $(0,\ 0,\ 0)$에서 비틀린 삼차곡선 $r(t)=\langle t,\ t^2,\ t^3\rangle$의 곡률을 구하라.

6. 다음 곡선의 곡률을 구하여라.

$$r(t)=t\mathrm{i}+t\mathrm{j}+(1+t^2)\mathrm{k}$$

7. 점 (1, 0, 0)에서 $r(t)=\langle e^t\cos t, e^t\sin t,\ t\rangle$의 곡률을 구하여라.

8. 점 $(0,\ 0)$, $(1,\ 1)$, $(2,\ 4)$에서 포물선 $y=x^2$의 곡률을 구하라.

9. 곡선 $f(x)=\tan x$의 곡률을 구하여라.

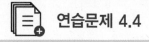

4.5 공간에서 속도와 가속도

4.5.1 속도, 가속도, 속력

이 절에서는 접선벡터, 법선벡터 및 곡률의 개념을 물리학에서 속도와 가속도를 포함해서 공간곡선을 따라 움직이는 물체의 운동을 연구하는 데 어떻게 이용하는지를 보인다.

r이 공간의 매끄러운 곡선을 따라서 움직이는 한 입자의 위치벡터라 할 때

$$\mathrm{v}(t) = \frac{dr}{dt} \tag{1}$$

를 그 곡선에 접하는 입자의 **속도벡터**(velocity vector)라 한다. 임의의 시간 t에서, v의 방향을 **운동방향**(direction of motion), v의 크기를 그 입자의 속력(speed), 미분계수 $a = d\mathrm{v}/dt$(존재할 때)를 그 입자의 **가속도벡터**(acceleration vector)라 한다. 요약하면

1. 속도는 위치벡터의 미분계수 : $\mathrm{v} = \dfrac{dr}{dt}$
2. 속력은 속도의 크기 : 속력 $= |\mathrm{v}|$
3. 가속도는 속도의 미분계수 : $a = \dfrac{d\mathrm{v}}{dt} = \dfrac{d^2r}{dt^2}$
4. 단위벡터 $\mathrm{v}/|\mathrm{v}|$는 시간 t에서 운동방향

예제 4.20

주어진 위치벡터가 다음과 같을 때 속도, 가속도, 속력을 구하고 기하학적으로 설명하라.

(1) $r(t)=3\cos t\,\mathrm{i}+2\sin t\,\mathrm{j},\ t=\pi/3$

(2) $r(t)=t\,\mathrm{i}+t^2\mathrm{j}+2\mathrm{k},\ t=1$

풀이

(1) $r(t)=3\cos t\,\mathrm{i}+2\sin t\,\mathrm{j}$

$\Rightarrow t=\pi/3$

$\mathrm{v}(t)=-3\sin t\,\mathrm{i}+2\cos t\,\mathrm{j}$

$\Rightarrow \mathrm{v}\left(\frac{\pi}{3}\right)=-\frac{3\sqrt{3}}{2}\mathrm{i}+\mathrm{j}$

$a(t)=-3\cos t\,\mathrm{i}-2\sin t\,\mathrm{j}$

$\Rightarrow a\left(\frac{\pi}{3}\right)=-\frac{3}{2}i-\sqrt{3}\,j$

$|\mathrm{v}(t)|=\sqrt{9\sin^2 t+4\cos^2 t}=\sqrt{4+5\sin^2 t}$

$\Rightarrow \left|\mathrm{v}\left(\frac{\pi}{3}\right)\right|=\frac{\sqrt{31}}{2}$

$x^2/9+y^2/4=\cos^2 t+\sin^2 t=1,$

즉, 입자의 경로는 타원이다.

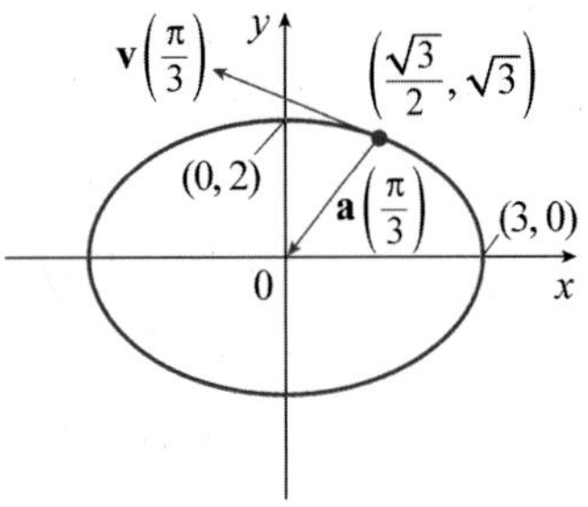

그림 4.12

(2) $r(t)=t\,\mathrm{i}+t^2\mathrm{j}+2\mathrm{k}\ \Rightarrow t=1:$

$\mathrm{v}(t)=\mathrm{i}+2t\mathrm{j}\quad \Rightarrow \mathrm{v}(1)=\mathrm{i}+2\mathrm{j}$

$a(t)=2\mathrm{j}\quad \Rightarrow a(1)=2\mathrm{j}$

$|\mathrm{v}(t)|=\sqrt{1+4t^2}\Rightarrow|\mathrm{v}(1)|=\sqrt{5}$

$x=t,\ y=t^2\Rightarrow y=x^2,\ z=2,$

즉, 평면 $z=2$ 위에서 포물선이다.

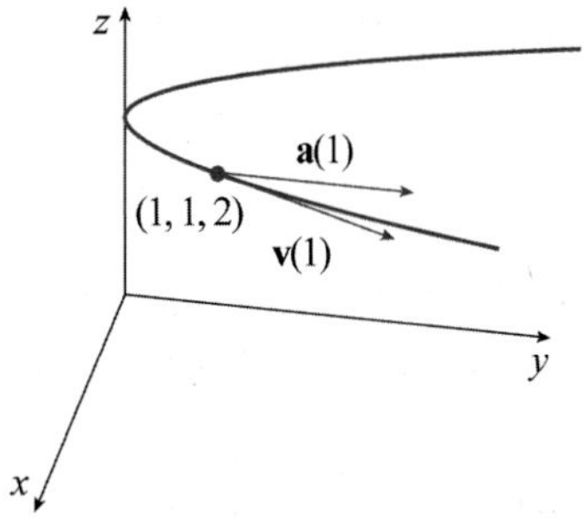

그림 4.13

예제 4.21

위치함수가 다음으로 주어진 입자의 속도, 가속도, 속력을 구하라.

(1) $r(t) = \langle t^2+1,\ t^3,\ t^2-1 \rangle$

(2) $r(t) = \langle 2\cos t,\ 3t,\ 2\sin t \rangle$

(3) $r(t) = t^2\mathrm{i} + 2t\mathrm{j} + \ln t\,\mathrm{k}$

풀이

(1) $r(t) = \langle t^2+1, t^3, t^2-1 \rangle \Rightarrow \mathrm{v}(t) = r'(t) = \langle 2t, 3t^2, 2t \rangle$,

$a(t) = \mathrm{v}'(t) = \langle 2, 6t, 2 \rangle$,

$|\mathrm{v}(t)| = \sqrt{8t^2 + 9t^4}$

(2) $r(t) = \langle 2\cos t, 3t, 2\sin t \rangle \Rightarrow \mathrm{v}(t) = \mathrm{r}'(t) = \langle -2\sin t, 3, 2\cos t \rangle$,

$a(t) = \mathrm{v}'(t) = \langle -2\cos t, 0, -2\sin t \rangle$,

$|\mathrm{v}(t)| = \sqrt{4\sin^2 t + 9 + 4\cos^2 t} = \sqrt{13}$

(3) $r(t) = t^2\mathrm{i} + 2t\mathrm{j} + \ln t\mathrm{k} \Rightarrow \mathrm{v}(t) = \mathrm{r}'(t) = 2t\mathrm{i} + 2\mathrm{j} + (1/t)\mathrm{k}$,

$a(t) = \mathrm{v}'(t) = 2\mathrm{i} - (1/t^2)\mathrm{k}$,

$|\mathrm{v}(t)| = \left|2t + \frac{1}{t}\right|$

일반적으로 벡터적분을 이용하면 다음과 같이 가속도를 알 때는 속도를, 속도를 알 때에는 위치를 다시 찾을 수 있다.

$$\mathrm{v}(t) = \mathrm{v}(t_0) + \int_{t_0}^{t} a(\mathrm{u})\mathrm{du},\ \mathrm{r}(t) = \mathrm{r}(t_0) + \int_{t_0}^{t} \mathrm{v}(\mathrm{u})\mathrm{du} \qquad (2)$$

예제 4.22

가속도, 초기 속도와 초기 위치가 다음과 같은 입자의 속도와 위치벡터를 구하라.

(1) $a(t) = \mathrm{i} + 2\mathrm{j}$, $\mathrm{v}(0) = \mathrm{k}$, $\mathrm{r}(0) = \mathrm{i}$

(2) $a(t) = 2t\mathrm{i} + \sin t\mathrm{j} + \cos 2t\mathrm{k}$, $\mathrm{v}(0) = \mathrm{i}$, $\mathrm{r}(0) = \mathrm{j}$

풀이

(1) $a(t) = i + 2j \Rightarrow \mathrm{v}(t) = \int a(t)dt = \int (\mathrm{i} + 2\mathrm{j})\mathrm{d}t = t\mathrm{i} + 2t\mathrm{j} + \mathrm{C}$,

$k = \mathrm{v}(0) = \mathrm{C}$,

$\mathrm{C} = \mathrm{k}$,

$\mathrm{v}(t) = t\mathrm{i} + 2t\mathrm{j} + \mathrm{k}, \mathrm{r}(t) = \int \mathrm{v}(t)\mathrm{d}t = \int (t\mathrm{i} + 2t\mathrm{j} + \mathrm{k})\mathrm{d}t = \frac{1}{2}t^2\mathrm{i} + t^2\mathrm{j} + t\mathrm{k} + \mathrm{D}$,

$\mathrm{i} = \mathrm{r}(0) = \mathrm{D}, \mathrm{D} = \mathrm{i}$,

$\mathrm{r}(t) = \left(\frac{1}{2}t^2 + 1\right)\mathrm{i} + t^2\mathrm{j} + t\mathrm{k}$

(2) $a(t) = 2t\mathrm{i} + \sin t\mathrm{j} + \cos 2t\mathrm{k} \Rightarrow$

$\mathrm{v}(t) = \int (2t\mathrm{i} + \sin t\mathrm{j} + \cos 2t\mathrm{k})\mathrm{d}t = t^2\mathrm{i} - \cos t\mathrm{j} + \frac{1}{2}\sin 2t\mathrm{k} + \mathrm{C}$

$\mathrm{i} = \mathrm{v}(0) = -\mathrm{j} + \mathrm{C}, \mathrm{C} = \mathrm{i} + \mathrm{j}$

$\mathrm{v}(t) = (t^2 + 1)\mathrm{i} + (1 - \cos t)\mathrm{j} + \frac{1}{2}\sin 2t\mathrm{k}$

$r(t) = \int \left[(t^2 + 1)\mathrm{i} + (1 - \cos t)\mathrm{j} + \frac{1}{2}\sin 2t\mathrm{k}\right]\mathrm{d}t = \left(\frac{1}{3}t^3 + t\right)\mathrm{i} + (t - \sin t)\mathrm{j} - \frac{1}{4}\cos 2t\mathrm{k} + \mathrm{D}$

$\mathrm{j} = \mathrm{r}(0) = -\frac{1}{4}\mathrm{k} + \mathrm{D}$, $\mathrm{D} = \mathrm{j} + \frac{1}{4}\mathrm{k}$, $\mathrm{r}(t) = \left(\frac{1}{3}t^3 + t\right)\mathrm{i} + (t - \sin t + 1)\mathrm{j} + \left(\frac{1}{4} - \frac{1}{4}\cos 2t\right)k$

4.5.2 가속도와 힘

입자에 힘이 작용할 때 가속도는 Newton**의 제**2 **운동법칙**으로부터 구해진다. 임의시간 t에 질량 m인 물체에 힘 F가 작용하였을 때의 가속도를 $a(t)$라면 다음 관계가 성립된다.

$$F(t) = ma(t) \tag{3}$$

이것은 질량 m인 물체에 가속도 a를 생기게 하는 힘의 크기에 관한 관계식이다.

예제 4.23

질량 m인 물체가 일정한 각속도 w로 타원궤도를 따라 움직일 때 물체의 위치 벡터는 $r(t) = b\cos wt\mathrm{i} + a\sin wt\mathrm{j}$ 이다. 물체에 작용하는 힘을 구하고, 힘이 중심을 향하고 있음을 밝혀라.

풀이

$\mathrm{v}(t) = r'(t) = -bw\sin wt\mathrm{i} + aw\cos wt\mathrm{j}$

$a(t) = \mathrm{v}'(t) = -bw^2\cos wt\mathrm{i} - aw^2\sin wt\mathrm{j}$

Newton의 제2 운동법칙에 의하여

$$F(t) = ma(t)$$
$$= -mw^2(b\cos wt\mathrm{i} + a\sin wt\mathrm{j})$$

$$F(t) = -mw^2 r(t)$$

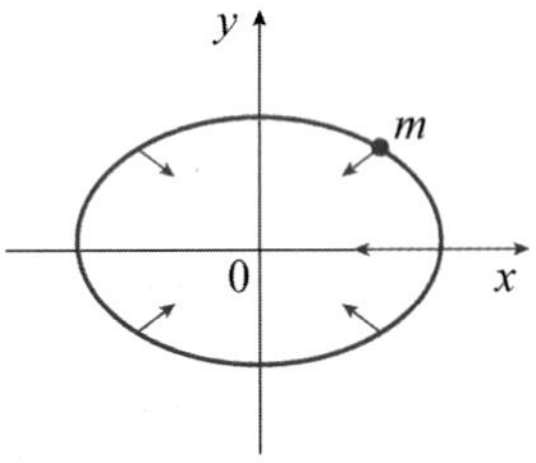

그림 4.14

이다. −는 힘이 위치벡터 $r(t)$에 반대방향으로 작용함을 나타낸다. 이러한 힘을 구심력(centripetal force)이라 한다.

예제 4.24

입자를 수평면에 대하여 각 α, 초기 속도 v_0로 던졌다. 공기의 저항을 무시하고, 중력에 의한 작용만 받는다. 입자의 위치벡터를 구하라.

풀이

그림과 같이 좌표축을 정한다. 힘은 중력으로 아래로 작용하므로

$F = ma = -mg\mathrm{j}$ 단 $g = |a| = 9.8m/s^2$

따라서 $a = -g\mathrm{j}$, $\mathrm{v}'(t) = a$

이므로

$\mathrm{v}(t) = -gt\mathrm{j} + \mathrm{C}_1$, $\mathrm{C}_1 = \mathrm{v}(0) = \mathrm{v}_0$

$r'(t) = \mathbf{v}(t) = -gt\mathrm{j} + \mathbf{v}_0$

적분하면

$$r(t) = -\frac{1}{2}gt^2\mathrm{j} + \mathbf{v}_0 t + C_2,\ C_2 = r(0) = 0$$

이므로 입자의 위치벡터는

$$r(t) = -\frac{1}{2}gt^2\mathrm{j} + \mathbf{v}_0 t$$

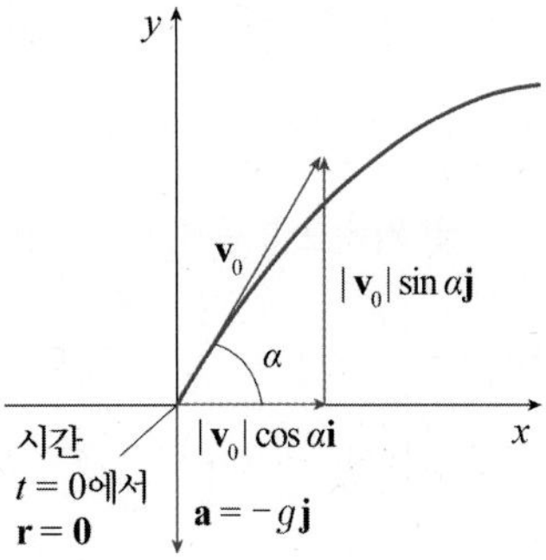

그림 4.15

초기 속도 $\mathbf{v}_0$를

$$\mathbf{v}_0 = |\mathbf{v}_0|\cos\alpha\mathrm{i} + |\mathbf{v}_0|\sin\alpha\mathrm{j}$$

라면

$$r(t) = (|\mathbf{v}_0|\cos\alpha)t\mathrm{i} + \left[(|\mathbf{v}_0|\sin\alpha)t - \frac{1}{2}gt^2\right]\mathrm{j} \qquad (4)$$

이므로 입자의 매개방정식은 다음과 같다.

$$x(t) = (|\mathbf{v}_0|\cos\alpha)t,\ \ y(t) = (|\mathbf{v}_0|\sin\alpha)t - \frac{1}{2}gt^2$$

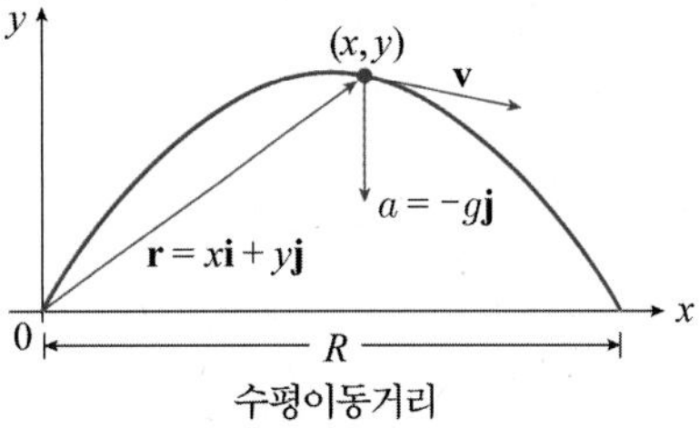

그림 4.16

예제 4.25

발사체가 지면의 원점으로부터 초기 속력 $500m/\mathrm{sec}$와 각 60°로 발사된다. 이 발사체의 10초 후의 지점의 위치를 구하여라.

풀이

식 (4)에서 $|\mathbf{v}_0| = 500,\ \alpha = 60^\circ,\ g = 9.8,\ t = 10$일 때 이 발사체의 성분을 구한다.

$$r = (|\mathbf{v}_0|\cos\alpha)t\mathrm{i} + \left((|\mathbf{v}_0|\sin\alpha)t - \frac{1}{2}gt^2\right)\mathrm{j}$$

$$= (500)\left(\frac{1}{2}\right)(10)\mathrm{i} + \left((500)\left(\frac{\sqrt{3}}{2}\right)10 - \left(\frac{1}{2}\right)(9.8)(100)\right)\mathrm{j}$$

$$\approx 2500\mathrm{i} + 3840\mathrm{j}$$

따라서 발사 10초 후 발사체는 공중으로 약 3840m 지상에서 2500m 거리에 있다.

연습문제 4.5

1. 평면에서 움직이는 물체의 위치벡터가 $r(t)=t^3\mathrm{i}+t^2\mathrm{j}$ 로 주어진다. $t=1$일 때 속도, 속력 및 가속도를 구하고, 기하학적으로 설명하라.

2. 위치벡터가 $r(t)=\langle t^2,\ e^t,\ te^t\rangle$인 입자의 속도, 가속도 및 속력을 구하라.

3. 움직이는 입자가 초기 위치 $r(0)=\langle 1,0,0\rangle$에서 초기 속도 $\mathrm{v}(0)=i-j+k$로 출발한다. 그 가속도가 $a(t)=4t\mathrm{i}+6t\mathrm{j}+\mathrm{k}$일 때 시각 t에서 속도와 위치를 구하라.

4. 주어진 위치벡터가 다음과 같을 때 속도, 가속도, 속력을 구하고 기하학적으로 설명하여라.

(1) $r(t)=\left\langle -\dfrac{1}{2}t^2, t\right\rangle,\ t=2$

(2) $r(t)=t\mathrm{i}+2\cos t\mathrm{j}+\sin t\mathrm{k},\ t=0$

5. 위치함수가 다음으로 주어진 입자의 속도, 가속도, 속력을 구하라.

(1) $r(t)=\sqrt{2}\,t\mathrm{i}+e^t\mathrm{j}+e^{-t}\mathrm{k}$

(2) $r(t)=t\sin t\mathrm{i}+t\cos t\mathrm{j}+t^2\mathrm{k}$

6. 가속도, 초기 속도와 초기 위치가 다음과 같은 입자의 속도와 위치벡터를 구하라.

(1) $a(t)=2\mathrm{i}+6t\mathrm{j}+12t^2\mathrm{k},\ \mathrm{v}(0)=\mathrm{i},\ \mathrm{r}(0)=\mathrm{j}-\mathrm{k}$

(2) $a(t)=t\mathrm{i}+e^t\mathrm{j}+e^{-t}\mathrm{k},\ \mathrm{v}(0)=\mathrm{k},\ \mathrm{r}(0)=\mathrm{j}+\mathrm{k}$

7. 한 발사체가 초기속력 $840m$ / sec, $60°$의 각도로 발사된다. 지면에서의 거리가 21km가 될 때의 시간을 구하여라.

8. 운동선수가 16lb의 포환을 수평각도 $45°$로 지면에서의 6.5ft 높이에서 초기 속도 44ft/sec로 던진다. 포환을 던진 후 지면에 도달할 때까지 걸릴 시간과 정지판의 안쪽 모서리에서 지면에 도달된 지점까지의 거리를 구하여라.

9. 골프공이 $30°$의 각도로 90 ft/sec 속력으로 지면에서 날아간다. 135ft 아래의 페어웨이에서 30ft 길이의 나무의 꼭대기를 넘길 수 있을까? 그 이유를 설명하여라.

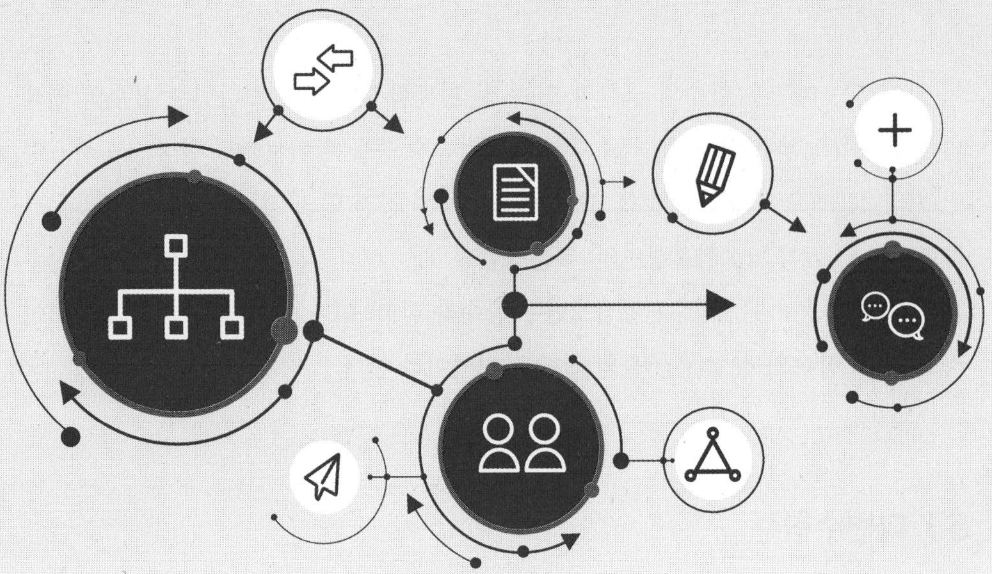

CHAPTER 5

편도함수

이 장에서는 다변수 함수의 극한과 연속 및 편도함수를 다루고 다변수 함수의 연쇄법칙과 방향도함수 및 극대, 극소와 라그랑지승수 등을 알아보기로 한다. xy-좌표평면 위의 점 $P(x,y)$는 간단히 (x,y)로 쓰고, 3차원 공간 안의 점 $P(x,y,z)$는 (x, y, z)라고 쓴다. D가 xy-좌표평면의 부분집합일 때, D의 각 점 (x,y)에 대해 실수 $f(x,y)$를 대응시키는 함수관계를 2**변수 함수**라 한다. 이때, D는 함수 f의 **정의역**이라고 하고, 함수의 값 $f(x,y)$들의 집합은 **치역**이라 한다.

5.1 다변수함수

5.1.1 그래프

우선 $xy-$평면의 부분집합 D위에서 정의된 2변수 함수 f부터 생각하여 보자. 이 함수 f의 그래프는 방정식

$$z = f(x,y),\ (x,y) \in D$$

의 그래프, 즉 이 방정식을 만족하는 점 (x,y,z)의 집합을 말한다.

예제 5.1

함수 $f(x,y) = 12 - 6x - 4y$의 그래프를 그려라.

풀이

주어진 함수의 정의역은 $xy-$평면 전체이다. f의 그래프는 평면 : $z = 12 - 6x - 4y$

이며 절편은 $x = 2, y = 3, z = 12$이다(그림 5.1).

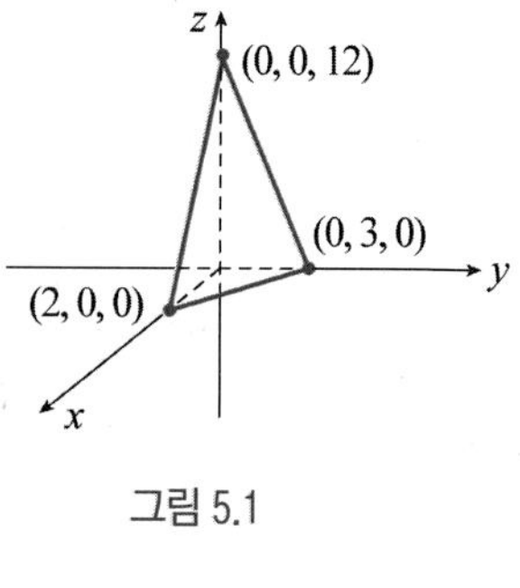

그림 5.1

예제 5.2

함수 $f(x,y) = \sqrt{r^2-(x^2+y^2)}$ 의 그래프를 그려라.

풀이

정의역은 $r^2-(x^2+y^2) \geq 0$이므로
$D=\{(x,y) \mid x^2+y^2 \leq r^2\}$에서만 정의된다.

이 함수의 그래프는 $z = \sqrt{r^2-(x^2+y^2)}$ (그림 5.2),
즉 구 $x^2+y^2+z^2=r^2$의 위쪽 반이다.

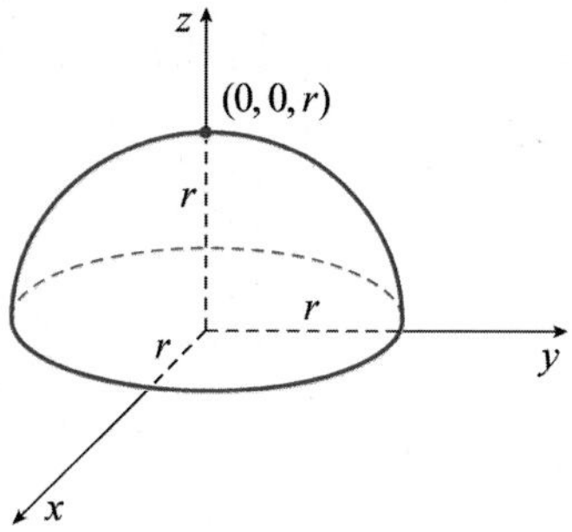

그림 5.2

5.1.2 등위선과 등위곡면

실제의 상황에서 2변수 함수의 그래프를 그리는 것은 쉽지 않으며 또, 그려진 그래프를 알아보는 것도 쉽지 않다. 이를 쉽게 하기 위하여 지도에서의 등고선의 아이디어를 쓰면 좋다. 즉 2변수 함수 $f(x,y)$가 $xy-$평면의 부분집합에 정의되어 있으면, 어느 점에서 $f(x,y)$의 값이 되는 실수 c에 대하여 $f(x,y)=c$로 정의되는 곡선을 그린다. 이런 곡선을 f의 **등위선**(level curve)이라 한다. 등위선은 정의에서 보는 바와 같이 f의 그래프와 수평인 평면 $z=c$와의 교선을 $xy-$평면에 사영한 것이다.

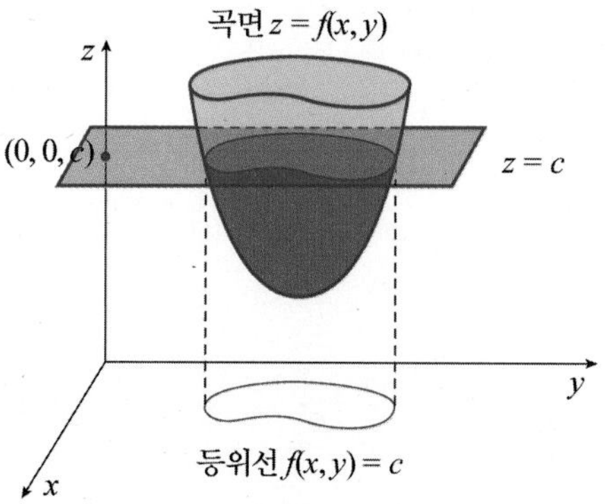

그림 5.3

예제 5.3

다음 함수의 등위선을 몇 개 그려라.

(1) $f(x,y) = x^3 - y$ (2) $f(x,y) = \ln(x^2 + 4y^2)$

(3) $f(x,y) = xy$

풀이

(1) $x^3 - y = c$, $y = x^3 - c$

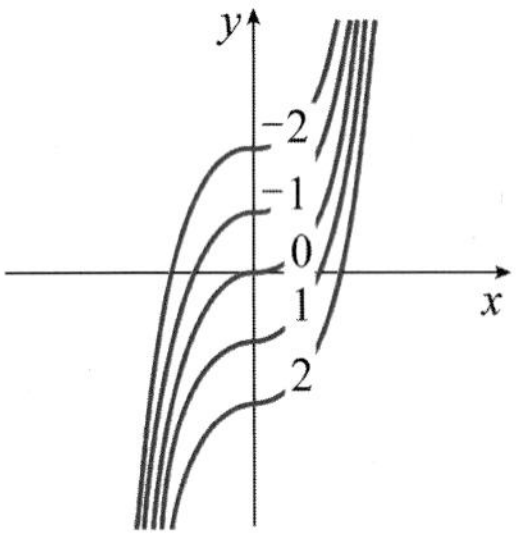

그림 5.4

(2) $\ln(x^2 + 4y^2) = c$, $x^2 + 4y^2 = e^c$

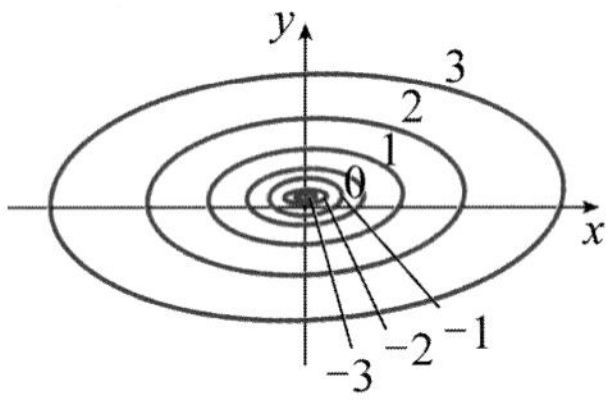

그림 5.5

(3) $xy = c, y = \dfrac{c}{x}$

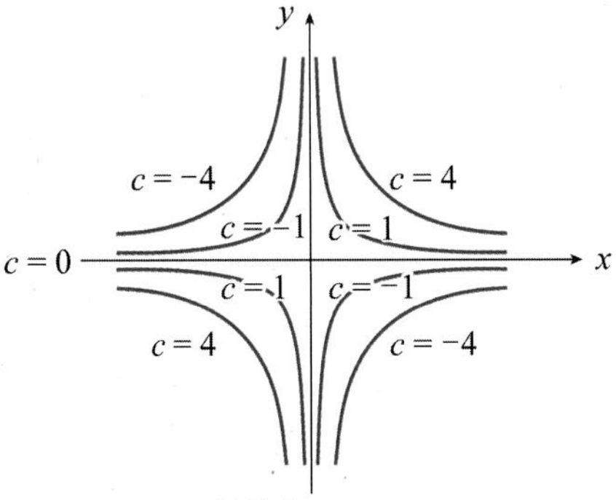

등위선 $xy = c$

그림 5.6

등위선 $f(x,y)=c$는 f의 정의역에 포함되어 있고 등위선 위에서의 f의 값은 어디서나 상수 c이다. 이 등위선을 적당히 그려놓고 값을 붙여 놓으면 함수의 값의 변동을 비교적 잘 알 수 있다. 함수 f가 삼변수이고 c가 상수이면 방정식 $f(x,y,z)=c$로 정의되는 곡면을 f의 등위곡면(level surface)이라 한다.

예제 5.4

함수 $f(x,y,z)=x^2+y^2+z^2$의 등위곡면을 그려라.

풀이

$x^2+y^2+z^2=(\sqrt{c})^2$에서 $c=0,1,4,9$일 때 그려본다.

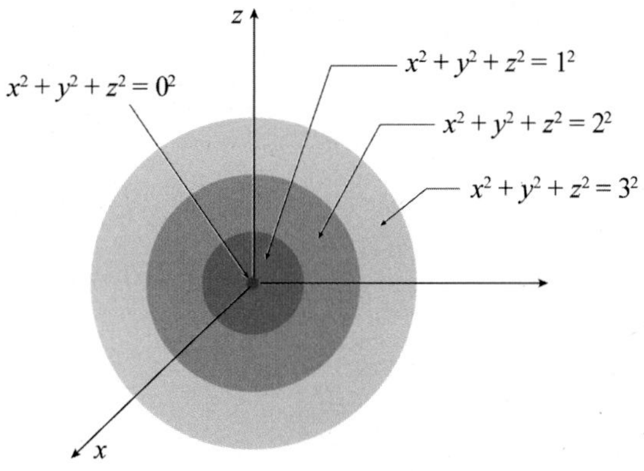

그림 5.7

연습문제 5.1

1. $f(x,y,z) = x^3y^2z\sqrt{10-x-y-z}$ 이라 하자.

   (1) $f(1,2,3)$을 구하여라.

   (2) f의 정의역을 구하여라.

2. 다음 함수의 정의역을 구하고, 정의역의 그래프를 그려라.

   (1) $f(x,y) = \sqrt{x+y}$

   (2) $f(x,y) = \sqrt{x^2-y^2}$

   (3) $f(x,y) = \sqrt{y}+\sqrt{25-x^2-y^2}$

   (4) $f(x,y) = \arcsin(x^2+y^2-2)$

3. 다음 함수의 등위선을 몇 개 그려라.

   (1) $f(x,y) = (y-2x)^2$

   (2) $f(x,y) = \sqrt{x}+y$

   (3) $f(x,y) = ye^x$

   (4) $f(x,y) = \sqrt{y^2-x^2}$

4. 다음 함수의 등위선과 그래프를 그려라.

   (1) $f(x,y) = (100-x^2-y^2)^{\frac{1}{2}}$, $c = 0,2,4,6,8,10$

   (2) $f(x,y) = x^2+y^2$, $c = 0,1,2,3,4,5$

5.2 극한과 연속

5.2.1 극한

다음과 같은 형태의 극한을 생각해 보자.

$$\lim_{(x,y)\to(x_0,y_0)} f(x,y) \text{ 및 } \lim_{(x,y,z)\to(x_0,y_0,z_0)} f(x,y,z)$$

위의 두 경우를 같이 다루기 위하여 다음과 같이 나타내자.

$$\lim_{\mathrm{x}\to\mathrm{x}_0} f(\mathrm{x})$$

즉, x는 (x,y) 또는 (x,y,z) 등을 나타내고 x_0는 (x_0, y_0) 또는 (x_0, y_0, z_0)이다. 우선 함수 f는 x_0를 제외한 x_0의 임의의 근방에서는 정의되어 있다고 하자. 이때,

$$\lim_{\mathrm{x}\to\mathrm{x}_0} f(\mathrm{x}) = l$$

이라고 하는 것은 x_0에 충분히 가까운 $\mathrm{x}(\neq \mathrm{x}_0)$에서의 값 $f(\mathrm{x})$는 l에 가깝다는 뜻이다.

예제 5.5

함수 $f(x,y) = \dfrac{xy+y^3}{x^2+y^2}$이 $(0,0)$에서 극한을 갖지 않음을 보여라.

풀이

우선 좌표축을 따라서 $(0,0)$에 접근할 때의 극한은 0으로 다음과 같다.

x축, $y=0$이므로 $f(x,y) = f(x,0) = 0$, 따라서 0으로 수렴,
y축, $x=0$이므로 $f(x,y) = f(0,y) = y$, 따라서 0으로 수렴,

그러나 $y=2x$를 따라서 $(0,0)$에 접근할 경우

$$f(x,y)=f(x,2x)=\frac{2x^2+8x^3}{x^2+4x^2}=\frac{2}{5}+\frac{8}{5}x,\ 따라서\ \frac{2}{5}로\ 수렴.$$

이와 같이 $(0,0)$으로 접근하는 경로에 따라서 극한값이 서로 다를 수 있으므로 극한이 존재하지 않는다.

예제 5.6

극한이 존재할 경우 구하고 존재않음도 조사하여라.

(1) $\displaystyle\lim_{(x,y)\to(0,0)}\frac{xy}{\sqrt{x^2+y^2}}$

(2) $\displaystyle\lim_{(x,y)\to(0,0)}\frac{xy\cos y}{3x^2+y^2}$

(3) $\displaystyle\lim_{(x,y,z)\to(\pi,0,1/3)} e^{y^2}\tan(xz)$

(4) $\displaystyle\lim_{(x,y)\to(0,0)}\frac{e^{-x^2-y^2}-1}{x^2+y^2}$

풀이

(1) 샌드위치정리에 의하여 $|y|\le\sqrt{x^2+y^2}$ 이므로 $0\le\left|\frac{xy}{\sqrt{x^2+y^2}}\right|\le|x|$ 이다.

$(x,y)\to(0,0)$일 때 $|x|\to0$ 이므로 $\displaystyle\lim_{(x,y)\to(0,0)}f(x,y)=0$

(2) $y=0$이면 $f(x,0)=0$이다. 따라서 $f(x,y)\to0$

$x=0$이면 $f(0,y)=0$이다. 따라서 $f(x,y)\to0$

$y=x$ 이면 $f(x,y)=\frac{1}{4}\cos x$. 따라서 $f(x,y)\to\frac{1}{4}$

그러므로 극한은 존재하지 않는다.

(3) $\displaystyle\lim_{(x,y,z)\to(\pi,0,1/3)} e^{y^2}\tan(xz)=e^0\tan\left(\frac{\pi}{3}\right)=\sqrt{3}$

(4) $\displaystyle\lim_{(x,y)\to(0,0)}\frac{e^{-x^2-y^2}-1}{x^2+y^2}=\lim_{r\to0}\frac{e^{-r^2}-1}{r^2}=\lim_{r\to0}\frac{e^{-r^2}\cdot(-2r)}{2r}=-e^0=-1$

5.2.2 연속

연속인 다변수 함수는 각 변수에 대하여도 각각 연속이 된다. 즉, 2변수함수의 경우라면

$$\lim_{(x,y)\to(x_0,y_0)} f(x,y) = f(x_0,y_0)$$

이면

$$\lim_{x\to x_0} f(x,y_0) = f(x_0,y_0) \text{ 이고 } \lim_{y\to y_0} f(x_0,y) = f(x_0,y_0)$$

이다. 이 사실은 정의로부터 당연하나, 이 사실의 역은 성립되지 않는다. 즉, 각 변수에 대하여 따로따로는 연속이더라도 다변수 함수로서는 연속이 아닌 함수가 있다.

예제 5.7

$$f(x,y) = \begin{cases} \dfrac{2xy}{x^2+y^2}, & (x,y) \neq (0,0) \\ 0, & (x,y) = (0,0) \end{cases}$$ 가 연속인 함수인지 알아보아라.

풀이

위의 함수 f는 좌표축을 따라서는 $\lim_{x\to 0} f(x,0) = 0 = f(0,0)$, $\lim_{y\to 0} f(0,y) = 0 = f(0,0)$

이므로 $(0,0)$에서 (x,y)에 관하여 각각 연속이나, $f(x,y)$는 $(0,0)$에서 연속이 아니다. 예를 들어 직선 $y=x$위의 점들 (t,t)를 따라서 $(0,0)$에 접근한 경우

$f(t,t) = \dfrac{2tt}{t^2+t^2} = 1$이므로 f의 $(0,0)$에서의 극한은 $f(0,0) = 0$이 될 수 없다.

예제 5.8

다음 함수는 연속인가?

$$f(x,y) = \begin{cases} \dfrac{3x^2y}{x^2+y^2} & , \quad (x,y) \neq (0,0) \\ 0 & , \quad (x,y) = (0,0) \end{cases}$$

풀이

$(x,y) \neq (0,0)$일 때 f는 유리함수이므로 연속함수이다. 또한

$0 \le \left| \dfrac{3x^2y}{x^2+y^2} \right| \le 3|y|$ 이고 $\lim\limits_{y\to 0} 3|y| = 0$이므로

샌드위치 정리에 의해서 $\lim\limits_{(x,y)\to(0,0)} \dfrac{3x^2y}{x^2+y^2} = 0$이다.

따라서 $(0,0)$에서의 f의 극한은 0이다.

즉, $\lim\limits_{(x,y)\to(0,0)} \dfrac{3x^2y}{x^2+y^2} = 0 = f(0,0)$이다. 그러므로 f는 $(0,0)$에서 연속이고

따라서 R^2 위에서 연속이다.

1. 극한을 구하여라.

(1) $\lim_{(x,y)\to(5,2)}(x^5+4x^3y-5xy^2)$

(2) $\lim_{(x,y)\to(2,1)}\frac{4-xy}{x^2+3y^2}$

(3) $\lim_{(x,y)\to(0,0)}\frac{y^4}{x^4+3y^4}$

(4) $\lim_{(x,y)\to(0,0)}\frac{xy\cos y}{3x^2+y^2}$

(5) $\lim_{(x,y)\to(0,0)}\frac{xy}{\sqrt{x^2+y^2}}$

(6) $\lim_{(x,y)\to(0,0)}\frac{x^2ye^y}{x^4+4y^2}$

(7) $\lim_{(x,y)\to(0,0)}\frac{x^2+y^2}{\sqrt{x^2+y^2+1}-1}$

(8) $\lim_{(x,y,z)\to(3,0,1)}e^{-xy}\sin(\pi z/2)$

(9) $\lim_{(x,y,z)\to(0,0,0)}\frac{xy+yz^2+xz^2}{x^2+y^2+z^4}$

(10) $\lim_{(x,y)\to(0,0)}\frac{2x^2+3xy+4y^2}{3x^2+5y^2}$

2. 다음 함수가 연속인 점의 집합을 구하여라.

(1) $f(x,y)=\frac{1}{x^2-y}$

(2) $f(x,y)=\arctan(x+\sqrt{y})$

(3) $g(x,y)=\ln(x^2+y^2-4)$

(4) $f(x,y,z)=\frac{\sqrt{y}}{x^2-y^2+z^2}$

(5) $f(x,y)=\begin{cases}\frac{x^2y^3}{2x^2+y^2}, & (x,y)\neq(0,0)\\ 1, & (x,y)\neq(0,0)\end{cases}$

3. 다음 극한을 계산하여라.

(1) $\lim_{(x,y)\to(1,3)}\frac{x^2y}{4x^2-y}$

(2) $\lim_{(x,y,z)\to(1,0,2)}\frac{4xz}{y^2+z^2}$

(3) $\lim_{(x,y)\to(0,0)}\frac{4xy}{3y^2-x^2}$

(4) $\lim_{(x,y)\to(0,0)}\frac{\sqrt{x}\,y^2}{x+y^3}$

(5) $\lim_{(x,y)\to(0,0)}\frac{2x^2\sin y}{2x^2+y^2}$

(6) $\lim_{(x,y,z)\to(0,0,0)}\frac{3x^3}{x^2+y^2+z^2}$

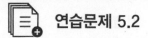

연습문제 5.2

4. 주어진 함수가 연속인 모든 점을 결정하여라.

(1) $f(x,y) = 4xy + \sin 3x^2 y$

(2) $f(x,y) = \sqrt{9 - x^2 - y^2}$

(3) $f(x,y) = \ln(3 - x^2 + y)$

(4) $f(x,y,z) = \dfrac{x^3}{y} + \sin z$

(5) $f(x,y,z) = \sqrt{x^2 + y^2 + z^2 - 4}$

5.3 편도함수

5.3.1 2변수 함수의 경우

$f(x,y)=x^2y+y^3$와 같이 함수 f가 x, y의 함수일 때, **x에 대한 f의 편도함수**는 변수 y를 상수로 보고 x에 관하여 미분하여 얻은 함수 f_x이다. 즉 위의 함수의 경우에는

$$f_x(x,y)=2xy$$

y에 대한 f의 편도함수는 변수 x를 상수로 보고 y에 관하여 미분하여 얻은 함수 f_y이며, 위의 경우에는

$$f_y(x,y)=x^2+3y^2$$

이 편도함수들을 정식으로 정의하면 다음과 같다.

$$f_x(x,y)=\lim_{h\to 0}\frac{f(x+h,y)-f(x,y)}{h}$$
$$f_y(x,y)=\lim_{h\to 0}\frac{f(x,y+h)-f(x,y)}{h}$$

예제 5.9

함수 $f(x,y)=\cos xy+x\cos y$일 때 $f_x(x,y)$와 $f_y(x,y)$를 구하여라.

풀이

$f_x(x,y)=-y\sin xy+\cos y$

$f_y(x,y)=-x\sin xy-x\sin y$

1변수함수의 경우에는 $f'(x_0)$는 $x = x_0$에서 $f(x)$의 x에 대한 함수값의 변화율이다. 2변수의 경우에는, $f_x(x_0, y_0)$는 $x = x_0$에서의 $f(x, y_0)$의 x에 대한 함수값의 변화율이고, $f_y(x_0, y_0)$는, $y = y_0$에서의 $f(x_0, y)$의 y에 대한 함수값의 변화율이다.

예제 5.10

함수 $f(x,y) = xy + e^x \cos y$일 때, $f_x\left(1, \frac{\pi}{2}\right)$과 $f_y\left(1, \frac{\pi}{2}\right)$을 구하라.

풀이

$f_x(x,y) = y + e^x \cos y$이고, $f_x\left(1, \frac{\pi}{2}\right) = \frac{\pi}{2} + e\cos\frac{\pi}{2} = \frac{\pi}{2}$이다.

$f_y(x,y) = x - e^x \sin y$이고, 편미분계수 $f_y\left(1, \frac{\pi}{2}\right) = 1 - e\sin\frac{\pi}{2} = 1 - e$이다.

5.3.2 기하학적인 해석

그림 5.8은 곡면 $z = f(x,y)$의 일부분을 나타내고 있다. 이 곡면의 한가운데로 $xz-$평면에 평행한 평면 $y = y_0$가 지나고 있다. 평면 $y = y_0$는 이 곡면의 $\boldsymbol{y_0}-$**절선**에서 이 곡면과 만난다. y_0-절선은 평면 $y = y_0$위에 함수

$$g(x) = f(x, y_0)$$

의 그래프를 그린 것이다. 이 함수 $g(x)$를 x에 대하여 미분하면,

$$g'(x) = f_x(x, y_0)$$

이고 따라서 $g'(x_0) = f_x(x_0, y_0)$이다.

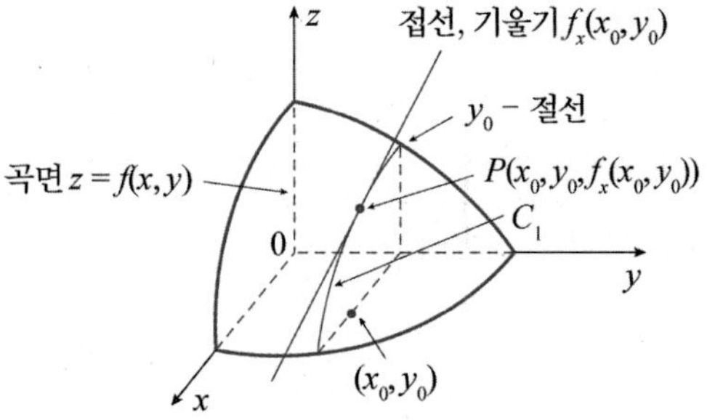

그림 5.8

즉, $f_x(x_0, y_0)$라는 숫자는 점 $P = P(x_0, y_0, f(x_0, y_0))$에서 곡면 $z = f(x, y)$의 y_0-절선의 기울기이다. 편도함수 f_y에 대하여도 마찬가지로 해석할 수 있다. 그림 5.9에서 보이듯이, 같은 곡면 $z = f(x,y)$가 $yz-$평면과 평행한 평면 $x = x_0$와 x_0-절선에서 만나고 있다. 이 곡면의 x_0-절선은 평면 $x = x_0$ 위에 그려진 함수

$$h(y) = f(x_0, y)$$

의 그래프이고, 이 함수를 y에 대하여 미분하면

$$h'(y) = f_y(x_0, y)$$

이므로 $h'(y_0) = f_y(x_0, y_0)$는 점 $P(x_0, y_0, f(x_0, y_0))$에서의 곡면 $z = f(x,y)$의 x_0-절선의 기울기이다.

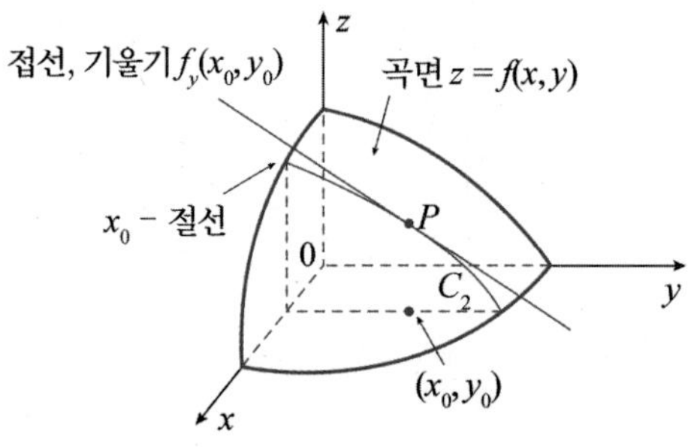

그림 5.9

5.3.3 3변수 함수의 경우

함수의 변수가 3개인 경우에는 3개의 서로 다른 편도함수를 생각할 수 있다. 즉 변수 x, y 및 변수 z에 대한 편도함수들이다.

$$f_x(x,y,z),\ f_y(x,y,z),\ f_z(x,y,z)$$

이들의 정의는 다음과 같다.

$$f_x(x,y,z) = \lim_{h\to 0}\frac{f(x+h,y,z)-f(x,y,z)}{h}$$

$$f_y(x,y,z) = \lim_{h\to 0}\frac{f(x,y+h,z)-f(x,y,z)}{h}$$

$$f_z(x,y,z) = \lim_{h\to 0}\frac{f(x,y,z+h)-f(x,y,z)}{h}$$

위의 편도함수들은 각각 첨자로 쓰여 있는 변수에 대하여(다른 변수들을 상수로 생각하고) 미분하여 계산할 수 있다.

예제 5.11

함수 $f(x,y,z) = xy^2z^3$일 때, f_x, f_y, f_z을 구하고 $(1, -2, -1)$에서 f_x, f_y, f_z의 기울기를 구하여라.

풀이

함수 $f(x,y,z) = xy^2z^3$의 편도함수들은

$f_x(x,y,z) = y^2z^3,\ f_y(x,y,z) = 2xyz^3,\ f_z(x,y,z) = 3xy^2z^2.$

따라서 $f_x(1,-2,-1) = -4,\ f_y(1,-2,-1) = 4,\ f_z(1,-2,-1) = 12$이다.

예제 5.12

함수 $f(x, y, z) = e^x \cos(yz^2)$일 때 f_x, f_y, f_z을 구하여라.

풀이

$f(x, y, z) = e^x \cos(yz^2)$이면

$f_x(x, y, z) = e^x \cos(yz^2)$, $f_y(x,y,z) = -z^2 e^x \sin(yz^2)$, $f_z(x,y,z) = -2yze^x \sin(yz^2)$.

$f_x(x_0, y_0, z_0)$라는 수는 $x = x_0$에서의 함수 $f(x, y_0, z_0)$의 x에 대한 변화율을 나타내며, $f_y(x_0, y_0, z_0)$는 $y = y_0$에서의 함수 $f(x_0, y, z_0)$의 y에 대한 변화율을, $f_z(x_0, y_0, z_0)$는 $z = z_0$에서의 함수 $f(x_0, y_0, z)$의 z에 대한 변화율을 나타낸다.

편도함수를 나타내기 위하여 첨자만을 쓰지는 않는다. 1변수함수 때의 **라이프니츠** (Leibniz)의 도함수기호 $\frac{df}{dx}$를 변형시켜서 편도함수 f_x, f_y, f_z 등을 다음과 같이 나타낸다.

$$\frac{\partial f}{\partial x},\ \frac{\partial f}{\partial y},\ \frac{\partial f}{\partial z}.$$

5.3.4 고계 편도함수

미분가능한 2변수함수 $f(x, y)$의 편도함수 $\frac{\partial f}{\partial x}$와 $\frac{\partial f}{\partial y}$는 다시 두 개의 변수 x,y의 함수가 된다. 따라서 이들 편도함수의 편도함수들을 생각할 수 있다.

라이프니츠 기호를 사용하여 나타내면 다음과 같다.

$$\frac{\partial}{\partial x}\left(\frac{\partial f}{\partial x}\right) = \frac{\partial^2 f}{\partial x^2},\ \frac{\partial}{\partial y}\left(\frac{\partial f}{\partial x}\right) = \frac{\partial^2 f}{\partial y \partial x},\ \frac{\partial}{\partial x}\left(\frac{\partial f}{\partial y}\right) = \frac{\partial^2 f}{\partial x \partial y},\ \frac{\partial}{\partial y}\left(\frac{\partial f}{\partial y}\right) = \frac{\partial^2 f}{\partial y^2}.$$

이 함수들을 f의 2**계 편도함수**라고 한다.

예제 5.13

함수 $f(x,y) = xy + (x+2y)^2$의 1계 편도함수들과 2계 편도함수들을 구하시오.

풀이

1계 편도함수들은

$$\frac{\partial f}{\partial x} = y + 2(x+2y),\ \frac{\partial f}{\partial y} = x + 4(x+2y)$$

이다.

2계 편도함수들은

$$\frac{\partial^2 f}{\partial x^2} = 2,\ \frac{\partial^2 f}{\partial y \partial x} = 5,\ \frac{\partial^2 f}{\partial x \partial y} = 5,\ \frac{\partial^2 f}{\partial y^2} = 8.$$

편도함수의 기호들을 간편히 하여 $\frac{\partial^2 f}{\partial x^2} = f_{xx}$, $\frac{\partial^2 f}{\partial y \partial x} = f_{xy}$, $\frac{\partial^2 f}{\partial x \partial y} = f_{yx}$, $\frac{\partial^2 f}{\partial y^2} = f_{yy}$ 등으로 나타내기도 한다.

예제 5.14

함수 $f(x, y) = \sin x \sin^2 y$의 1계 편도함수들과 2계 편도함수들을 구하여라.

풀이

$f(x,y) = \sin x \sin^2 y$에서 $f_x(x,y) = \cos x \sin^2 y$, $f_y(x,y) = 2\sin x \sin y \cos y = \sin x \sin 2y$이고

$f_{xx}(x,y) = -\sin x \sin^2 y$, $f_{yy}(x,y) = 2\sin x \cos 2y$

$f_{xy}(x,y) = \cos x \sin 2y$, $f_{yx}(x,y) = \cos x \sin 2y$ (왜냐하면 $\sin 2y = 2\sin y \cos y$)

위의 예에서 $\frac{\partial^2 f}{\partial y \partial x} = \frac{\partial^2 f}{\partial x \partial y}$로 되고 있음을 알 수 있다. 위에서 주어진 함수들이 x, y에 관하여 한번씩 편미분한 결과가 편미분의 순서에 상관없는 것은 함수의 대칭성에 기인한 것은 아니고, 사실은 편도함수의 연속성에 기인한다. 즉 다음을 증명할 수 있다(여기서 증명은 하지 않는다).

정리 5.1

함수 f와 그의 편도함수들 f_x, f_y, f_{xy}, f_{yx}가 어떤 열린 집합 E에서 연속이면, 집합 E에서

$$\frac{\partial^2 f}{\partial y \partial x} = \frac{\partial^2 f}{\partial x \partial y}$$

이다.

예제 5.15

함수 $f(x,y) = xe^y + yx^2$에서 정리 5.1이 성립함을 보여라.

풀이

$\frac{\partial f}{\partial x} = e^y + 2xy$, $\frac{\partial f}{\partial y} = xe^y + x^2$

$\frac{\partial^2 f}{\partial y\, \partial x} = e^y + 2x$, $\frac{\partial^2 f}{\partial x\, \partial y} = e^y + 2x$ 이므로

$\frac{\partial^2 f}{\partial y \partial x} = \frac{\partial^2 f}{\partial x \partial y}$

이다.

3변수함수의 경우에는 3개의 1계 편도함수들 $\frac{\partial f}{\partial x}$, $\frac{\partial f}{\partial y}$, $\frac{\partial f}{\partial z}$와 9개의 2계 편도함수들 $\frac{\partial^2 f}{\partial x^2}$, $\frac{\partial^2 f}{\partial x \partial y}$, $\frac{\partial^2 f}{\partial x \partial z}$, $\frac{\partial^2 f}{\partial y \partial x}$, $\frac{\partial^2 f}{\partial y^2}$, $\frac{\partial^2 f}{\partial y \partial z}$, $\frac{\partial^2 f}{\partial z \partial x}$, $\frac{\partial^2 f}{\partial z \partial y}$, $\frac{\partial^2 f}{\partial z^2}$를 2변수함수의 경우와 비슷하게 정의할 수 있다.

여기서도 마찬가지로 f의 1계 편도함수들과 2계 편도함수들이 연속이면

$$\frac{\partial^2 f}{\partial y \partial x} = \frac{\partial^2 f}{\partial x \partial y},\ \frac{\partial^2 f}{\partial z \partial x} = \frac{\partial^2 f}{\partial x \partial z},\ \frac{\partial^2 f}{\partial y \partial z} = \frac{\partial^2 f}{\partial z \partial y}$$

이다.

예제 5.16

$f(x, y, z) = xe^y \sin \pi z$에서 9개의 2계 편도함수들을 구하라.

풀이

$f_x = e^y \sin \pi z,\ f_y = xe^y \sin \pi z,\ f_z = \pi xe^y \cos \pi z,$

$f_{xx} = 0,\ f_{yy} = xe^y \sin \pi z,\ f_{zz} = -\pi^2 xe^y \sin \pi z$

$f_{xy} = f_{yx} = e^y \sin \pi z,$

$f_{xz} = f_{zx} = \pi e^y \cos \pi z,$

$f_{yz} = f_{zy} = \pi xe^y \cos \pi z.$

연습문제 5.3

1. 다음 함수의 1계 편도함수들을 구하여라.

(1) $f(x, y) = 3x - 2y^4$

(2) $z = xe^{3y}$

(3) $f(x,y) = \dfrac{x-y}{x+y}$

(4) $w = \sin\alpha\cos\beta$

(5) $f(r, s) = r\ln(r^2 + s^2)$

(6) $f(x,y,z) = xz - 5x^2y^3z^4$

(7) $w = \ln(x + 2y + 3z)$

(8) $u = xy\sin^{-1}(yz)$

2. 제시된 편도함수를 구하여라.

(1) $f(x, y) = 3xy^4 + x^3y^2; f_{xxy}, f_{yyy}$

(2) $f(x,y,z) = \cos(4x + 3y + 2z); f_{xyz}, f_{yzz}$

(3) $u = e^{r\theta}\sin\theta; \dfrac{\partial^3 u}{\partial r^2 \partial\theta}$

(4) $w = \dfrac{x}{y+2z}; \dfrac{\partial^3 w}{\partial z\partial y\partial x}, \dfrac{\partial^3 w}{\partial x^2\partial y}$

3. 모든 1계 편도함수를 구하여라.

(1) $f(x,y) = x^3 - 4xy^2 + y^4$

(2) $f(x,y) = x^2e^y - 4y$

(3) $f(x,y) = x^2\sin xy - 3y^3$

(4) $f(x,y) = 4e^{x/y} - \dfrac{y}{x}$

(5) $f(x,y,z) = 3x\sin y + 4x^3y^2z$

4. 제시된 편도함수를 구하여라.

(1) $f(x,y) = x^3 - 4xy^2 + 3y; \dfrac{\partial^2 f}{\partial x^2}, \dfrac{\partial^2 f}{\partial y^2}, \dfrac{\partial^2 f}{\partial y \partial x}$

(2) $f(x,y) = x^4 - 3x^2y^3 + 5y; f_{xx}, f_{xy}, f_{xyy}$

(3) $f(x,y,z) = x^3y^2 - \sin yz; f_{xx}, f_{yz}, f_{xyz}$

(4) $f(x,y,z) = e^{2xy} - \dfrac{z^2}{y} + xz\sin y : f_{xx}, f_{yy}, f_{yyzz}$

(5) $f(w,x,y,z) = w^2xy - e^{wz}; f_{ww}, f_{wxy}, f_{wwxyz}$

5. 화학반응에서 온도 T, 엔트로피 S, 깁스(Gibbs)의 자유 에너지 G, 엔탈피 H 사이에서는 $G = H - TS$인 관계가 있다. $\dfrac{\partial(G/T)}{\partial T} = -\dfrac{H}{T^2}$가 성립함을 보여라.

5.4 연쇄법칙

1변수함수의 연쇄법칙에 의하면 $y = f(x), x = g(t)$일 때 $\frac{dy}{dt}$는 다음의 식과 같다.

$$\frac{dy}{dt} = \frac{dy}{dx} \cdot \frac{dx}{dt}$$

2변수 이상의 함수에 대한 연쇄법칙에는 여러 가지 형태가 있다.

정리 5.2

3변수 함수 $w = f(x,y,z)$가 x, y, z에 관하여 편미분 가능한 함수이며 $x = x(t)$와 $y = y(t)$, $z = z(t)$가 t에 대하여 미분 가능하면

$$\frac{dw}{dt} = \frac{\partial f}{\partial x}\frac{dx}{dt} + \frac{\partial f}{\partial y}\frac{dy}{dt} + \frac{\partial f}{\partial z}\frac{dz}{dt}$$

이다. 2변수 함수의 경우에는

$$\frac{dw}{dt} = \frac{\partial f}{\partial x}\frac{dx}{dt} + \frac{\partial f}{\partial y}\frac{dy}{dt}$$

이다(증명 생략).

다음에 주어진 수형도를 이용하면 연쇄법칙은 쉽게 알 수 있다.

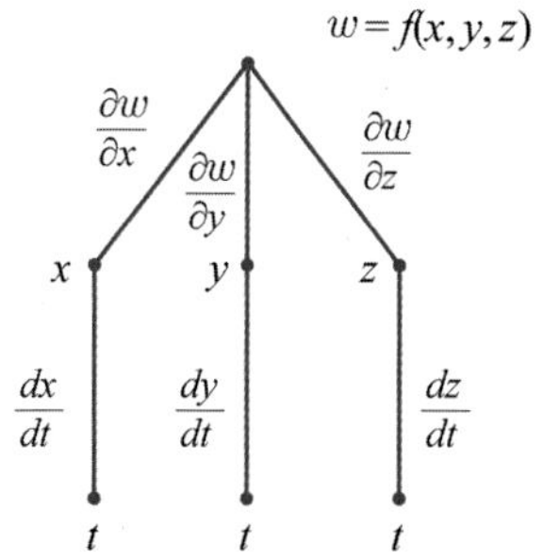

그림 5.10

$$\frac{dw}{dt}=\frac{\partial f}{\partial x}\frac{dx}{dt}+\frac{\partial f}{\partial y}\frac{dy}{dt}+\frac{\partial f}{\partial z}\frac{dz}{dt}$$

예제 5.17

$x=\sin t, y=e^t$일 때, $z = x^2y+3xy^4$에 대한 $\frac{dz}{dt}$를 구하여라.

풀이

$\frac{dx}{dt}=\cos t,\ \frac{dy}{dt}=e^t$

$\frac{\partial z}{\partial x}=2xy+3y^4,\ \frac{\partial z}{\partial y}=x^2+12xy^3$

$\frac{dz}{dt}=\frac{\partial z}{\partial x}\frac{dx}{dt}+\frac{\partial z}{\partial y}\frac{dy}{dt}=(2xy+3y^4)\cos t+(x^2+12xy^3)e^t$

$=(2\sin t+3e^{3t})e^t\cos t+(\sin^2 t+12\sin t e^{3t})e^t$이다.

예제 5.18

$u = x^2 - y^2$, $x = t^2 - 1$, $y = 3\sin \pi t$일 때 du/dt를 구하여라.

풀이

2변수함수의 경우이므로 (정리 5.2)를 쓰면,

$$\frac{\partial u}{\partial x} = 2x,\ \frac{\partial u}{\partial y} = -2y \text{이고 } \frac{dx}{dt} = 2t,\ \frac{dy}{dt} = 3\pi\cos\pi t$$

이므로

$$\begin{aligned}\frac{du}{dt} &= (2x)(2t) + (-2y)(3\pi\cos\pi t)\\ &= 2(t^2-1)(2t) + (-2)(3\sin\pi t)(3\pi\cos\pi t)\\ &= 4t^3 - 4t - 18\pi\sin\pi t\cos\pi t\end{aligned}$$

예제 5.19

원뿔대의 윗면의 반지름이 10cm, 밑면의 반지름이 12cm이고 높이는 18cm일 때, 윗면의 반지름이 1분에 2cm씩의 속도로 줄어들고, 밑면의 반지름은 1분에 3cm씩의 속도로 늘어나며, 높이는 1분에 4cm씩의 속도로 줄어들면 부피는 어떤 속도로 변하겠는가?

풀이

x를 윗면의 반지름, y는 밑면의 반지름, z를 높이라고 하면, 부피는

$$V = \frac{1}{3}\pi z(x^2 + xy + y^2)$$

이므로

$$\frac{\partial V}{\partial x} = \frac{1}{3}\pi z(2x+y),\ \frac{\partial V}{\partial y} = \frac{1}{3}\pi z(x+2y),\ \frac{\partial V}{\partial z} = \frac{1}{3}\pi(x^2+xy+y^2)$$

이다. 이때,

$$\frac{dV}{dt} = \frac{\partial V}{\partial x}\frac{dx}{dt} + \frac{\partial V}{\partial y}\frac{dy}{dt} + \frac{\partial V}{\partial z}\frac{dz}{dt}$$

이므로 위의 문제에서는

$$\frac{dV}{dt}=\frac{1}{3}\pi z(2x+y)\frac{dx}{dt}+\frac{1}{3}\pi z(x+2y)\frac{dy}{dt}+\frac{1}{3}\pi(x^2+xy+y^2)\frac{dz}{dt}$$

이다. 여기서

$$x=10,\ y=12,\ z=18,\ \frac{dx}{dt}=-2,\ \frac{dy}{dt}=3,\ \frac{dz}{dt}=-4$$

로 놓으면

$$\frac{dV}{dt}=-\frac{772}{3}\pi$$

이므로 부피는 1분에 $\frac{772\pi}{3}(cm^3)$의 속도로 줄어든다.

다변수 함수들의 사이에서는 여러 가지 모양 연쇄법칙이 있을 수 있다. 몇 개는 여기에서 소개하고 나머지는 연습문제에서 알아본다. 이들은 모두 앞의 연쇄법칙에서 유도할 수 있다.

정리 5.3

$u=u(x,y)$이고

$$x=x(s,t),\ y=y(s,t)$$

이면

$$\frac{\partial u}{\partial s}=\frac{\partial u}{\partial x}\frac{\partial x}{\partial s}+\frac{\partial u}{\partial y}\frac{\partial y}{\partial s} \text{ 및 } \frac{\partial u}{\partial t}=\frac{\partial u}{\partial x}\frac{\partial x}{\partial t}+\frac{\partial u}{\partial y}\frac{\partial y}{\partial t}$$

이다.

정리 5.3에서 $\dfrac{\partial u}{\partial s}$를 얻으려면 t를 고정된 상수로 생각하고 u를 s로 미분한다. 같은 방식으로 $\dfrac{\partial u}{\partial t}$를 구하려면 s를 고정된 상수로 생각하고 u를 t로 미분한다. 그림 5.11에는 공식을 얻는 수형도를 그려놓았다. 이런 수형도는 각 단계에서 그 함수를 직접 결정하는 변수들의 가지를 그려나가면 된다. u에서 출발하여 어떤 변수에서 끝나는 경로들로 도함수의 곱들이 결정된다. 어떤 변수에 대한 u의 편도함수는 u에서 그 변수로 향하는 각 경로에 따른 도함수들의 곱들을 모두 합한 것이다.

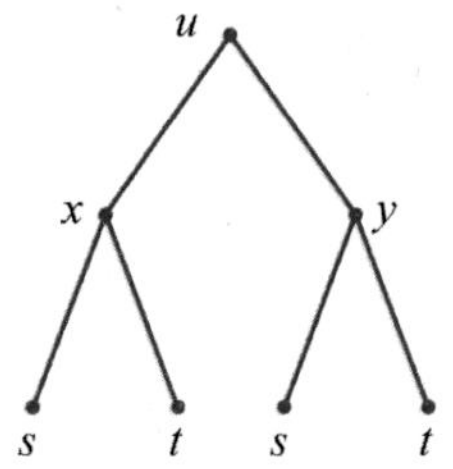

그림 5.11

예제 5.20

$z=e^x \sin y,\ x=uv^2,\ y=u^2v$일 때, $\dfrac{\partial z}{\partial u}, \dfrac{\partial z}{\partial v}$를 구하여라.

풀이

$$\frac{\partial z}{\partial u}=\frac{\partial z}{\partial x}\frac{\partial x}{\partial u}+\frac{\partial z}{\partial y}\frac{\partial y}{\partial u}=e^x\sin y \cdot v^2+e^x\cos y \cdot 2uv$$
$$=(v^2\sin u^2v+2uv\cos u^2v)e^{uv^2}$$

$$\frac{\partial z}{\partial v}=\frac{\partial z}{\partial x}\frac{\partial x}{\partial v}+\frac{\partial z}{\partial y}\frac{\partial y}{\partial v}=e^x\sin y \cdot 2uv+e^x\cos y \cdot u^2$$
$$=(2uv\sin u^2v+u^2\cos u^2v)e^{uv^2}$$ 이다.

예제 5.21

$z = x^2 + y^2, x = s + t, y = s - t; s = 2, t = -1$에서 $\frac{\partial z}{\partial s}, \frac{\partial z}{\partial t}$를 구하여라. 주어진 s와 t의 값에 대하여 편도함수를 구하여라.

풀이

연쇄법칙을 이용하면

$z = x^2 + y^2;\ x = s + t,\ y = s - t$

$$\frac{\partial z}{\partial s} = \frac{\partial z}{\partial x}\frac{\partial x}{\partial s} + \frac{\partial z}{\partial y}\frac{\partial y}{\partial s} = 2x + 2y = 4s$$

$$\frac{\partial z}{\partial t} = \frac{\partial z}{\partial x}\frac{\partial x}{\partial t} + \frac{\partial z}{\partial y}\frac{\partial y}{\partial t} = 2x + 2y(-1) = 4t$$

$s = 2, t = -1$일 때, $\frac{\partial z}{\partial s} = 8, \frac{\partial z}{\partial t} = -4$.

정리 5.4

변수가 x, y, z인 함수 $u = u(x, y, z)$이고

$$x = x(s,t),\ y = y(s,t),\ z = z(s,t)$$

일 때는, 아래 그림과 같은 나뭇가지 도표가 나온다.

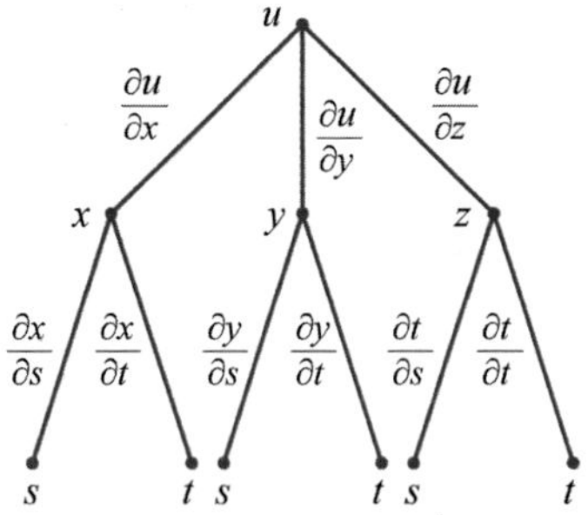

그림 5.12

이 수형도에서 s와 t에 대한 u의 편도함수를 살펴보면

$$\frac{\partial u}{\partial s}=\frac{\partial u}{\partial x}\frac{\partial x}{\partial s}+\frac{\partial u}{\partial y}\frac{\partial y}{\partial s}+\frac{\partial u}{\partial z}\frac{\partial z}{\partial s}$$

$$\frac{\partial u}{\partial t}=\frac{\partial u}{\partial x}\frac{\partial x}{\partial t}+\frac{\partial u}{\partial y}\frac{\partial y}{\partial t}+\frac{\partial u}{\partial t}\frac{\partial z}{\partial t}$$

예제 5.22

$w=x+2y+z^2,\ x=\frac{r}{s},\ y=r^2+\ln s,\ z=2r$일 때 $\frac{\partial w}{\partial r},\frac{\partial w}{\partial s}$를 r과 s에 관한 함수로 나타내어라.

풀이

$$\frac{\partial w}{\partial r}=\frac{\partial w}{\partial x}\frac{\partial x}{\partial r}+\frac{\partial w}{\partial y}\frac{\partial y}{\partial r}+\frac{\partial w}{\partial z}\frac{\partial z}{\partial r}=(1)\left(\frac{1}{s}\right)+(2)(2r)+(2z)(2)=\frac{1}{s}+12r$$

$$\frac{\partial w}{\partial s}=\frac{\partial w}{\partial x}\frac{\partial x}{\partial s}+\frac{\partial w}{\partial y}\frac{\partial y}{\partial s}+\frac{\partial w}{\partial z}\frac{\partial z}{\partial s}=(1)(-\frac{r}{s^2})+2\left(\frac{1}{s}\right)+(2z)(0)=\frac{2}{s}-\frac{r}{s^2}$$

예제 5.23

$x=rse^t, y=rs^2e^{-t}, z=r^2s\sin t$이고, $u=x^4y+y^2z^3$이면 $r=2, s=1, t=0$에서 $\frac{\partial u}{\partial s}$의 값을 구하여라.

풀이

$$\frac{\partial u}{\partial s}=\frac{\partial u}{\partial x}\frac{\partial x}{\partial s}+\frac{\partial u}{\partial y}\frac{\partial y}{\partial s}+\frac{\partial u}{\partial z}\frac{\partial z}{\partial s}$$
$$=(4x^3y)(re^t)+(x^4+2yz^3)(2rse^{-t})+(3y^2z^2)(r^2\sin t)$$

$r=2, s=1, t=0$일 때, $x=2, y=2, z=0$이므로

$$\frac{\partial u}{\partial s}=(64)(2)+(16)(4)+(0)(0)=192$$

연습문제 5.4

1. 연쇄법칙을 이용하여 $\frac{dz}{dt}$, $\frac{dw}{dt}$ 를 구하여라.

(1) $z=x^2+y^2+xy,\ x=\sin t,\ y=e^t$

(2) $z=\cos(x+4y),\ x=5t^4, y=1/t$

(3) $w=xe^{y/z},\ x=t^2,\ y=1-t,\ z=1+2t$

(4) $w=\ln\sqrt{x^2+y^2+z^2}, x=\sin t,\ y=\cos t, z=\tan t$

2. 연쇄법칙을 이용하여 $\frac{\partial z}{\partial s}$, $\frac{\partial z}{\partial t}$ 를 구하여라.

(1) $z=x^2y^3,\ x=s\cos t, y=s\sin t$

(2) $z=\arcsin(x-y),\ x=s^2+t^2,\ y=1-2st$

(3) $z=\sin\theta\cos\phi,\ \theta=st^2,\ \phi=s^2t$

(4) $z=e^{x+2y}, x=s/t,\ y=t/s$

(5) $z=e^r\cos\theta,\ r=st,\ \theta=\sqrt{s^2+t^2}$

(6) $z=\tan(u/v),\ u=2s+3t,\ v=3s-2t$

3. 다음을 구하여라.

(1) $w=(x+y+z)^2, x=r-s, y=\cos(r+s), z=\sin(r+s)$일 때,
$r=1, s=-1$에서 $\partial w/\partial r$을 구하여라.

(2) $w=xy+\ln z,\ x=v^2/u,\ y=u+v,\ z=\cos u$일 때,
$u=-1, v=2$에서 $\partial w/\partial v$을 구하여라.

(3) $w=x^2+(y/x),\ x=u-2v+1,\ y=2u+v-2$일 때,
$u=0, v=0$에서 $\partial w/\partial v$을 구하여라.

(4) $z=\sin xy+x\sin y,\ x=u^2+v^2,\ y=uv$일 때, $u=0, v=1$에서 $\partial z/\partial u$를 구하여라.

5.5 방향도함수

5.5.1 방향도함수

이 절에서는 다변수함수(두 개 이상의 변수를 갖는 함수)에 대하여 모든 방향의 변화율을 계산할 수 있게 해 주는 도함수의 일종인 방향도함수를 소개하고자 한다.

점 $P(a,b)$에서 단위벡터 $\mathrm{u} = \langle u_1, u_2 \rangle$의 방향으로 $f(x,y)$의 순간 변화율을 구해보자.

점 $P(a,b)$를 지나고 u의 방향을 갖는 직선 위의 임의의 한 점을 $Q(x,y)$라고 하자. 그러면 벡터 $\overrightarrow{PQ}$는 u와 평행하다. 두 벡터가 평행일 필요충분조건은 적당한 수 h에 대하여 $\overrightarrow{PQ} = h\mathrm{u}$이다. 즉,

$$\overrightarrow{PQ} = \langle x-a,\ y-b \rangle = h\mathrm{u} = h\langle u_1,\ u_2 \rangle = \langle hu_1,\ hu_2 \rangle$$

이다.

두 벡터의 대응하는 성분이 모두 같을 때만 두 벡터는 같으므로 $x = a + hu_1$, $y = b + hu_2$이다. 여기서 점 Q는 $Q(a+hu_1, b+hu_2)$으로 표시된다(그림 5.13). 직선을 따라서 점 P에서 Q까지 $z = f(x,y)$의 평균변화율은

$$\frac{f\text{의 변화}}{\overline{PQ}\text{의 길이}} = \frac{f(a+hu_1, b+hu_2) - f(a,b)}{h}$$

으로 쓸 수 있다.

점 P에서 단위벡터 u의 방향으로 $f(x,y)$의 순간변화율은 $h \to 0$일 때 극한을 취하여 구한다. 이렇게 구한 극한을 방향도함수라고 한다. 점 $(a,\ b)$에서 단위벡터 $\mathrm{u} = \langle u_1,\ u_2 \rangle$의 방향으로 $f(x,y)$의 방향도함수는 극한이 존재할 때 이 경우에 두 변수 모두 변한다는 것을 제외한다면, 이 극한은 편미분의 정의와 비슷하다. 또 양의 x축의 방향(즉, 단위벡터 $\mathrm{u} = \langle 1,\ 0 \rangle$의 방향)으로 방향도함수는

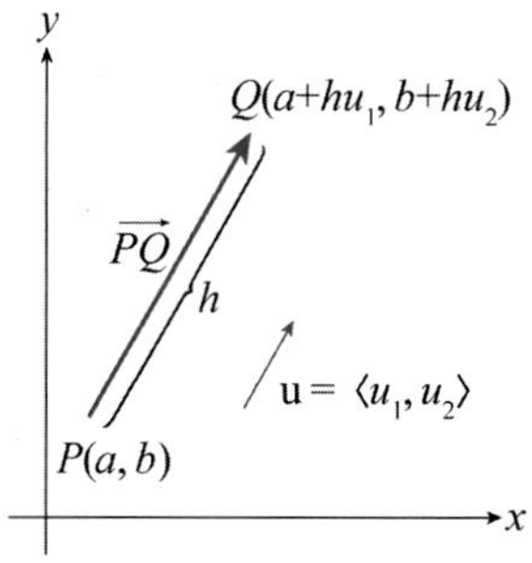

그림 5.13

$$D_{\mathrm{u}} f(a,b) = \lim_{h\to 0}\frac{f(a+h,b)-f(a,b)}{h}$$

이고 이것은 편도함수 $\frac{\partial f}{\partial x}$이다. 마찬가지로, 양의 y축의 방향(즉, 단위벡터 $\mathrm{u} = \langle 0,1\rangle$)으로 방향도함수는 $\frac{\partial f}{\partial y}$이다. 실제로, 임의의 방향도함수는 일계편도함수로 간단히 계산할 수 있다.

정리 5.5

f가 점 (a, b)에서 미분 가능하고 $\mathrm{u} = \langle u_1, u_2\rangle$가 단위벡터라고 가정하자. 그러면

$$D_{\mathrm{u}} f(a,b) = f_x(a,b)u_1 + f_y(a,b)u_2$$

이다(증명 생략).

예제 5.24

방향도함수의 정의를 이용하여 $\mathrm{u} = \left(\frac{1}{\sqrt{2}}\right)\mathrm{i} + \left(\frac{1}{\sqrt{2}}\right)\mathrm{j}$ 방향에 대한 $P_0(1,2)$에서 $f(x,y) = x^2 + xy$의 방향도함수를 구하여라.

풀이

$$D_{\mathrm{u}} f(x_0, y_0) = \lim_{h \to 0} \frac{f(x_0 + hu_1,\ y_0 + hu_2) - f(x_0,\ y_0)}{h}$$ 이므로

$$D_{\mathrm{u}} f(1,\ 2) = \lim_{h \to 0} \frac{f\left(1 + h \cdot \frac{1}{\sqrt{2}},\ 2 + h \cdot \frac{1}{\sqrt{2}}\right) - f(1,\ 2)}{h}$$

$$= \lim_{h \to 0} \frac{\left(1 + \frac{h}{\sqrt{2}}\right)^2 + \left(1 + \frac{h}{\sqrt{2}}\right)\left(2 + \frac{h}{\sqrt{2}}\right) - (1^2 + 1 \cdot 2)}{h}$$

$$= \lim_{h \to 0} \frac{\left(1 + \frac{2h}{\sqrt{2}} + \frac{h^2}{2}\right) + \left(2 + \frac{3h}{\sqrt{2}} + \frac{h^2}{2}\right) - 3}{h} = \lim_{h \to 0} \frac{\frac{5h}{\sqrt{2}} + h^2}{h}$$

$$= \lim_{h \to 0}\left(\frac{5}{\sqrt{2}} + h\right) = \frac{5}{\sqrt{2}} + 0 = \frac{5}{\sqrt{2}}$$

$\mathrm{u} = \left(\frac{1}{\sqrt{2}}\right)\mathrm{i} + \left(\frac{1}{\sqrt{2}}\right)\mathrm{j}$ 방향에 대한 $P_0(1,2)$에서의 $f(x,y) = x^2 + xy$의 방향도함수는 $\frac{5}{\sqrt{2}}$이다.

예제 5.25

$\mathrm{v} = \mathrm{i} + \mathrm{j}$ 방향에 대한 $P_0(1,0)$에서 $f(x,y) = x^2 + y^2$의 방향도함수를 구하여라.

풀이

v의 방향의 단위벡터는 $\mathrm{u} = \frac{1}{\sqrt{2}}\mathrm{i} + \frac{1}{\sqrt{2}}\mathrm{j}$ 이다.

$$D_{\mathrm{u}} f(1,0) = \lim_{h \to 0} \frac{f\left(1 + \frac{h}{\sqrt{2}}, \frac{h}{\sqrt{2}}\right) - f(1,0)}{h} = \lim_{h \to 0} \frac{\left(1 + \frac{h}{\sqrt{2}}\right)^2 + \left(\frac{h}{\sqrt{2}}\right)^2 - 1}{h} = \lim_{h \to 0} \frac{\sqrt{2}\,h + h^2}{h}$$

$$= \lim_{h \to 0}(\sqrt{2} + h) = \sqrt{2}$$

이다.

예제 5.26

$f(x,y)=x^3-3xy+4y^2$이고 단위벡터 $\mathrm{u}=\frac{\sqrt{3}}{2}\mathrm{i}+\frac{1}{2}\mathrm{j}$로 주어질 때 $D_{\mathrm{u}}f(1,2)$의 값은 얼마인가?

풀이

$$\begin{aligned} D_{\mathrm{u}}f(x,y) &= f_x(x,y)\frac{\sqrt{3}}{2}+f_y(x,y)\frac{1}{2} \\ &= (3x^2-3y)\frac{\sqrt{3}}{2}+(-3x+8y)\frac{1}{2} \\ &= \frac{1}{2}[3\sqrt{3}x^2-3x+(8-3\sqrt{3})y] \end{aligned}$$

그러므로

$$D_{\mathrm{u}}f(1,2)=\frac{1}{2}[3\sqrt{3}(1)^2-3(1)+(8-3\sqrt{3})(2)]=\frac{13-3\sqrt{3}}{2}$$

5.5.2 기울기벡터(경도벡터)

방향도함수는 두 벡터의 내적으로 쓸 수 있다.

$$\begin{aligned} D_{\mathrm{u}}f(x,y) &= f_x(x,y)u_1+f_y(x,y)u_2 \\ &= \langle f_x(x,y), f_y(x,y)\rangle \cdot \langle u_1, u_2\rangle \\ &= \langle f_x(x,y), f_y(x,y)\rangle \cdot \mathrm{u} \end{aligned}$$

이 내적에서 첫 번째 벡터는 방향도함수를 계산할 때뿐만 아니라, 다른 많은 상황에서도 나타난다. 그래서 f의 기울기벡터(경도벡터)라는 특별한 이름을 붙이고, grad$f$ 또는 ∇f('델f'라고 읽는다)로 표기한다.

정의 5.1

f가 두 변수 x와 y의 함수이면 f의 기울기벡터(gradient)는 아래와 같이 정의된 벡터 함수 ∇f이다.

$$\nabla f(x,y) = \langle f_x(x,y), f_y(x,y) \rangle = \frac{\partial f}{\partial x}\mathrm{i} + \frac{\partial \mathrm{f}}{\partial \mathrm{y}}\mathrm{j}$$

예제 5.27

$f(x,y) = x + e^y$이면 $\nabla f(x,y)$와 $\nabla f(1,1)$을 구하여라.

풀이

$\nabla f(x,y) = \langle f_x, f_y \rangle = \langle 1, e^y \rangle$

$\nabla f(1,1) = \langle 1, e \rangle$이다.

정의 5.2

기울기벡터에 대한 표기법을 사용하여 방향도함수를 다음과 같이 다시 쓸 수 있다.

$$D_{\mathrm{u}} f(x,y) = \nabla f(x,y) \cdot \mathrm{u}$$

이것은 u 위에 기울기벡터를 정사영하여 얻어진 벡터의 크기로서, u 방향에 대한 함수 f의 방향도함수를 나타낸다.

예제 5.28

점 $(2,0)$에서 $\mathrm{v} = 3\mathrm{i} - 4\mathrm{j}$ 방향에 대한 $f(x,y) = xe^y + \cos(xy)$의 방향도함수를 구하여라.

풀이

u는 벡터 v를 벡터 v의 크기로 나누어서 얻어진 단위벡터이다.

$$u=\frac{v}{|v|}=\frac{v}{5}=\frac{3}{5}i-\frac{4}{5}j$$

f의 편도함수는 연속이고 (2,0)에서 다음과 같다.

$$f_x(2,0)=e^y-y\sin(xy)|_{(2,0)}=e^0-0=1$$

$$f_y(2,0)=xe^y-x\sin(xy)|_{(2,0)}=2e^0-2\cdot 0=2$$

(2,0)에서 f의 기울기는 다음과 같다.

$$\nabla f(2,0)=f_x(2,0)i+f_y(2,0)j=i+2j$$

(2,0)에 v 방향에 대한 f의 방향도함수는 다음과 같다.

$$D_u f(2,0)=\nabla f(2,0)\cdot u$$

$$=(i+2j)\cdot\left(\frac{3}{5}i-\frac{4}{5}j\right)=\frac{3}{5}-\frac{8}{5}=-1$$

예제 5.29

벡터 $v=2i+5j$의 방향에 대한 점 $(2,-1)$에서의 함수 $f(x,y)=x^2y^3-4y$의 방향도함수를 구하여라.

풀이

먼저 $(2,-1)$에서 기울기벡터를 계산한다.

$$\nabla f(x,y)=2xy^3 i+(3x^2y^2-4)j$$

$\nabla f(2,-1)=-4i+8j$, v는 단위벡터가 아님을 주목하여라. 그러나 $|v|=\sqrt{29}$이므로,

v 방향으로의 단위벡터는 $u=\frac{v}{|v|}=\frac{2}{\sqrt{29}}i+\frac{5}{\sqrt{29}}j$이다. 그러므로

$$D_u f(2,-1)=\nabla f(2,-1)\cdot u=\langle -4i+8j\rangle\cdot\left\langle\frac{2}{\sqrt{29}}i+\frac{5}{\sqrt{29}}j\right\rangle$$

$$=\frac{-4\cdot 2+8\cdot 5}{\sqrt{29}}=\frac{32}{\sqrt{29}}$$

5.5.3 3변수 함수의 방향도함수

비슷한 방법으로 3변수함수에 대해서도 방향도함수를 정의할 수 있다. 즉, $D_{\mathrm{u}} f(x,y,z)$는 단위벡터 u 방향에 대한 함수 f의 변화율로 해석될 수 있다.

단위벡터 $\mathrm{u} = \langle u_1, u_2, u_3 \rangle$ 방향으로 (x_0, y_0, z_0)에서의 f의 방향도함수는

$$D_{\mathrm{u}} f(x_0, y_0, z_0) = \lim_{h \to 0} \frac{f(x_0 + hu_1,\ y_0 + hu_2,\ z_0 + hu_3) - f(x_0, y_0, z_0)}{h}$$

로 정의된다.

벡터 표기법을 이용하면 다음과 같이 간단히 쓸 수 있다.

$$D_{\mathrm{u}} f(\mathrm{x}_0) = \lim_{h \to 0} \frac{f(\mathrm{x}_0 + h\mathrm{u}) - f(\mathrm{x}_0)}{h}$$

여기에서 $n=2$이면 $\mathrm{x}_0 = (x_0, y_0)$, $n=3$이면 $\mathrm{x}_0 = (x_0, y_0, z_0)$이다. 위 정의는 타당하다. 왜냐하면 벡터 u 방향으로 x_0를 통과하는 직선의 벡터방정식은 $\mathrm{x} = \mathrm{x}_0 + t\,\mathrm{u}$로 주어지고 $f(\mathrm{x}_0 + h\mathrm{u})$는 이 직선 위의 한 점에서 f의 값을 나타내기 때문이다.

만약 $f(x,y,z)$가 미분 가능하고 $\mathrm{u} = \langle u_1, u_2, u_3 \rangle$이면, 다음 사실을 증명할 수 있다.

$$D_{\mathrm{u}} f(x,y,z) = f_x(x,y,z)u_1 + f_y(x,y,z)u_2 + f_z(x,y,z)u_3$$

3변수 함수에 대한 기울기벡터는 grad f 또는 ∇f로 표기하며,

$$\nabla f(x,y,z) = \langle f_x(x,y,z), f_y(x,y,z), f_z(x,y,z) \rangle$$

로 정의되고, 간단히 표기하면 다음과 같다.

$$\nabla f = \langle f_x, f_y, f_z \rangle = \frac{\partial f}{\partial x}\mathrm{i} + \frac{\partial f}{\partial y}\mathrm{j} + \frac{\partial f}{\partial z}\mathrm{k}$$

그러면 2변수함수처럼 방향도함수에 대한 식은 다음과 같이 쓸 수 있다.

$$D_{\mathrm{u}} f(x, y, z) = \nabla f(x, y, z) \cdot \mathrm{u}$$

예제 5.31

$f(x,y,z) = x^2 e^{-yz}$일 때,

(1) f의 기울기벡터를 구하여라.

(2) $\mathrm{v} = \mathrm{i}+\mathrm{j}+\mathrm{k}$ 방향으로 $(1,0,0)$에서의 f의 방향도함수를 구하여라.

풀이

(1) f의 기울기벡터는 다음과 같이 계산된다.

$$\begin{aligned}\nabla f(x,y,z) &= \langle f_x(x,y,z), f_y(x,y,z), f_z(x,y,z) \rangle \\ &= \langle 2xe^{-yz}, -x^2ze^{-yz}, -x^2ye^{-yz} \rangle\end{aligned}$$

(2) $(1,0,0)$에서 $\nabla f(1,0,0) = (2,0,0)$이다. $\mathrm{v} = \mathrm{i}+\mathrm{j}+\mathrm{k}$ 방향의 단위벡터는

$\mathrm{u} = \frac{1}{\sqrt{3}}\mathrm{i} + \frac{1}{\sqrt{3}}\mathrm{j} + \frac{1}{\sqrt{3}}\mathrm{k}$이므로 다음을 얻는다.

$$\begin{aligned}D_{\mathrm{u}} f(1,0,0) &= \nabla f(1,0,0) \cdot \mathrm{u} \\ &= 2\mathrm{i} \cdot \left\langle \frac{1}{\sqrt{3}}\mathrm{i} + \frac{1}{\sqrt{3}}\mathrm{j} + \frac{1}{\sqrt{3}}\mathrm{k} \right\rangle \\ &= 2\left(\frac{1}{\sqrt{3}}\right) = \frac{2}{\sqrt{3}}\end{aligned}$$

예제 5.31

$f(x,y,z)=x^3-xy^2-z$일 때

(1) f의 기울기벡터를 구하여라.

(2) $\mathbf{v}=2\mathbf{i}-3\mathbf{j}+6\mathbf{k}$ 방향으로 $(1,1,0)$에서의 f의 방향도함수를 구하여라.

풀이

(1) f의 기울기벡터는 다음과 같이 계산된다.

$$\begin{aligned}\nabla f(x,y,z) &= \langle f_x(x,y,z), f_y(x,y,z), f_z(x,y,z)\rangle \\ &= \langle 3x^2-y^2,\ -2xy,\ -1\rangle\end{aligned}$$

(2) $(1,1,0)$에서 $\nabla f(1,1,0)=\langle 2,\ -2,\ -1\rangle$이다.

$\mathbf{v}=2\mathbf{i}-3\mathbf{j}+6\mathbf{k}$ 방향의 단위벡터는

$\mathbf{u}=\frac{2}{7}\mathbf{i}-\frac{3}{7}\mathbf{j}+\frac{6}{7}\mathbf{k}$ 이므로

$$\begin{aligned}D_{\mathbf{u}}f(1,1,0) &= \nabla f(1,1,0)\cdot\mathbf{u} \\ &= \langle 2\mathbf{i}-2\mathbf{j}-\mathbf{k}\rangle\cdot\left\langle \frac{2}{7}\mathbf{i}-\frac{3}{7}\mathbf{j}+\frac{6}{7}\mathbf{k}\right\rangle \\ &= \frac{4}{7}+\frac{6}{7}-\frac{6}{7}=\frac{4}{7}\end{aligned}$$

5.5.4 방향도함수의 최대화

2변수 또는 3변수함수 f가 주어졌다고 가정하고, 주어진 점에서 가능한 모든 방향에 대한 f의 방향도함수를 생각해 보자. 이것은 모든 가능한 방향에서의 f의 변화율을 제공하여 준다. 그러면 다음과 같은 문제를 생각해 보자. 어느 방향에서 f의 함숫값 변화가 가장 빠른가? 변화율의 최댓값은 얼마인가? 이것의 답은 다음의 정리로 주어진다.

정리 5.6

f가 2변수 또는 3변수의 미분 가능한 함수라고 가정하자. 방향도함수 $D_{\mathrm{u}}f$의 최댓값은 $|\nabla f(\mathrm{x})|$이고, 이것은 벡터 u의 방향이 기울기벡터 $\nabla f(\mathrm{x})$와 일치할 때 생긴다.

증명

$D_{\mathrm{u}}f = \nabla f \cdot \mathrm{u} = |\nabla f||\mathrm{u}|\cos\theta = |\nabla f|\cos\theta$, 이때 θ는 ∇f와 u 사이의 각이다. $\cos\theta$의 최댓값은 1이고, $\theta = 0$일 때 나타난다. 그러므로 $D_{\mathrm{u}}f$의 최댓값은 $|\nabla f|$이고, $\theta = 0$에서 나타난다. 즉, ∇f와 u의 방향이 일치할 때이다. 또 방향도함수의 최솟값은 $\theta = \pi$, 즉 $\cos\theta = -1$일 때이다. 이 경우 ∇f와 u의 방향이 반대일 때이다.

예제 5.32

(1) $f(x,y) = xe^y$일 때, $P(2,0)$에서 $Q\left(\frac{1}{2},2\right)$ 방향으로 점 $P(2,0)$에서의 f의 변화율을 구하여라.

(2) 어느 방향에서 f는 최대 변화율을 갖는가? 그 변화율의 최댓값은 얼마인가?

풀이

(1) 우선 기울기벡터를 계산하면

$\nabla f(x,y) = \langle f_x, f_y \rangle = \langle e^y, xe^y \rangle$

$\nabla f(2,0) = \langle 1,2 \rangle$

$\overrightarrow{PQ} = \langle -1.5, 2 \rangle$의 방향으로 단위벡터는 $\mathrm{u} = \left\langle -\frac{3}{5}, \frac{4}{5} \right\rangle$이고, P부터 Q 방향으로 f의 변화율은

$$D_{\mathrm{u}}f(2,0) = \nabla f(2,0) \cdot \mathrm{u} = \langle 1,2 \rangle \cdot \left\langle -\frac{3}{5}, \frac{4}{5} \right\rangle = 1\left(-\frac{3}{5}\right) + 2\left(\frac{4}{5}\right) = 1$$

(2) 기울기벡터 $\nabla f(2,0) = \langle 1,2 \rangle$의 방향에서 f가 가장 빨리 증가한다.
최대변화율은 $|\nabla f(2,0)| = |\langle 1,2 \rangle| = \sqrt{5}$이다.

예제 5.33

공간 위의 점 (x,y,z)에서의 온도가 함수

$$T(x,y,z)=\frac{80}{1+x^2+2y^2+3z^2}$$

으로 주어졌다고 하자. 단, T의 단위는 $°C$이고, x,y,z의 단위는 미터이다. 점 $(1,1,-2)$에서 온도가 가장 빨리 증가하는 방향은 어디인가? 그리고 증가율의 최댓값은 얼마인가?

풀이

T의 기울기벡터는

$$\begin{aligned}\nabla T&=\frac{\partial T}{\partial x}\,\mathrm{i}+\frac{\partial T}{\partial y}\,\mathrm{j}+\frac{\partial T}{\partial z}\mathrm{k}\\&=-\frac{160x}{(1+x^2+2y^2+3z^2)^2}\,\mathrm{i}-\frac{320y}{(1+x^2+2y^2+3z^2)^2}\,\mathrm{j}-\frac{480z}{(1+x^2+2y^2+3z^2)^2}\,\mathrm{k}\\&=\frac{160}{(1+x^2+2y^2+3z^2)^2}(-x\,\mathrm{i}-2y\,\mathrm{j}-3z\,\mathrm{k})\end{aligned}$$

점 $(1,1,-2)$에서 기울기벡터는

$$\nabla T(1,1,-2)=\frac{160}{256}(-\,\mathrm{i}-2\,\mathrm{j}+6\,\mathrm{k})=\frac{5}{8}(-\,\mathrm{i}-2\,\mathrm{j}+6\,\mathrm{k})$$

온도는 기울기벡터 $\nabla T(1,1,-2)=\frac{5}{8}(-\,\mathrm{i}-2\,\mathrm{j}+6\,\mathrm{k})$, 즉 $-\mathrm{i}-2\mathrm{j}+6\mathrm{k}$ 방향, 즉 단위벡터 $\frac{-\,\mathrm{i}-2\,\mathrm{j}+6\,\mathrm{k}}{\sqrt{41}}$ 방향으로 가장 빨리 증가한다. 증가율의 최댓값은 기울기벡터의 길이이다.

$$|\nabla T(1,1,-2)|=\left|\frac{5}{8}\right||\,\mathrm{i}-2\,\mathrm{j}+6\,\mathrm{k}\,|=\frac{5}{8}\sqrt{41}$$

그러므로 온도의 최대 증가율은 $\frac{5}{8}\sqrt{41}\approx 4°C/m$이다.

5.5.5 등위곡면에 대한 접평면과 법선

곡면 S가 방정식 $f(x,y,z)=k$에 의하여 주어졌다고 하자. S는 3변수함수에 대한 등위곡면이다. $P(x_0,\,y_0,\,z_0)$이 S의 점이고 P를 지나는 S의 곡선 C의 벡터값 함수를

$$r(t) = x(t)\mathrm{i} + y(t)\mathrm{j} + z(t)\mathrm{k}$$

로 하면 모든 t에 대하여

$$f(x(t), y(t), z(t)) = k$$

이다. f가 미분 가능이고 $x'(t)$, $y'(t)$, $z'(t)$가 모두 존재하면 연쇄법칙에 따라 다음을 얻는다.

$$0 = f_x(x, y, z)x'(t) + f_y(x, y, z)y'(t) + f_z(x, y, z)z'(t)$$

그러나 $\nabla f = \langle f_x, f_y, f_z \rangle$이고 $r'(t) = \langle x'(t), y'(t), z'(t) \rangle$이므로 다음과 같이 내적을 이용하여 쓸 수 있다.

$$\nabla f \cdot r'(t) = 0$$

점 (x_0, y_0, z_0)에서 동치인 벡터 형태는 다음과 같다.

$$0 = \nabla f(x_0, y_0, z_0) \cdot r'(t_0)$$

이 결과는 점 P에서 그래디언트와 P를 통과하는 S의 모든 곡선의 접선벡터가 수직임을 의미한다. 그래서 S의 모든 접선벡터는 한 평면에 놓인다. 그림 5.14에서 보듯이 이 평면은 $\nabla f(x_0, y_0, z_0)$에 수직이고 점 P를 포함한다.

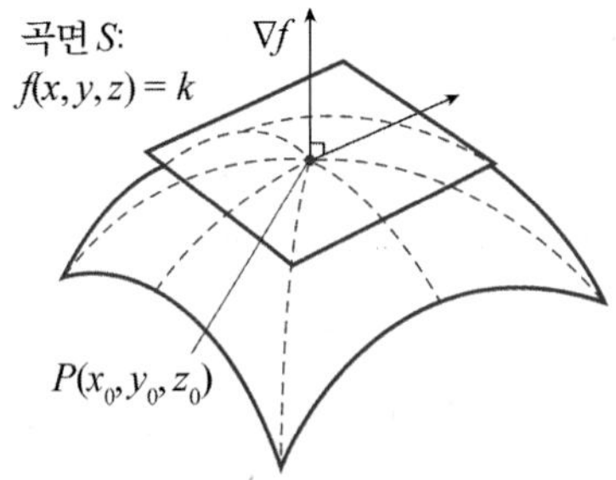

그림 5.14

정의 5.3

f가 $\nabla f(x_0,\ y_0,\ z_0) \neq 0$을 만족하는 $f(x,\ y,\ z)=0$으로 주어진 곡면 S의 한 점 $P(x_0,\ y_0,\ z_0)$에서 미분 가능이라고 하면
$\nabla f(x_0,\ y_0,\ z_0)$에 수직이고 점 P를 지나는 평면은 점 P에서 S의 접평면이다.
$\nabla f(x_0,\ y_0,\ z_0)$의 방향이고 점 P를 지나는 직선은 점 P에서 S의 법선이다.

임의의 상수 k에 대하여, 방정식 $f(x,y,z)=k$은 함수 $f(x,y,z)$의 등위곡면을 정의한다. 등위곡면 위의 점 (a,b,c)에서 등위곡면 $f(x,y,z)=k$의 접평면 위에 놓여 있는 임의의 한 단위벡터를 $\mathbf{u}$라 하자. 그러면 점 (a,b,c)에서 $\mathbf{u}$ 방향으로 f의 변화율[방향도함수 $D_{\mathbf{u}}f(a,b,c)$으로 주어진다]은 0이다. 왜냐하면 f는 한 등위곡면 위에서 일정한 상수이기 때문이다.

$$0=D_{\mathbf{u}}f(a,b,c)=\nabla f(a,b,c)\cdot\mathbf{u}$$

이다. 이것은 벡터 $\nabla f(a,b,c)$와 $\mathbf{u}$가 직교할 때만 일어난다. $\mathbf{u}$는 접평면 위에 놓여 있는 임의벡터로 택하였으므로 $\nabla f(a,b,c)$는 점 (a,b,c)에서 접평면 위에 놓여 있는 각 벡터와 직교한다. 이것은 $\nabla f(a,b,c)$가 점 (a,b,c)에서 곡면 $f(x,y,z)=k$의 접평면의 법선벡터임을 말한다. 따라서 다음 정리가 성립한다.

정리 5.7

함수 $f(x,y,z)$가 점$(a,\ b,\ c)$에서 연속인 편도함수를 갖는다고 하자. ∇f는 곡면 $f(x,y,z)=k$ 위의 점 (a,b,c)에서 접평면의 법선벡터이다. 또 접평면의 방정식은

$$f_x(a,b,c)(x-a)+f_y(a,b,c)(y-b)+f_z(a,b,c)(z-c)=0$$

이다. 점 $(a,\ b,\ c)$를 지나고 방향이 $\nabla f(a,b,c)$인 직선을 점 (a,b,c)에서 곡면의 법

선이라 부른다. 이 법선의 방정식은 다음과 같다.

$$\frac{x-a}{f_x(a,\ b,\ c)}=\frac{y-b}{f_y(a,\ b,\ c)}=\frac{z-c}{f_z(a,\ b,\ c)}$$

즉,

$$x=a+f_x(a,b,c)t,\ y=b+f_y(a,b,c)t,\ z=c+f_z(a,b,c)t$$

다음 예제에서, 한 점에서 기울기벡터를 이용하여 그 점에서 곡면의 접평면의 방정식을 구하는 방법을 제시한다.

예제 5.34

점 $(1,2,3)$에서 $x^3y-y^2+z^2=7$의 접평면과 법선의 방정식을 구하여라.

풀이

곡면을 함수 $f(x,y,z)=x^3y-y^2+z^2$의 등위곡면으로 해석하면 점 $(1,2,3)$에서 접평면의 법선벡터는 $\nabla f(1,2,3)$이다. 따라서 $\nabla f=\langle 3x^2y,\ x^3-2y,\ 2z\rangle$이고 $\nabla f(1,2,3)=\langle 6,-3,6\rangle$이다. 법선벡터 $\langle 6,\ -3,6\rangle$와 점 $(1,2,3)$이 주어지면

접평면의 방정식은 $6(x-1)-3(y-2)+6(z-3)=0$이고,

법선의 방정식은 $\dfrac{x-1}{6}=\dfrac{y-2}{-3}=\dfrac{z-3}{6}$에서 $x=1+6t,\ y=2-3t,\ z=3+6t$이다.

예제 5.35

다음의 타원면 위의 점 $(-2,1,-3)$에서의 접평면과 법선의 방정식을 구하여라.

$$\frac{x^2}{4}+y^2+\frac{z^2}{9}=3$$

풀이

이 타원면은 $k=3$으로 하는 함수 $f(x,y,z)=\frac{x^2}{4}+y^2+\frac{z^2}{9}$의 등위곡면이다. 법선벡터를 구하기 위하여 다음을 계산하자.

$f_x(x,y,z)=\frac{x}{2}$, $f_y(x,y,z)=2y$, $f_z(x,y,z)=\frac{2z}{9}$

$f_x(-2,1,-3)=-1$, $f_y(-2,1,-3)=2$, $f_z(-2,1,-3)=-\frac{2}{3}$

점 $(-2,1,-3)$에서의 접평면에 대한 식을 구하면 다음과 같다.

$-1(x+2)+2(y-1)-\frac{2}{3}(z+3)=0$

위 식을 간단히 하면 접평면의 방정식 $3x-6y+2z+18=0$을 얻는다. 법선의 방정식은

$\frac{x+2}{-1}=\frac{y-1}{2}=\frac{z+3}{\frac{-2}{3}}$에서 $x=-2-t$, $y=1+2t$, $z=-3-\frac{2}{3}t$이다.

연습문제 5.5

1. 다음 함수의 기울기벡터를 구하여라.

(1) $f(x,y)=x^2+4xy^2-y^5$ (2) $f(x,y)=xe^{xy^2}+\cos y^2$

2. 주어진 점에서 다음 함수의 기울기벡터를 구하여라.

(1) $f(x,y)=2e^{4x/y}-2x$, $(2,-1)$

(2) $f(x,y,z)=3x^2y-z\cos x$, $(0,2,-1)$

(3) $f(x,y,z)=x^2+y^2-2z^2+z\ln x$, $(1,1,1)$

(4) $f(x,y,z)=(x^2+y^2+z^2)^{-1/2}+\ln(xyz)$, $(-1,2,-2)$

(5) $f(x,y,z)=e^{x+y}\cos z+(y+1)\sin^{-1}x$, $(0,0,\pi/6)$

3. 다음 함수의 주어진 점에서 주어진 방향으로의 방향도함수를 구하여라.

(1) $f(x,y)=x^2y+4y^2$, $(2,1)$, $\mathbf{v}=\left\langle \frac{1}{2},\frac{\sqrt{3}}{2}\right\rangle$

(2) $f(x,y)=e^{4x^2-y}$, $(1,4)$, $\mathbf{v}=\langle -2,-1\rangle$

(3) $f(x,y)=\cos(2x-y)$, $(\pi,0)$, $\mathbf{v}$는 $(\pi,0)$에서 $(2\pi,\pi)$까지의 방향

(4) $f(x,y)=1+2x\sqrt{y}$, $(1,4)$, $\mathbf{v}=\langle 4,-3\rangle$

(5) $f(x,y,z)=xe^y+ye^z+ze^x$, $(0,0,0)$, $\mathbf{v}=\langle 5,1,-2\rangle$

(6) $f(x,y,z)=(x+2y+3z)^{\frac{3}{2}}$, $(1,1,2)$, $\mathbf{v}=\langle 0,2,-1\rangle$

4. 주어진 점에서 f의 값의 최대변화가 일어나는 방향벡터와 f의 최대 변화율을 구하여라.

(1) $f(x,y)=x^2-y^3$, $(2,1)$ (2) $f(x,y)=y^2e^{4x}$, $(0,-2)$

(3) $f(x,y)=x\cos 3y$, $(2,0)$ (4) $f(x,y,z)=4x^2yz^3$, $(1,2,1)$

5. 주어진 점에서 곡면의 접평면의 방정식과 법선의 방정식을 구하여라.

(1) $0 = x^2 + y^3 - z$, $(1, -1, 0)$

(2) $x^2 + y^2 + z^2 = 6$, $(-1, 2, 1)$

(3) $2(x-2)^2 + (y-1)^2 + (z-3)^2 = 10$, $(3, 3, 5)$

(4) $x^2 - 2y^2 + z^2 + yz = 2$, $(2, 1, -1)$

(5) $z + 1 = xe^y \cos z$, $(1, 0, 0)$

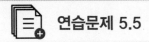

5.6 최댓값과 최솟값

여기서는 1변수함수의 극값들의 이론과 같은 주제를 다변수함수에 대하여 알아보자. 그 방법은 1변수와 비슷하다.

정리 5.8

f는 다변수 함수이고, (a,b)는 f의 영역의 내점이라고 하면, f가 (a,b)에서 극대라는 것은 (a,b)의 적당한 근방안의 모든 (x,y)에 대하여

$$f(a,b) \geq f(x,y)$$

f가 (a,b)에서 극소라는 것은 (a,b)의 적당한 근방안의 모든 (x,y)에 대하여

$$f(a,b) \leq f(x,y)$$

라는 뜻이다. 1변수함수의 경우와 같이, 극댓값과 극솟값을 통틀어 극값(local extreme value)이라고 부른다. 1변수함수의 경우에는, f가 x_0에서 극값을 가지면,

$$f'(x_0) = 0 \text{이거나 } f'(x_0)\text{가 존재하지 않는다}$$

는 사실을 알고 있다. 다변수의 경우에도 마찬가지이다.

정리 5.9

함수 f가 (a,b)에서 극값을 가지면, $f_x(a,b) = 0$이고 $f_y(a,b) = 0$이거나, $f_x(a,b)$와 $f_y(a,b)$ 중 적어도 하나가 존재하지 않는다(증명 생략).

정의 5.4

$f_x(a,b)=0$이고 $f_y(a,b)=0$이거나, 또는 이러한 편도함수가 존재하지 않는 점 (a,b)를 2변수함수 f의 **임계점**(critical point)이라고 한다. 단, (a,b)는 2변수함수 $f(x,y)$의 정의역의 내부점이다.

예제 5.36

함수 $f(x,\ y)=2x^2+y^2+8x-6y+20$의 극값을 구하여라.

풀이

$f_x(x,\ y)=4x+8$, $f_y(x,y)=2y-6$이므로 임계점은 $(-2,\ 3)$이다.

또한 $f(x,y)=2(x+2)^2+(y-3)^2+3$이므로 $f(x,y)\geq 0$. 그러므로 $f(-2,3)=3$이 극솟값이며 최솟값이다. f의 그래프는 그림 5.15에 보여지는 바와 같이 꼭짓점 $(-2,3,3)$을 갖는 회전포물면이다.

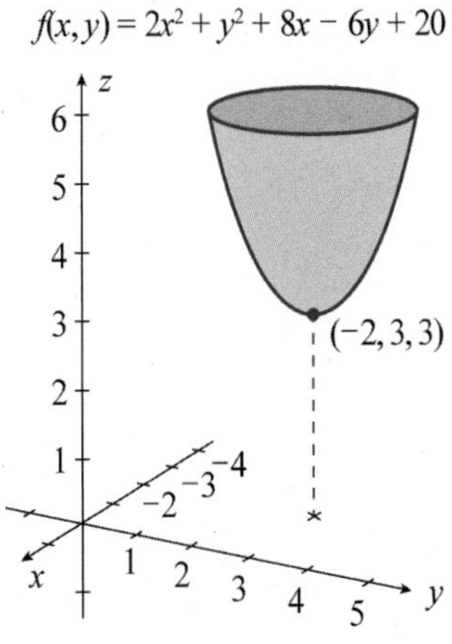

그림 5.15

예제 5.37

$f(x,y) = y^2 - x^2$의 극값을 구하여라.

풀이

$f_x = -2x$, $f_y = 2y$이므로 임계점은 $(0,0)$이다. $(0,0)$의 근방에서 살펴보자. x축 위의 모든 점은 $y = 0$으로 표현된다. 따라서 $f(x,0) = -x^2 < 0$이다. 한편 y축 위의 모든 점은 $x = 0$으로 표현된다. 따라서 $f(0,y) = y^2 > 0$이다. 따라서 $(0,0)$을 중심으로 갖는 열린 원판에서는, 함수 f가 양의 값이기도 하고, 음의 값이기도 한다. 따라서 $f(0,0) = 0$은 f의 극값이 될 수 없다. 그러므로 f는 극값을 가지지 않는다.

예제 5.37은 임계점에서 함수가 반드시 최댓값 또는 최솟값을 갖지 않는다는 사실을 설명한다. 그림 5.16은 어떻게 이것이 가능한지 보여준다. f의 그래프는 쌍곡포물면 $z = y^2 - x^2$이고, 이것은 원점에서 수평의 접평면을 가진다. $f(0,0)$은 xz평면($y = 0$인 경우)에서 관찰하면 f의 최댓값이지만, yz평면($x = 0$인 경우)에서 관찰하면 f의 최솟값이다. 원점 근방에서 그래프는 말안장 모양을 하며, (0,0)을 f의 안장점(saddle point)이라고 한다.

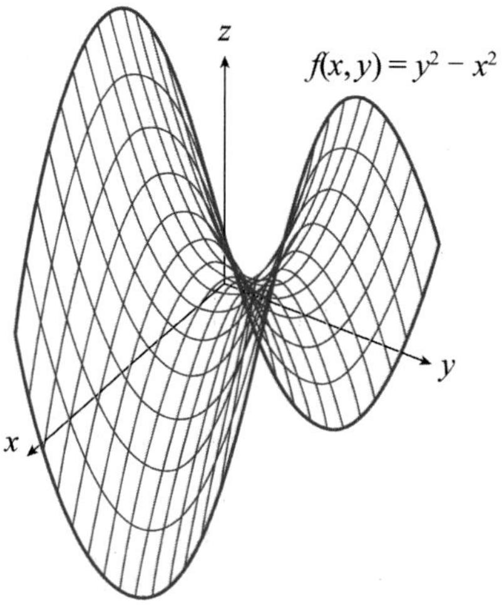

그림 5.16

다음은 미분 가능한 함수들의 극값을 구해본다. 이때는 매번 극점으로부터 찾는다.

예제 5.38

함수 $f(x,y) = 2x^2 + y^2 - xy - 7y$에 대하여 극값을 구하여라.

풀이

$f_x = 4x - y$, $f_y = 2y - x - 7$

이므로 이 편도함수들을 0이라 하면 $4x - y = 0$, $2y - x - 7 = 0$이라는 연립방정식을 얻는다. 이 연립방정식의 해는 $x = 1$, $y = 4$이므로 $(1,4)$만이 임계점이다. 이 임계점이 극점이 되는지를 알아보기 위해 $(1,4)$에서의 f의 값을 점 $(1,4)$ 근방의 점들 $(1+h,\ 4+k)$에서의 값과 비교하여 보면,

$f(1,4) = 2 + 16 - 4 - 28 = -14$

$f(1+h,\ 4+k) = 2(1+h)^2 + (4+k)^2 - (1+h)(4+k) - 7(4+k) = 2h^2 + k^2 - hk - 14$

이다. 따라서

$$f(1+h, 4+k) - f(1,4) = 2h^2 + k^2 - hk = \left(k - \frac{1}{2}h\right)^2 + \frac{7}{4}h^2$$

이므로, 이는 모든 작은 h, k에 대하여 항상 음이 아니므로, f는 $(1,4)$에서 극솟값 -14를 가진다.

예제 5.39

함수 $f(x,y) = y^2 - xy + 2x + y + 1$의 극값을 찾아라.

풀이

$f_x = -y + 2$, $f_y = 2y - x + 1$

이므로

$2 - y = 0$, $2y - x + 1 = 0$

이 연립방정식의 해는 $x = 5$, $y = 2$이다. 따라서 점 $(5,2)$가 임계점이다. 위에서와 마찬가지

로 부근의 함숫값과 비교하면

$f(5,2)=4-10+10+2+1=7$

$f(5+h,2+k)=(2+k)^2-(5+h)(2+k)+2(5+h)+(2+k)+1=k^2-hk+7$

이고, 따라서

$f(5+h,2+k)-f(5,2)=k^2-hk=k(k-h)$

로 되어 이는 h,k의 값에 따라 ($(0,0)$의 어떤 근방에서도) 부호가 변한다. 즉 $(5,2)$는 안장점이므로 극값은 존재하지 않는다.

정리 5.10

1변수함수 g가 x_0에서 $g'(x_0)=0$이라고 하면, 2계도함수 판정법에 의하여,

$$g''(x_0)>0 \text{ 이면 } g\text{는 } x_0\text{에서 극소가 되고}$$
$$g''(x_0)<0 \text{ 이면 } g\text{는 } x_0\text{에서 극대가 된다.}$$

2변수함수에 대하여도 이와 비슷한 판정법이 있다. 예상하기 어렵지 않지만, 증명은 생략하기로 한다.

정리 5.11

함수 f는 점(a,b)의 어떤 근방에서도 2계도함수까지 연속이고, $f_x(a,b)=0$, $f_y(a,b)=0$이라고 하자.

$$A=f_{xx}(a,b)\ ,\ B=f_{xy}(a,b)\ ,\ C=f_{yy}(a,b)$$

라 놓고 판별식 D를 다음과 같이 정의하자.

$$D=AC-B^2$$

1. $D<0$이면, (a,b)는 f의 안장점이다

2. $D>0$이면, $A>0$일 때는, f가 (a,b)에서 극소이고
$A<0$일 때는, f가 (a,b)에서 극대이다.

예제 5.40

$f(x,y)=\frac{1}{2}x^2+3y^3+9y^2-3xy+9y-9x$의 극값을 구하여라.

풀이

$f_x=x-3y-9$, $f_y=9y^2+18y-3x+9$
이므로 이 편도함수가 모두 0이 되는 점은 $(3,-2)$, $(12,1)$이다.

$f_{xx}=1$, $f_{yy}=18y+18$, $f_{xy}=-3$

$(3,-2)$에서 $f_{xx}=1$, $f_{xy}=-3$, $f_{yy}(3,-2)=18\cdot(-2)+18=-18$이다.

따라서 $A=1$, $B=-3$, $C=-18$이며, $D=AC-B^2=-27<0$이므로 $(3,-2)$는 f의 안장점이다. 점 $(12,1)$에서 $A=1$, $B=-3$, $C=36$이며, $D=AC-B^2=27>0$, $A>0$이므로 2계도함수 판정법에 의하여 $(12,1)$에서 f가 극솟값 $f(12,1)=51$을 갖는다.

예제 5.41

함수 $f(x,y)=\frac{x}{y^2}+xy$의 극값을 구하여라.

풀이

$f(x,y)=\frac{x}{y^2}+xy$의 편도함수는

$$f_x=\frac{1}{y^2}+y,\quad f_y=-\frac{2x}{y^3}+x$$

이다. 이들 편도함수를 0으로 놓으면,

$$\frac{1}{y^2}+y=0,\ x\left(-\frac{2}{y^3}+1\right)=0$$

이며, 이 연립방정식을 풀면 해는 $(0,-1)$이다. 또, 2계편도함수는

$$f_{xx}=0,\ f_{xy}=-\frac{2}{y^3}+1,\ f_{yy}=\frac{6x}{y^4}$$

이다. 이 편도함수들을 $(0,-1)$에서 계산하면 $A=0$, $B=3$, $C=0$임을 알 수 있다. 따라서

$$D=AC-B^2=-9<0$$

이며 $(0,-1)$은 f의 안장점이다. 이 사실은 예제 5.38에서와 같이 $f(h,-1+k)-f(0,-1)$의 계산을 통해서도 보일 수 있다.

예제 5.42

점 $(0,0,0)$과 평면 $xyz=1$ 사이의 최소거리를 구하여라.

풀이

$\frac{1}{xy}=z$ 위의 임의 점 (x,y,z)에서 $(0,0,0)$까지 거리는 $d=\sqrt{x^2+y^2+\frac{1}{x^2y^2}}$ 이다.

$d^2=f(x,y)$라 하면,

$$d^2=f(x,y)=x^2+y^2+\frac{1}{x^2y^2}$$

$$f_x=2x-\frac{2}{x^3y^2}=0$$

$$f_y=2y-\frac{2}{y^3x^2}=0$$

임계점은 $(1,1,1)$, $(1,-1,-1)$, $(-1,1,-1)$, $(-1,-1,1)$이다.

점 $(0,0,0)$에서 평면 $xyz=1$까지의 최단거리는 $d=\sqrt{1^2+1^2+1^2}=\sqrt{3}$ 이다.

예제 5.43

뚜껑이 없는 직육면체 모양의 상자를 $12m^2$ 넓이의 판지로 만들려고 한다. 이 상자의 체적의 최댓값을 구하여라.

풀이

가로, 세로, 높이를 x, y, z라 하자, 상자의 체적은 $V = xyz$이다.

상자의 네 옆면과 바닥면의 넓이가 $2xz + 2yz + xy = 12$라는 사실을 이용하여 V를 x와 y의 함수로 표현한다.

z에 관해 이 식을 풀면 $z = (12 - xy)/[2(x+y)]$을 얻을 수 있고,

$$V = xy\frac{12 - xy}{2(x+y)} = \frac{12xy - x^2y^2}{2(x+y)}$$

이다. 편도함수를 계산하면

$$\frac{\partial V}{\partial x} = \frac{y^2(12 - 2xy - x^2)}{2(x+y)^2}, \quad \frac{\partial V}{\partial y} = \frac{x^2(12 - 2xy - y^2)}{2(x+y)^2}$$

이다. 다음 방정식에서

$$12 - 2xy - x^2 = 0, \quad 12 - 2xy - y^2 = 0$$

$x^2 = y^2$이고 $x = y$이다. 두 식에 $x = y$를 대입하면 $12 - 3x^2 = 0$을 얻으며, 이것은 $x = 2$, $y = 2$, $z = (12 - 2 \cdot 2)/2(2+2) = 1$을 얻는다.

이계도함수 판정법에 의해서, $V = 2 \cdot 2 \cdot 1 = 4m^3$가 최댓값이다.

정리 5.12

임계점뿐만 아니라 양 끝 점 α, β에서 f의 값들을 계산함으로써 최댓값, 최솟값을 구할 수 있다. 2변수함수에 대해서도 비슷하다.

R^2에서 닫힌영역은 모든 경계점을 포함한다. R^2상의 유계인 닫힌영역 D에서 f가 연속이면 f는 항상 최댓값 $f(x_1, y_1)$과 최솟값 $f(x_2, y_2)$를 D에서 갖는다. (x_1, y_1)에서 f가 극값을 갖는다면 (x_1, y_1)는 임계점 또는 D의 경계점이다.

닫힌영역에서 2변수함수의 최댓값, 최솟값 구하는 방법

유계인 닫힌영역 D에서 연속함수 f의 최댓값, 최솟값을 구하는 방법은 다음과 같다.

1. f의 임계점에서 f의 값을 구한다.
2. D의 경계에서 f의 최댓값, 최솟값을 구한다.
3. 1과 2에서 가장 큰 값은 최댓값, 가장 작은 값은 최솟값이다.

예제 5.44

$D = \{(x,y) \mid x=0,\ y=2,\ y=2x\}$에서
함수 $f(x,y) = 2x^2 - 4x + y^2 - 4y + 1$의 최댓값과 최솟값을 구하라.

풀이

f는 다항함수이므로 D에서 연속이다. 따라서 최댓값과 최솟값이 존재한다.

다음 4단계로 최댓값과 최솟값을 구한다.

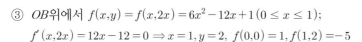

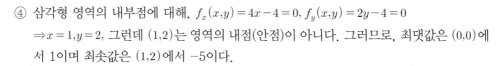

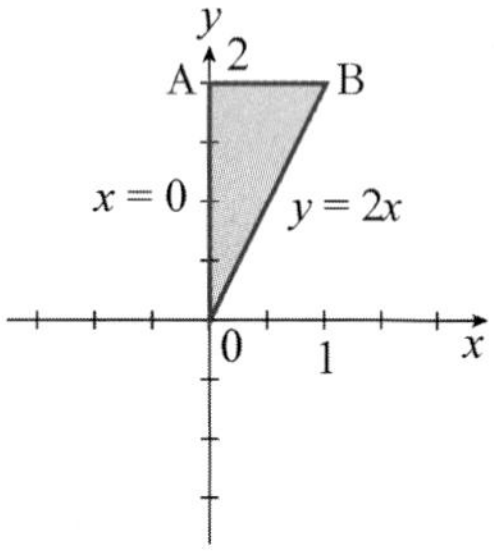

그림 5.17

① OA위에서 $f(x,y) = f(0,y) = y^2 - 4y + 1 (0 \le y \le 2)$;
$f'(0,y) = 2y - 4 = 0 \Rightarrow y = 2$;
$f(0,0) = 1,\ f(0,2) = -3$

② AB 위에서 $f(x,y) = f(x,2) = 2x^2 - 4x - 3 (0 \le x \le 1)$;
$f'(x,2) = 4x - 4 = 0 \Rightarrow x = 1$;
$f(0,2) = -3,\ f(1,2) = -5$

③ OB위에서 $f(x,y) = f(x,2x) = 6x^2 - 12x + 1 (0 \le x \le 1)$;
$f'(x,2x) = 12x - 12 = 0 \Rightarrow x = 1, y = 2,\ f(0,0) = 1, f(1,2) = -5$

④ 삼각형 영역의 내부점에 대해, $f_x(x,y) = 4x - 4 = 0,\ f_y(x,y) = 2y - 4 = 0$
$\Rightarrow x = 1, y = 2$, 그런데 $(1,2)$는 영역의 내점(안점)이 아니다. 그러므로, 최댓값은 $(0,0)$에서 1이며 최솟값은 $(1,2)$에서 -5이다.

예제 5.45

직사각형의 영역 $0 \le x \le 5,\ -3 \le y \le 0$에서
함수 $f(x,\ y) = x^2 + xy + y^2 - 6x + 2$의 최댓값과 최솟값을 구하여라.

풀이

f는 다항함수이므로 직사각형 영역에서 연속이고 최댓값,최솟값이 존재한다.

① OC 위에서 $f(x,y) = f(x,0) = x^2 - 6x + 2\,(0 \le x \le 5);$
$f'(x,\ 0) = 2x - 6 = 0 \Rightarrow x = 3, y = 0 : f(3,0) = -7, f(0,0) = 2, f(5,0) = -3$

② CB 위에서 $f(x,y) = f(5,y) = y^2 + 5y - 3\,(-3 \le y \le 0);$
$f'(5,\ y) = 2y + 5 = 0 \Rightarrow y = -\dfrac{5}{2},\ x = 5 : f\left(5, -\dfrac{5}{2}\right) = -\dfrac{37}{4}, f(5,-3) = -9, f(5,0) = -3$

③ AB 위에서 $f(x,y) = f(x,-3) = x^2 - 9x + 11, (0 \le x \le 5);$
$f'(x,\ -3) = 2x - 9 = 0 \Rightarrow x = \dfrac{9}{2},\ y = -3; f\left(\dfrac{9}{2}, -3\right) = -\dfrac{37}{4}, f(0,-3) = 11, f(5,-3) = -9$

④ AO 위에서 $f(x,y) = f(0,y) = y^2 + 2\,(-3 \le y \le 0);$
$f'(0,\ y) = 2y = 0 \Rightarrow y = 0, x = 0$
$f(0,0) = 2, f(0,-3) = 11$

⑤ 직사각형영역의 내점에 대해,
$f_x(x,y) = 2x + y - 6 = 0,$
$f_y(x,y) = x + 2y = 0 \Rightarrow x = 4$
$y = -2, f(4,-2) = -10$

그러므로 최댓값은 $(0,-3)$에서 11이고,
최솟값은 $(4,-2)$에서 -10이다.

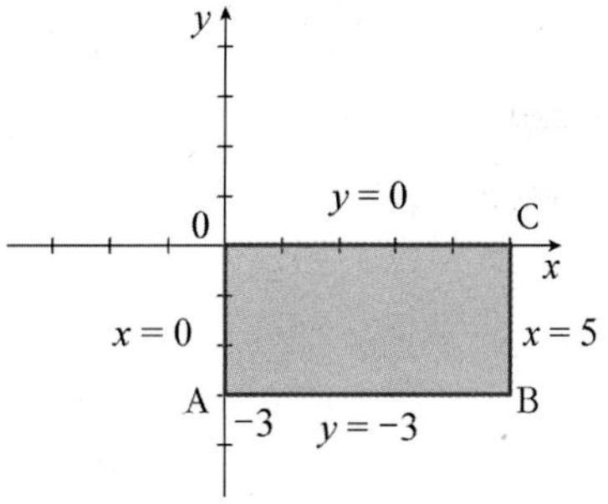

그림 5.18

연습문제 5.6

1. 연속인 2계도함수를 갖는 함수 f가 임계점으로 (1,1)을 가질 때, 다음 각 경우 f에 대하여 알 수 있는 것은 무엇인가?

(1) $f_{xx}(1,1)=4,\ f_{xy}(1,1)=1,\ f_{yy}(1,1)=2$

(2) $f_{xx}(1,1)=4,\ f_{xy}(1,1)=3,\ f_{yy}(1,1)=2$

2. 연속인 2계도함수를 갖는 함수 g가 임계점으로 (1,1)을 가질 때, 다음 각 경우 g에 대하여 알 수 있는 것은 무엇인가?

(1) $g_{xx}(0,2)=-1,\ g_{xy}(0,2)=6,\ g_{yy}(0,2)=1$

(2) $g_{xx}(0,2)=-1,\ g_{xy}(0,2)=2,\ g_{yy}(0,2)=-8$

(3) $g_{xx}(0,2)=4,\ g_{xy}(0,2)=6,\ g_{yy}(0,2)=9$

3. 다음 함수들의 극댓값, 극솟값, 안장점을 구하여라.

(1) $f(x,y)=9-2x+4y-x^2-4y^2$

(2) $f(x,y)=x^2+y^2+x^2y+4$

(3) $f(x,y)=xy-2x-y$

(4) $f(x,y)=x^3-12xy+8y^3$

(5) $f(x,y)=e^{4y-x^2-y^2}$

4. 닫힌영역 D에서 다음 함수의 최댓값과 최솟값을 구하여라.

(1) $f(x,y)=1+4x-5y$이고 D는 꼭짓점이 $(0,0)$, $(2,0)$, $(0,3)$으로 이루어진 닫힌삼각형 영역

(2) $f(x,y)=x^2+y^2+x^2y+4,\ \ D=\{(x,y)\mid |x|\le 1,\ |y|\le 1\}$

(3) $f(x,y)=x^4+y^4-4xy+2,\ \ D=\{(x,y)\mid 0\le x\le 3,\ 0\le y\le 2\}$

5. 점 (1, 2, 3)에서 평면 $2x+2y+z=5$에 이르는 최단거리를 구하라.

6. 영역 $x^2+y^2 \le 1$ 안에 있는 각 점 (x,y)에서의 온도는 $T=16x^2+24x+40y^2(^\circ C)$일 때, 이 영역에서 가장 높은 온도와 가장 낮은 온도를 구하라.

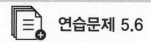

5.7 라그랑지 승수

여기서는 2변수 및 3변수의 경우를 동시에 다루기 위하여 **벡터 표기법**을 쓰기로 한다.

다음에서는 f는 연속이고 미분 가능한 2변수 또는 3변수함수이다. 접선벡터 $r'(t)$가 0이 아닌 곡선

$$C : r = r(t)$$

를 선택하면, 다음이 성립된다.

정리 5.13

곡선 C 위에서, $f(\mathrm{x})$가 x_0에서 최대 또는 최소가 되면 $\nabla f(\mathrm{x}_0)$는 x_0에서 C에 수직이다.

증명

$r(t_0) = \mathrm{x}_0$로 되는 t_0를 잡으면, 합성함수 $f(r(t))$는 t_0에서 최대 또는 최소가 된다. 따라서 이 함수의 도함수

$$\frac{d}{dt} f\,[r(t)] = \nabla f(r(t)) \cdot r'(t)$$

는 t_0에서 0이 되어야 한다. 즉,

$$0 = \nabla f(r(t_0) \cdot r'(t_0)) = \nabla f(\mathrm{x}_0) \cdot r'(t_0)$$

그러므로, $\nabla f(\mathrm{x}_0) \perp r'(\mathrm{t}_0)$이며 $r'(t_0)$가 C에 접하므로 $\nabla f(\mathrm{x}_0)$는 x_0에서 C에 수직이다.

본 문제로 돌아가서, f의 정의역의 어떤 부분집합에서 연속미분 가능한 함수 g가 주어져 있다고 하자. 라그랑지는 다음 사실이 성립함을 알았다.

정리 5.14

$g(\mathrm{x})=0$이라는 조건하에서, $f(\mathrm{x})$가 x_0에서 최댓값 또는 최솟값을 갖는다면, $\nabla f(\mathrm{x}_0)$와 $\nabla g(\mathrm{x}_0)$는 평행하다. 따라서 $\nabla g(\mathrm{x}_0) \neq 0$이면 적당한 상수 λ에 대하여 다음이 성립한다.

$$\nabla f(\mathrm{x}_0) = \lambda \nabla g(\mathrm{x}_0)$$

이 상수 λ를 라그랑지(Lagrange)의 미정계수(또는 승수 : multiplier)라고 한다.

증명

$g(\mathrm{x})=0$이라는 조건 아래서 $f(\mathrm{x})$가 x_0에서 최대 또는 최소가 된다고 하자. 만일 $\nabla g(\mathrm{x}_0)=0$이면, 모든 벡터가 0과는 평행하므로 위의 사실이 성립한다. 따라서 $\nabla g(\mathrm{x}_0) \neq 0$이라고 가정하자. 이변수함수의 경우에는

$$\mathrm{x}_0 = (x_0,\ y_0)\text{이고, 조건은 } g(x,\ y)=0$$

으로 된다. $g=0$이라는 조건은, 이때 접선벡터가 0이 아닌 곡선 C를 정의한다. 곡선 C 위에서 $f(x,\ y)$는 $(x_0,\ y_0)$에서 최대 또는 최소이므로 정리 5.13으로부터 $\nabla f(x_0,\ y_0)$는 이 점에서 곡선 C와 수직임을 알 수 있다. 한편 5.5.5절 내용을 2변수함수 g에 적용하면 $\nabla g(x_0,\ y_0)$도 이 점에서 C와 수직이므로 이 두 기울기벡터는 서로 평행함을 알 수 있다. 3변수함수의 경우에는

$$\mathrm{x}_0 = (x_0,\ y_0,\ z_0)\text{이고, 조건은 } g(x,\ y,\ z)=0$$

이다. 따라서 조건 $g=0$은 f의 정의역 안에서 곡면 S를 정의한다. 지금 (x_0, y_0, z_0)를 지나며 곡면 S 위에 놓이는 접선벡터가 0이 아닌 곡선 C를 생각하자. C 위에서도 f는 (x_0, y_0, z_0)에서 최댓값 또는 최솟값을 가지므로 $\nabla f(x_0, y_0, z_0)$는 이 점에서 C에 수직이다. $\nabla f(x_0, y_0, z_0)$는 이러한 모든 곡선과 수직이므로 곡면 S에도 수직이다. 한편 $\nabla g(x_0, y_0, z_0)$도 이 점에서 곡면 S에 수직이므로 이 두 기울기벡터는 서로 평행하다.

이제부터 라그랑지의 방법이 잘 적용되는 문제를 풀어보자.

예제 5.46

원 $x^2+y^2=1$에서 함수 $f(x, y)=xy$의 최댓값과 최솟값을 구하여라.

풀이

f는 연속이며, 원은 유계인 닫힌영역이므로 최대와 최소가 존재함은 명백하다. 라그랑지의 방법을 적용하기 위해

$$g(x, y)=x^2+y^2-1$$

이라고 놓으면, 경도벡터는

$$\nabla f(x, y)=y\mathrm{i}+x\mathrm{j}, \quad \nabla g(x, y)=2x\mathrm{i}+2y\mathrm{j}$$

이다. 여기서 방정식

$$\nabla f(x, y)=\lambda\nabla g(x, y)$$

를 써 보면

$$y=2\lambda x, \quad x=2\lambda y$$

이므로 $x^2+y^2=1$인 점들 중에서 위의 방정식을 만족하는 점을 찾기 위하여 위의 두 방정식에 각각 x와 y를 곱하면,

$$y^2=2\lambda xy, \quad x^2=2\lambda xy$$

이므로 $x^2=y^2$임을 알 수 있다. 이를 $x^2+y^2=1$에 대입하면 풀면 $2x^2=1$에서 $x=\pm\frac{1}{2}\sqrt{2}$

를 얻는다. 따라서 구하는 점들은

$$\left(\frac{1}{2}\sqrt{2},\ \frac{1}{2}\sqrt{2}\right),\ \left(\frac{1}{2}\sqrt{2},\ -\frac{1}{2}\sqrt{2}\right),\ \left(-\frac{1}{2}\sqrt{2},\ \frac{1}{2}\sqrt{2}\right),\ \left(-\frac{1}{2}\sqrt{2},\ -\frac{1}{2}\sqrt{2}\right)$$

이다. 첫째와 넷째 점에서의 f의 값은 $\frac{1}{2}$이고, 다른 두 점에서의 함수값은 $-\frac{1}{2}$이므로 최댓값은 $\frac{1}{2}$, 최솟값 $-\frac{1}{2}$이다.

예제 5.47

쌍곡선 $x^2 - y^2 = 1$에서 함수 $f(x, y) = x^2 + (y-2)^2$의 최솟값을 구하여라.

풀이

이 최솟값은 점 $(0, 2)$에서 쌍곡선까지의 거리의 제곱이므로 당연히 최솟값이 존재한다. 여기서

$$g(x, y) = x^2 - y^2 - 1$$

이라 놓고 $g = 0$에 대하여 함수 f의 최솟값을 라그랑지의 방정식으로 구하면,

$$\nabla f(x, y) = 2x\mathrm{i} + 2(y-2)\mathrm{j},\ \nabla g(x, y) = 2x i - 2y\mathrm{j}$$

이므로

$$2x = 2\lambda x,\ 2(y-2) = -2\lambda y$$

여기서 $x^2 - y^2 = 1$이므로 $x \neq 0$이다. 따라서 첫 식의 양변을 x로 나누면,

$$\lambda = 1$$

이다. 이를 둘째 식에 대입하면, $y-2 = -y$, 즉 $y = 1$이다. $x^2 - y^2 = 1$에서

$$x^2 = 2,\ 즉\ x = \pm\sqrt{2}$$

를 얻어 두 점 $(\sqrt{2}, 1)$과 $(-\sqrt{2}, 1)$을 얻고 이 두 점에서 f의 값은 모두 3이다. 즉 이 두점에서 최솟값을 갖고 최솟값은 3이다.

※ 참고

위의 예는 조건을 $x^2 = 1 + y^2$으로 쓰고 이를 f에 대입하여 x를 소거하면 쉽게 $1 + y^2 + (y-2)^2 = 2y^2 - 4y + 5$의 최솟값을 찾는 문제로 된다.

예제 5.48

$x^3 + y^3 + z^3 = 1,\ x \geq 0,\ y \geq 0,\ z \geq 0$이라는 조건 아래서 함수 $f(x, y, z) = xyz$의 최댓값을 구하여라.

풀이

예제의 조건을 만족하는 점들은 닫힌영역 안에 있다. f는 연속함수이므로 구하는 최댓값은 존재함을 알 수 있다. 우선

$$g(x, y, z) = x^3 + y^3 + z^3 - 1$$

이라고 놓자. 여기서 문제는 라그랑지의 방정식

$$\nabla f(x, y, z) = \lambda \nabla g(x, y, z),\ g(x, y, z) = 0$$

을 푸는 것이다. 기울기벡터를 계산하면

$$\nabla f(x, y, z) = yz\mathrm{i} + zx\mathrm{j} + xy\mathrm{k},\ \nabla g(x, y, z) = 3x^2\mathrm{i} + 3y^2\mathrm{j} + 3z^2\mathrm{k}$$

로 되므로 위의 방정식은 $g = 0$이고

$$yz = \lambda 3x^2,\ xz = \lambda 3y^2,\ xy = \lambda 3z^2$$

으로 된다. 이 세 방정식의 양변에 각각 x, y, z를 곱하면

$$xyz = 3\lambda x^3 = 3\lambda y^3 = 3\lambda z^3$$

이고 따라서 $\lambda x^3 = \lambda y^3 = \lambda z^3$이 된다. 여기서 $\lambda = 0$인 경우는 최댓값을 찾는 대상에서 제외할 수 있다. 이유는 만일 $\lambda = 0$이면 x, y, z 중의 하나는 0이 되고 따라서 이때의 함수 f는 값이 0이 되나, 이는 명백히 최댓값이 아니다. 따라서 방정식을 λ로 나누면

$$x^3 = y^3 = z^3,\ \text{즉}\ x = y = z$$

이고 $x^3 + y^3 + z^3 = 1$이므로

$$x = \left(\frac{1}{3}\right)^{1/3},\ y = \left(\frac{1}{3}\right)^{1/3},\ z = \left(\frac{1}{3}\right)^{1/3}$$

이며 찾는 최댓값은 $\frac{1}{3}$이다.

정리 5.15

두 제약조건 $g(x, y, z)=k$와 $h(x, y, z)=c$를 만족하는 $f(x, y, z)$의 최댓값과 최솟값을 구하고자 한다고 가정하자. 기하학적으로, 이것은 등위곡면 $g(x, y, z)=k$와 $h(x, y, z)=c$의 교차곡선 C 위에 존재하는 점 (x, y, z)에서 f의 최댓값, 최솟값을 조사한다는 뜻이다(그림 5.19 참조). 만약 최댓값, 최솟값이 $P(x_0, y_0, z_0)$에서 일어나면, 기울기벡터 ∇f는 P에서 곡선 C에 수직이다. 또한 ∇g는 $g(x, y, z)=k$에 수직이고 ∇h는 $h(x, y, z)=c$에 수직이므로 ∇g와 ∇h도 곡선 C에 수직이다.

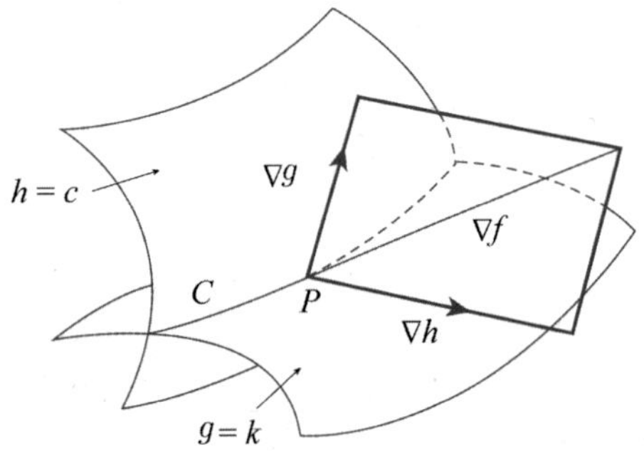

그림 5.19

이것은 기울기벡터 $\nabla f(x_0, y_0, z_0)$가 $\nabla g(x_0, y_0, z_0)$와 $\nabla h(x_0, y_0, z_0)$에 의하여 결정되는 평면 위에 놓여 있음을 의미한다(∇f, ∇g, ∇h는 0도 아니고 평행하지도 않다고 가정한다). 따라서, 다음의 연립방정식을 만족하는 λ와 μ(라그랑지 승수)가 존재한다.

$$\nabla f(x_0, y_0, z_0)=\lambda \nabla g(x_0, y_0, z_0)+\mu \nabla h(x_0, y_0, z_0)$$

이 경우 라그랑지의 방법은 다섯 개의 미지수 x, y, z, λ, μ에 관한 다섯 개의 방정식을 풀어서 최댓값, 최솟값을 찾는 방법이다. 이러한 방정식은 그것의 성분들과 조

건식을 이용하여 방정식으로부터 얻어진다. 즉

$$f_x = \lambda g_x + \mu h_x$$
$$f_y = \lambda g_y + \mu h_y$$
$$f_z = \lambda g_z + \mu h_z$$
$$g(x,\ y,\ z) = k$$
$$h(x,\ y,\ z) = c$$

예제 5.49

라그랑지 승수를 이용하여 두 제약조건에서 주어진 함수 f의 극값을 구하여라. 각 경우에서 x, y, z는 모두 음이 아니다.

(1) $f(x,\ y,\ z) = xyz$의 최댓값

제약조건 : $x+y+z=32,\quad x-y+z=0$

(2) $f(x,\ y,\ z) = xy+yz$의 최댓값

제약조건 : $x+2y=6,\quad x-3z=0$

풀이

(1) $f(x,\ y,\ z) = xyz$의 최대화

제약조건 : $x+y+z=32$

$x-y+z=0$

$\nabla f = \lambda \nabla g + \mu \nabla h$

$yz\mathrm{i} + xz\mathrm{j} + xy\mathrm{k} = \lambda(\mathrm{i}+\mathrm{j}+\mathrm{k}) + \mu(\mathrm{i}-\mathrm{j}+\mathrm{k})$

$$\left.\begin{array}{l} yz = \lambda + \mu \\ xz = \lambda - \mu \\ xy = \lambda + \mu \end{array}\right\} yz = xy \Rightarrow x = z$$

$$\left.\begin{array}{l} x+y+z=32 \\ x-y+z=0 \end{array}\right\} 2x+2z=32 \quad \Rightarrow \quad x=z=8,\quad y=16$$

$f(8, 16, 8) = 1024$

(2) $f(x, y, z)=xy+yz$의 최대화

제약조건 : $x+2y=6$

$x-3z=0$

$\nabla f=\lambda\nabla g+\mu\nabla h$

$y\mathrm{i}+(x+z)\mathrm{j}+y\mathrm{k}=\lambda(\mathrm{i}+2\mathrm{j})+\mu(\mathrm{i}-3\mathrm{k})$

$$\left.\begin{aligned} y &= \lambda+\mu \\ x+z &= 2\lambda \\ y &= -3\mu \end{aligned}\right\} y=\frac{3}{4}\lambda \Rightarrow x+z=\frac{8}{3}y$$

$$x+2y=6 \Rightarrow y=3-\frac{x}{2}$$

$$x-3z=0 \Rightarrow z=\frac{x}{3}$$

$$x+\frac{x}{3}=\frac{8}{3}\left(3-\frac{x}{2}\right)$$

$$x=3,\ y=\frac{3}{2},\ z=1$$

$$f\left(3,\ \frac{3}{2},\ 1\right)=6$$

연습문제 5.7

1. x와 y가 양일 때 라그랑지 승수를 이용하여 다음 극값을 구하여라.

(1) $f(x, y) = x^2 - y^2$의 최솟값, 제약조건 : $x - 2y + 6 = 0$

(2) $f(x, y) = 2x + 2xy + y$의 최댓값, 제약조건 : $2x + y = 100$

(3) $f(x, y) = \sqrt{6 - x^2 - y^2}$의 최댓값, 제약조건 : $x + y = 2$

(4) $f(x, y) = e^{xy}$의 최댓값, 제약조건 : $x^2 + y^2 = 8$

2. 제약조건 $x^2 + y^2 \le 1$에서 라그랑지 승수를 이용하여 함수 $f(x, y) = x^2 + 3xy + y^2$의 극값을 구하여라.

3. x와 y가 양일 때, 라그랑지 승수를 이용하여 다음 극값을 구하여라.

(1) $f(x, y, z) = x^2 + y^2 + z^2$의 최솟값
제약조건 : $x + y + z - 6 = 0$

(2) $f(x, y, z) = x^2 + y^2 + z^2$의 최솟값
제약조건 : $x + y + z = 1$

4. 라그랑지 승수를 이용하여 두 제약조건에서 주어진 함수 f의 극값을 구하여라. 각 경우에서 x, y, z는 모두 음이 아니다.

(1) $f(x, y, z) = x^2 + y^2 + z^2$
제약조건 : $x + 2z = 6,\ x + y = 12$

(2) $f(x, y, z) = xyz$
제약조건 : $x^2 + z^2 = 5,\ x - 2y = 0$

5. 라그랑지 승수를 이용하여 주어진 점과 주어진 곡선 또는 곡면까지의 거리의 최솟값을 구하여라.

(1) 직선 : $2x+3y=-1$, $(0, 0)$

(2) 평면 : $x+y+z=1$, $(2, 1, 1)$

6. 라그랑지 승수를 이용하여 한 변의 길이와 수직단면의 둘레의 합이 108인치일 때 가장 큰 부피의 직사각형 상자의 가로, 세로, 높이를 구하여라.

7. 라그랑지 승수를 이용하여 부피가 V_0이고 겉넓이가 최소인 원기둥의 반지름과 높이를 구하여라.

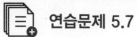

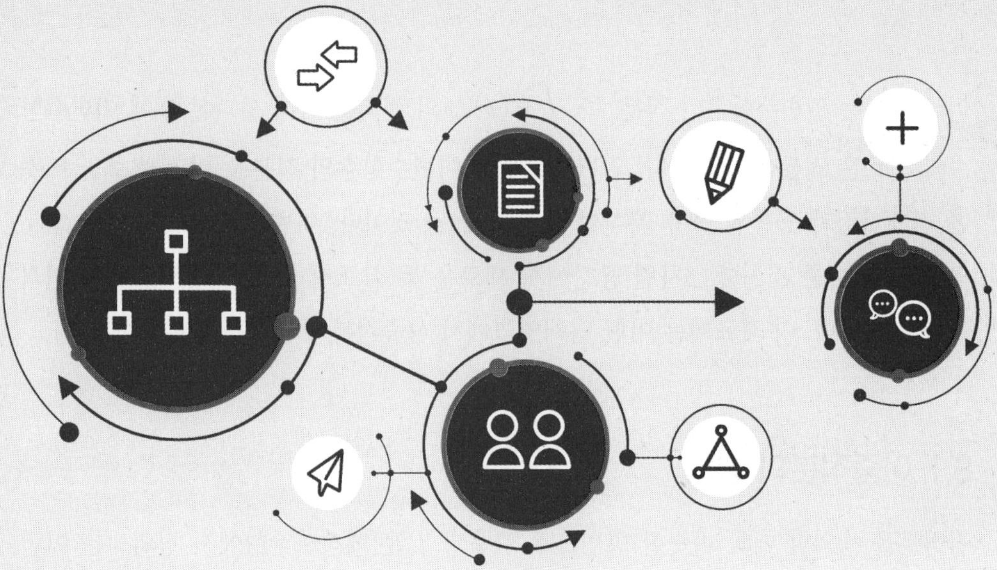

CHAPTER 6

다중적분

이 절에서는 일변수함수의 적분, 즉 $\int_a^b f(x)dx$의 정의를 다시 살펴본 후에 이변수함수의 새로운 적분을 정의한다. 일변수함수와 이변수함수의 적분을 비교해 보면 비슷한 전개과정과 공통된 응용 분야를 발견하게 될 것이다. 이변수함수의 새로운 적분의 계산을 다룰 것이다. 3차원 공간에서 새로운 두 좌표계, 즉 원기둥좌표와 구면좌표를 소개한다. 이 좌표계는 어떤 입체영역에서 삼중적분의 계산을 단순하게 한다.

6.1 이중적분의 정의

정적분을 정의할 때와 비슷한 방법으로 다음과 같은 폐직사각형에서 정의되는 이변수 함수 f를 생각하자. 이때 $f(x, y) \geq 0$이라 가정한다.

$$R = [a, b] \times [c, d] = \{(x, y) \in R^2 \mid a \leq x \leq b, c \leq y \leq d\}$$

f의 그래프는 방정식 $z = f(x, y)$를 갖는 곡면이다. S를 R의 위와 f의 그래프 아래에 놓이는 입체, 즉 다음과 같다고 하자(그림 6.1 참조).

$$S = \{(x, y, z) \in R^3 \mid 0 \leq z \leq f(x, y), (x, y) \in R\}$$

S의 부피를 구하는 것이 목표이다.

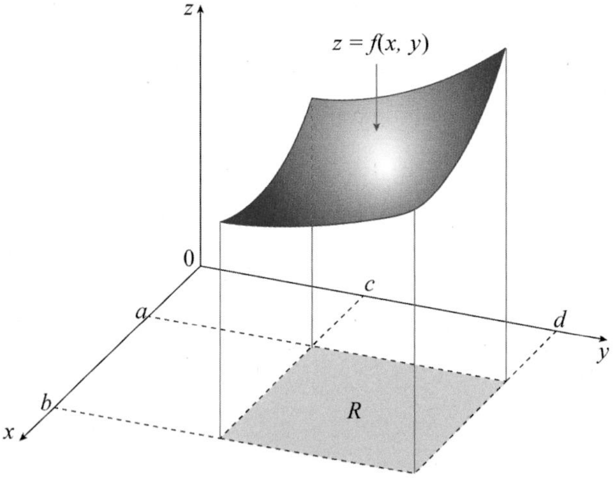

그림 6.1

첫 번째 단계는 R의 분할 P를 부분 직사각형으로 택하는 것이다. 구간 $[a, b]$와 $[c, d]$를 다음과 같이 분할하여 얻을 수 있다.

$$a = x_0 < x_1 < \cdots < x_{i-1} < x_i < \cdots < x_m = b$$
$$c = y_0 < y_1 < \cdots < y_{j-1} < y_j < \cdots < y_n = d$$

그림 6.2와 같이 이러한 분할점들을 지나고 좌표축에 평행한 직선을 그리면 $i = 1, \cdots, m$과 $j = 1, \cdots, n$에 대해 다음과 같은 부분 직사각형이 만들어진다.

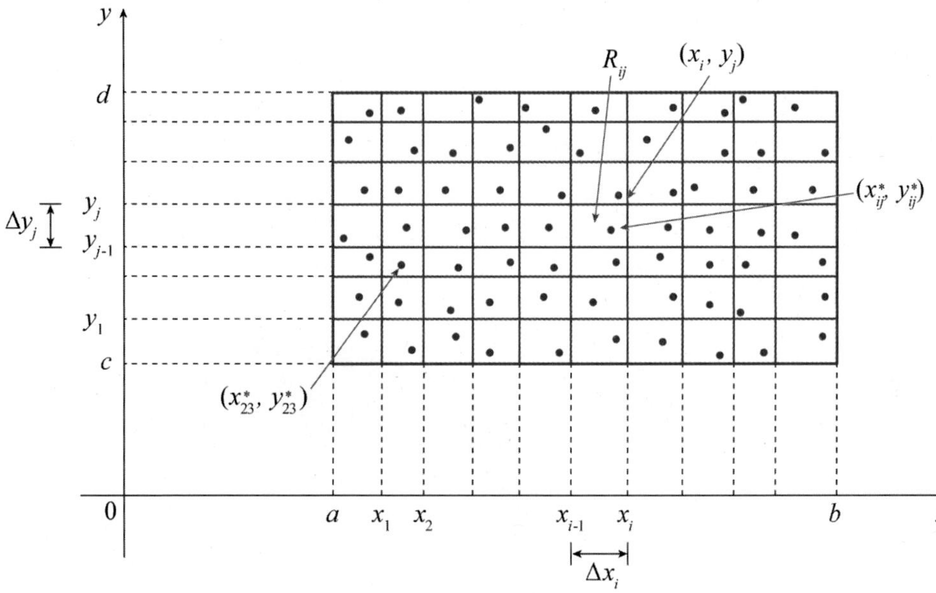

그림 6.2

$$R_{ij} = [x_{i-1}, x_i] \times [y_{j-1}, y_j] = \{(x, y) \mid x_{i-1} \leq x \leq x_i, y_{j-1} \leq y \leq y_j\}$$

그러면 R은 mn개의 부분 직사각형으로 분할된다. $\Delta x_i = x_i - x_{i-1}$, $\Delta y_j = y_j - y_{j-1}$이라 하면 R_{ij}의 넓이는 다음과 같다.

$$\Delta A_{ij} = \Delta x_i \Delta y_j$$

각각의 R_{ij}에서 표본점 $\left(x_{ij}^{*}, y_{ij}^{*}\right)$를 택하면 R_{ij} 위에 놓이는 S의 부분을 그림 6.3과 같이 밑면이 R_{ij}이고 높이가 $f\left(x_{ij}^{*}, y_{ij}^{*}\right)$인 가느다란 직육면체(또는 기둥)로 근사시킬 수 있다. 이 직육면체의 부피는 다음과 같이 직사각형인 밑면의 넓이와 직육면체 높이를 곱한 것이다.

$$f\left(x_{ij}^{*}, y_{ij}^{*}\right) \triangle A_{ij}$$

이런 과정을 모든 직사각형에 대해 수행하고 대응하는 직육면체의 부피를 모두 더하면 다음과 같이 S의 전체 부피에 대한 근삿값을 얻는다(그림 6.4 참조).

$$V \approx \sum_{i=1}^{m} \sum_{j=1}^{n} f\left(x_{ij}^{*}, y_{ij}^{*}\right) \triangle A_{ij} \tag{1}$$

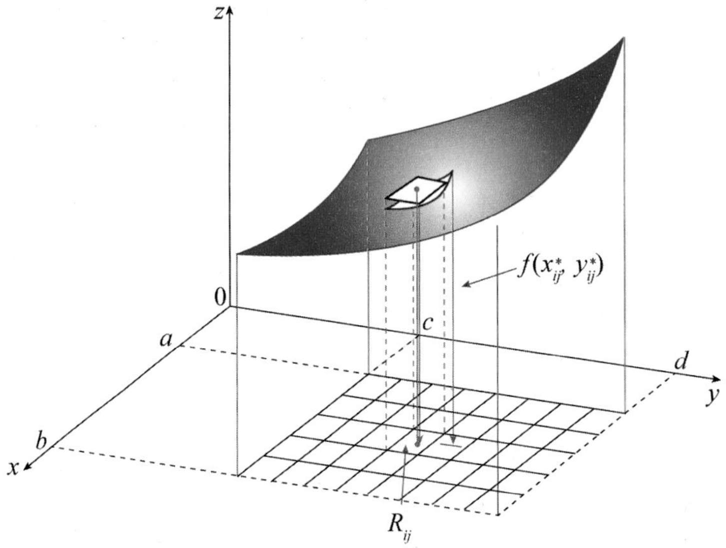

그림 6.3

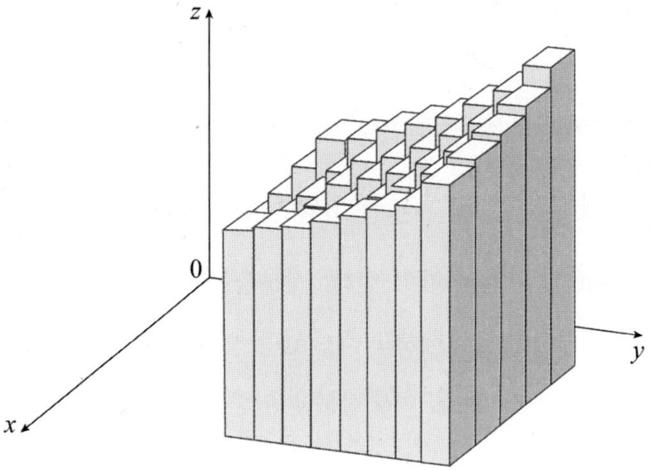

그림 6.4

이러한 이중 리만 합은 각 부분 직사각형에 대해 선택한 점에서 f의 함숫값을 계산하고 여기에 부분 직사각형의 넓이를 곱한 다음에 그 결과를 모두 더한 것을 의미한다. 직관적으로 부분 직사각형의 크기가 작을수록 (1)에 주어진 근삿값이 더욱 정확해질 것을 알고 있다. 모든 부분 구간들의 가장 큰 길이를 $\max \triangle x_i, \triangle y_j$라 하면 다음 식이 성립함을 알 수 있다.

$$V = \lim_{\max \triangle x_i, \triangle y_j \to 0} \sum_{i=1}^{m} \sum_{j=1}^{n} f\left(x_{ij}^*, y_{ij}^*\right) \triangle A_{ij} \tag{2}$$

f의 그래프 아래와 직사각형 영역 R 위에 놓인 입체 S의 부피를 정의하기 위해 식 (2)의 표현을 이용한다. 식 (2)에서 나타나는 유형의 극한은 부피를 구할 때뿐만 아니라 6.2절에서 보게 될 다양한 상황에서 종종 나타난다. 심지어 f가 양수가 아닌 함수일 때에도 나타난다. 따라서 다음 정의를 만든다.

정의 6.1

직사각형 R 위에서 f의 **이중적분**을 (극한이 존재한다면) 다음과 같이 정의한다.

$$\iint_R f(x, y)\, dA = \lim_{\max \triangle x_i, \triangle y_j \to 0} \sum_{i=1}^{m} \sum_{j=1}^{n} f\left(x_{ij}^*, y_{ij}^*\right) \triangle A_{ij}$$

정의 6.1의 극한이 존재하면 함수 f는 적분 가능하다고 한다.

일변수함수의 적분에서 구분구적법처럼 각각의 사각형 R_{ij}에서 최댓값 M_{ij}와 최솟값 m_{ij}을 가진다. 이때 $\sum_{i=1}^{m}\sum_{j=1}^{n} M_{ij}\triangle A_{ij}$을 상합(Upper Sum : $U_f(P)$), $\sum_{i=1}^{m}\sum_{j=1}^{n} m_{ij}\triangle A_{ij}$을 하합(Lower Sum : $L_f(P)$)이라고 한다. 적분을 근사시키기 위해 사용한 방법 중 중점법칙은 모두 이중적분에 대해서도 적용된다. 이것은 R_{ij}에서 R_{ij}의 중점 $(\overline{x_i}, \overline{y_j})$를 표본점 (x_{ij}^*, y_{ij}^*)으로 택할 때, 이중적분을 이중 리만 합으로 근사시키는 것을 의미한다. 바꿔 말하면 $\overline{x_i}$는 $[x_{i-1}, x_i]$의 중점, $\overline{y_j}$는 $[y_{j-1}, y_j]$의 중점이다. $[x_{i-1}, x_i]$의 중점 $\overline{x_i}$와 $[y_{j-1}, y_j]$의 중점 $\overline{y_j}$에 대해 다음을 중점의 합(Midpoint Sum)

$$M_f(P) = \sum_{i=1}^{m}\sum_{j=1}^{n} f(\overline{x_i}, \overline{y_j})\Delta A_{ij} \tag{3}$$

이라고 한다. 일반적인 영역에서의 정의와 계산은 6.2절에서 보게 될 것이다.

예제 6.1

함수 $f(x,y) = xy$가 영역 $R = \{(x,y) : 0 \le x \le 6,\ 0 \le y \le 4\}$ 위에 정의되어 있을 때, $m = 3,\ m = 2$인 리만 합을 이용하여 즉, 구간 [0, 6]의 분할 $P_1 = \{0, 2, 4, 6\}$과 구간 [0,4]의 분할 $P_2 = \{0, 2, 4\}$에 대하여 R의 분할 $P = P_1 \times P_2$을 생각하여 오른쪽 위 모서리를 표본점으로 한 부피 V_1과 왼쪽 아래 모서리를 표본점으로 한 부피 V_2, 중점을 이용한 합을 구하여라.

풀이

그림과 같이 영역을 정사각형을 나눈다. $\Delta A = 4$

$$\begin{aligned} V_1 &= \sum_{i=1}^{3}\sum_{j=1}^{2} f(x_i, y_j)\Delta A \\ &= f(2,2)\Delta A + f(2,4)\Delta A + f(4,2)\Delta A + f(4,4)\Delta A \end{aligned}$$

$$+f(6,2)\Delta A+f(6,4)\Delta A$$
$$=4(4)+8(4)+8(4)+16(4)+12(4)+24(4)$$
$$=288$$

$$V_2=\sum_{i=1}^{3}\sum_{j=1}^{2}f(x_{i-1},\ y_{j-1})\Delta A$$
$$=f(0,0)\Delta A+f(0,2)\Delta A+f(2,0)\Delta A+f(2,2)\Delta A$$
$$+f(4,0)\Delta A+f(4,2)\Delta A$$
$$=0(4)+0(4)+0(4)+4(4)+0(4)+8(4)$$
$$=48$$

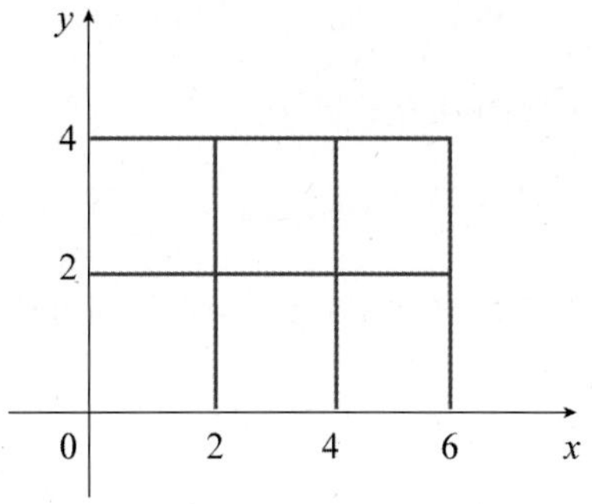

그림 6.5

$$M_f(P)=\sum_{i=1}^{3}\sum_{j=1}^{2}f(\overline{x_i},\overline{y_j})\Delta A$$
$$=f(1,1)\Delta A+f(1,3)\Delta A+f(3,1)\Delta A+f(3,3)\Delta A+f(5,1)\Delta A+f(5,3)\Delta A$$
$$=1(4)+3(4)+3(4)+9(4)+5(4)+15(4)=144$$

연습문제 6.1

1. 함수 $f(x,y)=x+y-2$가 영역 $R=\{(x,y) \mid 1 \le x \le 4,\ 1 \le y \le 3\}$에서 정의되어 있을 때, 구간 [1,4]의 분할 $P_1 = \{1,2,3,4\}$와 구간 [1,3]의 분할 $P_2 = \left\{1, \frac{3}{2}, 3\right\}$에 대하여 R의 분할

$$P = P_1 \times P_2$$

를 생각하여 f의 상합과 하합을 구하여라.

2. 타원포물면 $z = 16 - x^2 - 2y^2$과 정사각형 $R=[0,\ 2]\times[0,\ 2]$ 위에 놓인 입체의 부피를 추정하라. R을 네 개의 같은 정사각형으로 나누고, 표본점은 R_{ij}의 오른쪽 위의 모서리 점을 선택한다.

3. $R=\{(x,y) \mid 0 \le x \le 2,\ 1 \le y \le 2\}$일 때 $m=n=2$인 중점법칙을 이용해서 적분 $\iint_R (x-3y^2)\,dA$의 값을 추정하라.

4. 곡면 $z=1+x^2+3y$의 아래와 사각형 $R=\{(x,y) \mid 1 \le x \le 2,\ 0 \le y \le 3\}$ 위에 놓인 입체의 부피가 $m=n=2$일 때 리만 합의 (a) 하합과 (b) 중점합으로 구하여라.

6.2 반복적분

편도함수를 구할 때와 같은 방법으로 두 개의 독립변수를 가진 함수의 적분은 한 변수를 상수로 보고 다른 한 변수에 관하여 적분할 수 있다. 예를 들어 다음과 같은 경우에 x를 상수로 보면

$$\int_{2x}^{2}(x-y)dy = \left[xy-\frac{1}{2}y^2\right]_{2x}^{2} = 2x-2$$

이다. 이 과정을 y에 관한 **편적분**이라 한다. 위의 예와 같이 적분의 상한과 하한이 x에 의존하는 함수일 때 적분한 결과는 x의 함수가 된다. 그러므로 그 결과를 x에 관하여 다시 적분할 수 있다.

$$\int_0^1\left(\int_{2x}^{2}(x-y)dy\right)dx = \int_0^1(2x-2)dx = [x^2-2x]_0^1 = -1$$

일반적으로 a, b가 상수일 때 다음과 같은 형태의 식을 **반복적분**(Iterated integral)이라 한다.

$$\int_a^b\left[\int_{y_1(x)}^{y_2(x)} f(x, y)dy\right]dx \tag{1}$$

(1)의 값은, $f(x,y)$를 y에 관하여 먼저 편적분하고 얻은 함수 $F(x)$를 다시 x에 관하여 정적분한 $\int_a^b F(x)dx$이다. 같은 방법으로 이중적분

$$\int_c^d\int_{x_1(y)}^{x_2(y)} f(x,y)dx\,dy \text{는 } \int_c^d\left[\int_{x_1(y)}^{x_2(y)} f(x,y)dx\right]dy$$

를 나타내며, 상한과 하한 $x_1(y)$, $x_2(y)$ 사이에서 x에 관한 편적분을 구한 다음, 그 결과를 $[c, d]$에서 y에 관하여 적분해서 얻는다.

예제 6.2

다음 반복적분의 값을 구하라.

(1) $\int_0^1 \int_{-1}^1 (x^2+y^2)dx\,dy$ (2) $\int_0^1 \int_1^2 \frac{xe^x}{y} dy\,dx$

(3) $\int_0^{\pi/2} \int_0^{\pi/2} (\cos x \sin y)dx\,dy$ (4) $\int_0^1 \int_0^v \sqrt{1-v^2}\,du\,dv$

풀이

(1) $$\int_0^1 \int_{-1}^1 (x^2+y^2)dx\,dy = \int_0^1 \left[\frac{1}{3}x^3 + xy^2\right]_{x=-1}^{x=1} dy$$
$$= \int_0^1 (2y^2 + \frac{2}{3})dy = \frac{4}{3}$$

(2) $$\int_0^1 \int_1^2 \frac{xe^x}{y} dy\,dx = \int_0^1 xe^x\,dx \int_1^2 \frac{1}{y} dy$$
$$= [xe^x - e^x]_0^1 [\ln y]_1^2$$
$$= [(e-e)-(0-1)](\ln 2 - 0) = \ln 2$$

(3) $$\int_0^{\pi/2} \int_0^{\pi/2} (\cos x \sin y)dx\,dy = \int_0^{\pi/2} \sin y [\sin x]_{x=0}^{x=\pi/2} dy$$
$$= \int_0^{\pi/2} (\sin y)dy = [-\cos y]_0^{\pi/2} = 1$$

(4) $$\int_0^1 \int_0^v \sqrt{1-v^2}\,du\,dv = \int_0^1 \left[u\sqrt{1-v^2}\,\right]_{u=0}^{u=v} dv = \int_0^1 v\sqrt{1-v^2}\,dv$$
$$= -\frac{1}{3}(1-v^2)^{3/2}]_0^1 = -\frac{1}{3}(0-1) = \frac{1}{3}$$

일변수함수의 적분에서 x축에 수직인 평면으로 어떤 입체를 잘랐을 때 단면적을 $A(x)$로 나타내면 입체의 체적은 적분

$$V = \int_a^b A(x)dx \tag{2}$$

으로 구할 수 있다. 이 결과는 다음과 같이 이중적분의 값을 결정하는 데 이용된다. 그림 6.6과 같이, x축에 수직인 평면으로 영역 D 위에 세워진 입체를 잘랐을 때 단면적은 다음의 적분으로 표시될 수 있다. $D=\{(x,y)\mid a\le x\le b,\ g_1(x)\le y \le g_2(y)\}$ 단, $y_1=g_1(x),\ y_2=g_2(x)$

$$A(x)=\int_{y_1}^{y_2} f(x,y)dy$$

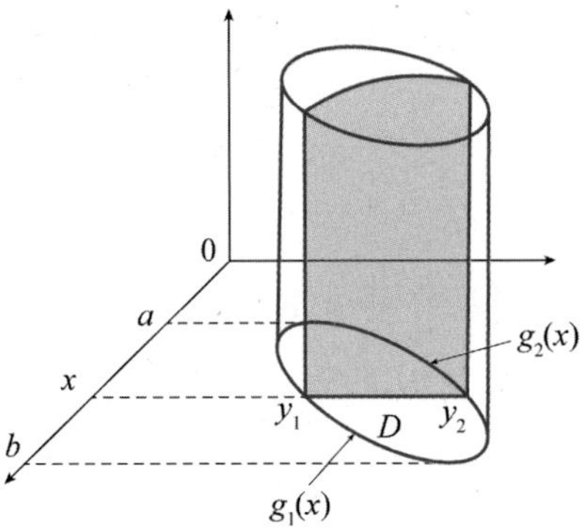

그림 6.6

여기에서 적분한계 $y_1(x)$과 $y_2(x)$은 D을 둘러싼 곡선과 x좌표와 교점이다. x가 D에서 취할 수 있는 최소 및 최댓값이 각자 a, b이면 체적은 다음과 같은 반복적분으로 표시된다.

$$V=\int_a^b A(x)\,dx=\int_a^b\left[\int_{y_1}^{y_2} f(x,y)dy\right]dx$$

위와 유사하게 입체를 y 축에 수직인 평면으로 잘라서 체적을 나타내며

$$V=\int_c^d\left[\int_{x_1}^{x_2} f(x,y)dx\right]dy$$

여기서 적분한계 $x_1(y)$와 $x_2(y)$는 D를 둘러싼 곡선과 y축에 수직인 평면에 의해서 결정

된 y의 함수이고, c, d는 y가 D에서 취할 수 있는 최솟값과 최댓값이다(그림 6.7 참조).

$D = \{(x,y) \mid (x,y) \mid c \le y \le d,\ h_1(y) \le x \le h_2(y)\}$ 단, $x_1 = h_1(y),\ x_2 = h_2(y)$

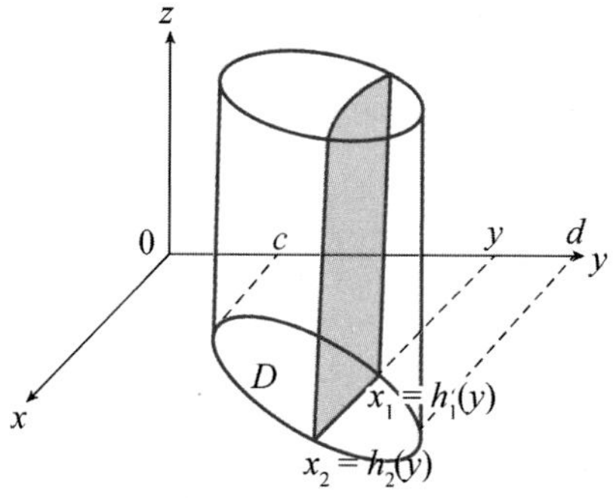

그림 6.7

함수 $f(x, y)$가 연속이고 적분값이 존재할 때 체적의 기하학적 개념을 도시하면, 다음과 같은 중요한 정리를 얻을 수 있다.

정리 6.1

함수 $f(x, y)$가 어떤 폐영역 $D = \{(x,y) \mid a \le x \le b,\ g_1(x) \le y \le g_2(x)\}$에서 연속함수일 때 (형태 I)

$$\iint_D f(x,y)dA = \int_a^b \int_{g_1(x)}^{g_2(x)} f(x,y)\,dy\,dx$$

함수 $f(x, y)$가 어떤 폐영역 $D = \{(x,y) \mid c \le y \le d,\ h_1(y) \le x \le h_2(y)\}$에서 연속함수일 때 (형태 II)

$$\iint_D f(x,y)dA = \int_c^d \int_{h_1(y)}^{h_2(y)} f(x,y)dx\,dy$$

이다.

예제 6.3

폐영역 D가 그림 6.8과 같을 때 $\iint_D (x^2 - y)dx\,dy$을 구하여라.

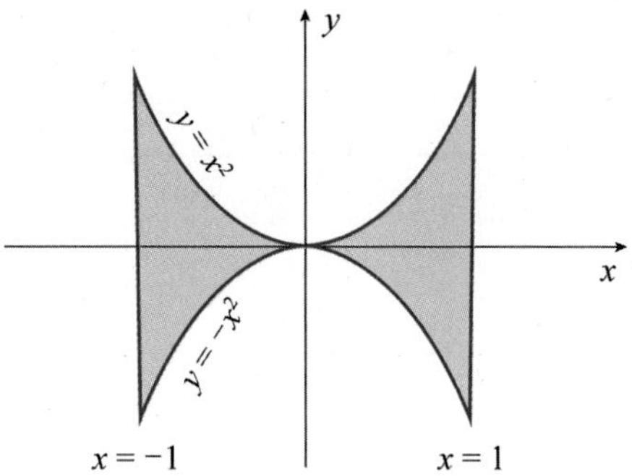

그림 6.8

풀이

D를 x축에 사영하면 $[-1,1]$로 된다. D는 $-1 \le x \le 1$, $-x^2 \le y \le x^2$으로 정의된다. 이 영역은 형태 I에 해당되므로

$$\begin{aligned}\iint_D (x^2 - y)dxdy &= \int_{-1}^{1}\left(\int_{-x^2}^{x^2}(x^2 - y)\,dy\right)dx \\ &= \int_{-1}^{1}\left[x^2y - \frac{1}{2}y^2\right]_{-x^2}^{x^2}dx \\ &= \int_{-1}^{1}\left[\left(x^4 - \frac{1}{2}x^4\right) - \left(-x^4 - \frac{1}{2}x^4\right)\right]dx \\ &= \int_{-1}^{1} 2x^4dx = \left[\frac{2}{5}x^5\right]_{-1}^{1} = \frac{4}{5}\end{aligned}$$

예제 6.4

직선 $y=x$와 $x=-1$, $y=1$, $y=0$으로 둘러싸인 영역 D에 대해 $\iint_D (xy-y^3)\,dx\,dy$를 구하여라.

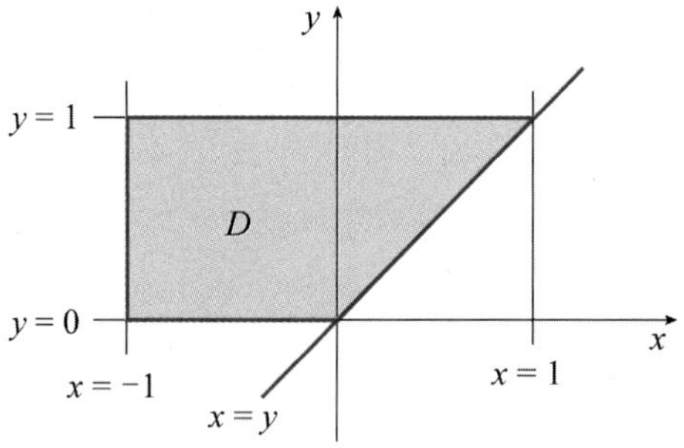

그림 6.9

풀이

D를 y축에 사영하면 구간 $[0,1]$을 얻는다. 따라서 D는

$0 \le y \le 1,\ -1 \le x \le y$

이다. 이는 형태 II의 경우이므로,

$$\begin{aligned}\iint_D (xy-y^3)dxdy &= \int_0^1\left(\int_{-1}^{y}(xy-y^3)\right)dx\,dy \\ &= \int_0^1\left[\frac{1}{2}x^2y-xy^3\right]_{-1}^{y}dy \\ &= \int_0^1\left(-\frac{1}{2}y-\frac{1}{2}y^3-y^4\right)dy = \left[-\frac{1}{4}y^2-\frac{1}{8}y^4-\frac{1}{5}y^5\right]_0^1 = -\frac{23}{40}\end{aligned}$$

D를 x축으로 사영하여도 된다. 즉 형태 I 의 경우이므로

$$\begin{aligned}\iint_D (xy-y^3)dy\,dx &= \int_{-1}^{0}\int_0^1(xy-y^3)dy\,dx + \int_0^1\int_x^1(xy-y^3)dy\,dx \\ &= \left(-\frac{1}{2}\right)+\left(-\frac{3}{40}\right) = -\frac{23}{40}\end{aligned}$$

예제 6.5

정사각형 $D = \{(x,y) \mid 0 \le x \le 1,\ 0 \le y \le 1\}$을 밑면으로 포물면 $z = 4 - x^2 - y^2$을 윗면으로 가진 수직기둥의 체적을 구하라.

풀이

형태 I에 의하여

$$V = \int_0^1 \int_0^1 (4 - x^2 - y^2)\,dy\,dx$$
$$= \int_0^1 \left(\frac{11}{3} - x^2\right) dx = \frac{10}{3}$$

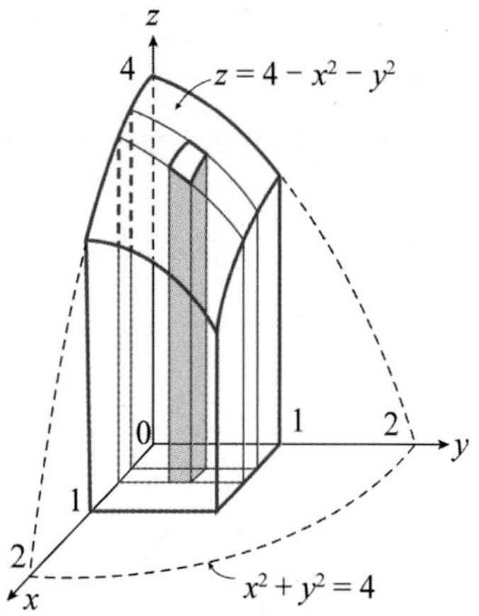

그림 6.10

예제 6.6

포물기둥 $y = 4 - x^2$을 평면 $x + y + z = 6$으로 자른 밑 부분 중에서 제1팔분공간에 놓인 입체의 체적을 구하라(그림 6.9).

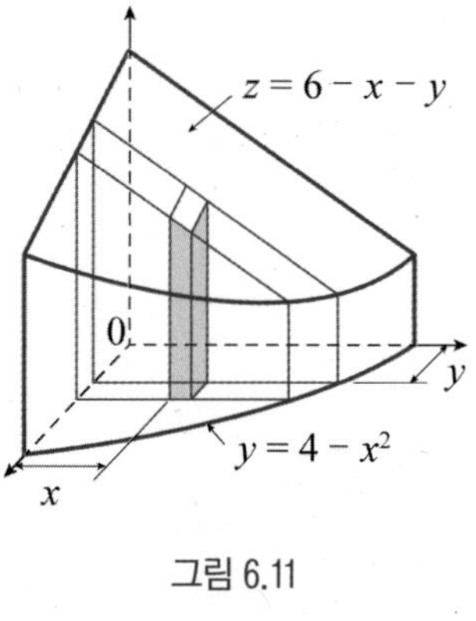

그림 6.11

풀이

형태 I에 의하여

$$V=\int_0^2\int_0^{4-x^2}(6-x-y)\,dy\,dx$$

$$=\int_0^2\left[6y-xy-\frac{1}{2}y^2\right]_0^{4-x^2}dx$$

$$=\frac{292}{15}$$

형태 II에 의해서도 같은 결과를 얻는다. 곧

$$V=\int_0^4\int_0^{\sqrt{4-y}}(6-x-y)\,dx\,dy$$

$$=\frac{292}{15}$$

1. 다음을 반복적분을 통해 구하여라.

(1) $\int_{\pi/6}^{\pi/2}\int_{-1}^{5}\cos y\,dx\,dy$ (2) $\int_{0}^{1}\int_{0}^{3}e^{x+3y}dx\,dy$

(3) $\int_{0}^{2}\int_{0}^{\pi}r\,\sin^2\theta\,d\theta\,dr$ (4) $\int_{0}^{1}\int_{0}^{1}\sqrt{s+t}\,ds\,dt$

2. 다음 이중적분을 계산하여라.

(1) $\iint_D (y+xy^{-2})dA$, $D=\{(x,y)\mid 0\le x\le 2,\ 1\le y\le 2\}$

(2) $\iint_D \frac{1+x^2}{1+y^2}dA$, $D=\{(x,y)\mid 0\le x\le 1,\ 0\le y\le 1\}$

(3) $\iint_D \frac{x}{1+xy}dA$, $D=[0,1]\times[0,1]$

(4) $\iint_D ye^{-xy}dA$, $D=[0,2]\times[0,3]$

3. 쌍곡포물면 $z=3y^2-x^2+2$ 아래와 직사각형 $D=[-1,1]\times[1,2]$ 위에 놓여 있는 입체의 부피를 구하여라.

4. 곡면 $z=1+e^x\sin y$와 평면 $x=\pm 1$, $y=0$, $y=\pi$로 둘러싸인 입체의 부피를 구하라.

5. 다음 반복적분을 구하여라.

(1) $\int_{0}^{1}\int_{2x}^{2}(x-y)dy\,dx$ (2) $\int_{0}^{1}\int_{0}^{s^2}\cos(s^3)dt\,ds$

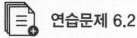

연습문제 6.2

6. 다음 이중적분을 구하여라.

(1) $\iint_D \frac{y}{x^5+1} dA$, $D=\{(x,y) \mid 0 \le x \le 1,\ 0 \le y \le x^2\}$

(2) $\iint_D x^3 dA$, $D=\{(x,y) \mid 1 \le x \le e,\ 0 \le y \le \ln x\}$

(3) $\iint_D (x^2+2y)dA$, D는 $y=x,\ y=x^3,\ x \ge 0$에 의해 유계된 영역

(4) $\iint_D xy^2 dA$, D는 $x=0,\ x=\sqrt{1-y^2}$ 에 의해 유계된 영역

7. 다음 입체의 부피를 구하여라.

(1) 곡면 $z=2x+y^2$ 아래와 $x=y^2, x=y^3$에 의해 유계된 영역의 위에 있는 입체

(2) 포물면 $z=x^2+3y^2$과 평면 $x=0, y=1, y=x, z=0$으로 둘러싸인 입체

6.3 극좌표로 나타낸 반복적분

f를 폐영역 D에서 연속함수라 하자. $f(x,y)$를

$$f(r\cos\theta,\ r\sin\theta) = F(r,\ \theta)$$

와 같이 극좌표로 표시하면 D에서 f의 이중적분을 표현할 수 있다.

$$\iint_D F(r,\ \theta)dA \tag{1}$$

폐영역 $E = \{(r,\theta) \mid a \le r \le b,\ \alpha \le \theta \le \beta\}$는 D를 포함한다고 하자.

이제 $[a,\ b]$의 분할 $P = \{r_0, \cdots, r_n\}$과 $[\alpha,\ \beta]$의 분할 $Q = \{\theta_0, \cdots, \theta_m\}$에 대하여 E를 mn개의 작은 영역 $E_{ik} = \{(r,\ \theta) \mid r_{i-1} \le r \le r_i,\ \theta_{k-1} \le \theta \le \theta_k\}$, $(i = 1, \cdots, n,$ $k = 1,\ \cdots,\ m)$로 나누고 $(r_i{}',\theta_k{}')$을 E_{ik}의 임의의 점이라 하자. 극한값

$$\lim_{n,m\to\infty}\sum_{i=1}^{n}\sum_{k=1}^{m}F(r_i{}',\ \theta_k{}')\Delta A_{ik} \tag{2}$$

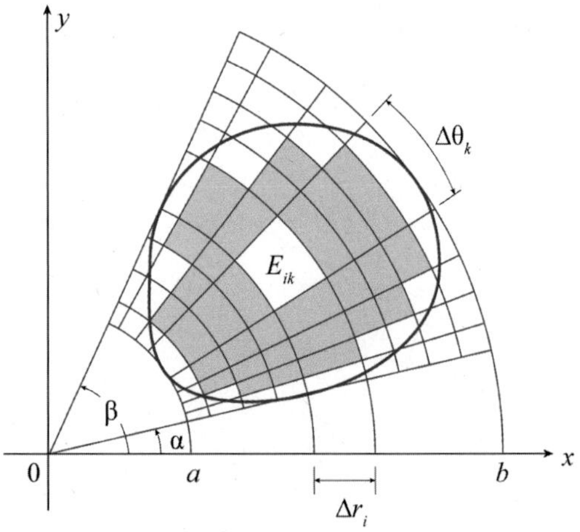

그림 6.12

가 존재하면 그것은 이중적분(1)과 같다. 즉

$$\iint_D F(r,\theta)dA = \lim_{n,m\to\infty}\sum_{i=1}^{n}\sum_{k=1}^{m} F(r_i{}',\theta_k{}')\Delta A_{ik}.$$

여기서 ΔA_{ik}는 E_{ik}의 면적이며 총합은 물론 D의 내부와 주변 전체에 걸쳐서 i와 k에 대하여 취한 것이다.

$$\Delta A_{ik} = \frac{1}{2}\left[(r_{i-1}+\Delta r_i)^2 - r_{i-1}{}^2\right]\Delta\theta_k = \left(r_{i-1}+\frac{1}{2}\Delta r_i\right)\Delta r_i\Delta\theta_k$$

이므로 (2)에서의 $r_i{}'$을 $r_{i-1}+\frac{1}{2}\Delta r_i$로 취하면

$$\Delta A_{ik} = r_i{}'\Delta r_i\Delta\theta_k$$

가 되고

$$\iint_D F(r,\theta)dA = \int_\alpha^\beta\int_{r_1(\theta)}^{r_2(\theta)} F(r,\theta)\,r\,dr\,d\theta$$

이다.

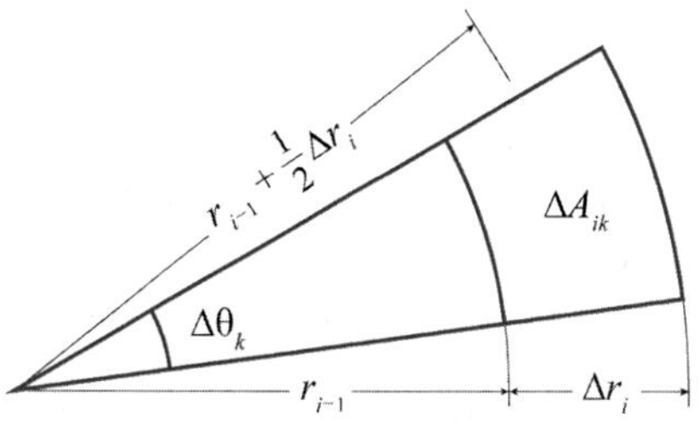

그림 6.13

예제 6.7

원 $x^2+y^2=1$, $x^2+y^2=4$ 사이에 있고 x축 위쪽 반 평면에 있는 영역을 R이라 할 때 $\iint_R (3x+4y^2)dxdy$를 계산하여라.

풀이

$$\iint_R (3x+4y^2)dydx = \int_0^{\pi}\int_1^2 (3r\cos\theta + 4r^2\sin^2\theta\ )rdrd\theta = \int_0^{\pi}(7\cos\theta + 15\sin^2\theta)d\theta = \frac{15\pi}{2}$$

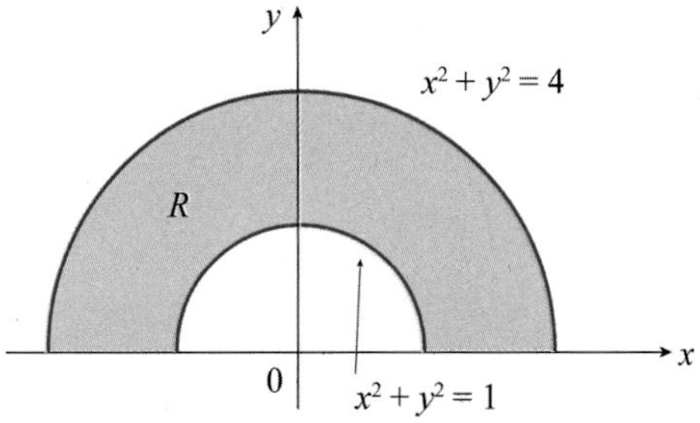

그림 6.14

예제 6.8

$x^2+y^2=1$ 외부와 $x^2+y^2=9$의 내부로 둘러싸인 제1사분면 영역 R에서 $\iint_R e^{x^2+y^2}dxdy$를 구하여라.

풀이

적분영역 R을 극좌표로 변형하면

$$R' = \left\{(r,\theta) | 1 \le r \le 3, 0 \le \theta \le \frac{\pi}{2}\right\}$$

이고 $dxdy = rdrd\theta$, $x^2+y^2=r^2$이므로

$$\iint_R e^{x^2+y^2}dxdy = \iint_{R'} e^{r^2}rdrd\theta = \frac{1}{2}\int_0^{\frac{\pi}{2}}\int_1^3 2re^{r^2}drd\theta = \frac{1}{2}\int_0^{\frac{\pi}{2}}(e^9-e)d\theta = \frac{\pi(e^9-e)}{4}$$

이다.

예제 6.9

정규분포 확률밀도함수 $f(x) = \frac{1}{\sqrt{2\pi}\,\sigma} e^{-(x-\mu)^2/2\sigma^2}$일 때, X는 정규분포를 따른다고 한다. $y = f(x)$ 아래의 면적이 1임을 보여라.

풀이

$I = \int_{-\infty}^{\infty} e^{-x^2} dx$이라면

$I^2 = \int_{-\infty}^{\infty} e^{-x^2} dx \int_{-\infty}^{\infty} e^{-y^2} dy = \int_{-\infty}^{\infty} \int_{-\infty}^{\infty} e^{-(x^2+y^2)} dx dy$

$x = r\cos\theta$, $y = r\sin\theta$인 극좌표로 변수변환하면

$I^2 = \int_0^{2\pi} d\theta \int_0^{\infty} re^{-r^2} dr = -\frac{1}{2} \int_0^{2\pi} d\theta \int_0^{\infty} -2re^{-r^2} dr = -\frac{1}{2} \int_0^{2\pi} d\theta [e^{-r^2}]_0^{\infty} = \pi$

따라서 $I = \int_{-\infty}^{\infty} e^{-x^2} dx = \sqrt{\pi}$

$y = \frac{x-\mu}{\sqrt{2}\,\sigma}$이라면, $dy = \frac{1}{\sqrt{2}\,\sigma} dx$, $dx = \sqrt{2}\,\sigma\, dy$에서

$\int_{-\infty}^{\infty} \frac{1}{\sqrt{2\pi}\,\sigma} e^{-(x-\mu)^2/2\sigma^2} dx = \int_{-\infty}^{\infty} \frac{1}{\sqrt{\pi}} e^{-y^2} dy = \frac{1}{\sqrt{\pi}} \sqrt{\pi} = 1$

따라서 $f(x)$는 확률밀도함수이다.

예제 6.10

포물면 $z = 4 - x^2 - y^2$과 xy평면으로 둘러싸인 입체의 체적을 구하라.

풀이

■ 방법 I

D를 구하기 위하여 $z = 0$으로 놓고 곡면과 xy평면과의 교선을 구하면 $x^2 + y^2 = 4$가 되므로 D는 원 $x^2 + y^2 = 4$와 그 내부가 된다(그림 6.15). 따라서 입체의 대칭성에 의하여 구하는 체적은

$V = 4\int_0^2 \int_0^{\sqrt{4-x^2}} (4 - x^2 - y^2) dy dx = 8\pi$

■ 방법 II

곡면의 방정식은 $z=4-r^2$ 이 되고 이 곡면과 xy평면의 교선은 $z=0$가 되므로

$$V=\int_0^{2\pi}\int_0^2 (4-r^2)r\,dr\,d\theta \;=\int_0^{2\pi}\left[2r^2-\frac{1}{4}r^4\right]_0^2 d\theta=8\pi$$

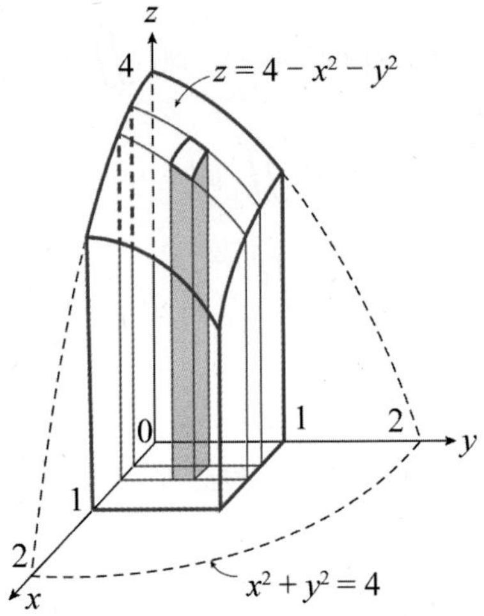

그림 6.15

연습문제 6.3

1. 극좌표계를 사용하여 이중적분을 계산하여라.

(1) R이 $x^2+y^2 \le 9$을 만족시키는 영역일 때, $\iint_R \sqrt{x^2+y^2}\,dA$

(2) R이 $x^2+y^2 \le 4$을 만족시키는 영역일 때, $\iint_R e^{-x^2-y^2}dA$

(3) R이 $r=2-\cos\theta$의 내부일 때, $\iint_R y\,dA$

(4) R이 $x^2+y^2=9$의 내부일 때, $\iint_R (x^2+y^2)dA$

2. 직교좌표계를 극좌표계로 변환하여 반복적분을 계산하여라.

(1) $\int_{-2}^{2}\int_{-\sqrt{4-x^2}}^{\sqrt{4-x^2}} \sqrt{x^2+y^2}\,dydx$

(2) $\int_{0}^{2}\int_{-\sqrt{4-x^2}}^{\sqrt{4-x^2}} e^{-x^2-y^2}dydx$

(3) $\int_{0}^{2}\int_{0}^{\sqrt{8-x^2}} (x^2+y^2)^{3/2}dydx$

(4) 작은 동물 종의 개체군 밀도가 $f(x,y)=20{,}000e^{-x^2-y^2}$일 때 영역 $x^2+y^2 \le 1$에서 개체군 수를 구하여라.

3. 적절한 좌표계를 사용하여 주어진 입체의 체적을 구하여라.

(1) $z=x^2+y^2$ 아래, $z=0$ 위, $x^2+y^2=9$ 내부

(2) $z=\sqrt{x^2+y^2}$ 아래, $z=0$ 위, $x^2+y^2=4$ 내부

4. 영역 R은 중심이 원점이고 반지름이 2인 원이다. $\iint_R (x^2+y^2+3)dydx$를 계산하여라.

5. xy평면 위의 원 기둥 $x^2+y^2=4$의 외부와 포물면 $z=9-x^2-y^2$의 내부가 이루는 입체의 체적을 구하여라.

6. 반복적분 $\int_{-1}^{1}\int_{0}^{\sqrt{1-x^2}} x^2(x^2+y^2)^2 dydx$를 계산하여라.

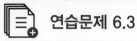

6.4 삼중적분

이중적분의 개념을 삼중적분으로 일반화할 수 있다. 이제 $u=f(x,y,z)$가 공간상의 직육면체 B에서 x,y,z 각각에 대하여 연속이라 하자.

그리고 직육면체 $B=\{(x,y,z)|a\le x\le b, c\le y\le d, r\le z\le s\}$를 x,y,z축 방향으로 각각 l,m,n개로 분할하여 만들어지는 부분 직육면체를 $B_{ijk}=[x_{i-1},x_i]\times[y_{j-1},y_j]\times[z_{k-1},z_k]$ 라고 하면 직육면체 B는 lmn개의 작은 직육면체들로 분할된다(그림 6.16 참조).

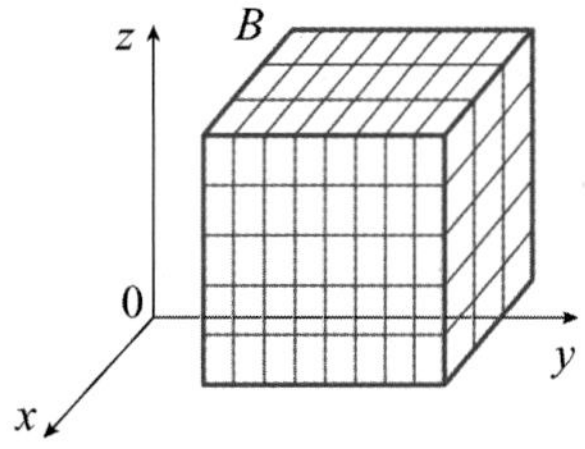

그림 6.16(a)

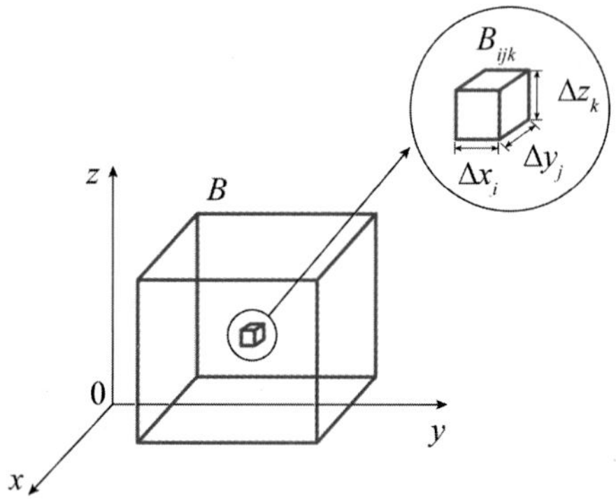

그림 6.16(b)

이때, B_{ijk}의 부피는 $\Delta V_{ijk}=\Delta x_i \Delta y_j \Delta z_k$이다.

이제 B_{ijk} 내부의 임의의 점 $(x_{ijk}{}^*, y_{ijk}{}^*, z_{ijk}{}^*)$에 대한 $\sum_{i=1}^{l}\sum_{j=1}^{m}\sum_{k=1}^{n}f(x_{ijk}{}^*, y_{ijk}{}^*, z_{ijk}{}^*)\Delta V_{ijk}$에 대하여 $l,m,n\to\infty$ 일 때, 유한 확정값에 수렴한다면 그 수렴값을 삼중적분(triple integral)이라고 하고 기호로는 다음과 같이 나타낸다. 즉,

$$\iiint_B f(x,y,z)dV=\iiint_B f(x,y,z)\,dxdydz$$

$$=\lim_{l,m,n\to\infty}\sum_{i=1}^{l}\sum_{j=1}^{m}\sum_{k=1}^{n}f(x_{ijk}{}^*, y_{ijk}{}^*, z_{ijk}{}^*)\Delta V_{ijk}$$

그리고 이러한 삼중적분의 계산도 이중적분의 계산 방법에 따른다.

이중적분과 같이 삼중적분을 계산하는 실제적인 방법은 다음과 같이 삼중적분을 반복적분으로 표현하는 것이다.

f가 $B=[a, b]\times[c, d]\times[r, s]$ 위에서 적분 가능한 경우,

$$\iiint_B f(x, y, z)dV=\int_r^s\int_c^d\int_a^b f(x, y, y)\,dx\,dy\,dz$$

예제 6.11

$B=\{(x, y, z)\,|\,0\le x\le 1, -1\le y\le 2, 0\le z\le 3\}$일 때 $\iiint_B xyz^2dxdydz$를 계산하여라.

풀이

$$\int_0^3\int_{-1}^2\int_0^1 xyz^2dxdydz=\int_0^3\int_{-1}^2\frac{1}{2}yz^2dydz=\int_0^3\frac{3z^2}{4}dz=\frac{27}{4}$$

예제 6.12

$Q=\{(x,y,z)|1\le x\le 2, 0\le y\le 1, 0\le z\le\pi\}$에서
삼중적분 $\iiint_Q 2xe^y\sin z\,dxdydz$을 계산하여라.

풀이

$$\int_0^\pi\int_0^1\int_1^2 2xe^y\sin z dxdydz=\int_0^\pi\int_0^1 x^2e^y\sin z|_{x=1}^{x=2}dydz=3\int_0^\pi e^y\sin z|_{y=0}^{y=1}dz$$

$$=3(e-1)\int_0^\pi\sin zdz=3(e-1)(-\cos z)|_{z=0}^{z=\pi}$$

$$=3(e-1)(-\cos\pi+\cos 0)=6(e-1)$$

이 적분은 f가 연속이고 E의 경계가 그럴듯하게 매끄러운(reasonably smooth) 경우에 존재한다. 이 삼중적분은 본질적으로 이중적분의 성질과 같다. 연속함수 f와 간단한 형태의 영역들에 대해 우리의 관심을 두겠다.

$$E = \{(x,\, y,\, z) \mid (x,\, y) \in D,\, \phi_1(x,\, y) \le z \le \phi_2(x,\, y),\, \phi_1,\, \phi_2 \text{ 연속}\}$$

D는 그림 6.17에서처럼 E의 xy-평면으로의 정사영이다. 위의 E영역을 형태 1인 입체영역이라 한다.

이때는 다음과 같이 된다.

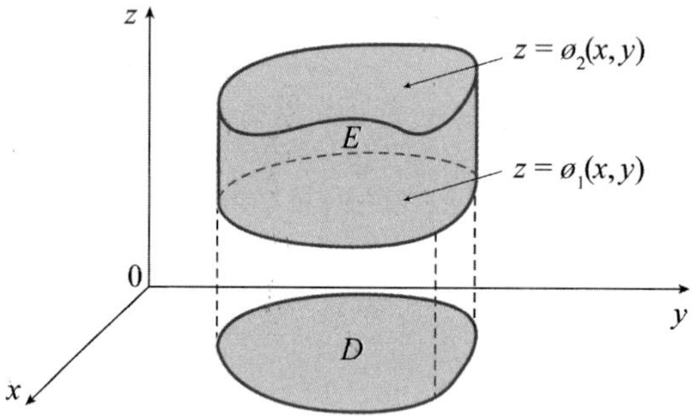

그림 6.17

$$\iiint_E f(x,\, y,\, z)\,dV = \iint_D \left[\int_{\phi_1(x,y)}^{\phi_2(x,y)} f(x,\, y,\, z)\,dz \right] dA$$

특히, 정사영 D가 형태 I 인 평면영역인 경우(그림 6.18)는 다음과 같다.

$$E = \{(x,\, y,\, z) \mid a \le x \le b,\, g_1(x) \le y \le g_2(x),\, \phi_1(x,y) \le z \le \phi_2(x,y)\}$$

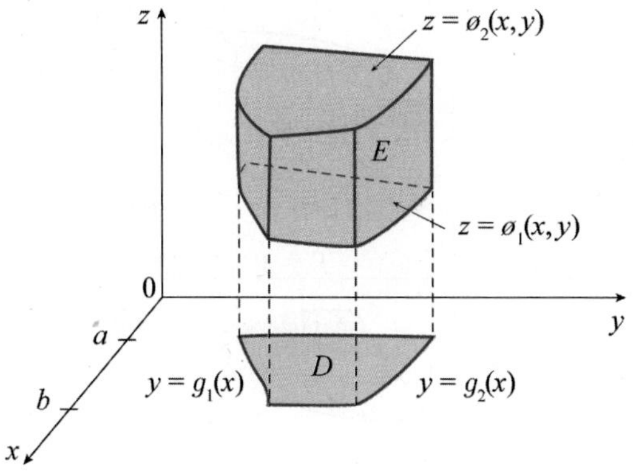

그림 6.18

이고,

$$\iiint_E f(x,\ y,\ z)\,dV = \int_a^b \int_{g_1(x)}^{g_2(x)} \int_{\phi_1(x,y)}^{\phi_2(x,y)} f(x,y,z)\,dz\,dy\,dx$$

가 된다. 한편, D가 형태 Ⅱ인 평면영역인 경우(그림 6.19)는 다음과 같다.

$$E = \{(x,\ y,\ z) \mid c \le y \le d,\ \ h_1(y) \le x \le h_2(y),\ \ \phi_1(x,\ y) \le z \le \phi_2(x,\ y)\}$$

이고

$$\iiint_E f(x,\ y,\ z)\,dV = \int_c^d \int_{h_1(y)}^{h_2(y)} \int_{\phi_1(x,y)}^{\phi_2(x,y)} f(x,y,z)\,dz\,dx\,dy$$

가 된다.

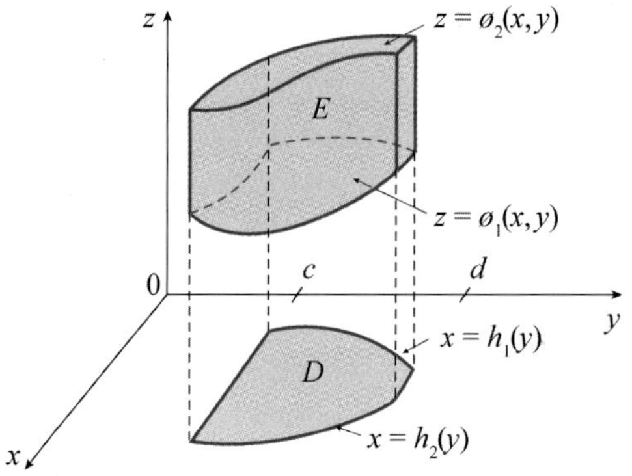

그림 6.19

예제 6.13

다음 반복적분을 구하여라.

(1) $\int_0^2\int_0^{z^2}\int_0^{y-z}(2x-y)dx\,dy\,dz$ (2) $\int_1^2\int_0^{2z}\int_0^{\ln x}xe^{-y}dy\,dx\,dz$

풀이

(1) $$\int_0^2\int_0^{z^2}\int_0^{y-z}(2x-y)dx\,dy\,dz=\int_0^2\int_0^{z^2}\left[x^2-xy\right]_{x=0}^{x=y-z}\left[(y-z)^2-(y-z)y\right]dy\,dz$$
$$=\int_0^2\int_0^{z^2}(z^2-yz)\,dy\,dz=\int_0^2\left[yz^2-\frac{1}{2}y^2z\right]_{y=0}^{y=z^2}dx$$
$$=\int_0^2\left(z^4-\frac{1}{2}z^5\right)dz$$
$$=\left[\frac{1}{5}z^5-\frac{1}{12}z^6\right]_0^2=\frac{32}{5}-\frac{64}{12}=\frac{16}{15}$$

(2) $$\int_1^2\int_0^{2z}\int_0^{\ln x}xe^{-y}dy\,dx\,dz=\int_1^2\int_0^{2z}\left[-xe^{-y}\right]_{y=0}^{y=\ln x}dxdz=\int_1^2\int_0^{2z}(-xe^{-\ln x}+xe^0)dx\,dz$$
$$=\int_1^2\int_0^{2z}(-1+x)dx\,dz=\int_1^2\left[-x+\frac{1}{2}x^2\right]_{x=0}^{x=2z}dz$$
$$=\int_1^2(-2z+2z^2)dz=\left[-z^2+\frac{2}{3}z^3\right]_1^2=-4+\frac{16}{3}+1-\frac{2}{3}=\frac{5}{3}$$

예제 6.14

E가 평면들 $x=0$, $y=0$, $z=0$ 그리고 $x+y+z=1$에 의해 유계된 사면체인 경우 $\iiint_E z\, dV$를 계산하여라.

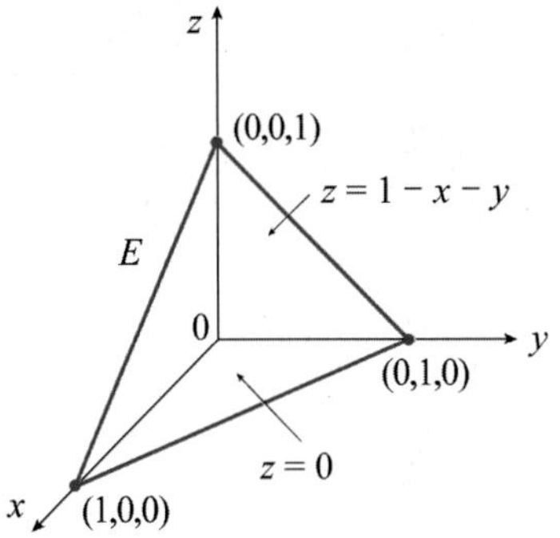

그림 6.20(a)

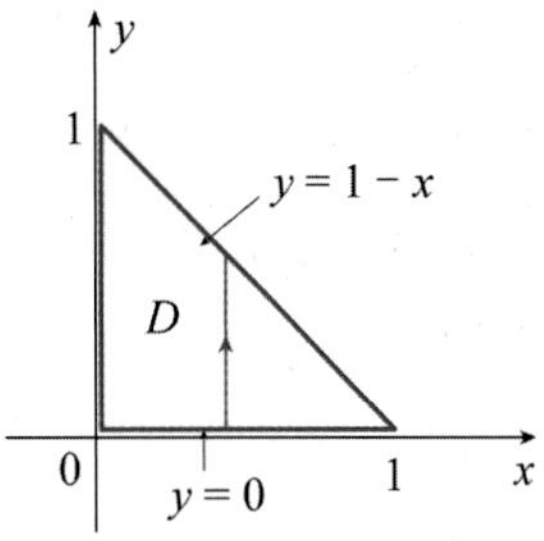

그림 6.20(b)

풀이

그림 6.20에서

$$\begin{aligned}\iiint_E z\, dV &= \int_0^1 \int_0^{1-x} \int_0^{1-x-y} z\, dz\, dy\, dx \\ &= \int_0^1 \int_0^{1-x} \left[\frac{z^2}{2}\right]_{z=0}^{z=1-x-y} dy\, dx \\ &= \frac{1}{2}\int_0^1 \int_0^{1-x} (1-x-y)^2\, dy\, dx \\ &= \frac{1}{2}\int_0^1 \left[-\frac{(1-x-y)^3}{3}\right]_{y=0}^{y=1-x} dx \\ &= \frac{1}{6}\int_0^1 (1-x)^3 dx = \frac{1}{6}\left[-\frac{(1-x)^4}{4}\right]_0^1 = \frac{1}{24}\end{aligned}$$

예제 6.15

E가 곡선 $y=x^2$와 $x=y^2$에 의해 둘러싸인 xy평면 영역 D 위와 $z=x+y$ 아래에 놓여 있는 입체인 경우 $\iiint_E xy\,dV$를 구하여라.

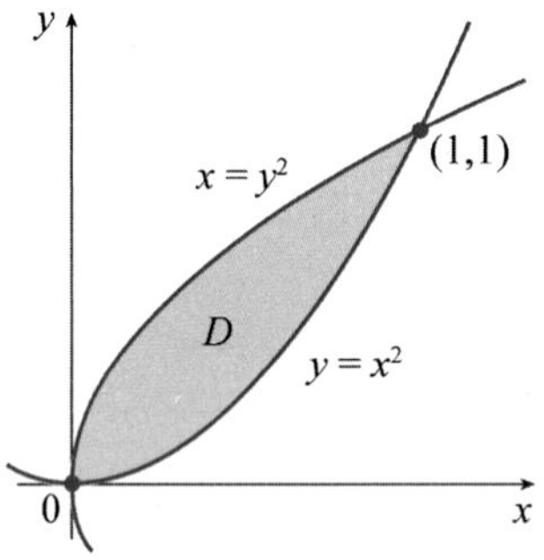

그림 6.21

풀이

그림 6.21에서

$$\begin{aligned}\iiint_E xy\,dV &= \int_0^1\int_{x^2}^{\sqrt{x}}\int_0^{x+y} xy\,dz\,dy\,dx = \int_0^1\int_{x^2}^{\sqrt{x}} xy(x+y)\,dy\,dx\\ &= \int_0^1\int_{x^2}^{\sqrt{x}} (x^2y+xy^2)\,dy\,dx = \int_0^1\left[\frac{1}{2}x^2y^2+\frac{1}{3}xy^3\right]_{y=x^2}^{y=\sqrt{x}}dx\\ &= \int_0^1\left(\frac{1}{2}x^3+\frac{1}{3}x^{\frac{5}{2}}-\frac{1}{2}x^6-\frac{1}{3}x^7\right)dx\\ &= \left[\frac{1}{8}x^4+\frac{2}{21}x^{7/2}-\frac{1}{14}x^7-\frac{1}{24}x^8\right]_0^1\\ &= \frac{3}{28}\end{aligned}$$

1. 삼중적분 $\iiint_B f(x, y, z) dV$을 계산하여라.

(1) $f(x, y, z,) = 2x + y - z$
$B = \{(x, y, z) | 0 \le x \le 2, -2 \le y \le 2, 0 \le z \le 2\}$

(2) $f(x, y, z,) = \sqrt{y} - 3z^2$
$B = \{(x, y, z) | 2 \le x \le 3, 0 \le y \le 1, -1 \le z \le 1\}$

2. 다음 삼중적분을 구하여라.

(1) $\int_0^1 \int_0^z \int_0^{x+z} 6xz\, dydxdz$

(2) $\int_0^3 \int_0^1 \int_0^{\sqrt{1-z^2}} ze^y\, dxdzdy$

(3) $\int_0^{\pi/2} \int_0^y \int_0^x \cos(x+y+z)\, dzdxdy$

3. 다음 삼중적분을 구하여라.

(1) $\iiint_E 2x\, dzdxdy$

$E = \left\{(x,y,z) \mid 0 \le y \le 2,\ 0 \le x \le \sqrt{4-y^2},\ 0 \le z \le y\right\}$

(2) $\iiint_E 6xy\, dV$, E는 곡선 $y = \sqrt{x}$와 $y = 0$, $x = 1$에 의해 둘러싸인 xy평면의 위와 평면 $z = 1 + x + y$ 아래에 놓여있는 부분

연습문제 6.4

4. xy좌표평면과 평면 $2x+y+z=4$에 의하여 둘러싸인 사면체의 부피를 구하여라.

5. 다음 삼중적분을 구하여라.

(1) $\int_0^1\int_0^1\int_0^1 (x^2+y^2+z^2)\,dzdydx$

(2) $\int_1^e\int_1^e\int_1^e \frac{1}{xyz}dxdydz$

(3) $\int_0^1\int_0^\pi\int_0^\pi y\sin z\,dxdydz$

(4) $\int_0^3\int_0^{\sqrt{9-x^2}}\int_0^{\sqrt{9-x^2}} dzdydx$

(5) $\int_0^1\int_0^{2-x}\int_0^{2-x-y} dzdydx$

(6) $\int_0^\pi\int_0^\pi\int_0^\pi \cos(u+v+w)\,dudvdw$

(7) $\int_1^e\int_1^e\int_1^e \ln r\ln s\ln t\,dtdrds$

6. $B=\{(x,y,z)\mid -1\le x\le 1,\ 0\le y\le 2,\ 0\le z\le 1\}$일 때,

$\iiint_B (xz-y^3)dx\,dy\,dz$를 구하여라.

7. 구면 $y=x^2$, 평면 $z=0$, $y+z=1$로 둘러싸인 입체를 삼중적분을 이용하여 입체의 부피를 구하라.

6.5 원기둥좌표에 의한 삼중적분

평면기하에서 어떤 곡선과 영역을 보다 편리하게 설명하기 위하여 극좌표계를 소개한 바 있다. 삼차원 공간에서는 일반적으로 나타나는 어떤 곡면과 입체를 편리하게 설명하게 해주면서 극좌표계와 유사한 두 좌표계가 있다. 이들은 부피와 삼중적분을 계산할 때 특히 유용하다. 원기둥좌표계(cylindrical coordinate system)에서는 삼차원 공간의 점 P를 순서조 (r, θ, z)로 나타낸다. 이때 r과 θ는 xy-평면 위의 P의 사영의 극좌표이고 z는 xy-평면에서 P까지의 거리이다(그림 6.22 참조).

원기둥좌표를 직교좌표로 변환하기 위해서는 방정식

$$x = r\cos\theta \qquad y = r\sin\theta \qquad z = z$$

를 이용하고, 직교좌표를 원기둥좌표로 변환하기 위하여는

$$r^2 = x^2 + y^2 \qquad \tan\theta = \frac{y}{x} \qquad z = z$$

를 이용한다. 6.3절에서 어떤 중적분은 극좌표를 사용하여 더 쉽게 계산되었다. 이절에서는, 어떤 삼중적분들이 원기둥좌표 또는 구면좌표를 사용하여 더 쉽게 계산된다는 것을 알 수 있다.

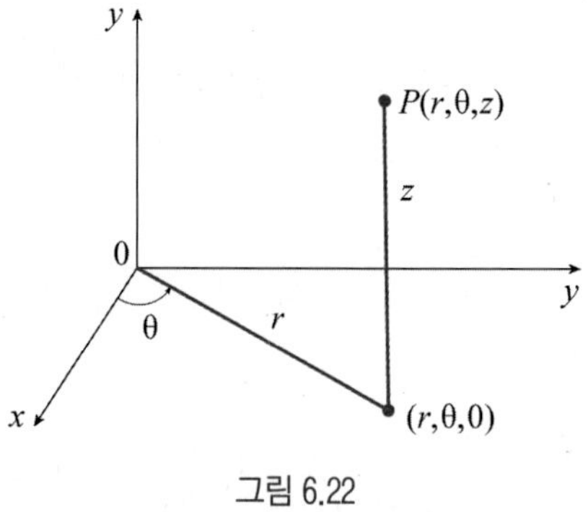

그림 6.22

예제 6.16

(1) 원기둥좌표가 $\left(2,\ \frac{\pi}{4},\ 1\right)$인 점을 그리고, 그 직교좌표를 구하여라.

(2) 원기둥좌표가 $\left(4,\ -\frac{\pi}{3},\ 5\right)$인 점을 그리고, 그 직교좌표를 구하여라.

풀이

(1) $x=2\cos(\pi/4)=\sqrt{2},\ y=2\sin(\pi/4)=\sqrt{2},\ z=1$이다. 직교좌표 $(\sqrt{2},\sqrt{2},1)$

(2) $x=4\cos(-\pi/3)=2,\ y=4\sin(-\pi/3)=-2\sqrt{3},\ z=5$이다. 직교좌표 $(2,-2\sqrt{3},5)$

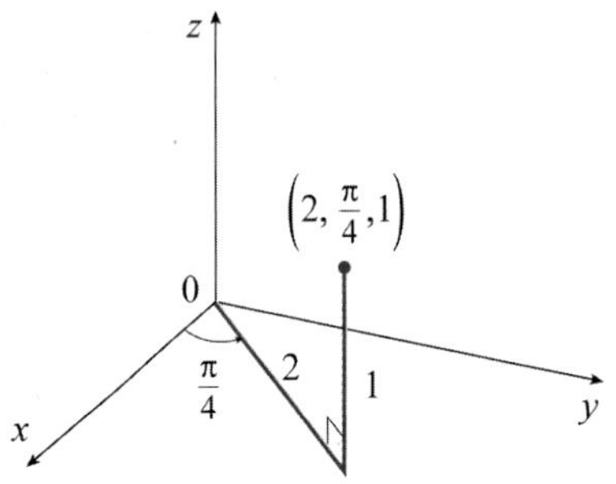

그림 6.23

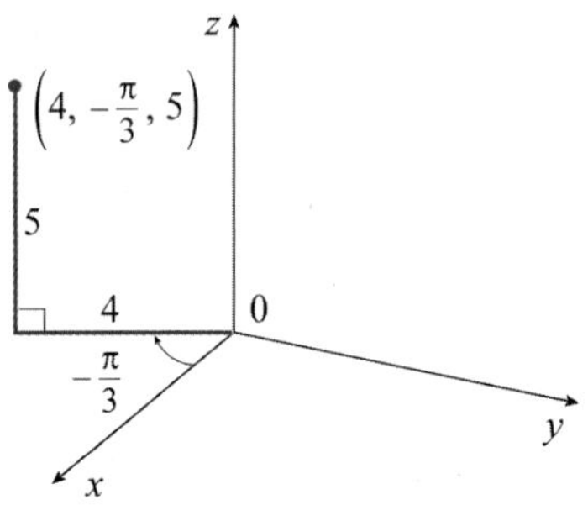

그림 6.24

예제 6.17

(1) 직교좌표가 $(1,\ -1,\ 4)$인 점의 원기둥좌표를 구하여라.

(2) 직교좌표가 $(-1,\ -\sqrt{3},\ 2)$인 점의 원기둥좌표를 구하여라.

풀이

(1) $r=\sqrt{1^2+(-1)^2}=\sqrt{2}$, $\tan\theta=-\frac{1}{1}=-1$, $\theta=2n\pi+\frac{7}{4}\pi$, $z=4$이 얻어진다.

따라서 하나의 원기둥좌표는 $\left(\sqrt{2},\ \frac{7}{4}\pi,\ 4\right)$

(2) $r=\sqrt{(-1)^2+(-\sqrt{3})^2}=2$, $\tan\theta=\frac{-\sqrt{3}}{-1}=\sqrt{3}$, $\theta=2n\pi+\frac{4}{3}\pi$이다.

따라서 하나의 원기둥좌표는 $\left(2,\ \frac{4}{3}\pi,\ 2\right)$

어떤 입체의 체적 또는 입체의 체적에 관련된 양을 직교좌표 x, y, z로 나타낸 직육면체의 체적소로 입체를 분할하여 구하였으나 가끔 이것과는 다른 모양의 체적소로 분할하여 구하는 것이 더 쉬울 때가 있다. 이런 것 중의 하나가 원기둥좌표에 의한 분할법인데 이 경우에는 (a) z축을 지나고 각의 크기가 $d\theta$되는 평면 속과 (b) z축을 축으로 가지고 반경의 차가 dr되는 공축원기둥과 (c) z축에 수직이고 간격이 dz되는 나란한 두 평면에 의하여 입체를 체적소로 나눈다.

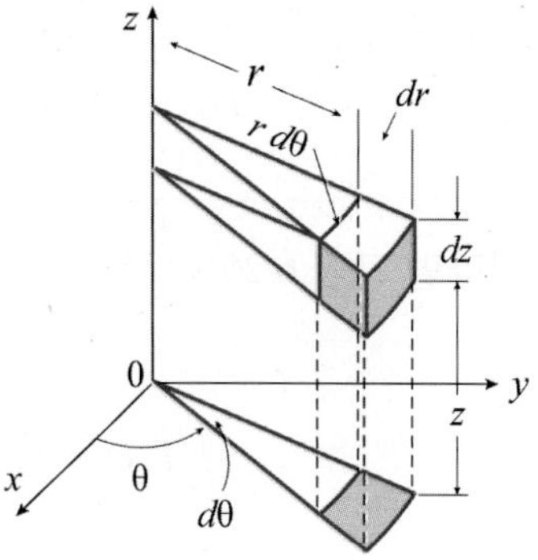

그림 6.25

각 체적소 (그림 6.25)는 단면적이 $rdrd\theta$이고 높이 dz인 입체가 되므로 체적의 미분은 다음과 같다.

$$dV = r\,dz\,dr\,d\theta \tag{1}$$

E가 형태 1의 영역이고 xy-평면으로의 E의 정사영 D가 극좌표로 쉽게 표현된다고 하자(그림 6.26 참조). 특히, f가 연속함수이고

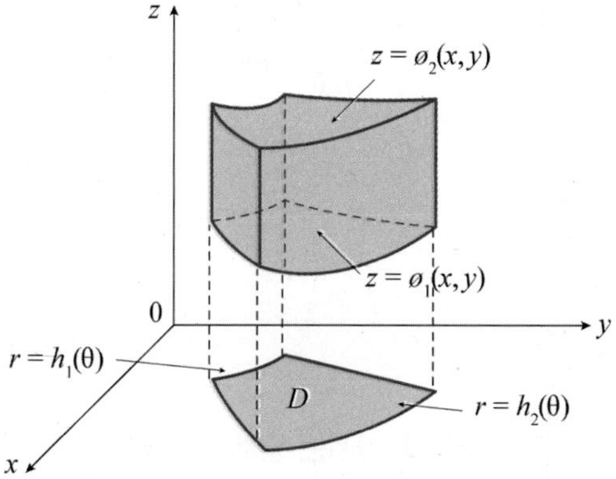

그림 6.26

$$E = \{(x, y, z) \mid (x, y) \in D, \phi_1(x, y) \le z \le \phi_2(x, y)\}$$
$$D = \{(r, \theta) \mid \alpha \le \theta \le \beta, h_1(\theta) \le r \le h_2(\theta)\}$$

이라면 그림 6.26으로부터

$$\iiint_E f(x, y, z)\, dV = \iint_D \left[\int_{\phi_1(x,y)}^{\phi_2(x,y)} f(x, y, z) dz \right] dA$$

즉,

$$\iiint_E f(x, y, z) dV = \int_\alpha^\beta \int_{h_1(\theta)}^{h_2(\theta)} \int_{\phi_1(r\cos\theta, r\sin\theta)}^{\phi_2(r\cos\theta, r\sin\theta)} f(r\cos\theta, r\sin\theta, z)\, r\, dz\, dr\, d\theta$$

원기둥좌표에 의한 삼중적분에 대한 공식이다. 여기서 dV를 $r\,dz\,dr\,d\theta$로 치환했다 (그림 6.27 참조).

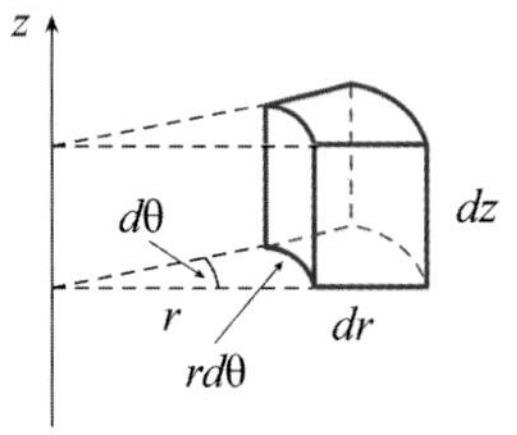

그림 6.27

예제 6.18

다음 적분에 의하여 주어지는 부피를 가지는 입체를 그리고, 적분값을 구하여라

$$\int_0^4 \int_0^{2\pi} \int_r^4 r\, dz\, d\theta\, dr$$

풀이

이 반복적분은 공간영역

$E=\{(r, \theta, z) | 0 \le \theta \le 2\pi,\ 0 \le r \le 4,\ r \le z \le 4\}$

이 입체는 $z=r$과 $z=4$로 둘러싸인 입체영역이다.

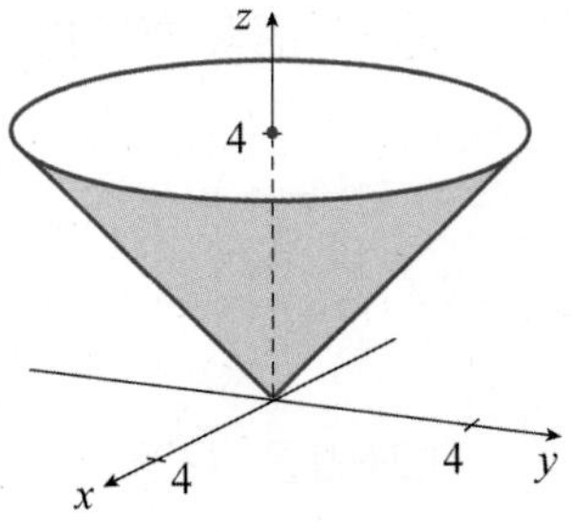

그림 6.28

$$\int_0^4\int_0^{2\pi}\int_r^4 r\,dz\,d\theta\,dr=\int_0^4\int_0^{2\pi}[rz]_{z=r}^{z=4}d\theta\,dr$$
$$=\int_0^4\int_0^{2\pi} r(4-r)d\theta\,dr$$
$$=\int_0^4(4r-r^2)dr\int_0^{2\pi}d\theta$$
$$=\left[2r^2-\frac{1}{3}r^3\right]_0^4[\theta]_0^{2\pi}$$
$$=\left(32-\frac{64}{3}\right)(2\pi)=\frac{64\pi}{3}$$

예제 6.19

E는 원기둥곡면 $x^2+y^2=16$의 안쪽에서 평면 $z=-5$와 $z=4$ 사이의 영역을 나타낼 때, $\iiint_E \sqrt{x^2+y^2}\,dV$를 구하여라.

풀이

원기둥좌표에서 공간영역 E는

$\{(r,\theta,z) | 0 \le \theta \le 2\pi,\ 0 \le r \le 4,\ -5 \le z \le 4\}$

$$\iiint_E \sqrt{x^2+y^2}\,dV=\int_0^{2\pi}\int_0^4\int_{-5}^4\sqrt{r^2}\,r\,dz\,dr\,d\theta=\int_0^{2\pi}d\theta\int_0^4 r^2dr\int_{-5}^4 dz$$
$$=[\theta]_0^{2\pi}\left[\frac{1}{3}r^3\right]_0^4[z]_{-5}^4=(2\pi)\left(\frac{64}{3}\right)(9)=384\pi$$

연습문제 6.5

1. 다음 원기둥좌표의 점을 그리고, 그 직교좌표를 구하여라.

(1) $(1,\ \pi,\ e)$ (2) $\left(1,\ \dfrac{3\pi}{2},\ 2\right)$

2. 직교좌표를 원기둥좌표로 바꾸어라

(1) $(3,\ -3,\ -7)$ (2) $(2\sqrt{3},\ 2,\ -1)$

3. $\displaystyle\int_{-2}^{2}\int_{-\sqrt{4-x^2}}^{\sqrt{4-x^2}}\int_{\sqrt{x^2+y^2}}^{2}(x^2+y^2)\,dz\,dy\,dx$를 계산하여라.

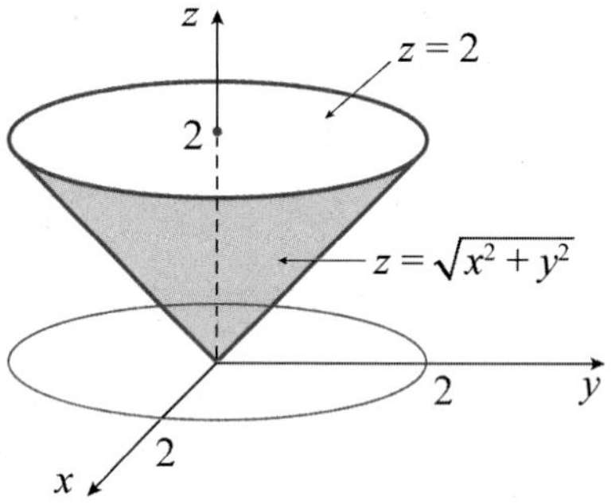

4. 다음 적분에 의하여 주어지는 부피를 가지는 입체를 그리고, 적분값을 구하여라.

$$\int_0^{\pi/2}\int_0^2\int_0^{9-r^2} r\,dz\,dr\,d\theta$$

5. 원기둥좌표를 사용하여 다음을 구하여라.

(1) E는 원기둥곡면 $x^2+y^2=16$의 안쪽에서 평면 $z=-5$와 $z=4$ 사이의 영역을 나타낼 때, $\iiint_E \sqrt{x^2+y^2}\, dV$를 구하여라.

(2) E는 포물면 $z=x^2+y^2$와 평면 $z=4$로 둘러싸인 영역을 나타낼 때, $\iiint_E z\, dV$를 구하여라.

(3) E는 원기둥곡면 $x^2+y^2=1$의 안쪽에 놓여 있으면서 평면 $z=0$의 위쪽과 원뿔면 $z^2=4x^2+4y^2$의 아래쪽에 놓인 영역일 때, $\iiint_E x^2\, dV$를 구하여라.

(4) 원기둥곡면 $x^2+y^2=1$과 구면 $x^2+y^2+z^2=1$로 둘러싸인 입체의 부피를 구하여라.

6.6 구면좌표에 의한 삼중적분

3차원 공간에서의 점 P의 구면좌표 (ρ, θ, ϕ)는 그림 6.29에 표시되어 있다.

$$\rho \geq 0, \quad 0 \leq \theta \leq 2\pi, \quad 0 \leq \phi \leq \pi$$

여기서 첫째 좌표인 ρ는 원점에서부터의 거리를 나타낸다. 따라서 $\rho \geq 0$이다. 둘째 좌표인 θ는 원기둥좌표의 둘째 좌표와 같으며 0에서부터 2π까지의 값을 갖는다. 셋째 좌표 ϕ는 z축의 양의 방향에서부터의 각으로서 정의되며 0에서 π까지의 값을 갖는다.

좌표평면은

$$\rho = \rho_0, \ \theta = \theta_0, \ \phi = \phi_0$$

로 정의되는 곡면들로 그림 6.30에 표시되어 있다.

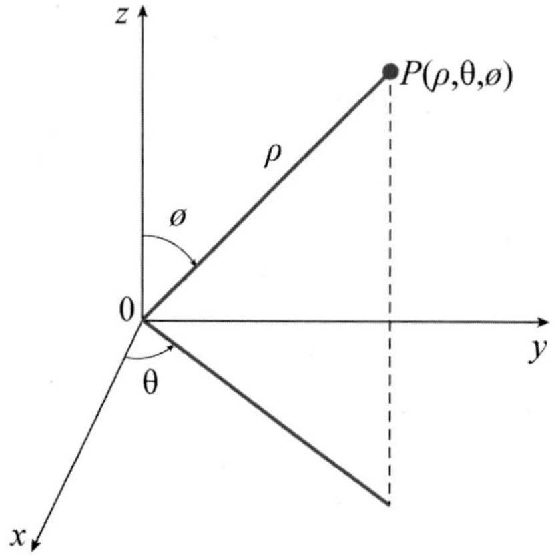

그림 6.29

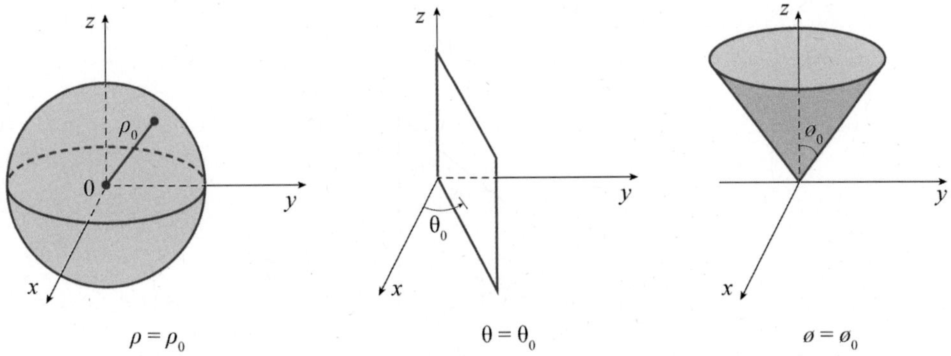

그림 6.30

첫째 좌표면 $\rho = \rho_0$는 반지름이 $\rho_0 = 0$인 구면이다. 둘째 좌표면 $\theta = \theta_0$는 원기둥좌표의 경우와 마찬가지로 z 축에서 출발하여 x축의 양의 방향과 θ_0(radian)의 각을 이루는 반평면이다. 셋째 좌표면 $\phi = \phi_0$는 조금 복잡하다. $0 < \phi_0 < \frac{1}{2}\pi$이거나 $\frac{1}{2}\pi < \phi_0 < \pi$일 때는 이 곡면은 원점을 출발하여 z축의 양의 방향과 ϕ_0의 각을 이루는 반직선을 z축을 중심으로 회전하여 생긴 원추이다. 좌표면 $\phi = \frac{1}{2}\pi$는 $xy-$평면이다. 또 $\phi = 0$는 양의 z축이고, $\phi = \pi$는 음의 z축이다.

직교좌표와 구면좌표 사이의 관계는 그림 6.31에서 알 수 있다. 삼각형 OPQ와 OPP'로부터

$$z = \rho\cos\phi, \quad r = \rho\sin\phi$$

얻는다. 그런데 $x = r\cos\theta$, $y = r\sin\theta$이므로

$$x = \rho\sin\phi\cos\theta, \quad y = \rho\sin\phi\sin\theta, \quad z = \rho\cos\phi$$

이다. 또한 거리공식으로부터

$$\rho^2 = x^2 + y^2 + z^2$$

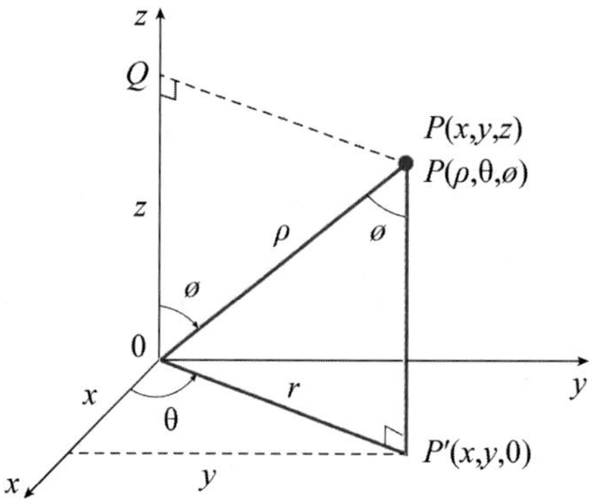

그림 6.31

예제 6.20

다음 구면좌표를 그리고 그것을 직교좌표로 나타내시오.

(1) $(1, 0, 0)$

(2) $(2, \pi/3, \pi/4)$

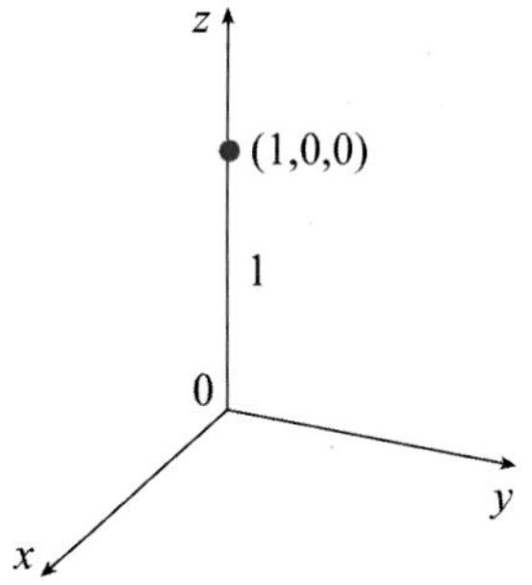

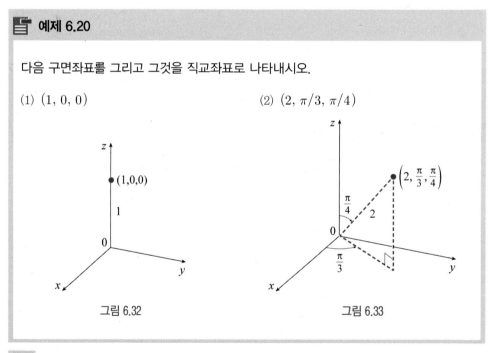

그림 6.32

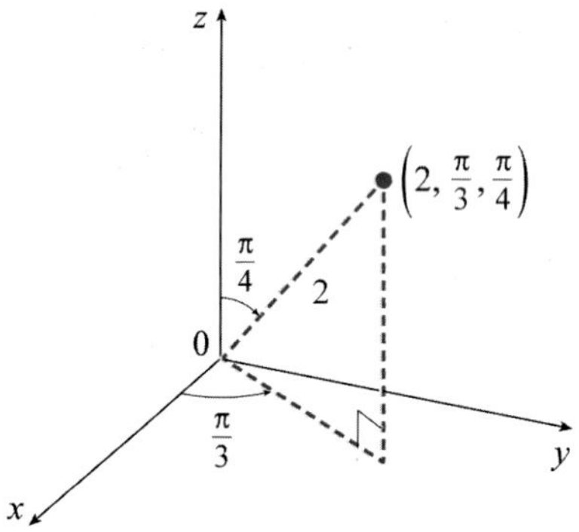

그림 6.33

풀이

(1) $x = \rho \sin\phi \cos\theta = (1)\sin 0 \cos 0 = 0,$

$y = \rho \sin\phi \sin\theta = (1)\sin 0 \sin 0 = 0,$

$z = \rho \cos\phi = (1)\cos 0 = 1.$

따라서 직교좌표 $(0, 0, 1)$이다.

(2) $x = 2\sin\frac{\pi}{4}\cos\frac{\pi}{3} = \frac{\sqrt{2}}{2}$,

$y = 2\sin\frac{\pi}{4}\sin\frac{\pi}{3} = \frac{\sqrt{6}}{2}$,

$z = 2\cos\frac{\pi}{4} = \sqrt{2}$.

따라서 직교좌표 $\left(\frac{\sqrt{2}}{2}, \frac{\sqrt{6}}{2}, \sqrt{2}\right)$이다.

예제 6.21

직교좌표를 구면좌표로 바꾸어라

(1) $(1, \sqrt{3}, 2\sqrt{3})$　　　　(2) $(0, -1, -1)$

풀이

(1) $\rho = \sqrt{x^2+y^2+z^2} = \sqrt{1+3+12} = 4$, $\cos\phi = \frac{z}{\rho} = \frac{2\sqrt{3}}{4} = \frac{\sqrt{3}}{2}$

$\Rightarrow \phi = \frac{\pi}{6}$, $\cos\theta = \frac{x}{\rho\sin\phi} = \frac{1}{4\sin(\pi/6)} = \frac{1}{2} \Rightarrow \theta = \frac{\pi}{3}\ [y>0]$

그러므로 구면좌표 $\left(4, \frac{\pi}{3}, \frac{\pi}{6}\right)$이다.

(2) $\rho = \sqrt{0+1+1} = \sqrt{2}$, $\cos\phi = \frac{-1}{\sqrt{2}} \Rightarrow \phi = \frac{3\pi}{4}$,

$\cos\theta = \frac{0}{\sqrt{2}\sin(3\pi/4)} = 0 \Rightarrow \theta = \frac{3\pi}{2}\ [y<0]$

그러므로 구면좌표 $\left(\sqrt{2}, \frac{3\pi}{2}, \frac{3\pi}{4}\right)$이다.

이 구면좌표계에서 어떤 직육면체 영역과 비슷한 것은 다음과 같은 형태의 영역이다.

$$E = \{(\rho, \theta, \phi) \mid a \le \rho \le b,\ \alpha \le \theta \le \beta,\ c \le \phi \le d\}$$

여기서 $\alpha \ge 0$, $\beta - \alpha \le 2\pi$ 그리고 $d - c \le \pi$이다. 이 영역 E 위에서 적분하기 위하여 E를 세밀한 소영역 E_{ijk}로의 구면분할 P를 생각한다(그림 6.34 참조). 그리고 분할 P의 노름(norm), $\| P \|$는 이 소영역들 중에서 대각선의 길이로 약속한다.

E_{ijk}의 체적 $\triangle V_{ijk}$는

$$\triangle V_{ijk} \approx \rho_i^2 \sin\phi_k \triangle\rho_i \triangle\theta_j \triangle\phi_k$$

평균값 정리를 이용하여

$$\triangle V_{ijk} = \tilde{\rho}_i^2 \sin\tilde{\phi}_k \triangle\rho_i \triangle\theta_j \triangle\phi_k$$

이다(여기서, $(\tilde{\rho}_i, \tilde{\theta}_j, \tilde{\phi}_k)$는 E_{ijk}의 적당한 점이다).

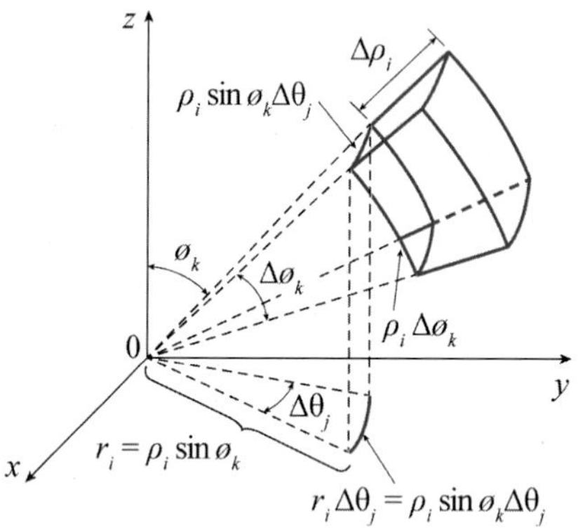

그림 6.34

이 점의 직교좌표를 $(x_{ijk}^*, y_{ijk}^*, z_{ijk}^*)$라 하면,

$$\iiint_E f(x, y, z)dV = \lim_{\|P\|\to 0} \sum_{i=1}^{l} \sum_{j=1}^{m} \sum_{k=1}^{n} f(x_{ijk}^*, y_{ijk}^*, z_{ijk}^*) \triangle V_{ijk}$$

$$= \lim_{\|P\|\to 0} \sum_{i=1}^{l} \sum_{j=1}^{m} \sum_{k=1}^{n} f(\tilde{\rho}_i \sin\tilde{\phi}_k \cos\tilde{\theta}_j, \tilde{\rho}_i \sin\tilde{\phi}_k \sin\tilde{\theta}_j, \tilde{\rho}_i \cos\tilde{\phi}_k)\, \tilde{\rho}_i^2 \sin\tilde{\phi}_k \triangle\rho_i \triangle\theta_j \triangle\phi_k$$

여기서 이 합은 다음 함수 F의 리만합이다.

$$F(\rho, \theta, \phi) = \rho^2 \sin\phi\, f(\rho\sin\phi\cos\theta, \rho\sin\phi\sin\theta, \rho\cos\phi)$$

결과적으로 구면좌표의 삼중적분에 대한 다음 공식을 얻는다.

$$\iiint_E f(x,y,z)\,dV = \int_c^d \int_\alpha^\beta \int_a^b f(\rho\sin\phi\cos\theta,\ \rho\sin\phi\sin\theta,\ \rho\cos\phi)\,\rho^2\sin\phi\,d\rho\,d\theta\,d\phi$$

$$E = \{(\rho,\theta,\phi)\,|\,a \le \rho \le b,\ \alpha \le \theta \le \beta,\ c \le \phi \le d\}$$

여기서 dV는 $\rho^2\sin\phi\,d\rho\,d\theta\,d\phi$로 치환하였다.

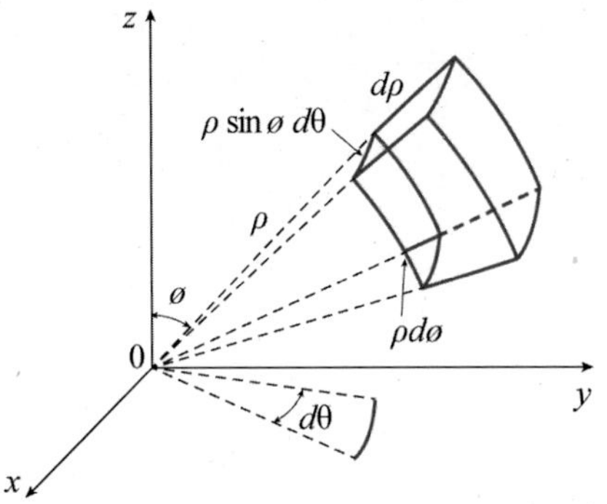

그림 6.35

예제 6.22

$B = \{(x,y,z)\,|\,x^2+y^2+z^2 \le 1\}$일 때, $\iiint_B e^{(x^2+y^2+z^2)^{\frac{3}{2}}}dV$를 계산하여라.

풀이

구면좌표를 사용하면

$B = \{(\rho,\theta,\phi)\,|\,0 \le \rho \le 1, 0 \le \theta \le 2\pi, 0 \le \phi \le \pi\}$

$x^2+y^2+z^2 = \rho^2$

$$\iiint_B e^{(x^2+y^2+z^2)^{\frac{3}{2}}}dV = \int_0^\pi \int_0^{2\pi} \int_0^1 e^{(\rho^2)^{\frac{3}{2}}}\rho^2\sin\phi\,d\rho\,d\theta\,d\phi$$

$$= \int_0^\pi \sin\phi\,d\phi \int_0^{2\pi} d\theta \int_0^1 \rho^2 e^{\rho^3}d\rho$$

$$= [-\cos\phi]_0^\pi\ (2\pi)\left[\frac{1}{3}e^{\rho^3}\right]_0^1 = \frac{4\pi}{3}(e-1)$$

예제 6.23

원뿔면 $z=\sqrt{x^2+y^2}$ 위와 구면 $x^2+y^2+z^2=1$ 아래에 놓인 도형의 체적을 구면좌표를 사용하여 구하여라(그림 6.36).

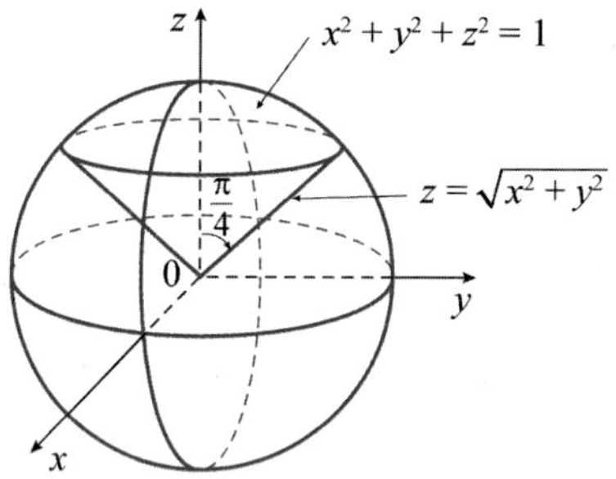

그림 6.36

풀이

구면좌표를 사용하여 구면의 방정식은 다음과 같이 변환된다.

$x=\rho\sin\phi\cos\theta,\ y=\rho\sin\phi\sin\theta,\ z=\rho\cos\phi$

이므로

$$\begin{aligned}\rho\cos\phi &= \sqrt{\rho^2\sin^2\phi\cos^2\theta+\rho^2\sin^2\phi\sin^2\theta}\\ &=\rho\sin\phi\end{aligned}$$

이것은 $\cos\phi=\sin\phi$, 즉 $\phi=\frac{\pi}{4}$이다. 구면좌표를 사용하여 입체 E는 다음과 같이 된다.

$$E=\left\{(\rho,\theta,\phi)\mid 0\le\theta\le 2\pi,\ 0\le\phi\le\frac{\pi}{4},\ 0\le\rho\le 1\right\}$$

$$\begin{aligned}V&=\int_0^{2\pi}\int_0^{\pi/4}\int_0^1\rho^2\sin\phi\,d\rho\,d\phi\,d\theta\\ &=\int_0^{2\pi}d\theta\int_0^{\pi/4}\sin\phi\,d\phi\int_0^1\rho^2d\rho\\ &=2\pi\left(-\frac{\sqrt{2}}{2}+1\right)\left(\frac{1}{3}\right)\\ &=\frac{1}{3}\pi(2-\sqrt{2})\end{aligned}$$

1. 점 $(2, \pi/4, \pi/3)$가 구면좌표로 주어져 있다. 직교좌표를 구하여라.

2. 점 $(0, 2\sqrt{3}, -2)$가 직교좌표로 주어져 있다. 구면좌표를 구하여라.

3. 방정식 $x^2 - y^2 - z^2 = 1$인 이엽쌍곡면의 구면좌표방정식을 구하여라.

4. 구면방정식이 $\rho = \sin\theta \sin\phi$인 곡면의 직교방정식을 구하여라.

5. 다음 구면좌표를 그리고 직교좌표를 구하여라.

   (1) $(5, \pi, \pi/2)$ (2) $(4, 3\pi/4, \pi/3)$

6. 직교좌표를 구면좌표로 바꾸어라.

   (1) $(1, 1, \sqrt{2})$ (2) $(-\sqrt{3}, -3, -2)$

7. 다음 적분에 의하여 주어지는 입체를 그리고, 적분값을 구하여라.

$$\int_0^{\frac{\pi}{6}} \int_0^{\frac{\pi}{2}} \int_0^3 \rho^2 \sin\phi \, d\rho \, d\theta \, d\phi$$

8. B가 중심이 원점이고 반지름이 5인 구일 때, $\iiint_B (x^2 + y^2 + z^2)^2 dV$를 구하여라.

9. E는 제1팔분공간에 위치하며 $x^2 + y^2 + z^2 = 1$과 구면 $x^2 + y^2 + z^2 = 4$ 사이에 놓여 있을 때, $\iiint_E z\,dV$를 구하여라.

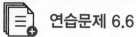

6.7 변수변환, 자코비안

적분 $\int_a^b f(x)dx$에 대하여 $x = g(u)$라 하면 $a = g(c)$, $b = g(d)$일 때 $dx = g'(u)du$ 이므로 $\int_a^b f(x)dx = \int_c^d f(g(u))g'(u)du$로 변수를 변환하는 것과 같이 이중적분에서도 $x = g(u, v)$, $y = h(u, v)$로 변수를 변환하여

$$\iint_R f(x, y)dA = \iint_S f(g(u, v), h(u, v)) \left| \frac{\partial x}{\partial u}\frac{\partial y}{\partial v} - \frac{\partial y}{\partial u}\frac{\partial x}{\partial v} \right| du\, dv$$

로 나타낼 수 있다.

> 자코비안의 정의
>
> $x = g(u,v)$, $y = h(u, v)$이면 u와 v에 대한 x와 y의 자코비안(Jacobian)은 $\partial(x,y)/\partial(u, v)$로 나타내고 다음과 같이 정의한다.
>
> $$\frac{\partial(x, y)}{\partial(u, v)} = \begin{vmatrix} \frac{\partial x}{\partial u} & \frac{\partial x}{\partial v} \\ \frac{\partial y}{\partial u} & \frac{\partial y}{\partial v} \end{vmatrix} = \frac{\partial x}{\partial u}\frac{\partial y}{\partial v} - \frac{\partial y}{\partial u}\frac{\partial x}{\partial v}$$

예제 6.24

$x = r\cos\theta$와 $y = r\sin\theta$로 정의되는 변수변환의 자코비안을 구하여라.

풀이

자코비안의 정의에서 다음을 얻는다.

$$\frac{\partial(x, y)}{\partial(r, \theta)} = \begin{vmatrix} \frac{\partial x}{\partial r} & \frac{\partial x}{\partial \theta} \\ \frac{\partial y}{\partial r} & \frac{\partial y}{\partial \theta} \end{vmatrix} = \begin{vmatrix} \cos\theta & -r\sin\theta \\ \sin\theta & r\cos\theta \end{vmatrix} = r\cos^2\theta + r\sin^2\theta = r$$

예제 6.24와 같이 이중적분에 대하여 직교좌표에서 극좌표로 변수변환하여 xy평면의 영역 R에 $r\theta$평면의 영역 S가 대응될 때 그림 6.37과 같이 나타낼 수 있다.

$$\iint_R f(x,\ y)dA = \iint_S f(r\cos\theta,\ r\sin\theta)r\,dr\,d\theta,\ \ r>0$$
$$= \iint_S f(r\cos\theta,\ r\sin\theta)\left|\frac{\partial(x,\ y)}{\partial(r,\ \theta)}\right|dr\,d\theta$$

일반적으로 변수변환은 uv평면의 영역 S에서 xy평면의 영역 R로의 일대일변환 T로 g, h가 S에서 연속인 일계편도함수를 가질 때

$$T(u,\ v) = (x,\ y) = (\mathrm{g}(u, v),\ h(u,\ v))$$

로 나타낸다. 이때 $(u,v) \in S$, $(x,\ y) \in R$이고 영역 R보다 더 단순한 영역 S에서 변환 T를 구한다.

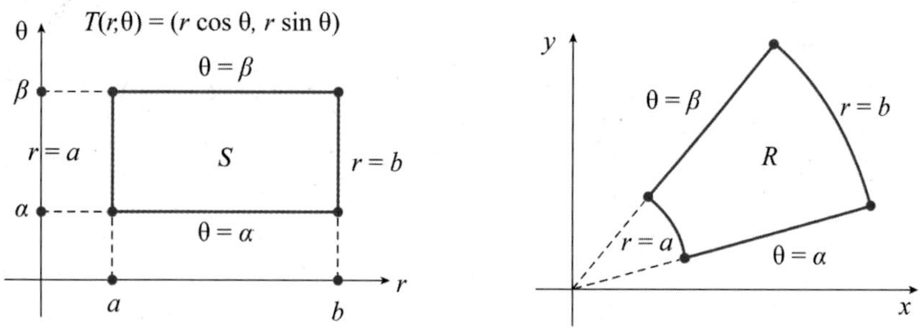

그림 6.37

예제 6.25

R은 직선

$$x-2y=0,\ \ x-2y=\ -4,\ \ x+y=4,\ \ x+y=1$$

로 둘러싸인 영역이다(그림 6.38 참조). S가 u, v축에 평행한 변을 갖는 직사각형인 영역일 때 S에서 R로의 변환 T를 구하여라.

풀이

$u=x+y$, $v=x-2y$라 하고
$T(u,\ v)=(x,\ y)$가 되는 x, y를 연립방정식으로 풀어서 구하면

$$x=\frac{1}{3}(2u+v),\ y=\frac{1}{3}(u-v)$$

이다. xy평면의 R에서 네 경계로 uv평면의 S의 경계를 구하면

xy평면의 경계		uv평면의 경계
$x+y=1$	→	$u=1$
$x+y=4$	→	$u=4$
$x-2y=0$	→	$v=0$
$x-2y=-4$	→	$v=-4$

이다. 변환 T는 S의 꼭짓점을 R의 꼭짓점으로 변환한다.

$$T(1,0)=\left(\frac{1}{3}[2(1)+0],\ \frac{1}{3}[1-0]\right)=\left(\frac{2}{3},\ \frac{1}{3}\right)$$

$$T(4,\ 0)=\left(\frac{1}{3}[2(4)+0],\ \frac{1}{3}[4-0]\right)=\left(\frac{8}{3},\ \frac{4}{3}\right)$$

$$T(4,\ -4)=\left(\frac{1}{3}[2(4)-4],\ \frac{1}{3}[4-(-4)]\right)=\left(\frac{4}{3},\ \frac{8}{3}\right)$$

$$T(1,\ -4)=\left(\frac{1}{3}[2(1)-4],\ \frac{1}{3}[1-(-4)]\right)=\left(-\frac{2}{3},\ \frac{5}{3}\right)$$

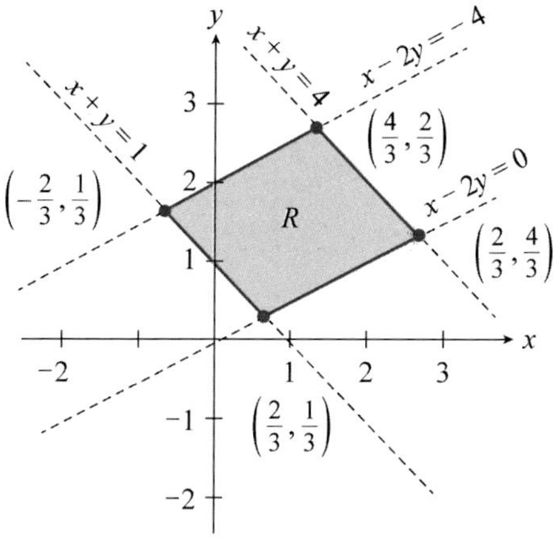

그림 6.38 xy평면의 R

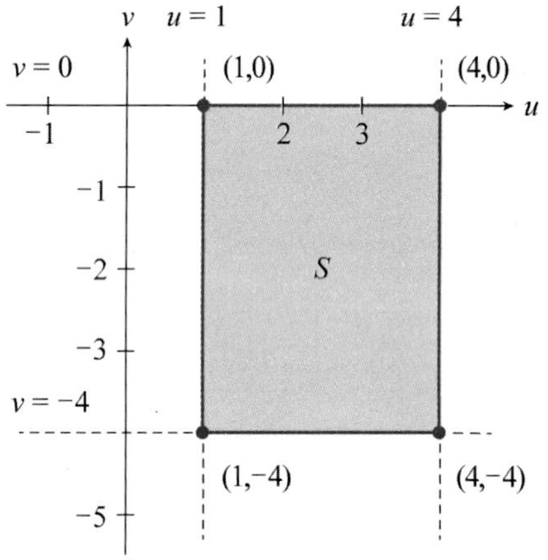

그림 6.39 uv평면의 S

이중적분의 변수변환 정리

R과 S는 xy평면과 uv평면의 영역으로 $x = \mathrm{g}(u,\ v)$, $y = h(u,\ v)$인 관계이며 R의 각 점은 S의 유일한 점의 상(image)이다. f가 R에서 연속이고, g와 h는 S에서 연속인 일계편도함수를 가지며, $\partial(x,\ y)/\partial(u,\ v)$가 S에서 0이 아닐 때

$$\iint_R f(x,\ y)\,dx\,dy = \iint_S f(\mathrm{g}(u,\ v),\ h(u,\ v))\left|\frac{\partial(x,\ y)}{\partial(u,\ v)}\right|du\,dv$$

이다.

다음 두 예제는 변수변환으로 적분과정을 어떻게 간단히 하는지를 보여준다. 단순화하는 방법에는 여러 가지가 있다. 영역 R 또는 피적분함수 $f(x,y)$ 또는 둘 다 단순화하기 위하여 변수변환을 한다.

예제 6.26

R은 직선 $x-2y=0$, $x-2y=-4$, $x+y=4$, $x+y=1$로 둘러싸인 영역이다(그림 6.40). 다음 이중적분 $\iint_R 3xy\,dA$를 계산하여라.

풀이

예제 6.25로부터 변수변환

$x = \frac{1}{3}(2u+v)$와 $y = \frac{1}{3}(u-v)$

로 쓸 수 있다. x와 y의 편도함수는

$\frac{\partial x}{\partial u} = \frac{2}{3}$, $\frac{\partial x}{\partial v} = \frac{1}{3}$, $\frac{\partial y}{\partial u} = \frac{1}{3}$, $\frac{\partial y}{\partial v} = -\frac{1}{3}$

이므로 자코비안은

$$\frac{\partial(x,\ y)}{\partial(u,\ v)} = \begin{vmatrix} \frac{\partial x}{\partial u} & \frac{\partial x}{\partial v} \\ \frac{\partial y}{\partial u} & \frac{\partial y}{\partial v} \end{vmatrix} = \begin{vmatrix} \frac{2}{3} & \frac{1}{3} \\ \frac{1}{3} & -\frac{1}{3} \end{vmatrix}$$

$$= -\frac{2}{9} - \frac{1}{9} = -\frac{1}{3}$$

이고 변수변환공식에 따라

$$\iint_R 3xy\,dA$$

$$= \iint_S 3\left[\frac{1}{3}(2u+v)\frac{1}{3}(u-v)\right]\left|\frac{\partial(x,y)}{\partial(u,v)}\right| dvdu$$

$$= \int_1^4 \int_{-4}^0 \frac{1}{9}[2u^2 - uv - v^2]dvdu$$

$$= \int_1^4 \frac{1}{9}\left[2u^2v - \frac{uv^2}{2} - \frac{v^3}{3}\right]_{-4}^0 du$$

$$= \frac{1}{9}\int_1^4 \left(8u^2 + 8u - \frac{64}{3}\right)du = \frac{164}{9}$$

이다.

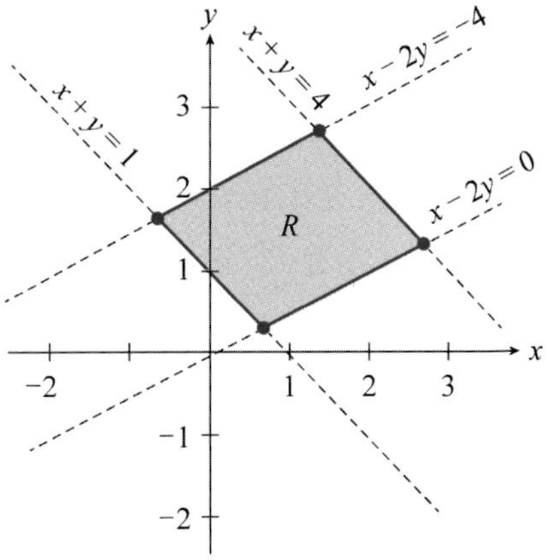

그림 6.40

예제 6.27

영역 R은 꼭짓점이 $(0,1)$, $(1,2)$, $(2,1)$, $(1,0)$인 정사각형 영역이다. 적분 $\iint_R (x+y)^2 \sin^2(x-y)dA$를 계산하여라.

풀이

영역 R은 직선 $x+y=1$, $x-y=1$, $x+y=3$, $x-y=-1$로 둘러싸인 영역이다(그림 6.41 참조). $u=x+y$, $v=x-y$라 하면 uv평면의 영역 S의 범위는

$1 \le u \le 3$, $-1 \le v \le 1$

이다(그림 6.42 참조). $u=x+y$, $v=x-y$에서 x,y에 대하여 풀면

$x = \frac{1}{2}(u+v)$, $y = \frac{1}{2}(u-v)$

이고 x와 y의 편도함수는

$\frac{\partial x}{\partial u} = \frac{1}{2}$, $\frac{\partial x}{\partial v} = \frac{1}{2}$, $\frac{\partial y}{\partial u} = \frac{1}{2}$, $\frac{\partial y}{\partial v} = -\frac{1}{2}$

이므로 자코비안은

$$\frac{\partial(x,\ y)}{\partial(u,\ v)} = \begin{vmatrix} \dfrac{\partial x}{\partial u} & \dfrac{\partial x}{\partial v} \\ \dfrac{\partial y}{\partial u} & \dfrac{\partial y}{\partial v} \end{vmatrix} = \begin{vmatrix} \dfrac{1}{2} & \dfrac{1}{2} \\ \dfrac{1}{2} & -\dfrac{1}{2} \end{vmatrix}$$

$$= -\frac{1}{4} - \frac{1}{4} = -\frac{1}{2}$$

이고 변수변환공식에 따라

$$\iint_R (x+y)^2 \sin^2(x-y)\,dA$$

$$= \int_{-1}^{1}\int_{1}^{3} u^2 \sin^2 v \left(\frac{1}{2}\right) du\,dv$$

$$= \frac{1}{2}\int_{-1}^{1} (\sin^2 v)\frac{u^3}{3}\Big]_1^3\,dv$$

$$= \frac{13}{3}\int_{-1}^{1} \sin^2 v\,dv$$

$$= \frac{13}{6}\int_{-1}^{1} (1-\cos 2v)\,dv$$

$$= \frac{13}{6}\left[v - \frac{1}{2}\sin 2v\right]_{-1}^{1}$$

$$= \frac{13}{6}\left[2 - \frac{1}{2}\sin 2 + \frac{1}{2}\sin(-2)\right]$$

$$= \frac{13}{6}(2 - \sin 2) \approx 2.363$$

이다.

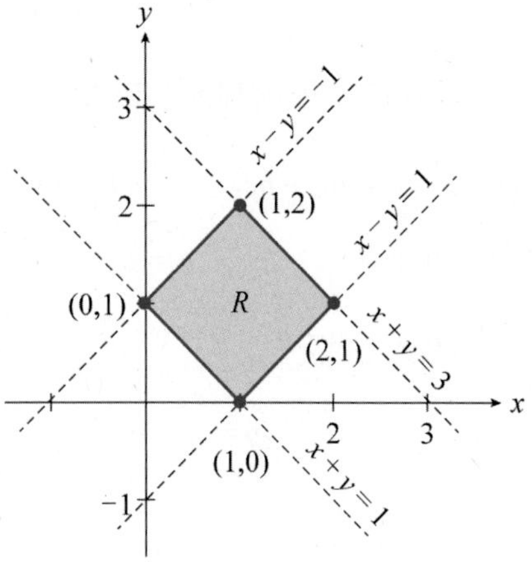

그림 6.41

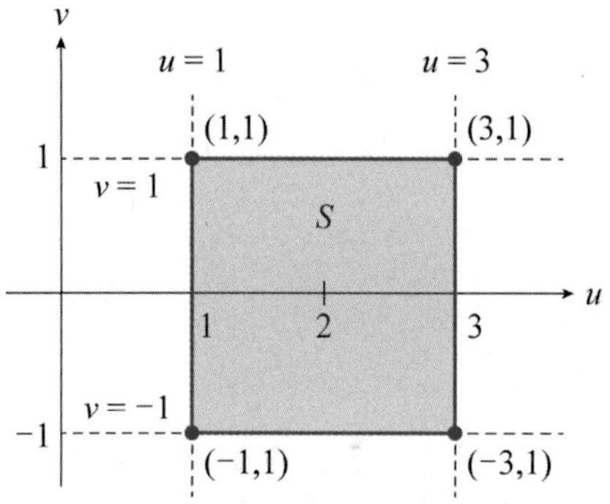

그림 6.42

이 절의 변수변환의 예제들에서 영역 S는 u축 또는 v축에 평행한 변을 갖는 직사각형이었다. 가끔 변수변환은 다른 형태의 영역에서 사용된다. 예를 들어 $T(u,\ v) = (x,y) = (u,\ 2v)$을 택하면 원형영역 $u^2+v^2=1$은 타원영역 $x^2+(y^2/4)=1$로 변환된다.

연습문제 6.7

1. 다음 변수변환에 대한 자코비안 $\partial(x,\ y)/\partial(u,\ v)$를 구하여라.

(1) $x = au + bv, \quad y = cu + dv$

(2) $x = uv - 2u, \quad y = uv$

(3) $x = u + a, \quad y = v + a$

(4) $x = \dfrac{u}{v}, \quad y = u + v$

2. 주어진 변환으로 xy평면의 영역 R의 uv평면으로의 상(image) S를 그려라.

(1) $x = 3u + 2v$
$y = 3v$

(2) $x = \dfrac{1}{3}(4u - v)$
$y = \dfrac{1}{3}(u - v)$

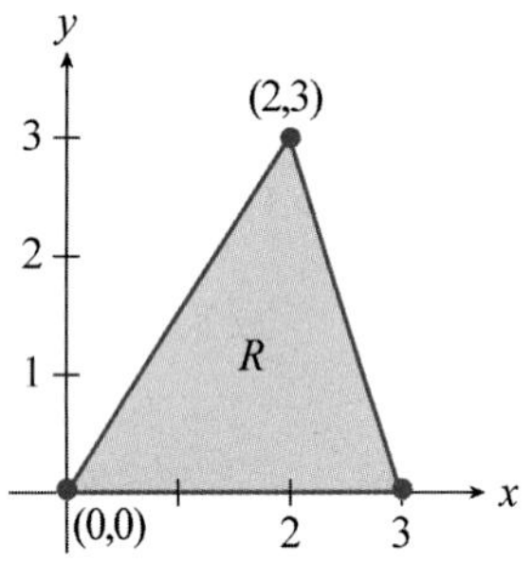

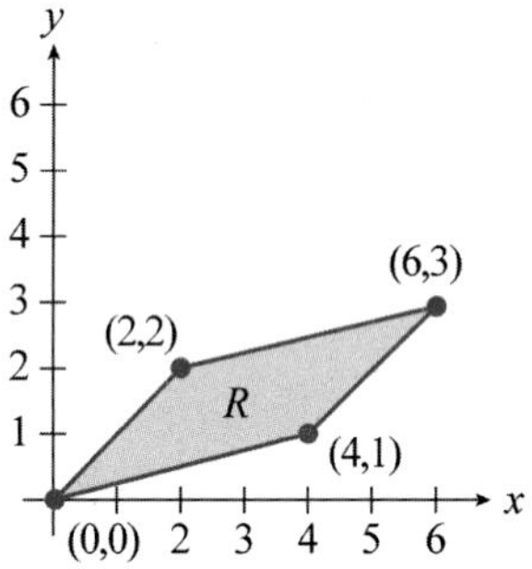

3. 다음 주어진 변수변환으로 이중적분을 계산하여라.

(1) $\iint_R 4(x^2+y^2)\,dA$,

$x=\frac{1}{2}(u+v)$,

$y=\frac{1}{2}(u-v)$

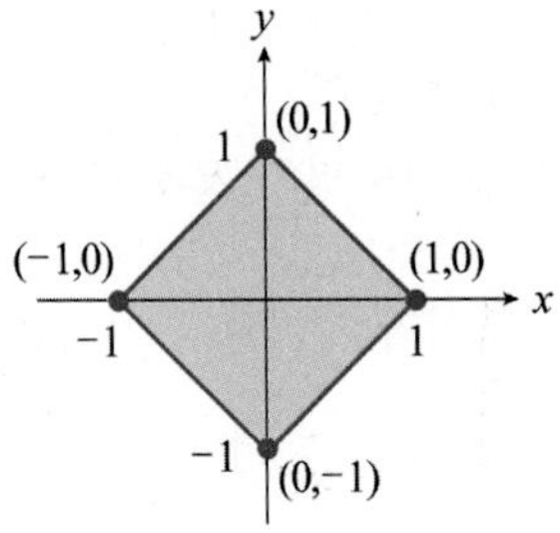

(2) $\iint_R y(x-y)\,dA$,

$x=u+v$,

$y=u$

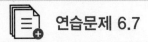

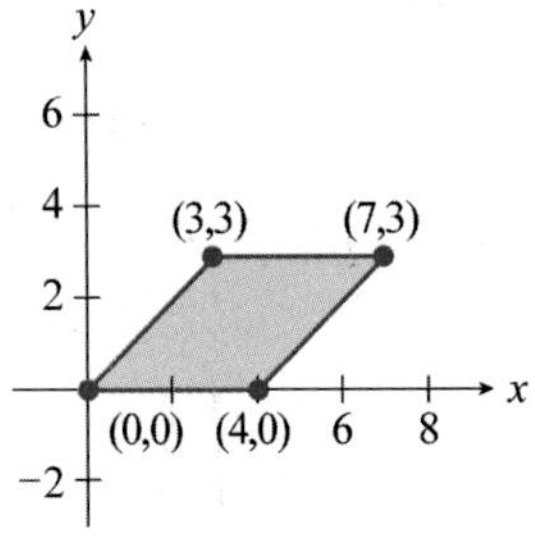

(3) $\iint_R y\sin xy\,dA$, $x=\frac{u}{v}$, $y=v$

(R은 $xy=1$, $xy=4$, $y=1$, $y=4$의 그래프 사이의 영역)

4. 변수변환으로 다음 곡면 $z=f(x,\ y)$의 아래와 평면영역 R의 위로 둘러싸인 입체의 부피를 구하여라.

(1) $f(x,\ y)=(x+y)e^{x-y}$

(R : 꼭짓점이 $(4,0)$, $(6,2)$, $(4,4)$, $(2,2)$인 정사각형 영역)

(2) $f(x,\ y)=\sqrt{(x-y)(x+4y)}$

(R : 꼭짓점이 $(0,0)$, $(1,1)$, $(5,0)$, $(4,-1)$인 평행사변형 영역)

(3) $f(x,\ y)=\sqrt{x+y}$

(R : 꼭짓점이 $(0,0)$, $(a,0)$, $(0,a)$인 삼각형 영역$(a>0)$)

연습문제 6.7

5. xy평면에서 영역 R은 타원 $\frac{x^2}{a^2}+\frac{y^2}{b^2}=1$로 둘러싸인 영역이고 변환은 $x=au,\ \ y=bv$ 이다.

(1) 주어진 변환에 대하여 영역 R과 상 S의 그래프를 그려라.

(2) $\frac{\partial(x,\ y)}{\partial(u,\ v)}$를 구하여라.

(3) 타원의 넓이를 구하여라.

6. 다음 변수변환에 대하여 자코비안 $\partial(x,\ y,\ z)/\partial(u,\ v,\ w)$를 구하여라.

$x=f(u,\ v,\ w),\ \ y=g(u,\ v,\ w),\ \ z=h(u,\ v,\ w)$일 때 $u,\ v,\ w$에 대한 $x,\ y,\ z$의 자코비안은 $\partial(x,\ y,\ z)/\partial(u,\ v,\ w)$로 나타내고 다음과 같이 정의한다.

$$\frac{\partial(x,\ y,\ z)}{\partial(u,\ v,\ w)}=\begin{vmatrix} \frac{\partial x}{\partial u} & \frac{\partial x}{\partial v} & \frac{\partial x}{\partial w} \\ \frac{\partial y}{\partial u} & \frac{\partial y}{\partial v} & \frac{\partial y}{\partial w} \\ \frac{\partial z}{\partial u} & \frac{\partial z}{\partial v} & \frac{\partial z}{\partial w} \end{vmatrix}$$

(1) $x=u(1-v),\ \ y=uv(1-w),\ \ z=uvw$

(2) $x=\rho\sin\phi\cos\theta,\ \ \ y=\rho\sin\phi\cos\theta,\ \ \ z=\rho\cos\phi$

(3) $x=4u-v,\ \ \ y=4v-w,\ \ \ z=u+w$

(4) $x=r\cos\phi,\ \ \ y=r\sin\phi,\ \ \ z=z$

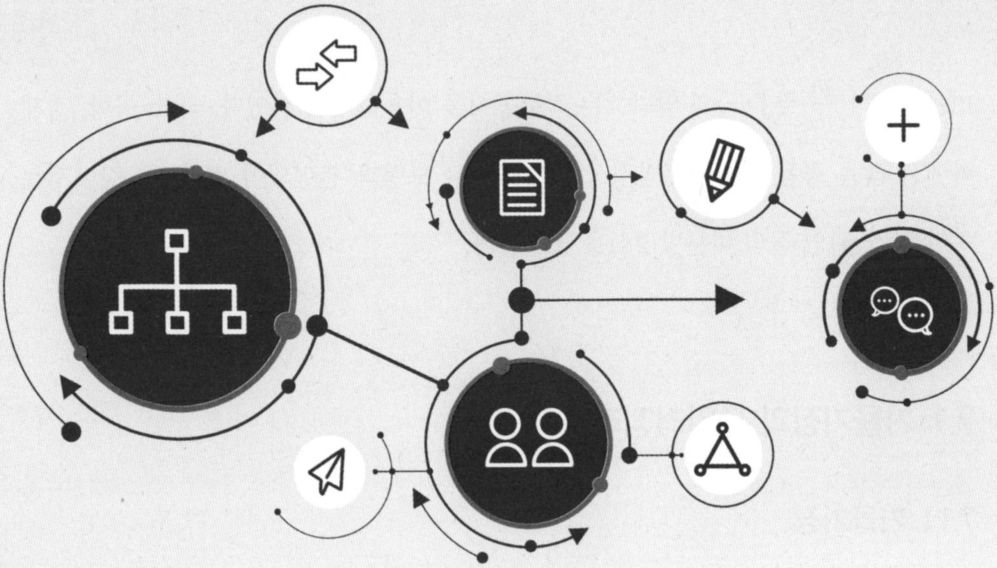

CHAPTER 7

미분방정식

미분방정식 $\frac{dy}{dx}=f(x)$의 일반해는 적분공식을 이용하여 구하였다. 과학, 공학, 경제학에서 많은 응용들이 미분방정식으로 표현된 모형과 관련되어 있다. 이 장에서는 $\frac{dy}{dx}=f(x,y)$인 꼴의 미분방정식을 공부한다.

7.1 기울기장과 오일러정리

7.1.1 기울기장

이 단원에서는 일반해의 근사치를 보여주는 기울기장(slope field : 작은 선분으로 그린 기울기의 모임)이나 계산기로 그림을 얻음으로써 미분방정식을 푼다. 미분방정식의 해의 그래프를 해곡선(solution curve)이라 일컫는다. 미분방정식의 기울기장은 미분방정식의 해곡선의 기울기의 모임이라고 해석할 수 있다. 기울기장을 그리는 방법은 다음과 같다.

단계 1. 격자점을 선택한다.

단계 2. 각 점에서 기울기를 계산한다.

단계 3. 각 점에서 작은 선분으로 기울기를 그린다.

예제 7.1

다음을 밝혀라.

(1) $\frac{dy}{dx}=x$ (2) $(2,1)$을 지나는 해곡선을 그려라.

풀이

(1) $\left.\frac{dy}{dx}\right|_{(0,0)}=0$, $\left.\frac{dy}{dx}\right|_{(0,1)}=0$, $\left.\frac{dy}{dx}\right|_{(0,2)}=0$. $\left.\frac{dy}{dx}\right|_{(0,-1)}=0$

$$\left.\frac{dy}{dx}\right|_{(1,0)}=1,\ \left.\frac{dy}{dx}\right|_{(1,1)}=1,\ \left.\frac{dy}{dx}\right|_{(1,2)}=1,\ \left.\frac{dy}{dx}\right|_{(1,-1)}=1$$

$$\left.\frac{dy}{dx}\right|_{(2,0)}=2,\ \left.\frac{dy}{dx}\right|_{(2,1)}=2,\ \left.\frac{dy}{dx}\right|_{(2,2)}=2,\ \left.\frac{dy}{dx}\right|_{(2,-1)}=2$$

$$\left.\frac{dy}{dx}\right|_{(-1,0)}=-1,\ \left.\frac{dy}{dx}\right|_{(-1,1)}=-1,\ \left.\frac{dy}{dx}\right|_{(-1,2)}=-1,\ \left.\frac{dy}{dx}\right|_{(-1,-1)}=-1$$

$$\left.\frac{dy}{dx}\right|_{(-2,0)}=-2,\ \left.\frac{dy}{dx}\right|_{(-2,1)}=-2,\ \left.\frac{dy}{dx}\right|_{(-2,2)}=-2,\ \left.\frac{dy}{dx}\right|_{(-2,-1)}=-2$$

(2)

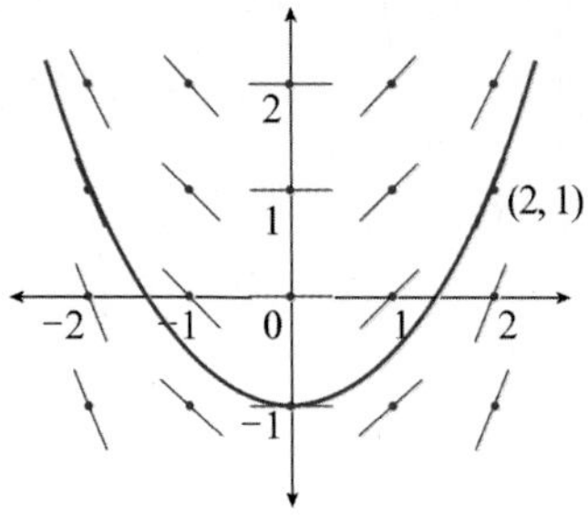

그림 7.1

예제 7.2

다음 그림은 미분방정식 $\frac{dy}{dx}=x-2y+1$의 기울기장(slope field)이다. 주어진 점을 지나는 해곡선을 그려라.

(1) $A(-1,\ 1)$ (2) $B(0,\ 0)$

(3) $C(1,\ -1.5)$

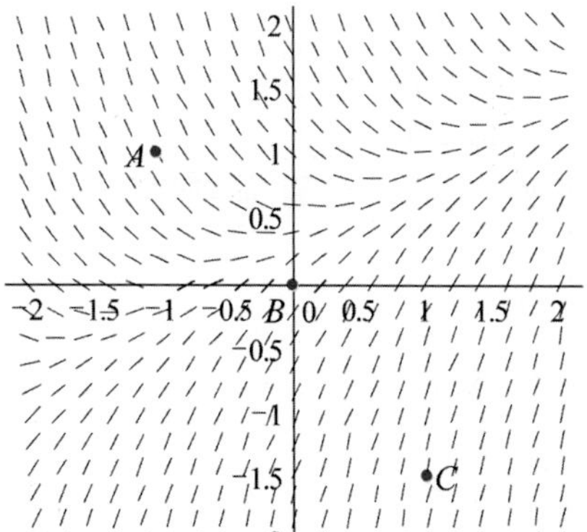

그림 7.2

풀이

(1) $A(-1,\ 1)$

(2) $B(0,\ 0)$

(3) $C(1,\ -1.5)$

이다.

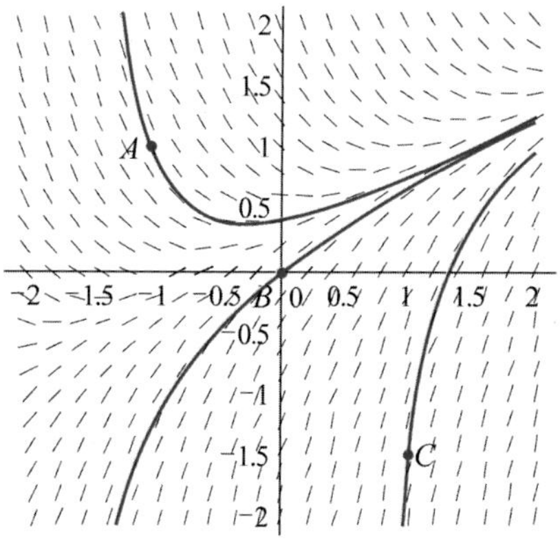

그림 7.3

7.1.2 오일러의 정리

일차 미분 방정식의 해곡선을 기울기장을 이용해 7.1.1절에서 그림으로 나타내었다. 여기서는 해곡선의 점들을 찾는 오일러의 방식을 이용해 해답을 찾을 것이다. 기울기장을 이용할 땐 처음 점에서 시작해서, 기울기 선분들이 항상 해곡선에 접하도록 단계적으로 움직인다. 오일러의 방식으로 다시 처음 시작점을 선택한다. 그 점(주어진 미분방정식로부터)의 기울기를 계산한다. 처음 점과 기울기를 이용하여 새로운 점을 찾는다. 새로운 점을 이용해 다른 점을 찾기 위해 그것의 기울기를 계산한다.

예제 7.3

$\dfrac{dy}{dx} = \dfrac{3}{x}$를 $(1,0)$로 시작해서 $\triangle x = 0.5$일 때 4단계로 $y-$값들의 근사치를 구하여라.

풀이

$P_0=(x_0,y_0)=(1,0)$의 기울기가 $\frac{dy}{dx}=\frac{3}{x_0}=\frac{3}{1}=3$이다. $P_1(x_1,y_1)$의 y좌표를 찾기 위해선, Δy를 y_0에 더한다. $\frac{dy}{dx}\approx\frac{\Delta y}{\Delta x}$이므로 $\Delta y\approx\frac{dy}{dx}\Delta x$을 찾는다.

$\Delta y=(P_0\text{의 기울기})\Delta x=3(0.5)=1.5$

$y_1=y_0+\Delta y=0+1.5=1.5$

그리고 $P_1=(1.5,1.5)$

$P_2(x_2,y_2)$의 y좌표를 찾기 위해선, Δy를 y_1에 더한다.

$\Delta y=(P_1\text{의 기울기})\Delta x=\frac{3}{1.5}(0.5)=1.0$

$y_2=y_1+\Delta y=1.5+1.0=2.5$

$P_2=(2.0,2.5)$

⋮

계속 이런 식으로 계산해 나간다.

표는 명기된 4단계를, $x=1$부터 $x=3$까지 모든 자료를 요약한다.

$\frac{dy}{dx}=\frac{3}{x}$

표 7.1은 오일러의 방식을 이용해 $\frac{dy}{dx}=\frac{3}{x}$의 해답을 준다.

표 7.1

	x	y	(기울기) · (0.5)	=	Δy	TRUE y^*
P_0	1	0	(3/1) · (0.5)	=	1.5	0
P_1	1.5	1.5	(3/1.5) · (0.5)	=	1.0	1.216
P_2	2.0	2.5	(3/2) · (0.5)	=	0.75	2.079
P_3	2.5	3.25	(3/2.5) · (0.5)	=	0.60	2.749
P_4	3.0	3.85	(3/3.0) · (0.5)	=	0.50	3.296

그림 7.4(a)는 1부터 3으로 Δx가 0.5인 4단계로 증가하는 x가 표의 자료들과 일치하는 그래프식의 해답을 나타낸다. 그림 7.4(b)는 이 오일러 그래프와 (1, 0)을 지나가는 $\frac{dy}{dx}=\frac{3}{x}$의 특정한 해답($y=3\ln x$)을 나타낸다.

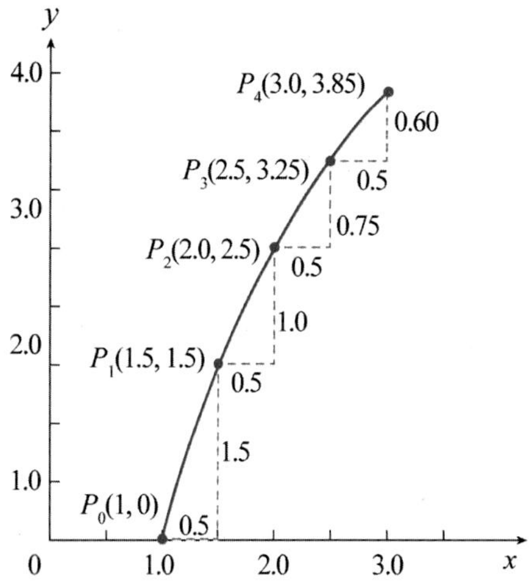

그림 7.4(a)

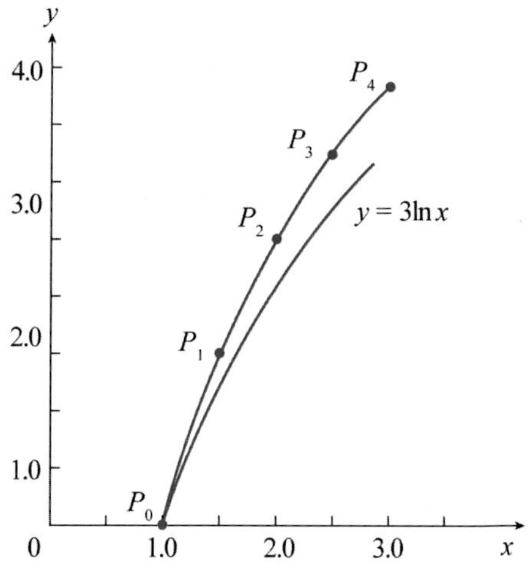

그림 7.4(b)

예제 7.3에서 사용된 과정을 쉽게 계속할 수 있다. 표에서 독립변수의 간격을 동일한 값으로 사용하고 그것을 n개로 하여

$$\begin{aligned} x_1 &= x_0 + dx \\ x_2 &= x_1 + dx \\ &\vdots \\ x_n &= x_{n-1} + dx \end{aligned}$$

로 놓아라. 그런 다음 해의 근사값을 계산하여라.

$$\begin{aligned} y_1 &= y_0 + f(x_0, y_0)dx \\ y_2 &= y_1 + f(x_1, y_1)dx \\ &\vdots \\ y_n &= y_{n-1} + f(x_{n-1}, y_{n-1})dx \end{aligned}$$

단계 n의 수는 원하는 만큼 크게 할 수 있으나, 만약 n이 너무 크면 오차는 커질수 있다.

예제 7.4

미분방정식 $\frac{dy}{dx} = x + y$가 처음 조건 $y(0) = 0$으로 주어졌다. $\triangle x = 0.1$인 오일러 방식을 이용해 $x = 0.5$일 때의 y를 추정하여라.

풀이

표 7.2

	x	y	(기울기) • $\Delta x = (x+y)$ • $(0.1) = \Delta y$
P_0	0	0	0(0.1)=0
P_1	0.1	0	(0.1)(0.1)=0.01
P_2	0.2	0.01	(0.21)(0.1)=0.021
P_3	0.3	0.031	(0.331)(0.1)=0.0331
P_4	0.4	0.064	(0.464)(0.1)=0.0464
P_5	0.5	0.110	

연습문제 7.1

1. 다음 미분방정식에서 기울기장과 주어진 점을 지나는 해곡선을 그려라.

(1) $\frac{dy}{dx} = y + 1$, $(0, 1)$

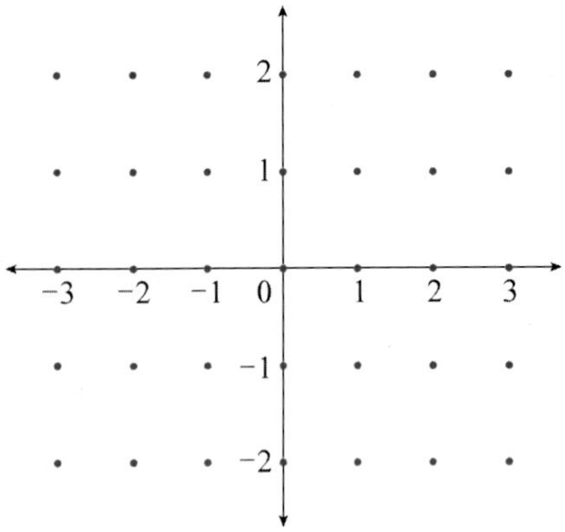

(2) $\frac{dy}{dx} = -xy$, $(1, 1)$

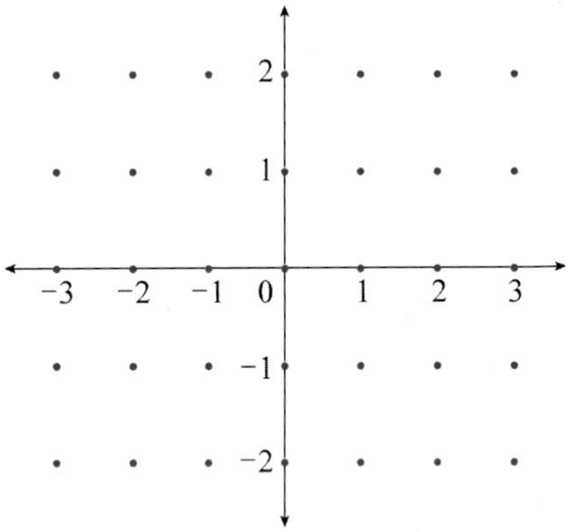

(3) $\frac{dy}{dx} = -\frac{y}{x}$, $(-2, 1)$

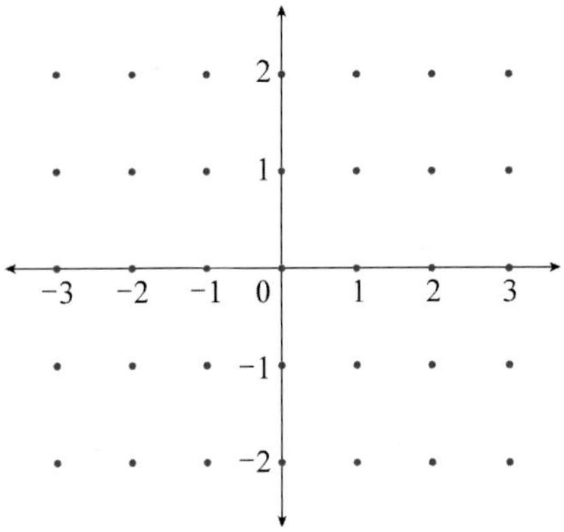

(4) $\frac{dy}{dx} = -\frac{x}{y}$, $(-2, 1)$

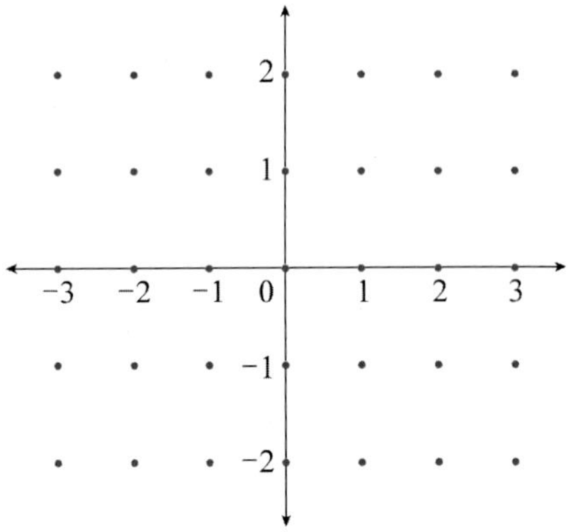

2. 그림에 있는 기울기장을 보고 다음 보기에서 알맞은 미분방정식을 찾아라. 각 미분방정식의 일반해를 찾아라. $(0, 0)$을 지나가는 특정한 해는 어디에 그려져 있는가?

(1) $y' = \cos x$ (2) $\dfrac{dy}{dx} = 2x$

(3) $\dfrac{dy}{dx} = 3x^2 - 3$ (4) $y' = -\dfrac{\pi}{2}$

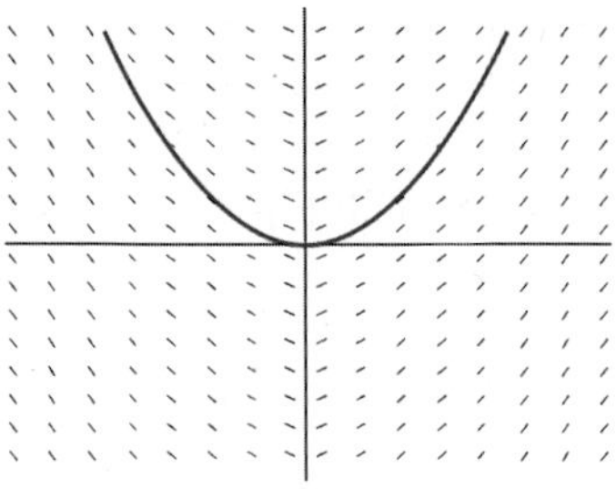

$[-2, 2] \times [-2, 2]$

그림 a

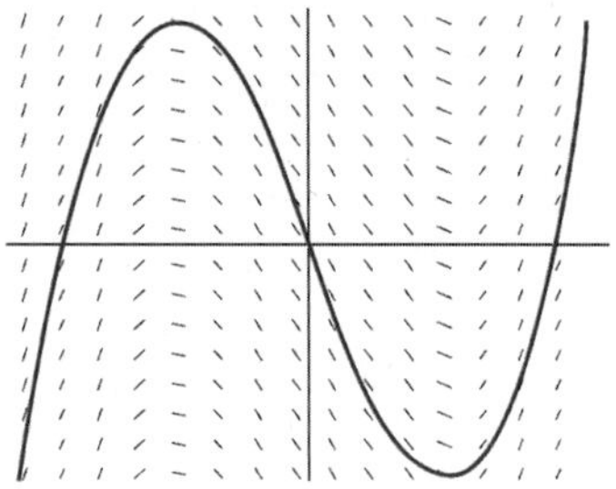

$[-2, 2] \times [-2, 2]$

그림 b

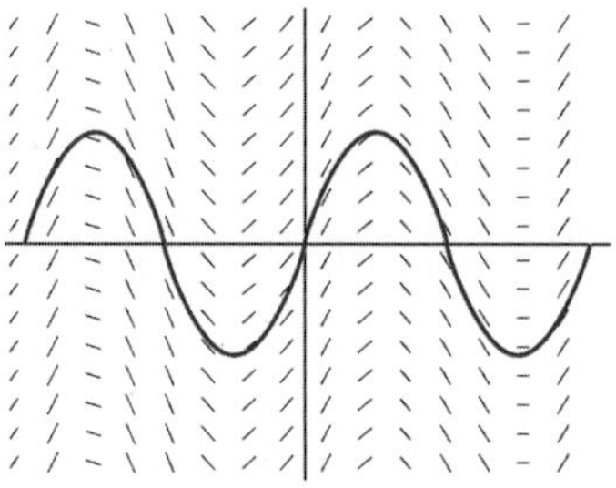

$[-2\pi, 2\pi] \times [-2, 2]$

그림 c

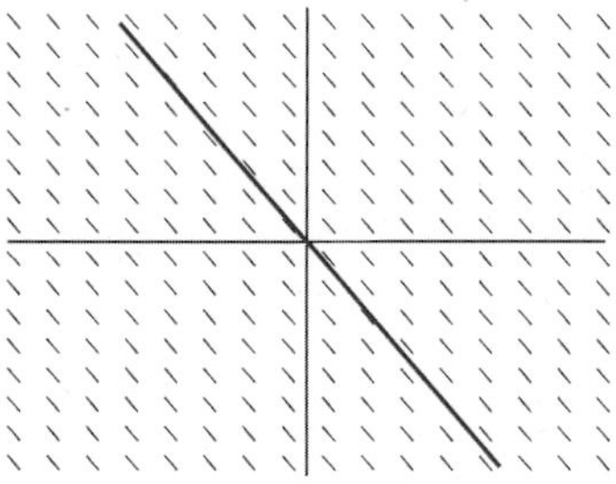

$[-2, 2] \times [-2, 2]$

그림 d

연습문제 7.1

3. 다음 미분방정식에서 주어진 초기치와 증분하에서 y_1, y_2, y_3을 구하여라.

(1) $y' = 1 - \dfrac{y}{x},\ y(2) = -1,\ dx = 0.5$

(2) $y' = x(1-y),\ y(1) = 0,\ dx = 0.2$

(3) $y' = 2xy + 2y,\ y(0) = 3,\ dx = 0.2$

(4) $y' = y^2(1+2x),\ y(-1) = 1,\ dx = 0.5$

4. 미분방정식 $\dfrac{dy}{dx} = y^2(2x+2),\ y(0) = -1$에서 다음을 구하여라.

(1) $\displaystyle\lim_{x\to 0}\frac{f(x)+1}{\sin x}$

(2) $f\left(\dfrac{1}{2}\right),\ dx = 0.25$

(3) $y = f(x)$

7.2 변수분리형 미분방정식

앞 절에서 미분방정식을 기울기장을 이용하여 오일러의 방식으로 그래프를 그려 풀었다. 이 방법은 근사치를 준다. 이 절에서는 미분방정식을 정확하게 풀어보는 변수분리법을 공부한다. y를 포함하는 모든 항이 한쪽에, x를 포함하는 모든 항이 다른 한쪽에 쓰여진다면, x와 y의 일차 미분방정식은 분리될 수 있다. 이와 같은 형태라면 미분방정식은 분리 가능한 변수들을 가지고 있다. 즉

$$\frac{dy}{dx} = \frac{f(x)}{g(y)} \text{ 또는 } g(y)dy - f(x)dx = 0$$

이다. 다음 단계로 방정식을 푼다.

단계 1. 변수분리를 한다.

단계 2. 양변을 적분한다.

단계 3. 초기값를 이용하여 적분상수 C를 구한다.

예제 7.5

다음 미분방정식의 해를 구하여라.

(1) $3y^2\dfrac{dy}{dx} = 8x,\ y(1) = 4$ (2) $\dfrac{dy}{dx} = 4x^3y,\ y(1) = 3e$

풀이

(1) $3y^2dy = 8xdx$

$\int 3y^2dy = \int 8xdx,\ y^3 = 4x^2 + C$

$y(1) = 4,\ 64 = 4 + C,\ C = 60$

$y^3 = 4x^2 + 60$

$y = \sqrt[3]{4x^2 + 60}$

(2) $\dfrac{dy}{y} = 4x^3 dx$

$$\int \frac{dy}{y} = \int 4x^3 dx$$

$\ln|y| = x^4 + C$

$|y| = e^{x^4 + C}, y = \pm e^{x^4 + C}$

$y = Ae^{x^4}$, 단 $A = \pm e^C$

$y(1) = 3e : 3e = Ae^1 \Rightarrow A = 3$

$y = 3e^{x^4}$

예제 7.6

미분방정식 $\dfrac{dy}{dx} = -\dfrac{x}{y}, y(0) = 2$을 풀어라.

풀이

방정식을 다시 $ydy = -xdx$라고 쓴다.

$$\int ydy = -\int xdx, \ \frac{1}{2}y^2 = -\frac{1}{2}x^2 + k, \ y^2 + x^2 = C \ (C = 2k)$$

$y(0) = 2$ 이므로, $4 + 0 = C$를 얻는다. 특정한 해답은 $x^2 + y^2 = 4$이다.

예제 7.7

미분방정식 $\dfrac{du}{dv} = e^{v-u}$의 일반해를 찾아라.

풀이

$\dfrac{du}{dv} = \dfrac{e^v}{e^u}$, $e^u du = e^v dv$. 양변을 적분하면 $e^u = e^v + C$, 또는 $u = \ln(e^v + C)$이다.

연습문제 7.2

1. 다음 미분방정식의 해를 구하여라.

(1) $\dfrac{dy}{dx} = \cos 2x$

(2) $\tan y \dfrac{dy}{dx} = \cot x$

(3) $\dfrac{dy}{dx} = \dfrac{y^2 - 1}{e^{\frac{1}{2}x}}$, $y > 1$

(4) $e^{-x^2} \dfrac{dy}{dx} = xy$

(5) $\dfrac{dy}{dx} = \dfrac{y}{x^2 - 1}$, $x > 1$

2. 주어진 조건하에서 미분방정식을 풀어라.

(1) $\dfrac{dy}{dx} = 4y^2$; $y(-2) = \dfrac{1}{2}$

(2) $\dfrac{dy}{dx} = \tan^2 x$; $y\left(\dfrac{\pi}{4}\right) = 0$

(3) $\dfrac{dy}{dx} = \dfrac{y}{x}$, $x > 0$; $y(1) = 4$

(4) $\sin x \dfrac{dy}{dx} = e^y$, $0 < x < \pi$; $y\left(\dfrac{\pi}{2}\right) = 0$

(5) $(5 - 3\sin x)\dfrac{dy}{dx} = 40\cos x$; $y\left(\dfrac{3\pi}{2}\right) = 0$

(6) $y(1 + x^2)\dfrac{dy}{dx} = x(1 + y^2)$; $y(0) = 1$

(7) $(1 + \cos 2x)\dfrac{dy}{dx} = \sec y$; $y(0) = 0$

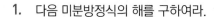

7.3 동차미분방정식

미분방정식

$$\frac{dy}{dx} = f\left(\frac{y}{x}\right) \quad (f\text{는 함수 기호})$$

와 같은 미분방정식을 동차미분방정식(homogeneous differential equation)이라 한다.

동차형은 다음과 같이 치환하여 푼다.

$$\frac{y}{x} = v \text{ 또는 } \frac{x}{y} = v$$

로 치환한다. 즉, $y = xv$라 두면

$$\frac{dy}{dx} = v + x\frac{dv}{dx}$$

따라서 주어진 미분방정식은

$$v + x\frac{dv}{dx} = f(v)$$

$$x\frac{dv}{dx} = f(v) - v$$

로 나타낼 수 있다. 여기서 $f(v) - v \neq 0$인 경우는

$$\frac{dv}{f(v) - v} = \frac{dx}{x}$$

라는 변수분리형으로 고쳐 변수분리형 미분방정식을 푼다.

만약 $f(v) - v = 0$을 만족하는 $v = v_0$가 존재하면 $y = v_0 x$도 하나의 해가 된다.

예제 7.8

미분방정식 $xy^2\dfrac{dy}{dx}=x^3+y^3$을 풀어라.

풀이

$\dfrac{dy}{dx}=\dfrac{x^2}{y^2}+\dfrac{y}{x}$에서 $y=vx$로 놓으면, $\dfrac{dy}{dx}=v+x\dfrac{dv}{dx}$

따라서 $\dfrac{1}{v^2}+v=v+x\dfrac{dv}{dx}$, $v^2dv=\dfrac{1}{x}dx$이므로 $\dfrac{1}{3}v^3=\ln|x|+C_1$

v를 다시 치환시키면

$\dfrac{1}{3}\left(\dfrac{y}{x}\right)^3=\ln|x|+C_1$, 즉, $y^3=3x^3\ln|x|+Cx^3(C=3C_1)$

예제 7.9

미분방정식 $(x^2+y^2)dx+2xydy=0$이 동차형임을 보이고 풀어라.

풀이

$\dfrac{dy}{dx}=-\dfrac{x^2+y^2}{2xy}=-\dfrac{1+\left(\dfrac{y}{x}\right)^2}{2\left(\dfrac{y}{x}\right)}$이 되어 동차형이다.

$\dfrac{y}{x}=v$라 놓으면

$$\frac{dy}{dx}=-\frac{1+v^2}{2v},\ v+x\frac{dv}{dx}=-\frac{1+v^2}{2v}$$

$$\frac{dx}{x}+\frac{dv}{v+\dfrac{1+v^2}{2v}}=0$$

이 되어 변수분리형이 되므로

$$\ln|x|+\frac{1}{3}\ln(1+3v^2)=\frac{1}{3}C_1$$

또는

$x^3(1+3v^2) = \pm e^{c_1}$

$x(x^2+3y^2) = C \qquad (C = \pm e^{c_1})$

예제 7.10

미분방정식 $x\dfrac{dy}{dx} = y + xe^{y/x}$을 $x=1$에서 $y=1$일 때 미분방정식을 풀어라.

풀이

$\dfrac{dy}{dx} = \dfrac{y}{x} + e^{y/x}$, $y/x = u$로 치환하면 $\dfrac{dy}{dx} = u + x\dfrac{du}{dx}$

$u + x\dfrac{du}{dx} = u + e^u$, $e^{-u}du = dx/x$

$-e^{-u} + C = \ln|x|$, $-e^{-y/x} + C = \ln|x|$

$x=1$일 때 $y=1$이므로

$-e^{-1} + C = 0$, $C = e^{-1}$

$e^{-1} - e^{-y/x} = \ln|x|$

1. 다음 미분방정식을 풀어라.

(1) $(y^2 + yx)dx - x^2 dy = 0$

(2) $xdx + (y - 2x)dy = 0$

(3) $ydy - \frac{y^2}{x}dx = xe^{-y/x}dx$

(4) $y^2 dy = (ydx - xdy)x \ln \frac{x}{y}$

(5) $ydx = 2(x + y)dy$

(6) $\frac{dy}{dx} = \frac{y - x}{y + x}$

2. 다음 초기치 조건하에서 미분방정식을 풀어라.

(1) $xy^2 \frac{dy}{dx} = y^3 - x^3;\ y(1) = 2$

(2) $2x^2 \frac{dy}{dx} = 3xy + y^2;\ y(1) = -2$

(3) $(x + ye^{y/x})dx - xe^{y/x}dy = 0;\ y(1) = 0$

(4) $(y^2 + 3xy)dx = (4x^2 + xy)dy;\ y(1) = 1$

(5) $(x + \sqrt{xy})\frac{dy}{dx} + x - y = x^{-1/2}y^{3/2};\ y(1) = 1$

7.4 전미분방정식(total differential equation)

$z=f(x,\ y)$에서

$$dz=\frac{\partial f}{\partial x}dx+\frac{\partial f}{\partial y}dy$$

이며 $f(x,\ y)=C$에서

$$\frac{\partial f}{\partial x}dx+\frac{\partial f}{\partial y}dy=0$$

이다. 즉 $M(x,\ y)dx+N(x,\ y)dy=0,\ \frac{\partial M}{\partial y}=\frac{\partial N}{\partial x}$을 만족하는 미분방정식을 전미분방정식이라 한다.

전미분방정식의 해를 구해보자.

$$\frac{\partial f}{\partial x}=M(x,\ y)$$

$$f=\int M(x,\ y)dx+g(y) \tag{1}$$

$$\frac{\partial f}{\partial y}=\frac{\partial}{\partial y}\int M(x,\ y)dx+g'(y),\ \frac{\partial f}{\partial y}=N(x,y)$$

이므로

$$g'(y)=N(x,\ y)-\frac{\partial}{\partial y}\int M(x,\ y)dx \tag{2}$$

이며 $dM/dy=dN/dx$를 이용하여 $g'(y)$는 x와 무관함을 알 수 있다. (2)의 적분을 (1)에 대입하면 $f(x,\ y)=C$가 전미분방정식의 일반해이다.

예제 7.11

다음을 전미분하여라.

(1) $x^2 - 5xy + y^2 = C$ (2) $y - \cos x^2 y = 2$

풀이

(1) $x^2 - 5xy + y^2 = C$에서

$(2x - 5y)dx + (-5x + 2y)dy = 0$ 또는 $\dfrac{dy}{dx} = \dfrac{5y - 2x}{-5x + 2y}$

(2) $y - \cos x^2 y = 2$에서

$2xy \sin x^2 y dx + (1 + x^2 \sin x^2 y)dy = 0$

예제 7.12

미분방정식 $2xydx + (x^2 - 1)dy = 0$을 풀어라.

풀이

$\dfrac{\partial M}{\partial y} = 2x = \dfrac{\partial N}{\partial x}$ 이므로 전미분방정식이다.

$\dfrac{\partial f}{\partial x} = 2xy,\ \dfrac{\partial f}{\partial y} = x^2 - 1$

첫 번째 식에서

$f = x^2 y + g(y)$ (3)

(3)을 y에 대하여 편미분하면

$\dfrac{\partial f}{\partial y} = x^2 + g'(y) = x^2 - 1,\ g'(y) = -1$

$g(y) = -y + C_1$, (3)에 대입하면

$f(x, y) = x^2 y - y + C_1$

따라서 일반해는 $x^2 y - y = C$

예제 7.13

미분방정식 $(e^{2y} - y\cos xy)dx + (2xe^{2y} - x\cos xy + 2y)dy = 0$을 풀어라.

풀이

$$\frac{\partial M}{\partial y} = 2e^{2y} + xy\sin xy - \cos xy = \frac{\partial N}{\partial x}$$

$$\frac{\partial f}{\partial x} = e^{2y} - y\cos xy,\ \frac{\partial f}{\partial y} = 2xe^{2y} - x\cos xy + 2y$$

$$f = 2x\int e^{2y}dy - x\int \cos xy dy + 2\int y dy$$

$$= xe^{2y} - \sin xy + y^2 + h(x) \qquad (4)$$

(4)를 x에 대해 미분하면

$$\frac{\partial f}{\partial x} = e^{2y} - y\cos xy + h'(x)$$

$$h'(x) = 0,\ h(x) = C$$

$$xe^{2y} - \sin xy + y^2 + C = 0$$

예제 7.14

미분방정식 $(\cos x\sin x - xy^2)dx + y(1 - x^2)dy = 0$을 $y(0) = 2$일 때 풀어라.

풀이

$$\frac{\partial M}{\partial y} = -2xy = \frac{\partial N}{\partial x}$$

$$\frac{\partial f}{\partial x} = \cos x\sin x - xy^2,\ \frac{\partial f}{\partial y} = y(1 - x^2)$$

$$f = \frac{y^2}{2}(1 - x^2) + h(x)$$

$$\frac{\partial f}{\partial x} = -xy^2 + h'(x) = \cos x\sin x - xy^2$$

$$h'(x) = \cos x\sin x$$

$h(x) = -\frac{1}{2}\cos^2 x$

그러므로 $\frac{y^2}{2}(1-x^2) - \frac{1}{2}\cos^2 x = C_1$

또는 $y^2(1-x^2) - \cos^2 x = C \ (C = 2C_1)$

$x=0$일 때, $y=2$이므로 $C=3$

그러므로 해는 $y^2(1-x^2) - \cos^2 x = 3$

연습문제 7.4

1. 다음 미분방정식을 풀어라.

(1) $(2y^2x-3)dx+(2yx^2+4)dy=0$

(2) $(y^3-y^2\sin x-x)dx+(3xy^2+2y\cos x)dy=0$

(3) $x\dfrac{dy}{dx}=2xe^x-y+6x^2$

(4) $\left(1-\dfrac{3}{x}+y\right)dx+\left(1-\dfrac{3}{y}+x\right)dy=0$

(5) $\left(x^2y^3-\dfrac{1}{1+9x^2}\right)dx+x^3y^2dy=0$

(6) $(\tan x-\sin x\sin y)dx+\cos x\cos y\,dy=0$

2. 다음 초기치 조건하에서 미분방정식을 풀어라.

(1) $(4y+2x-5)dx+(6y+4x-1)dy=0;\ y(-1)=2$

(2) $(y^2\cos x-3x^2y-2x)dx+(2y\sin x-x^3+\ln y)dy=0;\ y(0)=1$

7.5 선형미분방정식

미분방정식

$$\frac{dy}{dx}+p(x)y=q(x) \tag{1}$$

와 같은 형태를 선형미분방정식(Linear differential equation)이라 한다. 1계 선형미분방정식 $\frac{dy}{dx}+p(x)y=q(x)$의 일반해는 다음과 같다.

$$y=e^{-\int p(x)dx}\left(\int q(x)e^{\int p(x)dx}dx+C\right)$$

증명

(1) 식에서 좌변에 $f(x)$를 곱하여 좌변의 식이 $\frac{d}{dx}[yf(x)]$와 같다고 하면

$$f(x)\frac{dy}{dx}+p(x)f(x)y=\frac{d}{dx}[yf(x)] \tag{2}$$

$$\frac{d}{dx}[yf(x)]=f(x)\frac{dy}{dx}+yf'(x) \tag{3}$$

(2) = (3)에서 $p(x)f(x)=f'(x)$

$$\int p(x)dx=\int \frac{f'(x)}{f(x)}dx=\ln[f(x)]$$

$$f(x)=e^{\int p(x)dx} \tag{4}$$

(4)를 (1)식 양변에 곱한다. 즉,

$$e^{\int p(x)dx}\frac{dy}{dx}+p(x)e^{\int p(x)dx} \cdot y=q(x)e^{\int p(x)dx}$$

$$\frac{d}{dx}\left[ye^{\int p(x)dx}\right] = q(x)e^{\int p(x)dx}$$

양변을 적분하면,

$$ye^{\int p(x)dx} = \int q(x)e^{\int p(x)dx}dx + C$$

예제 7.15

미분방정식 $\cos x\frac{dy}{dx}+y\sin x=\sin x\cos^3 x$을 풀어라.

풀이

$$\frac{dy}{dx}+(\tan x)y=\sin x\cos^2 x \qquad (5)$$

$$e^{\int \tan x dx} = e^{\ln(\sec x)} = \sec x$$

(5)식 양변에 $\sec x$를 곱하면

$$\sec x\frac{dy}{dx}+(\sec x\tan x)y=\sin x\cos^2 x\sec x$$

$$\frac{d}{dx}(y\sec x)=\sin x\cos x=\frac{1}{2}\sin 2x$$

$$y\sec x=c-\frac{1}{4}\cos 2x$$

예제 7.16

미분방정식 $\frac{dy}{dx}+\left(\frac{1}{x}\right)y=x^2$을 풀어라.

풀이

$$e^{\int p(x)dx}=e^{\int \frac{1}{x}dx}=e^{\ln x}=x$$

$$x\frac{dy}{dx}+y=x^3,\ d(xy)=x^3$$

$$xy=\frac{1}{4}x^4+C$$

예제 7.17

미분방정식 $\frac{dy}{dx}-\frac{2}{x}y=x^2\ln x$이고, $x=1$, $y=2$일 때 풀어라.

풀이

$$e^{\int -\frac{2}{x}dx}=e^{-2\ln x}=e^{\ln x^{-2}}=x^{-2}$$

$$x^{-2}\frac{dy}{dx}-2x^{-3}y=\ln x,\ \frac{d}{dx}(x^{-2}y)=\ln x$$

$x^{-2}y=x(\ln x-1)+C$, $x=1$일 때, $y=2$이므로

$2=-1+C$, $C=3$

$x^{-2}y=x(\ln x-1)+3$, $y=x^3(\ln x-1)+3x^2$

연습문제 7.5

1. 다음 1계 선형미분방정식의 일반해를 구하여라.

(1) $\dfrac{dy}{dx}+\dfrac{y}{x}=\cos x$

(2) $\dfrac{dy}{dx}+\left(\dfrac{2}{x}\right)y=4x+3$

(3) $\dfrac{dy}{dx}-\dfrac{y}{x}=\ln x$

(4) $\dfrac{dy}{dx}+\dfrac{y}{2x}=-x^{\frac{1}{2}}$

(5) $\dfrac{dy}{dx}+y\cot x=\cos 3x$

(6) $\dfrac{dy}{dx}+2y\tan x=\sin x$

(7) $\dfrac{dy}{dx}-\dfrac{y}{x+1}=x$

(8) $\dfrac{dy}{dx}-2y\operatorname{cosec} x=\tan\dfrac{x}{2},\ \ 0<x<\pi$

2. 다음 초기치 조건하에서 미분방정식을 풀어라.

(1) $x\dfrac{dy}{dx}-2y=x^3\ln x;\ \ y(1)=1$

(2) $\dfrac{dy}{dx}+2y=\sin x : y(0)=0$

(3) $\dfrac{dy}{dx}+2y=e^{-2x}(x^3+x^{-1}),\ \ x>0\ ;\ y(1)=0$

(4) $x\dfrac{dy}{dx}+3y=e^x;\ \ y(1)=1$

(5) $x^2\dfrac{dy}{dx}-xy=1;\ \ y(1)=2$

7.6 선형미분방정식의 응용

7.6.1 지수적 증가와 감소

폭넓은 응용을 지닌 특별한 미분방정식을 설명하려 한다. 양 y는 t시점에서 y자신의 크기에 비례해서 증가(또는 감소)한다고 하자. 이것은 방사성물질의 감소, 은행계좌의 이자, 인구수, 뜨거운 커피와 방 온도 차이 등에 적용된다. 따라서, 양 y는 미분방정식으로 표현하면

$$\frac{dy}{dt} = ky$$

으로 표현할 수 있다. t가 증가함에 따라 y가 증가한다면 $k > 0$, 만약 y가 감소한다면 $k < 0$

$$\frac{dy}{y} = kdt$$

$$\int \frac{1}{y} dy = \int kdt$$

$$\ln y = kt + c,\ c\text{는 상수}$$

$$y = e^{kt+c} = e^{kt}e^{c} = Ce^{kt}\,(C = e^{c})$$

$t = 0$일 때, y_0라고 주어졌다면

$$y_0 = ce^{k \cdot 0} = c \cdot 1 = c$$

$$y = y_0 e^{kt}$$

y_0는 y의 처음 양(시간 $t = 0$일 때)이라고 말해준다. 양이 시간에 따라 증가한다면 $k > 0$, 부식(또는 감소, 또는 분해)한다면 $k < 0$. 함수 $y = y_0 e^{kt}$는 지수적 증가함수 또는 지수적 감소함수라고 불린다. 감소하는 양이 반으로 감소하는 데 필요한 시간의 길이는 반감기라고 불린다.

예제 7.18

국가의 인구가 인구수에 비례하는 속도로 증가하고 있다. 만약 성장 속도가 현재의 인구의 4%라면 인구수가 두 배가 되기까지 얼마나 걸리는가?

풀이

시간 t일 때의 인구를 y라고 하면, $\frac{dy}{dt}=0.04y$이다.

$y=y_0e^{0.04t}$

y_0는 처음 인구이다. $y=2y_0$일 때 t를 찾는다.

$2y_0=y_0e^{0.04t}$

$2=e^{0.04t}$

$\ln 2=0.04t$

$t=\frac{\ln 2}{0.04}\approx 17.33$년

예제 7.19

라듐-226이 현재 양에 비례하는 속도로 부식한다. 이것의 반감기는 1612년이다. 라듐-226의 주어진 양의 4분의 1이 부식하기에 얼마의 시간이 걸리는가?

풀이

$y(t)$가 시간 t일 때 존재하는 라듐 -226의 양이라면, 이 방정식은 다음과 같다.

$y(t)=y_0e^{kt}$

y_0는 $t=0$일때의 양이고 k는 (음수) 감소하는 비율이다. $t=1612$일 때 $y=\frac{1}{2}y_0$이므로

$\frac{1}{2}y_0=y_0e^{k(1612)}$, $\frac{1}{2}=e^{1612k}$, $k=\frac{\ln\frac{1}{2}}{1612}=-0.00043$, $y=y_0e^{-0.00043t}$

y_0의 4분의 1이 부식했을 때, 처음 양의 4분의 3이 남는다.

$\frac{3}{4}y_0=y_0e^{-0.00043t}$, $\frac{3}{4}=e^{-0.00043t}$, $t=\frac{\ln\frac{3}{4}}{-0.00043}\approx 669$년

예제 7.20

화석의 연대결정을 하는 하나의 중요한 방법은 화석 탄소 함유량에서 얼마나 방사성 동위원소 탄소-14인지 찾는 것이다. 생전에, 모든 생물은 환경과 탄소를 주고받는다. 죽을 때 이 순환은 끝난다. 생물의 ^{14}C은 존재하는 양에 비례하는 속도로 줄어든다.

비례율은 해당 0.012%이다. 고고학자가 ^{14}C의 본래 양의 단지 25%만 남아있는 화석을 찾았다면 언제 동물은 죽었는가?

풀이

시간 t일 때의 존재하는 ^{14}C의 양 y는 방정식을 충족시킨다.

$\frac{dy}{dt} = -0.00012y$, $y(t) = y_0 e^{-0.00012t}$ (y_0는 본래 양이다)

$y(t) = 0.25y_0$일 때 t를 찾아야 한다.

$0.25y_0 = y_0 e^{-0.00012t}$, $0.25 = e^{-0.00012t}$, $\ln 0.25 = -0.00012t$, $-1.386 \approx -0.00012t$

$t \approx 11550$

600년으로 반올림하면, 동물이 대략 11,600년 전에 죽었다는 걸 알 수 있다.

7.6.2 회로에 관한 응용

회로를 한바퀴 도는 동안의 전압강하의 대수적 합은 0이다. 다시 말하면 공급된 전압(기전력)은 전압강하의 합과 같다. 회로내의 요소는 보통 다음과 같이 표시한다.

예를 들어 공급된 전압이 E(전지 또는 발전기)이고 저항 R, 인덕터(inductor) L을 아래 왼쪽 그림과 같이 연결한 직렬회로를 생각해 보자. 아래 그림에서 스위치 K를 닫으면 전류는 +단자에서 회로를 통하여 -단자로 흐른다고 생각한다.

그러면 Kirchhoff의 법칙에 의하여 공급된 전압 E는 인덕터(inductor)에서의 전압강하 $L\frac{dI}{dt}$와 저항에서의 전압강하 RI의 합과 같으므로

$$L\frac{dI}{dt} + RI = E \tag{1}$$

다른 예로 전지 또는 발전기 E, 저항 R 그리고 축전기(capacitor) C를 그림 7.5와 같이 연결한 직렬회로를 생각해 보자. 저항에서의 전압강하는 RI이고 축전기에서의 전압강하는 Q/C이므로, Kirchhoff의 법칙에 의하여

$$RI+\frac{Q}{C}=E \tag{2}$$

가 되어 전하 Q에 관한 미분방정식이 된다.

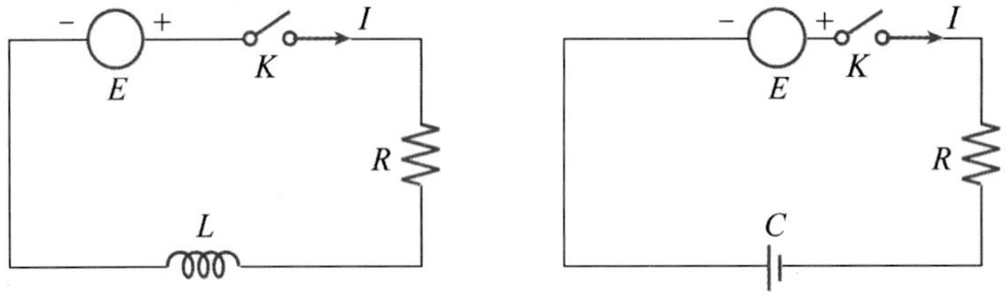

그림 7.5

예제 7.21

100volt의 기전력을 가진 발전기가 10ohm의 저항과 2henry의 인덕터(inductor)와 함께 직렬회로에 연결되어 있다. $t=0$일 때 스위치(switch)가 넣어졌다 하고, 전류에 관한 미분방정식을 만들고 시간 t에서의 전류를 구하라.

풀이

문제의 회로는 다음과 같다.

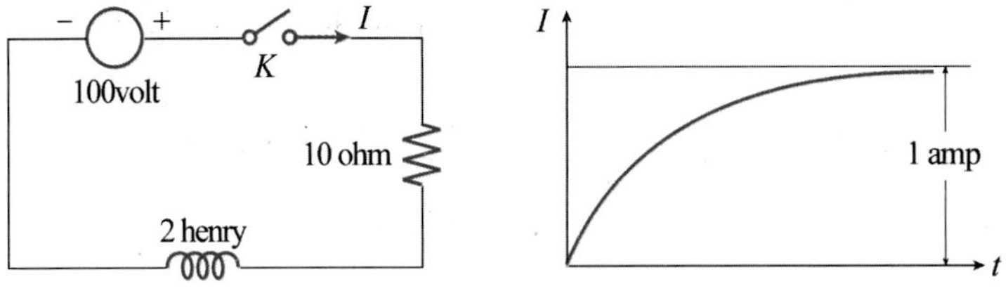

그림 7.6

공급된 전압은 100volt, 전압강하 RI는 $10I$, 인덕터(inductor)에서의 전압강하는 $L\frac{dI}{dt}=2\frac{dI}{dt}$가 된다. 따라서 Kirchhoff의 법칙에 의하여

$$100=10I+2\frac{dI}{dt} \text{ 또는 } \frac{dI}{dt}+5I=50 \tag{3}$$

이다. $t=0$일 때 스위치(switch)가 넣어졌으니까 $t=0$에서 $I=0$이다.

방정식 (3)의 양변에 적분인자 e^{5t}을 곱하면

$$e^{5t}\frac{dI}{dt}+5e^{5t}I=50\ e^{5t}$$

$$\frac{d}{dt}(e^{5t}I)=50e^{5t} \text{ 또는 } e^{5t}I=10e^{5t}+c$$

그러므로 $I=10+ce^{-5t}$

그런데 $t=0$일 때, $I=0$이므로 $c=-10$

그러므로 $I=10(1-e^{-5t})$

예제 7.22

예제 7.21에서 100volt의 기전력을 가진 발전기 대신에 20cos5t volt의 기전력을 가진 발전기를 설치했을 때 전류에 관한 미분방정식을 구하고 풀어라.

풀이

예제 7.21과의 차이는 다만 기전력이 100 대신에 $20\cos 5t$이므로 구하는 방정식은

$$10I+2\frac{dI}{dt}=20\cos 5t \text{ 또는 } \frac{dI}{dt}+5I=10\cos 5t \tag{4}$$

이 미분방정식의 적분인자가 e^{5t}이므로 (4)의 두 번째 미분방정식의 양변에 e^{5t}을 곱하면

$$e^{5t}\frac{dI}{dt}+5e^{5t}I=10e^{5t}\cos 5t$$

$$\frac{d}{dt}(e^{5t}I)=10e^{5t}\cos 5t$$

을 얻을 수 있다. 적분하면

$$e^{5t}I=10\int e^{5t}\cos 5t\,dt=e^{5t}(\cos 5t+\sin 5t)+c \text{에서 } I=\cos 5t+\sin 5t+ce^{-5t}$$

그런데 $t=0$일 때 $I=0$이므로 $c=-1$

그러므로 $I=\cos 5t+\sin 5t-e^{-5t}$

연습문제 7.6

1. 1970년 세계 인구는 대략 35억이었다. 그로부터 세계 인구는 인구수에 비례하는 속도로 커지고 있었다. 그리고 인구성장율은 매년 1.9%이었다. 이 속도로 몇 년 후에 땅 1평방피트 당 한 사람이 있을까? (지구의 땅 넓이는 대략 $200,000,000m^2$ 또는 대략 $5.5\times10^{15}ft^2$이다.)

2. 특정한 배양에서의 박테리아가 현재 수에 비례하는 속도로 연속적으로 증가한다.

(1) 6시간 안에 수가 세 배가 된다면, 12시간 안에는 얼마나 될까?

(2) 처음 수의 4배가 되기까지 몇 시간이 걸리는가?

3. 혈관에 투여된 약의 농도는 존재하는 농도에 비례적으로 떨어진다. 비례의 양은 한 시간에 30%라면, 최초 농도의 10분의 1이 되는 데에 걸리는 시간은?

4. 화석의 연도를 계산하는 과학자들이 어떤 화석의 현재의 탄소-14의 양이 처음 양의 20%라고 추측하였다. 반감기가 5730년이라면 이 화석의 나이는 얼마인가?

5. 12volt의 기전력을 가진 발전기가 그림과 같이 L=0.1 henry의 인덕터(inductor)와 저항 $R=$ 5 ohm이 직렬회로로 연결되어 있다. t=0일 때 스위치(Switch)가 넣어졌다. 전류에 관한 미분방정식을 세우고, 시간 t에서의 전류 I를 구하라.

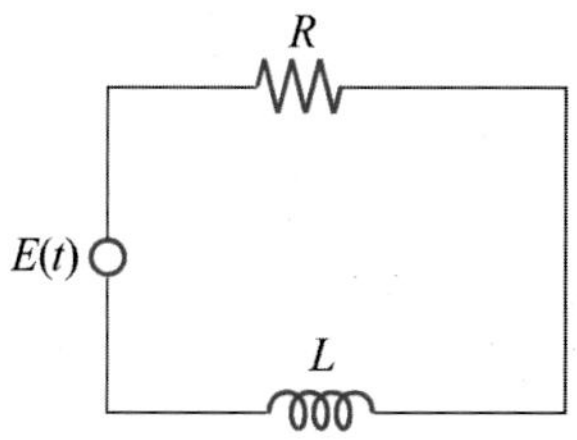

6. $L=2$헨리, $R=6$옴, 그리고 건전지가 12볼트의 일정한 전압을 공급해 주는 회로를 생각한다. $t=0$일 때(스위치 S를 막 연결하는 순간) $I=0$이라 하고, 시간 t일 때 I를 구하여라.

7. $L=\frac{1}{2}$헨리, $R=10$옴, 그리고 건전지가 12볼트의 일정한 전압을 공급해 주는 회로를 생각한다. $t=0$일 때 (스위치 S를 막 연결하는 순간) $I=0$이라 하고, 시간 t일 때 I를 구하여라.

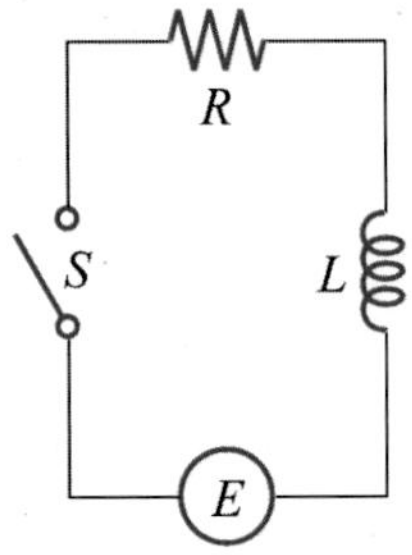

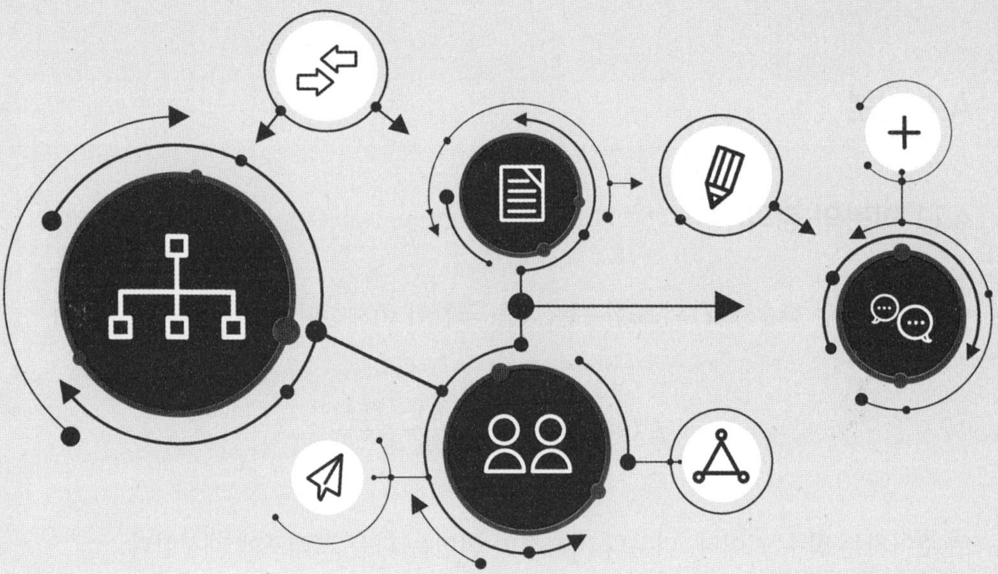

APPENDIX

다변수미적을 위한 미적기초

A.1 미분

A.1.1 미분의 정의

변수 x에 관한 함수 $f(x)$의 도함수는 다음 극한이 존재한다면, x에서의 미분값이

$$f'(x) = \lim_{h \to 0} \frac{f(x+h) - f(x)}{h}$$

로 주어지는 함수 f'이다. 미분의 기하적인 의미는 다음 그래프에 제시한다.

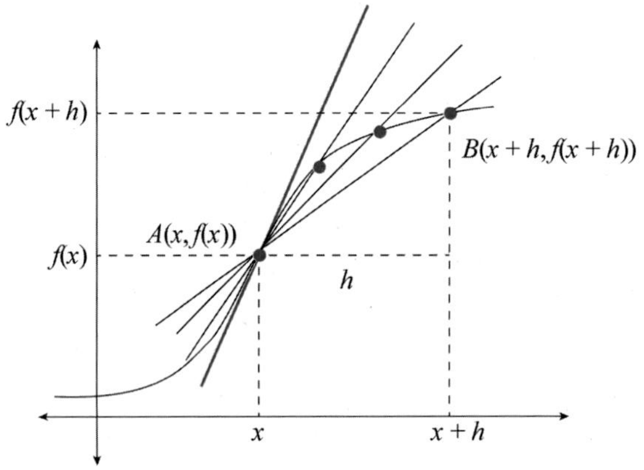

■ 미분기호

$$f'(x) = y' = \frac{dy}{dx} = \frac{df}{dx} = \frac{d}{dx} f(x) = D(f)(x) = D_x f(x)$$

A.1.2 거듭제곱공식

$$\frac{d}{dx}(x^n) = nx^{n-1} \text{ (단, } n\text{은 실수)}$$

증명

$f(x)=x^n$라 하자.

$$f'(x)=\frac{d}{dx}(x^n)=\lim_{h\to 0}\frac{f(x+h)-f(x)}{h}=\lim_{h\to 0}\frac{(x+h)^n-x^n}{h}$$

$$=\lim_{h\to 0}\frac{\left[{}_nC_0x^n+{}_nC_1x^{n-1}h+{}_nC_2x^{n-2}h^2+{}_nC_3x^{n-3}h^3+\cdots\cdots+{}_nC_{n-1}xh^{n-1}+{}_nC_nh^n\right]-x^n}{h}$$

$$=\lim_{h\to 0}\frac{\left[x^n+nx^{n-1}h+\frac{n(n-1)}{2!}x^{n-2}h^2+\frac{n(n-1)(n-2)}{3!}x^{n-3}h^3+\cdots\cdots+nxh^{n-1}+h^n\right]-x^n}{h}$$

$$=\lim_{h\to 0}\frac{nx^{n-1}h+\frac{n(n-1)}{2!}x^{n-2}h^2+\frac{n(n-1)(n-2)}{3!}x^{n-3}h^3+\cdots\cdots+nxh^{n-1}+h^n}{h}$$

$$=\lim_{h\to 0}\left[nx^{n-1}+\frac{n(n-1)}{2!}x^{n-2}h+\frac{n(n-1)(n-2)}{3!}x^{n-3}h^2+\cdots\cdots+nxh^{n-2}+h^{n-1}\right]$$

$$=nx^{n-1}+0+0+0+\cdots\cdots+0$$

$$=nx^{n-1}$$

예제 A.1

다음 함수의 도함수를 구하여라.

(1) $y=x^3$

(2) $y=\frac{1}{x^4}$

(3) $y=x^{\frac{2}{3}}$

풀이

(1) $y=x^3$

$y'=3x^2$

(2) $y=\frac{1}{x^4}$

$y'=-4x^{-5}$

(3) $y=x^{\frac{2}{3}}$

$y'=\frac{2}{3}x^{-\frac{1}{3}}$

문제 A.1

다음을 구하여라.

(1) $\frac{d}{dx}(x^{\sqrt{2}})$ (2) $\frac{d}{dx}(x^{10})$

(3) $\frac{d}{dx}(x^{-\frac{4}{3}})$

■ $\frac{d}{dx}(f(x) \pm g(x)) = \frac{d}{dx}f(x) \pm \frac{d}{dx}g(x) = f'(x) \pm g'(x)$

증명

$$\begin{aligned} y = f(x)+g(x),\ y' &= \lim_{h\to 0}\frac{[f(x+h)+g(x+h)]-[f(x)+g(x)]}{h} \\ &= \lim_{h\to 0}\frac{[f(x+h)-f(x)]+[g(x+h)-g(x)]}{h} \\ &= \lim_{h\to 0}\frac{f(x+h)-f(x)}{h}+\lim_{h\to 0}\frac{g(x+h)-g(x)}{h} \\ &= f'(x)+g'(x) \end{aligned}$$

예제 A.2

다음을 구하여라.

(1) $\frac{d}{dx}\left(x^3 - \frac{4}{3}x^2 - 5x\right)$ (2) $\frac{d}{dx}\left(3x^3 - 6x^{\frac{1}{2}} + 4\right)$

풀이

(1) $\frac{d}{dx}\left(x^3 - \frac{4}{3}x^2 - 5x\right) = 3x^2 - \frac{8}{3}x - 5$

(2) $\frac{d}{dx}\left(3x^3 - 6x^{\frac{1}{2}} + 4\right) = 9x^2 - 3x^{-\frac{1}{2}} = 9x^2 - \frac{3}{\sqrt{x}}$

문제 A.2

다음 함수의 도함수를 구하여라.

(1) $y = 3x^2 - 5x + 2$

(2) $y = 5x^3 - 2\sqrt{x}$

(3) $y = 1 + \frac{1}{x} + \frac{2}{x^2}$

(4) $y = 2\left(\sqrt{x} + \frac{1}{x}\right)$

(5) $y = -2x^{-1} + \frac{4}{x^2}$

(6) $y = \frac{12}{x} - \frac{4}{x^3} + \frac{1}{x^4}$

문제 A.3

다음 함수의 도함수를 구하여라.

(1) $y = \frac{x^2 + 5x - 1}{x^2}$

(2) $y = \frac{2x^3 - 3x\sqrt{x} - 1}{\sqrt{x}}$

(3) $y = \frac{3x^{-3} + 2x^{-1} - 1}{x^{-2}}$

(4) $f(x) = 6x^{\frac{2}{3}}(2x - 1)$

A.1.3 곱의 공식

$f(x)$와 $g(x)$가 x에 관해 미분 가능한 함수라면, 그들의 곱 $f(x), g(x)$도 미분 가능하고, 다음 식과 같다.

$$\frac{d}{dx}(f(x) \cdot g(x)) = f'(x)g(x) + f(x)g'(x)$$

증명

$$\frac{d}{dx}(f(x)\cdot g(x))=\lim_{h\to 0}\frac{f(x+h)g(x+h)-f(x)g(x)}{h}$$
$$=\lim_{h\to 0}\frac{[f(x+h)g(x+h)-f(x)g(x+h)]+[f(x)g(x+h)-f(x)g(x)]}{h}$$
$$=\lim_{h\to 0}\frac{[f(x+h)-f(x)]g(x+h)+f(x)[g(x+h)-g(x)]}{h}$$
$$=\lim_{h\to 0}\frac{[f(x+h)-f(x)]g(x+h)}{h}+\lim_{h\to 0}\frac{f(x)[g(x+h)-g(x)]}{h}$$
$$=\lim_{h\to 0}\frac{[f(x+h)-f(x)]}{h}\cdot\lim_{h\to 0}g(x+h)+\lim_{h\to 0}f(x)\cdot\lim_{h\to 0}\frac{[g(x+h)-g(x)]}{h}$$
$$=f'(x)g(x)+f(x)g'(x)$$

예제 A.3

다음의 도함수를 구하여라.

(1) $y=(x^2-2)(3x^2-2x)$ (2) $y=(3-2x)\sqrt{x}$

풀이

(1) $y'=2x(3x^2-2x)+(x^2-2)(6x-2)=6x^3-4x^2+6x^3-2x^2-12x+4$
$=12x^3-6x^2-12x+4$

(2) $y'=-2\sqrt{x}+(3-2x)\dfrac{1}{2\sqrt{x}}=\dfrac{-4x+3-2x}{2\sqrt{x}}=\dfrac{3-6x}{2\sqrt{x}}$

문제 A.4

다음의 도함수를 구하여라.

(1) $y=(3-x^2)(x^3-x+1)$ (2) $y=(x^3-2)(3x^2-2x)$

(3) $y=(1+x^2)\left(x^{\frac{3}{4}}-x^{-3}\right)$ (4) $y=(5-3x)\sqrt{x}$

A.1.4 나눗셈공식

$f(x)$와 $g(x)$가 미분 가능하고 $g(x) \neq 0$이라면, 나눗셈 $\frac{f(x)}{g(x)}$는 미분 가능하고 다음 식이 성립한다.

$$\frac{d}{dx}\left(\frac{f(x)}{g(x)}\right)=\frac{f'(x)g(x)-f(x)g'(x)}{g^2(x)}$$

증명

$$\frac{d}{dx}\left(\frac{f(x)}{g(x)}\right)=\lim_{h\to 0}\frac{\frac{f(x+h)}{g(x+h)}-\frac{f(x)}{g(x)}}{h}$$

$$=\lim_{h\to 0}\frac{\left[\frac{f(x+h)}{g(x+h)}-\frac{f(x)}{g(x)}\right]\cdot g(x+h)g(x)}{h\cdot g(x+h)g(x)}$$

$$=\lim_{h\to 0}\frac{f(x+h)g(x)-f(x)g(x+h)}{hg(x+h)g(x)}$$

$$=\lim_{h\to 0}\frac{[f(x+h)g(x)-f(x)g(x)]+[f(x)g(x)-f(x)g(x+h)]}{hg(x+h)g(x)}$$

$$=\lim_{h\to 0}\frac{[f(x+h)g(x)-f(x)g(x)]-[f(x)g(x+h)-f(x)g(x)]}{hg(x+h)g(x)}$$

$$=\lim_{h\to 0}\frac{[f(x+h)-f(x)]g(x)-f(x)[g(x+h)-g(x)]}{hg(x+h)g(x)}$$

$$=\lim_{h\to 0}\frac{[f(x+h)-f(x)]g(x)}{hg(x+h)g(x)}-\lim_{h\to 0}\frac{f(x)[g(x+h)-g(x)]}{hg(x+h)g(x)}$$

$$=\lim_{h\to 0}\frac{[f(x+h)-f(x)]}{h}\cdot\lim_{h\to 0}\frac{g(x)}{g(x+h)g(x)}$$

$$-\lim_{h\to 0}\frac{f(x)}{g(x+h)g(x)}\cdot\lim_{h\to 0}\frac{[g(x+h)-g(x)]}{h}$$

$$=\frac{f'(x)g(x)}{g(x)g(x)}-\frac{f(x)g'(x)}{g(x)g(x)}=\frac{f'(x)g(x)-f(x)g'(x)}{g^2(x)}$$

예제 A.4

$y=\dfrac{2x}{x+1}$ 의 도함수을 구하여라.

풀이

$$y'=\frac{2(x+1)-2x\cdot 1}{(x+1)^2}=\frac{2x+2-2x}{(x+1)^2}=\frac{2}{(x+1)^2}$$

문제 A.5

다음 함수들의 도함수를 구하여라.

(1) $y=\dfrac{2x+5}{3x-2}$ (2) $y=\dfrac{4-3x}{3x^2+x}$

(3) $y=\dfrac{(x+1)(x+2)}{(x-1)(x-2)}$ (4) $y=\dfrac{\sqrt{x}-1}{\sqrt{x}+1}$

A.1.5 연쇄법칙

$f(u)$가 점$u=g(x)$에서 미분 가능하고, $g(x)$가 x에서 미분 가능하면, 합성함수 $(f\circ g)(x)=f(g(x))$는 x에서 미분 가능하고,

$$(f\circ g)'(x)=f'(g(x))\cdot g'(x)$$

이다. 라이프니츠(Leibniz) 기호로, $y=f(u)$이고 $u=g(x)$라면

$$\frac{dy}{dx}=\frac{dy}{du}\cdot\frac{du}{dx}$$

이다. 여기서 dy/du는 $u=g(x)$에서 계산되었다.

예제 A.5

곡선 $y=(x^3-4x+1)^{10}$에서 $\dfrac{dy}{dx}$을 구하여라.

풀이

$y'=10(x^3-4x+1)^9(3x^2-4)$

문제 A.6

다음 함수들을 미분하여라.

(1) $y=(4-3x)^9$

(2) $y=(3x^2-\sqrt{x})^4$

(3) $y=\left(\dfrac{x^2}{8}+x-\dfrac{1}{x}\right)^4$

(4) $y=\sqrt[3]{2x-x^2}$

문제 A.7

도함수를 구하여라.

(1) $y=\dfrac{1}{(2-3x)^4}$

(2) $y=(2x+1)^3(3x-4)^5$

(3) $y=(2-5x)^4(3x^2+1)^3$

(4) $y=\dfrac{(x+1)^2}{(2x+1)^3}$

A.1.6 음함수의 미분법

지금까지 우리가 다루었던 대부분의 함수는 y가 변수 x의 구체적인 식으로 표현되는 $y=f(x)$의 꼴이었고, 이러한 함수들의 미분법에 대해서 배웠다.

여기서는 다음과 같은 형태의 방정식으로 주어지는 경우에 대해서 미분법을 생각해 보자.

$$x^3+y^3-9xy=0,\quad y^2-x=0,\quad \text{or}\quad x^2+y^2-25=0$$

이와 같은 방정식들을 변수 x와 y의 음함수(implicit)라고 부른다. 이렇게 정의되는 음함수 중에서는 y가 x의 하나 또는 2개 이상의 구체적인 식으로 표현되는 것들도 있을 수 있다. 식 $F(x,y)=0$을 보통의 방법으로 미분할 수 있는 $y=f(x)$의 꼴로 표현할 수 없는 경우라고 해도 우리는 음함수의 미분법(implicit differentiation)을 이용하여 dy/dx를 구할 수 있다. 이는 양변을 각각 x에 대하여 미분한 다음 그 결과를 y'에 대하여 정리하는 단계를 거쳐서 구할 수 있다.

예제 A.6

$xy=2y^3+x$일 때 $\dfrac{dy}{dx}$를 구하여라.

풀이

$$\frac{d}{dx}(xy)=\frac{d}{dx}(2y^3+x)$$

$$1\cdot y+x\cdot y'=6y^2y'+1$$

$$y+xy'=6y^2y'+1$$

$$xy'-6y^2y'=1-y$$

$$(x-6y^2)y'=1-y$$

$$\therefore \frac{dy}{dx}=\frac{1-y}{x-6y^2}$$

문제 A.8

다음 각 경우에 $\dfrac{dy}{dx}$를 구하여라.

(1) $x^3+y^3=16$

(2) $x^{\frac{2}{3}}+y^{\frac{2}{3}}=1$ (astroid)

(3) $x^2-xy+y^2=6$ (ellipse)

(4) $x^3+y^3=18xy$

(5) $2\sqrt{y}=x-y$

(6) $x^2y^3-x^3y^2=-5$

A.1.7 고계 도함수

- 1계 도함수: $y' = \dfrac{dy}{dx}$
- 2계 도함수: $y'' = \dfrac{dy'}{dx} = \dfrac{d}{dx}\left(\dfrac{dy}{dx}\right) = \dfrac{d^2y}{dx^2}$
- 3계 도함수: $y''' = \dfrac{dy''}{dx} = \dfrac{d}{dx}\left(\dfrac{d^2y}{dx^2}\right) = \dfrac{d^3y}{dx^3}$
- 4계 도함수: $y^{(4)} = \dfrac{dy'''}{dx} = \dfrac{d}{dx}\left(\dfrac{d^3y}{dx^3}\right) = \dfrac{d^4y}{dx^4}$
- 5계 도함수: $y^{(5)} = \dfrac{dy^{(4)}}{dx} = \dfrac{d}{dx}\left(\dfrac{d^4y}{dx^4}\right) = \dfrac{d^5y}{dx^5}$

$\vdots \qquad\qquad \vdots$

- n계 도함수: $y^{(n)} = \dfrac{dy^{(n-1)}}{dx} = \dfrac{d}{dx}\left(\dfrac{d^{n-1}y}{dx^{n-1}}\right) = \dfrac{d^ny}{dx^n}$

예제 A.7

$y=\frac{1}{4}x^4-\frac{2}{3}x^3+x^2-6x+2$의 첫 여섯 도함수를 구하여라.

풀이

$y'=x^3-2x^2-2x-6$

$y''=3x^2-4x-2$

$y'''=6x-4$

$y^{(4)}=6$

$y^{(5)}=0$

$y^{(6)}=0$

문제 A.9

다음 함수의 2계 도함수를 구하여라.

(1) $y=\frac{1}{2x-1}$

(2) $y=(x^2-2x)^6$

(3) $y=\sqrt{x^2+2}$

(4) $x^2-y^2=4$

A.1.8 삼각함수의 미분

$$\frac{d}{dx}(\sin x)=\cos x \qquad \frac{d}{dx}(\cos x)=-\sin x$$

$$\frac{d}{dx}(\tan x)=\sec^2 x \qquad \frac{d}{dx}(\cot x)=-\csc^2 x$$

$$\frac{d}{dx}(\sec x)=\sec x\tan x \qquad \frac{d}{dx}(\csc x)=-\csc x\cot x$$

증명

① $f(x)=\sin x$

$$f'(x)=\lim_{h\to0}\frac{f(x+h)-f(x)}{h}=\lim_{h\to0}\frac{\sin(x+h)-\sin x}{h}$$

$$=\lim_{h\to0}\frac{[\sin x\cos h+\cos x\sin h]-\sin x}{h}$$

$$=\lim_{h\to0}\frac{\sin x(\cos h-1)}{h}+\lim_{h\to0}\frac{\cos x\sin h}{h}$$

$$=\lim_{h\to0}\sin x\cdot\lim_{h\to0}\frac{\cos h-1}{h}+\lim_{h\to0}\cos x\cdot\lim_{h\to0}\frac{\sin h}{h}$$

$$=\sin x\cdot0+\cos x\cdot1$$

$$=\cos x$$

② $f(x)=\cos x$

$$f'(x)=\lim_{h\to0}\frac{f(x+h)-f(x)}{h}=\lim_{h\to0}\frac{\cos(x+h)-\cos x}{h}$$

$$=\lim_{h\to0}\frac{[\cos x\cos h-\sin x\sin h]-\cos x}{h}$$

$$=\lim_{h\to0}\frac{\cos x(\cos h-1)}{h}-\lim_{h\to0}\frac{\sin x\sin h}{h}$$

$$=\lim_{h\to0}\cos x\cdot\lim_{h\to0}\frac{\cos h-1}{h}-\lim_{h\to0}\sin x\cdot\lim_{h\to0}\frac{\sin h}{h}$$

$$=\cos x\cdot0-\sin x\cdot1=-\sin x$$

③ $f(x)=\tan x$

$$f'(x)=\frac{d}{dx}(\tan x)=\frac{d}{dx}\left(\frac{\sin x}{\cos x}\right)$$

$$=\frac{(\sin x)'\cos x-\sin x(\cos x)'}{(\cos x)^2}$$

$$=\frac{\cos x\cos x-\sin x(-\sin x)}{(\cos x)^2}$$

$$=\frac{\cos^2x+\sin^2x}{\cos^2x}=\frac{1}{\cos^2x}=\sec^2x$$

④ $f(x) = \cot x$

$$f'(x) = \frac{d}{dx}(\cot x) = \frac{d}{dx}\left(\frac{\cos x}{\sin x}\right)$$
$$= \frac{(\cos x)'\sin x - \cos x(\sin x)'}{(\sin x)^2}$$
$$= \frac{(-\sin x)\sin x - \cos x(\cos x)}{(\sin x)^2}$$
$$= \frac{-\sin^2 x - \cos^2 x}{\sin^2 x} = \frac{-1}{\sin^2 x} = -\csc^2 x$$

⑤ $f(x) = \sec x$

$$f'(x) = \frac{d}{dx}(\sec x) = \frac{d}{dx}\left(\frac{1}{\cos x}\right)$$
$$= \frac{(1)'\cos x - 1(\cos x)'}{(\cos x)^2} = \frac{0-(-\sin x)}{(\cos x)^2}$$
$$= \frac{\sin x}{\cos^2 x} = \frac{1}{\cos x}\frac{\sin x}{\cos x} = \sec x \tan x$$

⑥ $f(x) = \csc x$

$$f'(x) = \frac{d}{dx}(\csc x) = \frac{d}{dx}\left(\frac{1}{\sin x}\right)$$
$$= \frac{(1)'\sin x - 1(\sin x)'}{(\sin x)^2} = \frac{0-(\cos x)}{(\sin x)^2}$$
$$= \frac{-\cos x}{\sin^2 x} = \frac{-1}{\sin x}\frac{\cos x}{\sin x} = -\csc x \cot x$$

예제 A.8

다음을 구하여라.

(1) $\frac{d}{dx}(\cos(x^2+1))$

(2) $\frac{d}{dx}(\sin\sqrt{x^2+1})$

풀이

(1) $\frac{d}{dx}(\cos(x^2+1)) = -\sin(x^2+1)\cdot 2x = -2x\sin(x^2+1)$

(2) $\frac{d}{dx}(\sin\sqrt{x^2+1}) = \cos(\sqrt{x^2+1})\cdot\frac{1}{2\sqrt{x^2+1}}\cdot 2x = \frac{x\cos(\sqrt{x^2+1})}{\sqrt{x^2+1}}$

문제 A.10

다음 삼각함수의 도함수를 구하여라.

(1) $y = \sin(3x+1)$

(2) $y = \cos(-3x+2)$

(3) $y = 2\sin\left(x^3 - \frac{1}{x}\right)$

(4) $y = \cos(\sin x)$

(5) $y = \tan(10x-5)$

(6) $y = \cot(3x^2+2x)$

(7) $y = \sec\left(\frac{1}{2}x\right)$

(8) $y = -\frac{1}{5}csc(5x)$

(9) $y = \sec(\tan x)$

(10) $y = \sqrt{1+2\cot x}$

(11) $y = \cot\left(\pi - \frac{1}{x}\right)$

(12) $y = \sin(x^3-1)^4$

문제 A.11

다음 삼각함수의 도함수를 구하여라.

(1) $y = x\sin x$

(2) $y = x^2\cos\frac{1}{x}$

(3) $y = 3x\sqrt{\csc x}$

(4) $y = \frac{\sin x}{1+\cos x}$

(5) $y = \sin 4x\cos^2 x$

(6) $y = \sec\sqrt{x}\tan\left(\frac{1}{x}\right)$

(7) $y = \frac{\cos^2 x}{\sin x}$

문제 A.12

$\frac{dy}{dx}$ 을 구하여라.

(1) $x\cos(2x+3y)=y\sin x$ (2) $\cos(x+y)+\sin(x-y)=1$

(3) $x+\tan(xy)=0$ (4) $x^2+y^2=\sec(xy)$

A.1.9 지수함수의 미분

$$\frac{d}{dx}(e^x)=e^x$$

$$\frac{d}{dx}(e^{f(x)})=e^{f(x)}\cdot f'(x)$$

$$\frac{d}{dx}(a^x)=a^x\cdot \ln a\ (a\neq 1, a>0)$$

$$\frac{d}{dx}(a^{f(x)})=a^{f(x)}\cdot f'(x)\cdot \ln a\ (a\neq 1, a>0)$$

증명

① $f(x)=e^x$

$$f'(x)=\lim_{h\to 0}\frac{f(x+h)-f(x)}{h}=\lim_{h\to 0}\frac{e^{x+h}-e^x}{h}$$

$$=\lim_{h\to 0}e^x\cdot\frac{e^{h-1}}{h}=e^x\cdot\lim_{h\to 0}\frac{e^h-1}{h}$$

$e^h-1=t \Rightarrow e^h=1+t$
$h=\ln(1+t)$
$h\to 0,\ t\to 0.$

$$f'(x)=e^x\cdot\lim_{h\to 0}\frac{e^h-1}{h}=e^x\cdot\lim_{t\to 0}\frac{t}{\ln(1+t)}=e^x\cdot\lim_{t\to 0}\frac{1}{\frac{1}{t}\ln(1+t)}$$

$$=e^x\cdot\lim_{t\to 0}\frac{1}{\ln(1+t)^{1/t}}=e^x\cdot\frac{1}{\ln e}=e^x\cdot 1=e^x$$

② $y = e^{f(x)}$

$y = e^u$, $u = f(x)$

$\frac{dy}{du} = e^u$, $\frac{du}{dx} = f'(x)$

$\frac{dy}{dx} = \frac{dy}{du} \cdot \frac{du}{dx} = e^u \cdot f'(x) = e^{f(x)} \cdot f'(x)$

③ $y = a^x = (e^{\ln a})^x = e^{x \ln a}$ ($\ln a$: 상수)

$y' = e^{x \ln a} \cdot \ln a = a^x \cdot \ln a$

④ $y = a^{f(x)} = (e^{\ln a})^{f(x)} = e^{f(x) \ln a}$ ($\ln a$: 상수)

$y' = e^{f(x) \ln a} \cdot f'(x) \ln a = a^{f(x)} \cdot f'(x) \ln a$

예제 A.9

다음 함수를 각각 구하여라.

(1) $\frac{d}{dx}(e^{4x})$

(2) $\frac{d}{dx}(e^{-3x})$

(3) $\frac{d}{dx}(2^{x^2})$

풀이

(1) $\frac{d}{dx}(e^{4x}) = e^{4x} \cdot 4 = 4e^{4x}$

(2) $\frac{d}{dx}(e^{-3x}) = e^{-3x} \cdot (-3) = -3e^{-3x}$

(3) $\frac{d}{dx}(2^{x^2}) = 2^{x^2} \cdot 2x \cdot \ln 2 = 2x(2)^{x^2} \ln 2$

문제 A.13

다음 함수를 각각 미분하여라.

(1) $y = e^{5-7x}$

(2) $y = e^{\sec x}$

(3) $y = \cos(e^{-x^2})$

(4) $y = 3^{-x^2}$

(5) $y = xe^{-x} + e^{3x}$

(6) $y = a^{\cos x}$

(7) $y = x^3 e^{2x}$

(8) $y = (9x^2 - 6x + 2)e^{x^3}$

(9) $y = \dfrac{e^{-2x}}{x}$

(10) $y = \left(e^{\sin\frac{x}{2}}\right)^3$

(11) $y = \pi^{x\cos x}$

(12) $y = \dfrac{e^x - e^{-x}}{e^x + e^{-x}}$

(13) $e^{x^2 y} = 2x + 2y$

(14) $y = \sin(x^2 e^x)$

(15) $y = \dfrac{1}{\sqrt{4e^{-x} + 2}}$

(16) $e^{x+y} = 3x^2 y$

(17) $e^{2x} = \sin(x + 3y)$

A.1.10 로그함수의 미분

$$\frac{d}{dx}(\ln x) = \frac{1}{x}$$

$$\frac{d}{dx}(\log_a x) = \frac{1}{x} \cdot \frac{1}{\ln a}$$

$$\frac{d}{dx}(\ln f(x)) = \frac{1}{f(x)} \cdot f'(x)$$

$$\frac{d}{dx}(\log_a f(x)) = \frac{1}{f(x)} \cdot f'(x) \cdot \frac{1}{\ln a}$$

증명

① $f(x)=\ln x$

$$f'(x)=\lim_{h\to 0}\frac{f(x+h)-f(x)}{h}=\lim_{h\to 0}\frac{\ln(x+h)-\ln x}{h}$$

$$=\lim_{h\to 0}\frac{\ln\left(\frac{x+h}{x}\right)}{h}=\lim_{h\to 0}\frac{1}{h}\ln\left(\frac{x+h}{x}\right)$$

$$=\lim_{h\to 0}\ln\left(1+\frac{h}{x}\right)^{\frac{1}{h}}=\lim_{h\to 0}\frac{1}{h}\ln\left[\left(\frac{x+h}{x}\right)^{\frac{x}{h}}\right]^{\frac{1}{x}}$$

$$=\ln e^{\frac{1}{x}}=\frac{1}{x}\ln e=\frac{1}{x}$$

② $f(x)=\log_a x$

$f(x)=\log_a x=\dfrac{\ln x}{\ln a}$ ($\ln a$는 상수)

$$f'(x)=\frac{(\ln x)'}{\ln a}=\frac{\frac{1}{x}}{\ln a}=\frac{1}{x}\cdot\frac{1}{\ln a}$$

③ $f(x)=\ln f(x)$

$y=\ln u$, $u=f(x)$

$$\frac{dy}{du}=\frac{1}{u},\ \frac{du}{dx}=f'(x)$$

$$\frac{dy}{dx}=\frac{dy}{du}\cdot\frac{du}{dx}=\frac{1}{u}\cdot f'(x)=\frac{1}{f(x)}\cdot f'(x)$$

④ $f(x)=\log_a f(x)=\dfrac{\ln f(x)}{\ln a}$ ($\ln a$: 상수)

$$\frac{dy}{dx}=\frac{1}{f(x)}\cdot f'(x)\cdot\frac{1}{\ln a}$$

- $y = \ln|f(x)|$

$f(x) > 0,\ y = \ln|f(x)| = \ln f(x)$

$$y = \frac{1}{f(x)} \cdot f'(x)$$

$f(x) < 0,\ y = \ln|f(x)| = \ln(-f(x))$

$$y' = \frac{1}{-f(x)} \cdot -f'(x) = \frac{1}{f(x)} \cdot f'(x)$$

$$\therefore \frac{d}{dx}(\ln|f(x)|) = \frac{1}{f(x)} \cdot f'(x)$$

예제 A.10

다음을 구하여라.

(1) $\frac{d}{dx}(\ln(x^2+1))$

(2) $\frac{d}{dx}(\ln(\ln(x^2+\sin x)))$

풀이

(1)
$$\frac{d}{dx}(\ln(x^2+1)) = \frac{1}{x^2+1} \cdot 2x = \frac{2x}{x^2+1}$$

(2)
$$\frac{d}{dx}(\ln(\ln(x^2+\sin x))) = \frac{1}{\ln(x^2+\sin x)} \cdot \frac{1}{x^2+\sin x} \cdot (2x+\cos x) = \frac{2x+\cos x}{(x^2+\sin x)\ln(x^2+\sin x)}$$

문제 A.14

다음 함수를 미분하여라.

(1) $y = \ln 3x$

(2) $y = \ln(\ln x)$

(3) $y = \ln(\sin x)$

(4) $y = \ln(\tan x)$

(5) $y = (\ln x)^5$

(6) $y = \log_3(\sin x)$

(7) $y = \log_2 5x$

(8) $y = \ln|x\cos x|$

(9) $y = 3^{\log_2 x}$

(10) $y = x^2 \ln x$

(11) $y = x\sqrt{\ln x}$

(12) $y = \ln(\sec x + \tan x)$

(13) $y = \tan[\log(x^2 + 4)]$

(14) $y = (x^2 \ln x)^4$

(15) $y = \dfrac{\ln x}{x^2}$

(16) $\ln(xy) = x - y$

(17) $y + 1 = x\ln^3 y$

(18) $y = \ln(\sec(\ln x))$

■ **로그 미분법:**

단계 1. 양변에 자연로그를 취한다.

단계 2. 로그성질을 이용하여 간단히 한다.

단계 3. 양쪽을 미분한다.

단계 4. y'을 구한다.

예제 A.11

$y = x^x$을 미분하여라.

풀이

단계 1. $\ln y = \ln x^x$

단계 2. $\ln y = x \ln x$

단계 3. $\frac{1}{y} \cdot y' = 1 \cdot \ln x + x \cdot \frac{1}{x}$

단계 4. $y' = y(\ln x + 1)$ or $x^x(\ln x + 1)$

문제 A.15

로그 미분법을 이용하여 y의 도함수를 구하여라.

(1) $y = x^{\ln x}$

(2) $y = (\sin x)^x$

(3) $y = (x+1)^x$

(4) $y = (\sin x)^{\sin x}$

(5) $y = \sqrt{(x^2+1)(x-1)^2}$

(6) $y = (\ln x)^{\ln x}$

(7) $y = \frac{x\sqrt{x^2+1}}{(x+1)^{\frac{2}{3}}}$

(8) $y = \frac{x \sin x}{\sqrt{\sec x}}$

(9) $y = \frac{e^{-x}\cos x}{\sqrt[3]{x^2 - x}}$

A.1.11 역삼각함수의 미분

$$\frac{d}{dx}(\sin^{-1}x) = \frac{1}{\sqrt{1-x^2}}$$

$$\frac{d}{dx}(\cos^{-1}x) = -\frac{1}{\sqrt{1-x^2}}$$

$$\frac{d}{dx}(\tan^{-1}x) = \frac{1}{1+x^2}$$

$$\frac{d}{dx}(\cot^{-1}x) = -\frac{1}{1+x^2}$$

$$\frac{d}{dx}(\sec^{-1}x) = \frac{1}{|x|\sqrt{x^2-1}}$$

$$\frac{d}{dx}(\csc^{-1}x) = -\frac{1}{|x|\sqrt{x^2-1}}$$

증명

① $y = \sin^{-1}x,\ -\frac{\pi}{2} \le y \le \frac{\pi}{2}$

$\sin^2 y + \cos^2 y = 1$ $\qquad$ $\sin y = x$

$\cos y = \pm\sqrt{1-\sin^2 y} = \pm\sqrt{1-x^2}$ $\qquad$ $\frac{d}{dx}(\sin y) = \frac{d}{dx}(x)$

$-\frac{\pi}{2} \le y \le \frac{\pi}{2},\ \cos y > 0$

$\therefore \cos y = \sqrt{1-x^2}$

$\cos y \cdot y' = 1$

$y' = \frac{1}{\cos y} = \frac{1}{\sqrt{1-x^2}}$

② $y=\cos^{-1}x$, $0 \le y \le \pi$

$\sin^2 y+\cos^2 y=1$

$\cos y=x$

$\sin y=\pm\sqrt{1-\cos^2 y}=\pm\sqrt{1-x^2}$

$\frac{d}{dx}(\cos y)=\frac{d}{dx}(x)$

$0 \le y \le \pi$, $\sin y>0$

$\therefore \sin y=\sqrt{1-x^2}$

$-\sin y \cdot y'=1$

$y'=-\frac{1}{\sin y}=-\frac{1}{\sqrt{1-x^2}}$

③ $y=\tan^{-1}x$, $-\frac{\pi}{2}<y<\frac{\pi}{2}$

$\tan y=x$

$\frac{d}{dx}(\tan y)=\frac{d}{dx}(x)$

$\sec^2 y \cdot y'=1$

$\tan^2 y+1=\sec^2 y$

$y'=\frac{1}{\sec^2 y}=\frac{1}{1+x^2}$

④ $y=\cot^{-1}x$, $0<y<\pi$

$\cot y=x$

$\frac{d}{dx}(\cot y)=\frac{d}{dx}(x)$

$-\csc^2 y \cdot y'=1$

$\cot^2 y+1=\csc^2 y$

$y'=-\frac{1}{\csc^2 y}=-\frac{1}{1+x^2}$

⑤ $y = \sec^{-1}x,\ 0 \le y \le \pi,\ y \ne \frac{\pi}{2}$

$\sec y = x$

$\frac{d}{dx}(\sec y) = \frac{d}{dx}(x)$

$\sec y \tan y \cdot y' = 1$

$y' = \frac{1}{\sec y \tan y}$ $\quad \tan^2 y + 1 = \sec^2 y$

$= \pm \frac{1}{x\sqrt{x^2-1}}$ $\quad \tan y = \pm\sqrt{\sec^2 y - 1}$

$\tan y = \pm\sqrt{x^2-1}$, $\sec y = x$

$= \frac{1}{|x|\sqrt{x^2-1}}$

⑥ $y = \csc^{-1}x$ 단, $-\frac{\pi}{2} \le y \le \frac{\pi}{2},\ y \ne 0$

$\csc y = x$

$\frac{d}{dx}(\csc y) = \frac{d}{dx}(x)$ $\quad \cot^2 y + 1 = \csc^2 y$

$-\csc y \cot y \cdot y' = 1$ $\quad \cot y = \pm\sqrt{\csc^2 y - 1}$

$y' = -\frac{1}{\csc y \cot y}$ $\quad \leftarrow \quad \cot y = \pm\sqrt{x^2-1}$, $\csc y = x$

$= \pm\frac{-1}{x\sqrt{x^2-1}}$

$= \frac{-1}{|x|\sqrt{x^2-1}}$

예제 A.12

다음을 구하여라

(1) $\frac{d}{dx}(\sin^{-1}x^2)$ (2) $\frac{d}{dx}(\tan^{-1}(\sin x))$

풀이

(1) $\frac{d}{dx}(\sin^{-1}x^2) = \frac{1}{\sqrt{1-(x^2)^2}} \cdot 2x = \frac{2x}{\sqrt{1-x^4}}$

(2) $\frac{d}{dx}(\tan^{-1}(\sin x)) = \frac{1}{1+(\sin x)^2} \cdot \cos x = \frac{\cos x}{1+\sin^2 x}$

문제 A.16

y의 도함수를 구하여라.

(1) $y = \sin^{-1}\left(\frac{3}{x^2}\right)$ (2) $y = \cos^{-1}(-3x+2)$

(3) $y = \sin^{-1}(1-x)$ (4) $y = 2\cos^{-1}(\sqrt{x-1})$

(5) $y = \tan^{-1}(\ln x)$ (6) $y = \cot^{-1}\left(\frac{1}{x}\right)$

(7) $y = \ln(x^2+4) - x\tan^{-1}\left(\frac{x}{2}\right)$ (8) $y = \cot^{-1}(\csc x^2)$

(9) $y = \sec^{-1}(2x+1)$ (10) $y = \sin^{-1}((1-x^2)^2)$

(11) $y = \tan^{-1}\sqrt{x^2-1} + \csc^{-1}x,\ \ x > 1$ (12) $y = \sqrt{x^2-1} + \csc^{-1}x,\ \ x > 1$

Derivative Formulas (미분 공식)

■ Basic Derivative Formulas (기본 미분)

$$\frac{d}{dx}(x^n) = nx^{n-1}, \qquad \frac{d}{dx}(\sqrt{x}) = \frac{1}{2\sqrt{x}}, \qquad \frac{d}{dx}\left(\frac{1}{x}\right) = -\frac{1}{x^2}$$

$$\frac{d}{dx}(f(x) \cdot g(x)) = f'(x)g(x) + f(x)g'(x),$$

$$\frac{d}{dx}\left(\frac{f(x)}{g(x)}\right) = \frac{f'(x)g(x) - f(x)g'(x)}{g^2(x)}$$

$$\frac{d}{dx}f(g(x)) = f'(g(x)) \cdot g'(x),$$

$$\frac{d}{dx}f(g(h(x))) = f'(g(h(x))) \cdot g'(h(x)) \cdot h'(x)$$

$$\frac{d}{dx}(\sqrt{f(x)}) = \frac{1}{2\sqrt{f(x)}} \cdot f'(x)$$

■ Derivatives of Trigonometric Formulas (삼각함수 미분)

$$\frac{d}{dx}(\sin x) = \cos x \qquad \frac{d}{dx}(\cos x) = -\sin x$$

$$\frac{d}{dx}(\tan x) = \sec^2 x \qquad \frac{d}{dx}(\cot x) = -\csc^2 x$$

$$\frac{d}{dx}(\sec x) = \sec x \tan x \qquad \frac{d}{dx}(\csc x) = -\csc x \cot x$$

■ Derivatives of Inverse Trigonometric Formulas (역삼각함수 미분)

$$\frac{d}{dx}(\sin^{-1}x) = \frac{1}{\sqrt{1-x^2}} \qquad \frac{d}{dx}(\cos^{-1}x) = -\frac{1}{\sqrt{1-x^2}}$$

$$\frac{d}{dx}(\tan^{-1}x) = \frac{1}{1+x^2} \qquad \frac{d}{dx}(\cot^{-1}x) = -\frac{1}{1+x^2}$$

$$\frac{d}{dx}(\sec^{-1}x) = \frac{1}{|x|\sqrt{x^2-1}} \qquad \frac{d}{dx}(\csc^{-1}x) = -\frac{1}{|x|\sqrt{x^2-1}}$$

Derivative Formulas (미분 공식)

■ Derivatives of Exponential and Logarithmic Fuctions Formulas (지수, 로그함수 미분)

$\frac{d}{dx}(e^x) = e^x$

$\frac{d}{dx}(a^x) = a^x \ln a \quad (a \neq 1,\ a > 0)$

$\frac{d}{dx}(e^{f(x)}) = e^{f(x)} \cdot f'(x)$

$\frac{d}{dx}(a^{f(x)}) = a^{f(x)} \cdot f'(x) \cdot \ln a$

$\frac{d}{dx}(\ln x) = \frac{1}{x}$

$\frac{d}{dx}(\log_a x) = \frac{1}{x} \cdot \frac{1}{\ln a}$

$\frac{d}{dx}(\ln f(x)) = \frac{1}{f(x)} \cdot f'(x)$

$\frac{d}{dx}(\log_a f(x)) = \frac{1}{f(x)} \cdot f'(x) \cdot \frac{1}{\ln a}$

■ Derivatives of Inverse Formulas (역함수 미분)

$(f^{-1})'(x) = \frac{1}{f'(f^{-1}(x))}$

A.2 적분

A.2.1 부정적분

정의역에 속하는 모든 x에 대해 $F'(x) = f(x)$일 때 함수 F를 정의역에서 f의 역도함수(antiderivative)라고 한다. 역도함수와 적분 사이의 관계 때문에 기호 $\int f(x)dx$가 전통적으로 f의 한 역도함수로서 사용되며, 이를 부정적분(indefinite integral)이라 한다. 따라서 다음과 같다.

$$\int f(x)dx = F(x) + C \text{는 } F'(x) = f(x)$$

를 의미한다.

■ 기본 적분 공식

$$\int kf(x)\,dx = k\int f(x)\,dx \quad (k \neq 0)$$

$$\int [f(x)+g(x)]\,dx = \int f(x)\,dx + \int g(x)dx$$

$$\int x^n\,dx = \frac{x^{n+1}}{n+1} + C \qquad (n \neq -1)$$

$$\int \frac{dx}{x} = \ln|x| + C$$

예제 A.13

다음 부정적분을 구하라.

(1) $\int 7\,dx$

(2) $\int 4x^3\,dx$

(3) $\int \left(x^6 + \frac{1}{x}\right)dx$

풀이

(1) $\int 7\,dx = 7x + C$

(2) $\int 4x^3\,dx = x^4 + C$

(3) $\int \left(x^6 + \frac{1}{x}\right)dx = \frac{1}{7}x^7 + \ln|x| + C$

문제 A.17

다음 적분을 구하여라.

(1) $\int (3-4x+2x^3)\,dx$

(2) $\int 6x^2 \sqrt[3]{x}\,dx$

(3) $\int x^4 + \sqrt[3]{x^2} - \frac{2}{x^2} - \frac{1}{3\sqrt[3]{x}}\,dx$

(4) $\int \left(\frac{2}{x} - \frac{1}{x^2} + \frac{1}{2\sqrt{x}}\right)dx$

(5) $\int \frac{1}{\ln 2}\frac{dx}{x}$

(6) $\int (x-3)(x^2+3x+9)dx$

(7) $\int \frac{x^4}{x^2+1}dx - \int \frac{1}{x^2+1}dx$

(8) $\int (2\sin x + \cos x)^2 dx + \int (\sin x - 2\cos x)^2 dx$

(9) $\int (t+\sqrt{t})(t^2+3)dt$

문제 A.18

다음 부정적분을 구하여라.

(1) $\int \frac{(x-2)^3}{x^2}dx$

(2) $\int \sqrt{x}\,(x-2)dx$

(3) $\int \frac{x^3-x-1}{x^2}dx$

(4) $\int \left(x-\frac{1}{2x}\right)^2 dx$

■ **지수함수의 적분**

$$\int e^x\,dx = e^x + C$$

$$\int a^x\,dx = \frac{a^x}{\ln a} + C \qquad (a>0,\ a\neq 1)$$

문제 A.19

다음 적분을 구하여라.

(1) $\int (e^x + 4)dx$

(2) $\int (5^x - 7^x)dx$

(3) $\int \left(10^x + \frac{10}{x} - \frac{7}{x^3}\right)dx$

■ 삼각함수의 적분

$\int \cos x\, dx = \sin x + C$

$\int \sin x\, dx = -\cos x + C$

$\int \tan x\, dx = \ln|\sec x| + C$

또는 $-\ln|\cos x| + C$

$\int \cot x\, dx = \ln|\sin x| + C$

또는 $-\ln|\csc x| + C$

$\int \sec^2 x\, dx = \tan x + C$

$\int \csc^2 x\, dx = -\cot x + C$

$\int \sec x \tan x\, dx = \sec x + C$

$\int \csc x \cot x\, dx = -\csc x + C$

$\int \sec x\, dx = \ln|\sec x + \tan x| + C$

$\int \csc x\, dx = \ln|\csc x - \cot x| + C$

예제 A.14

다음 부정적분을 하여라.

(1) $\int \sec^2 x - 4\csc x\, dx$

(2) $\int \cot^2 x\, dx$

풀이

(1) $\int \sec^2 x - 4\csc x\, dx = \tan x - 4\ln|\csc x - \cot x| + c$

(2) $\int \cot^2 x\, dx = \int \csc^2 x - 1\, dx = -\cot x - x + c$

문제 A.20

다음 부정적분을 구하여라.

(1) $\int (5\cos x + \sin x)dx$

(2) $\int (2\tan x + 3\cot x)dx$

(3) $\int \frac{1}{\sin x}dx$

(4) $\int (\tan x + 3\sin x)dx$

(5) $\int (\sec x \tan x + 5\cos x)dx$

(6) $\int (\sec^2 x - 4\csc x)dx$

(7) $\int \frac{1}{1-\cos^2 x}dx$

(8) $\int \frac{\sin^2 x}{1-\cos x}dx$

(9) $\int \frac{\sin x}{\cos^2 x}dx$

(10) $\int \frac{\cos x}{\sin^2 x}dx$

(11) $\int \tan^2 x\,dx$

(12) $\int \cot^2 x\,dx$

(13) $\int \frac{e^x \sin^2 x + 1}{\sin^2 x}dx$

(14) $\int \frac{10^x \cot x - 1}{\cot x}dx$

■ 역 삼각함수의 적분

$$\int \frac{dx}{\sqrt{1-x^2}} = \sin^{-1} x + C$$

또는 $\arcsin x + C$

$$\int \frac{dx}{1+x^2} = \tan^{-1} x + C$$

또는 $\arctan x + C$

$$\int \frac{dx}{x\sqrt{x^2-1}} = \sec^{-1}|x| + C$$

또는 $\text{arcsec}|x| + C$

예제 A.15

다음 적분을 구하여라.

(1) $\int \frac{3}{x^2+1}dx$

(2) $\int \frac{-7}{x\sqrt{x^2-1}}dx$

풀이

(1) $=3\tan^{-1}x+C$

(2) $=-7\sec^{-1}|x|+C$

문제 A.21

다음 적분을 구하여라.

(1) $\int \frac{5}{\sqrt{1-x^2}}dx$

(2) $\int \frac{4}{1+x^2}dx$

■ 역 연쇄법칙을 사용한 적분 (1)

$$\int (ax+b)^n dx = \frac{1}{a(n+1)}(ax+b)^{n+1}+C \qquad (a,b\text{는 상수})$$

예제 A.16

다음 적분을 구하여라.

(1) $\int \left(\frac{1}{2}x+3\right)^5 dx$

(2) $\int \sqrt{1-3x}\,dx$

풀이

(1) $=\frac{1}{3}\left(\frac{1}{2}x+3\right)^6+C$

(2) $=-\frac{2}{9}(1-3x)^{\frac{3}{2}}+C$

문제 A.22

다음 부정적분을 구하여라.

(1) $\int (2x+1)^3 dx$

(2) $\int (3x-2)^8 dx$

(3) $\int \frac{7}{\sqrt{2x+1}} dx$

(4) $\int \frac{1}{(1-x)^2} dx$

■ 역 연쇄법칙을 사용한 적분 (2)

$$\int e^{kx} dx = \frac{1}{k} e^{kx} + C \qquad \int a^{kx} dx = \frac{1}{k} \frac{a^{kx}}{\ln a} + C \qquad (k,\ a\text{는 상수})$$

$$\int \cos kx\, dx = \frac{1}{k} \sin kx + C \qquad \int \sin kx\, dx = -\frac{1}{k} \cos kx + C$$

예제 A.17

다음 적분을 구하여라.

(1) $\int (10^{5x} + \sin 2x) dx$

(2) $\int 4^x (4^{2x} + 1) dx$

(3) $\int \sqrt{3^{x+1}}\, dx$

(4) $\int \left[\cos 3x + \sin\left(\frac{x}{2}\right)\right] dx$

풀이

(1) $= \frac{10^{5x}}{5\ln 10} - \frac{1}{2}\cos 2x + C$

(2) $= \int (4^{3x} + 4^x) dx$

$= \frac{4^{3x}}{3\ln 4} + \frac{4^x}{\ln 4} + C$

(3) $= \int (3^{x+1})^{\frac{1}{2}} dx$

$= \int 3^{\frac{1}{2}x + \frac{1}{2}} dx$

$= \frac{2(3)^{\frac{1}{2}x + \frac{1}{2}}}{\ln 3} + C$

(4) $= \frac{1}{3}\sin 3x - 2\cos\left(\frac{x}{2}\right) + C$

문제 A.23

다음 부정적분을 구하여라.

(1) $\int (e^{7x} + e^{3x})dx$

(2) $\int (e^{-2x} + \cos 2x)dx$

(3) $\int \left(e^{-2x} + e^{-\frac{1}{3}x}\right) dx$

(4) $\int (4e^{-x} + 3^{x-1})dx$

(5) $\int \cos(3x+5)dx$

(6) $\int \sec 5x \tan 5x\, dx$

(7) $\int (e^{x} + e^{-x})^2 dx$

(8) $\int (\sec^2 2x + \tan 2x)dx$

■ 이배각 공식을 사용한 적분

$$\sin 2x = 2\sin x \cos x \Rightarrow \sin x \cos x = \frac{1}{2}\sin 2x$$

$$\cos 2x = 2\cos^2 x - 1 \Rightarrow \cos^2 x = \frac{1+\cos 2x}{2} = \frac{1}{2} + \frac{1}{2}\cos 2x$$

$$\cos 2x = 1 - 2\sin^2 x \Rightarrow \sin^2 x = \frac{1-\cos 2x}{2} = \frac{1}{2} - \frac{1}{2}\cos 2x$$

예제 A.18

다음 적분을 구하여라.

(1) $\int 12\sin 3x \cos 3x\, dx$

(2) $\int \sin^2 3x\, dx$

풀이

(1) $= \int 6\sin 6x dx$

$= -\cos 6x + C$

(2) $= \int \frac{1-\cos 6x}{2} dx$

$= \int \left(\frac{1}{2} - \frac{1}{2}\cos 6x\right) dx$

$= \frac{1}{2}x - \frac{1}{12}\sin 6x + C$

문제 A.24

다음 적분을 구하여라.

(1) $\int 3\sin x \cos x \, dx$

(2) $\int \sin\frac{\theta}{2} \cos\frac{\theta}{2} \, d\theta$

(3) $\int 8\sin 2x \cos 2x \, dx$

(4) $\int \sin^2 \frac{1}{2}x \, dx$

(5) $\int \cos^2 x \, dx$

(6) $\int \cos^2 4x \, dx$

■ 특별한 분수식의 적분

$$\int \frac{f'(x)}{f(x)} dx = \ln|f(x)| + C$$

예제 A.19

다음 적분을 구하여라.

(1) $\int \frac{5\sin x}{1+\cos x} dx$

(2) $\int \frac{x}{2x^2+1} dx$

(3) $\int \frac{e^x - e^{-x}}{e^x + e^{-x}} dx$

풀이

(1) $= -5\ln|1+\cos x| + C$

(2) $= \int \frac{1}{4} \cdot \frac{4x}{2x^2+1} dx$

$= \frac{1}{4}\ln(2x^2+1) + C$

(3) $= \ln(e^x + e^{-x}) + C$

문제 A.25

다음 부정적분을 구하여라.

(1) $\int \frac{5\cos x}{\sin x}dx$

(2) $\int \frac{3x^2+1}{x^3+x}dx$

(3) $\int \frac{7}{x+1}dx$

(4) $\int \frac{x}{x^2+1}dx$

(5) $\int \frac{6x}{x^2-4}dx$

(6) $\int \frac{2}{1-3x}dx$

Integration Formulas (적분 공식)

■ Basic Integration Formulas (기본 적분)

$\int k\,dx = kx + C \quad (k : \text{상수})$

$\int x^n\,dx = \frac{1}{n+1}x^{n+1} + C,\ n \neq -1$

$\int \frac{1}{x}dx = \ln|x| + C$

■ Integration of Exponential Functions (지수함수 적분)

$\int e^x dx = e^x + C$

$\int a^x dx = \frac{a^x}{\ln a} + C \quad (a > 0,\ a \neq 1)$

■ Integration of Trigonometric Functions (삼각함수 적분)

$\int \cos x\,dx = \sin x + C$

$\int \sin x\,dx = -\cos x + C$

$\int \sec^2 x\,dx = \tan x + C$

$\int \csc^2 x\,dx = -\cot x + C$

$\int \sec x \tan x\,dx = \sec x + C$

$\int \csc x \cot x\,dx = -\csc x + C$

$\int \tan x\,dx = \ln|\sec x| + C$
$= -\ln|\cos x| + C$

$\int \cot x\,dx = \ln|\sin x| + C$
$= -\ln|\csc x| + C$

$\int \sec x\,dx = \ln|\sec x + \tan x| + C$

$\int \csc x\,dx = \ln|\csc x - \cot x| + C$

Integration Formulas (적분 공식)

$$\int \sin^2 x\,dx = \int\left(\frac{1}{2}-\frac{1}{2}\cos 2x\right)dx = \frac{1}{2}x-\frac{1}{4}\sin 2x + C$$

$$\int \cos^2 x\,dx = \int\left(\frac{1}{2}+\frac{1}{2}\cos 2x\right)dx = \frac{1}{2}x+\frac{1}{4}\sin 2x + C$$

- Integration Using Reverse Chain Rule (역 연쇄법칙을 사용한 적분)

$$\int e^{kx}dx = \frac{1}{k}e^{kx} + C \qquad \int \sin kx\,dx = -\frac{1}{k}\cos kx + C$$

$$\int \cos kx\,dx = \frac{1}{k}\sin kx + C \qquad \int a^{kx}dx = \frac{1}{k}\,\frac{a^{kx}}{\ln a} + C$$

$$\int (kx+b)^n dx = \frac{1}{n+1}\cdot\frac{1}{k}(kx+b)^{n+1} + C$$

(k, a, b는 상수)

- Integration of Special Fractions (특별한 분수 적분)

$$\int \frac{f'(x)}{f(x)}dx = \ln|f(x)| + C$$

- Integration of Inverse Trigonometric Functions (역 삼각함수 적분)

$$\int \frac{dx}{\sqrt{1-x^2}} = \sin^{-1}x + C \qquad \int \frac{dx}{\sqrt{a^2-x^2}} = \sin^{-1}\left(\frac{x}{a}\right) + C$$

$$\int \frac{dx}{x^2+1} = \tan^{-1}x + C \qquad \int \frac{dx}{x^2+a^2} = \frac{1}{a}\tan^{-1}\left(\frac{x}{a}\right) + C$$

$$\int \frac{dx}{x\sqrt{x^2-1}} = \sec^{-1}|x| + C$$

A.2.2 치환적분

$u=g(x)$를 미분 가능인 함수라 하고 $u=g(x)$로 치환하면 $du=g'(x)dx$이고 $f(x)$가 연속이면 다음과 같다.

$$\int f(g(x))g'(x)dx=\int f(u)du=F(u)+C=F(g(x))+C$$

예제 A.20

다음 적분을 계산하여라.

(1) $\int \sec^2(5t+1)\cdot 5\,dt$ (2) $\int \cos(7\theta+3)d\theta$

풀이

(1) $u=5t+1$ and $du=5dt$

$$\int \sec^2(5t+1)\cdot 5\,dt=\int \sec^2 u\,du=\tan u+C=\tan(5t+1)+C$$

(2) $\int \cos(7\theta+3)d\theta=\frac{1}{7}\int \cos(7\theta+3)\cdot 7\,d\theta=\frac{1}{7}\int \cos u\,du$

$$=\frac{1}{7}\sin u+C=\frac{1}{7}\sin(7\theta+3)+C$$

문제 A.26

다음 부정적분을 계산하여라.

(1) $\int (x^2-2x+3)^{10}(x-1)dx$ (2) $\int \frac{x-3}{\sqrt[4]{x^2-6x}}dx$

(3) $\int \frac{x-2}{\sqrt{4x-x^2}}dx$ (4) $\int \frac{(1+\sqrt{x})^5}{\sqrt{x}}dx$

문제 A.27

다음 부정적분을 구하여라.

(1) $\int \frac{1}{x\ln x}dx$

(2) $\int \frac{1}{xlnx \cdot \ln(\ln x)}dx$

(3) $\int \cos^3 3x \sin 3x \, dx$

(4) $\int \sec^2\theta \tan^2\theta \, d\theta$

(5) $\int \sec^4\theta \, d\theta$

(6) $\int \frac{\sec^2 2\theta}{1+\tan 2\theta}d\theta$

(7) $\int \frac{\cos 2x}{\sqrt{1+\sin 2x}}dx$

(8) $\int \frac{\sin x}{1+\cos^2 x}dx$

■ 역 삼각함수의 적분

$$\int \frac{dx}{\sqrt{a^2-x^2}} = \sin^{-1}\left(\frac{x}{a}\right) + C$$

$$\int \frac{dx}{a^2+x^2} = \frac{1}{a}\tan^{-1}\left(\frac{x}{a}\right) + C$$

증명

(1) $$\int \frac{dx}{\sqrt{a^2-x^2}} = \int \frac{\frac{1}{a}dx}{\frac{1}{a}\sqrt{a^2-x^2}} = \int \frac{\frac{1}{a}dx}{\sqrt{1-\frac{x^2}{a^2}}} = \sin^{-1}\left(\frac{x}{a}\right) + C$$

(2) $$\int \frac{dx}{a^2+x^2} = \int \frac{\frac{1}{a^2}dx}{\frac{1}{a^2}(a^2+x^2)} = \int \frac{\frac{1}{a} \cdot \frac{1}{a}dx}{1+\frac{x^2}{a^2}} = \frac{1}{a}\tan^{-1}\left(\frac{x}{a}\right) + C$$

예제 A.21

다음 적분을 계산하여라.

(1) $\int \frac{1}{\sqrt{9-x^2}}dx$

(2) $\int \frac{1}{9+4x^2}dx$

풀이

(1) $=\frac{1}{3}\int \frac{1}{\sqrt{1-(\frac{x}{3})^2}}dx = \sin^{-1}\left(\frac{x}{3}\right)+C$

(2) $=\int \frac{1}{4}\cdot\frac{1}{\frac{9}{4}+x^2}dx$, $a=\frac{3}{2}$

$=\frac{1}{4}\cdot\frac{1}{3/2}\tan^{-1}\left(\frac{x}{3/2}\right)$

$=\frac{1}{6}\tan^{-1}\left(\frac{2x}{3}\right)+C$

문제 A.28

다음 부정적분을 계산하여라.

(1) $\int \frac{1}{1+4x^2}dx$

(2) $\int \frac{1}{\sqrt{16-x^2}}dx$

(3) $\int \frac{1}{x^2+2x+2}dx$

(4) $\int \frac{3}{9+x^2}dx$

(5) $\int \frac{2x-1}{\sqrt{4x-4x^2}}dx$

(6) $\int \frac{e^x}{9+e^{2x}}dx$

(7) $\int \frac{2x+1}{4+x^2}dx$

(8) $\int \frac{x+1}{\sqrt{4-x^2}}dx$

(9) $\int \frac{1}{x^2-2x+5}dx$

A.2.3 부분적분법

$$\int u v' \, dx = u v - \int u' v \, dx$$

증명

$$\frac{d}{dx}(uv) = u' v + u v' \quad \int \frac{d}{dx}(uv)dx = \int (u' v + uv')dx$$

$$\int \frac{d}{dx}(uv)dx = \int (u'v)dx + \int (uv')dx$$

$$uv = \int u' v dx + \int uv' dx$$

$$\therefore \int uv' dx = uv - \int u' v dx$$

예제 A.22

적분하여라.

(1) $\int x \cdot e^x dx$ (2) $\int x \cdot e^{-2x} dx$

풀이

(1) $\int x \cdot e^x dx = x \cdot e^x - \int 1 \cdot e^x dx = xe^x - e^x + C$

(2) $\int x \cdot e^{-2x} dx = x \cdot \left(-\frac{1}{2}e^{-2x}\right) - \int 1 \cdot \left(-\frac{1}{2}e^{-2x}\right) dx = -\frac{1}{2}xe^{-2x} - \frac{1}{4}e^{-2x} + C$

문제 A.29

다음 부정적분을 구하여라.

(1) $\int x\cos x\,dx$

(2) $\int xe^{-\frac{1}{2}x}dx$

(3) $\int x\cos 3x\,dx$

(4) $\int x\sin 2x\,dx$

(5) $\int x^2e^x\,dx$

(6) $\int \ln x\,dx$

(7) $\int x^3\ln x\,dx$

(8) $\int \frac{\ln x}{x^2}dx$

(9) $\int \frac{\ln x}{\sqrt{x}}dx$

(10) $\int \tan^{-1}x\,dx$

A.2.4 정적분

$f(x)$는 구간 $[a.b]$에서 연속이고, $F(x)$를 $f(x)$의 역도함수라 하면 다음이 성립한다.

$$\int_a^b f(x)dx = F(b) - F(a)$$

증명

$A(x)$은 a에 x까지 $f(x)$ 아래의 면적이라 하자.

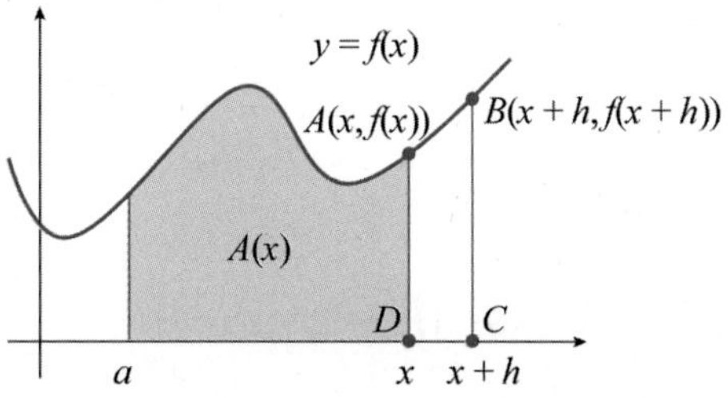

$$A(x) = \int_a^x f(x)dx \Rightarrow A(a) = 0,\ \ A(b) = \int_a^b f(x)dx \cdots\cdots ①$$

$$A'(x) = \lim_{h\to 0}\frac{A(x+h) - A(x)}{h}$$

$$= \lim_{h\to 0}\frac{\triangle A}{h} = \lim_{h\to 0}\frac{\square ABCD\text{의 면적}}{h}$$

$$= \lim_{h\to 0}\frac{\frac{1}{2}[f(x)+f(x+h)]h}{h} = \lim_{h\to 0}\frac{1}{2}[f(x)+f(x+h)]$$

$$= \frac{1}{2}[f(x)+f(x)] = f(x)$$

$$\therefore A'(x) = f(x)$$

$$A(x) = F(x) + C$$

$$x = a,\ A(a) = F(a) + C = 0$$

$$\therefore C = -F(a)$$

$$\therefore A(x) = F(x) - F(a)$$

$$x = b,\ A(b) = F(b) - F(a) \ldots\ldots ②$$

①, ②에 의해 $\int_a^b f(x)dx = F(b) - F(a)$

예제 A.23

(1) $\int_{-1}^{2}(3x^2 - 2x)dx$ (2) $\int_1^2 \frac{x^2 + x - 2}{2x^2}dx$

풀이

(1) $\int_{-1}^{2}(3x^2 - 2x)dx = [x^3 - x^2]_{-1}^{2} = (8-4) - (-1-1) = 6$

(2) $\int_1^2 \frac{x^2+x-2}{2x^2}dx = \frac{1}{2}\int_1^2\left(1 + \frac{1}{x} - \frac{2}{x^2}\right)dx = \frac{1}{2}\left[x + \ln x + \frac{2}{x}\right]_1^2 = \frac{1}{2}\ln 2$

문제 A.30

다음 적분을 계산하여라.

(1) $\int_{-1}^{1}(x^2-x-1)dx$

(2) $\int_{0}^{2}(4+8x-6x^2)dx$

(3) $\int_{4}^{9}\frac{2+x}{2\sqrt{x}}dx$

(4) $\int_{-1}^{8}\frac{1}{\sqrt[3]{x}}dx$

(5) $\int_{1}^{2}\frac{3x-1}{3x}dx$

(6) $\int_{2}^{1}\left(3x+\frac{2}{x}\right)^2dx$

(7) $\int_{-\frac{\pi}{4}}^{\frac{\pi}{4}}\cos 2x\,dx$

(8) $\int_{0}^{\frac{\pi}{3}}[\tan\theta-\sec\theta\tan\theta]\,d\theta$

문제 A.31

다음 적분을 계산하여라.

(1) $\int_{0}^{\ln 2}(e^{2x}+e^{-x})dx$

(2) $\int_{0}^{1}\frac{4x}{x^2+1}dx$

(3) $\int_{-\frac{1}{2}}^{1}\frac{4\,dx}{\sqrt{1-x^2}}$

(4) $\int_{-1}^{\sqrt{3}}\frac{3\,dx}{x^2+1}$

(5) $\int_{1}^{\sqrt{3}}\frac{dx}{\sqrt{4-x^2}}$

(6) $\int_{0}^{\sqrt{3}}\frac{dx}{x^2+9}$

(7) $\int_{0}^{\frac{\pi}{4}}\sin^2 x\,dx$

(8) $\int_{\frac{\pi}{12}}^{\frac{\pi}{6}}\cos^2 2\theta\,d\theta$

A.2.5 정적분에서 치환적분

g' 가 구간 $[a,b]$ 에서 연속이고 f가 g의 치역 위에서 연속이면 다음이 성립한다.

$$\int_a^b f(g(x))\cdot g'(x)dx=\int_{g(a)}^{g(b)}f(u)du$$

예제 A.24

$\int_0^2 x(x^2-1)^2 dx$을 계산하여라.

풀이

$u = x^2 - 1$

$\frac{du}{dx} = 2x$

$\frac{1}{2}du = x\,dx$

If $x = 0, u = -1$

If $x = 2, u = 3$

$$\int_0^2 x(x^2-1)^2 dx = \int_{-1}^3 u^2 \frac{1}{2} du$$

$$= \frac{1}{6}\left[u^3\right]_{-1}^3$$

$$= \frac{1}{6}(27-(-1)) = \frac{28}{6} = \frac{14}{3}$$

문제 A.32

치환법으로 적분을 계산하여라.

(1) $\int_0^1 t^3(1+t^4)^3 dt$

(2) $\int_{-1}^1 \frac{5r}{(4+r^2)^2} dr$

(3) $\int_2^4 \frac{dx}{x(\ln x)^2}$

(4) $\int_0^{\pi/4} (1+e^{\tan\theta})\sec^2\theta\, d\theta$

(5) $\int_0^{\pi/6} \cos^{-3}2\theta \sin 2\theta\, d\theta$

(6) $\int_{\sqrt{2}}^2 \frac{\sec^2(\sec^{-1}x)}{x\sqrt{x^2-1}} dx$

(7) $\int_0^{\pi/4} \tan x \sec^2 x\, dx$

A.2.6 정적분을 위한 부분적분

$$\int_a^b u\,v'\,dx = [u\,v]_a^b - \int_a^b u'\,v\,dx$$

예제 A.25

$\int_0^4 xe^{-x}dx$을 정적분하여라.

풀이

$$\int_0^4 xe^{-x}dx = [-xe^{-x}]_0^4 - \int_0^4 (-e^{-x})dx = [-4e^{-4} - 0] + \int_0^4 e^{-x}dx$$
$$= -4e^{-4} - [e^{-x}]_0^4 = -4e^{-4} - e^{-4} + 1$$
$$= 1 - 5e^{-4}$$

문제 A.33

다음 정적분을 구하여라.

(1) $\int_{-1}^1 xe^x dx$

(2) $\int_{\frac{\pi}{3}}^{\frac{\pi}{2}} x\sin x\,dx$

(3) $\int_0^{\frac{\pi}{2}} x^2 \sin 2x\,dx$

(4) $\int_1^e x\ln x\,dx$

(5) $\int_0^{e-1} \ln(x+1)dx$

(6) $\int_0^1 \tan^{-1}x\,dx$

(7) $\int_{\frac{1}{2}}^1 \sin^{-1}x\,dx$

(8) $\int_0^4 e^{\sqrt{x}}dx$

A.2.7 부분분수에 의한 적분

이 절에서는 유리함수(다항함수들로 이루어진 분수)를 부분분수(partial fraction)로 분해하는 간단한 함수들의 합으로 표현하는 방법을 배운다. 유리함수를 부분분수로 나타내면 적분하기 쉽다. 예를 들어, 유리함수 $(5x-3)/(x^2-2x-3)$은

$$\frac{5x-3}{x^2-2x-3}=\frac{2}{x+1}+\frac{3}{x-3}$$

으로 쓸 수 있다. 다음과 같이 위 항등식의 우변의 분수들을 적분하여 더하면 된다.

$$\begin{aligned}\int\frac{5x-3}{(x+1)(x-3)}dx &= \int\frac{2}{x+1}dx+\int\frac{3}{x-3}dx \\ &= 2\ln|x+1|+3\ln|x-3|+C\end{aligned}$$

예제 A.26

$\displaystyle\int\frac{x-1}{x(x-2)}dx$을 구하여라.

풀이

$\dfrac{x-1}{x(x-2)}=\dfrac{A}{x}+\dfrac{B}{x-2}$. $x-1=A(x-2)+Bx$

$x=0:-1=-2A$, $A=\dfrac{1}{2}$. $x=2:1=2B$, $B=\dfrac{1}{2}$

$\displaystyle\int\left(\frac{1}{2x}+\frac{1}{2(x-2)}\right)dx=\frac{1}{2}\ln|x|+\frac{1}{2}\ln|x-2|+C=\frac{1}{2}\ln|x(x-2)|+C$

문제 A.34

다음 적분을 구하여라.

(1) $\displaystyle\int_{\frac{1}{2}}^{1} \frac{y+4}{y^2+y} dy$

(2) $\displaystyle\int \frac{dx}{x^2+2x}$

(3) $\displaystyle\int \frac{y-1}{y+1} dy$

(4) $\displaystyle\int \frac{x+4}{x^2+5x-6} dx$

(5) $\displaystyle\int \frac{dt}{t^3+t^2-2t}$

(6) $\displaystyle\int_0^1 \frac{dx}{(x+1)(x^2+1)}$

(7) $\displaystyle\int \frac{4x dx}{(x-1)^2(x+1)}$

(8) $\displaystyle\int \frac{2x^2-x+4}{x(x^2+4)} dx$

A.2.8 이상적분

이상적분에는 두 가지 종류가 있다.

(1) 함수는 연속이지만 적분구간이 유한하지 않는 경우

(2) $f(x)$가 적분구간은 유한하나, $x=c$, $a \le c \le b$에서 불연속점을 가지는 경우

■ $\displaystyle\int_a^b f(x) dx$ 식의 적분

종류 (1)의 이상적분 예

$$\int_0^{\infty} \frac{dx}{\sqrt[3]{x+1}}; \qquad \int_1^{\infty} \frac{dx}{x};$$

종류 (2)의 이상적분 예

$$\int_0^1 \frac{dx}{x}; \qquad \int_0^2 \frac{x}{\sqrt{4-x^2}} dx;$$

이상적분은 두 종류에 모두 속하는 경우가 있다.

$$\int_0^{\infty} \frac{dx}{x}; \qquad \int_0^{\infty} \frac{dx}{\sqrt{x+x^4}}; \qquad \int_{-\infty}^{1} \frac{dx}{\sqrt{1-x}};$$

종류 (1)의 경우, 적분구간이 유한하지 않은 이상 적분은 다음과 같이 극한으로 계산한다.

$$\int_a^{\infty} f(x)dx = \lim_{b\to\infty}\int_a^b f(x)dx$$

단, $[a, b]$에서 f는 연속이다.

우변이 극한치가 존재한다면, 좌변의 이상적분은 수렴한다고 말한다. 우변의 극한치가 존재하지 않으면, 이 이상적분이 발산한다고 말한다. 이상적분은 다음 예시들에서 설명하고 있다.

예제 A.27

다음을 적분하여라.

(1) $\int_1^{\infty} \frac{1}{x^2}dx$ (2) $\int_{-\infty}^{0} e^{-x}dx$

풀이

(1) $\int_1^{\infty} \frac{1}{x^2}dx = \lim_{b\to\infty}\int_1^b x^{-2}dx = \lim_{b\to\infty} -\left(\frac{1}{b}-1\right) = 1$

주어진 적분은 1로 수렴한다. 그림에서, $\int_1^{\infty} \frac{dx}{x^2}$을 x축 위와, $x=1$, $y=\frac{1}{x^2}$ 곡선 밑의 넓이로 해석한다.

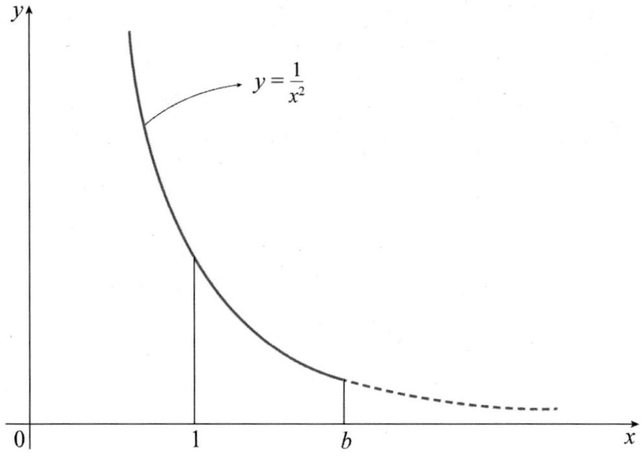

(2) $\int_{-\infty}^{0} e^{-x}dx = \lim_{b\to-\infty} -e^{-x}\Big|_b^0 = \lim_{b\to-\infty} -(1-e^{-b}) = +\infty$ 발산한다.

종류 (2)의, 함수가 불연속점을 가지고 있는 이상적분은 다음과 같이 다뤄진다.

f가 $x=a$일 때 $f(x)=\infty$이거나 $f(x)=-\infty$일 때, $\int_a^b f(x)dx$를 $\lim_{k\to a^+}\int_k^b f(x)dx$으로 푼다. 주어진 적분은 극한치의 존재 여부에 따라 수렴하거나 발산한다. f가 b에서 불연속점을 가진다면, $\int_a^b f(x)dx$를 $\lim_{k\to b^-}\int_a^k f(x)dx$으로 푼다. 주어진 적분은 극한치의 존재 여부에 따라 수렴하거나 발산한다. 피적분 함수가 적분구간 $(a<c<b)$ 사이 안쪽의 점 c에서 불연속점을 가진다면,

$$\int_a^b f(x)dx = \lim_{k\to c^-}\int_a^k f(x)dx + \lim_{m\to c^+}\int_m^b f(x)dx$$

이다. 이상적분은 극한치 두 개 다 존재해야만 수립한다. 어느 극한치도 존재하지 않으면, 이상적분은 발산한다고 판정한다.

예제 A.28

다음을 적분하여라.

(1) $\int_0^1 \frac{dx}{\sqrt[3]{x}}$　　　　(2) $\int_2^3 \frac{dt}{(3-t)^2}$

풀이

(1) $\int_0^1 \frac{dx}{\sqrt[3]{x}} = \lim_{k \to 0^+} \int_k^1 x^{-1/3} dx = \lim_{k \to 0^+} \frac{3}{2} x^{2/3} \Big|_k^1 = \lim_{k \to 0^+} \frac{3}{2}(1 - k^{2/3}) = \frac{3}{2}$

그림에서, 이 적분은 $y = \frac{1}{\sqrt[3]{x}}$ 밑과 $x = 1$ 왼쪽으로의 첫 번째 사분면 넓이로 해석된다.

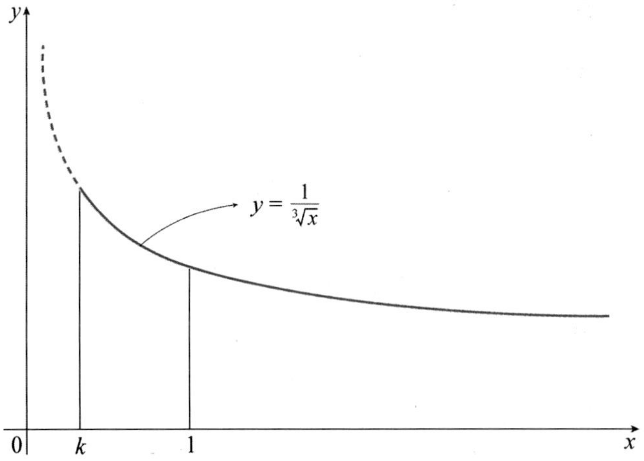

(2) $\int_2^3 \frac{dt}{(3-t)^2} = \lim_{k \to 3^-} -\int_2^k (3-t)^{-2}(-dt) = \lim_{k \to 3^-} \frac{1}{3-t} \Big|_2^k = +\infty$, 발산한다.

문제 A.35

이상적분을 구하여라.

(1) $\displaystyle\int_{-1}^{1} \frac{dx}{x^{\frac{2}{3}}}$

(2) $\displaystyle\int_{0}^{\infty} \frac{dx}{x^2+1}$

(3) $\displaystyle\int_{-\infty}^{\infty} \frac{2x\,dx}{(x^2+1)^2}$

(4) $\displaystyle\int_{-\infty}^{-2} \frac{2\,dx}{x^2-1}$

(5) $\displaystyle\int_{-\infty}^{0} \theta\, e^{\theta}\, d\theta$

(6) $\displaystyle\int_{0}^{\infty} \frac{dx}{(1+x)\sqrt{x}}$

(7) $\displaystyle\int_{1}^{2} \frac{ds}{s\sqrt{s^2-1}}$

(8) $\displaystyle\int_{0}^{1} x \ln x\, dx$

(9) $\displaystyle\int_{0}^{\frac{\pi}{2}} \tan\theta\, d\theta$

(10) $\displaystyle\int_{-1}^{\infty} \frac{d\theta}{\theta^2+5\theta+6}$

(11) $\displaystyle\int_{-1}^{1} \ln|x|\, dx$

(12) $\displaystyle\int_{0}^{\ln 2} x^{-2} e^{-\frac{1}{x}}\, dx$

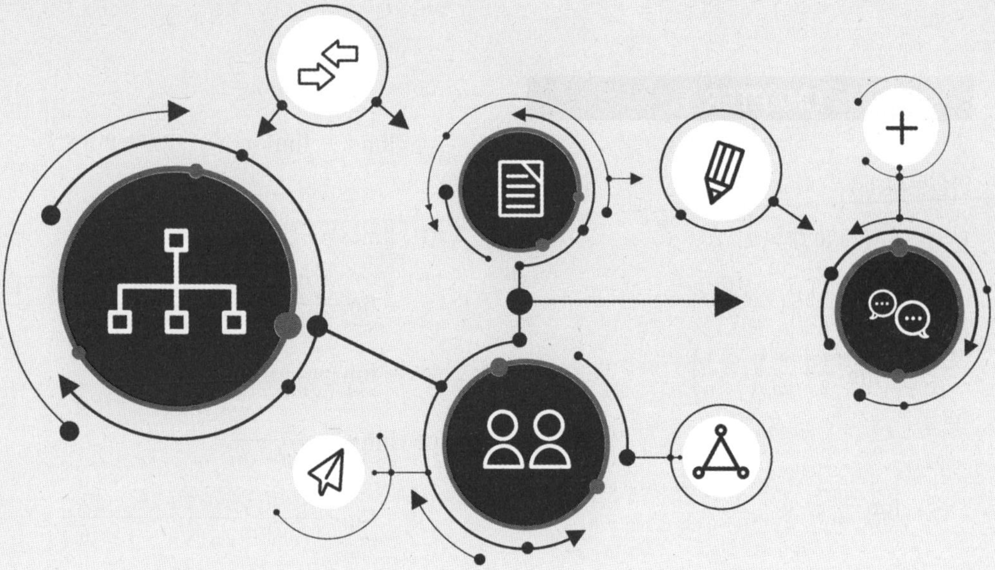

연습문제 해답

CHAPTER 1

연습문제 1.1

1. (1) $\lim_{n\to\infty} 2+(0.1)^n = 2$

(2) $\lim_{n\to\infty}\left(\frac{n+1}{2n}\right)\left(1-\frac{1}{n}\right)$

$= \lim_{n\to\infty}\left(\frac{1}{2}+\frac{1}{2n}\right)\left(1-\frac{1}{n}\right)$

$= \frac{1}{2}$

(3) $\lim_{n\to\infty}\frac{\sin n}{n}=0$

(4) $\lim_{n\to\infty}\left(\frac{3}{n}\right)^{\frac{1}{n}} = \lim_{n\to\infty}\frac{3^{\frac{1}{n}}}{n^{\frac{1}{n}}}=\frac{1}{1}=1$

(5) $\lim_{n\to\infty}\ln\left(1+\frac{1}{n}\right)^n = \ln\left(\lim_{n\to\infty}\left(1+\frac{1}{n}\right)^n\right)$

$= \ln e = 1$

(6) $\lim_{n\to\infty} n\sin\frac{1}{n} = \lim_{n\to\infty}\frac{\sin\frac{1}{n}}{\frac{1}{n}}=1$

(7) $\lim_{n\to\infty}\frac{4\cdot 4^n+3^n}{4^n} = \lim_{n\to\infty}\frac{4+\left(\frac{3}{4}\right)^n}{1}=4$

2.

(1) $a_n = \frac{n^2}{1+(n-1)2} = \frac{n^2}{2n-1}$

$\lim_{n\to\infty} a_n = \lim_{n\to\infty}\frac{n^2}{2n-1} = \infty$(발산)

(2) $1+2+3+\cdots+n = \frac{n(n+1)}{2}$이므로

$a_n = \frac{2(n^2+1)}{n(n+1)}$

$\lim_{n\to\infty} a_n = \lim_{n\to\infty}\frac{2(n^2+1)}{n^2+n}$

$= \lim_{n\to\infty}\frac{2\left(1+\frac{1}{n^2}\right)}{1+\frac{1}{n}} = 2$(수렴)

(3) $a_n = \log n - \log(n+1)$

$\lim_{n\to\infty} a_n = \lim_{n\to\infty}\log\frac{n}{n+1} = \log 1 = 0$(수렴)

3. (1) $\lim_{n\to\infty}(\sqrt{n+1}-\sqrt{n-1})$

$= \lim_{n\to\infty}\frac{(\sqrt{n+1}-\sqrt{n-1})(\sqrt{n+1}+\sqrt{n-1})}{(\sqrt{n+1}+\sqrt{n-1})}$

$= \lim_{n\to\infty}\frac{2}{(\sqrt{n+1}+\sqrt{n-1})}=0$

(2) $\lim_{n\to\infty}\frac{n}{\sqrt{n^2-1}-\sqrt{n}}$

$= \lim_{n\to\infty}\frac{n(\sqrt{n^2-1}+\sqrt{n})}{\sqrt{n^2-1}-\sqrt{n}(\sqrt{n^2-1}+\sqrt{n})}$

$= \lim_{n\to\infty}\frac{n(\sqrt{n^2-1}+\sqrt{n})}{n^2+1-n}=1$

(3) $\lim_{n\to\infty}(3+2n-n^3) = \lim_{n\to\infty} n^3\left(\frac{3}{n^3}+\frac{2}{n^2}-1\right)$

$= -\infty$(발산)

(4) $\lim_{n\to\infty}\frac{3n^4+5}{4n^4-7n^2+9}=\frac{3}{4}$

4. (1) $\lim_{n\to\infty}\frac{3\cdot 3^n+2^n}{4^n-3^n} = \lim_{n\to\infty}\frac{3\left(\frac{3}{4}\right)^n+\left(\frac{2}{4}\right)^n}{1-\left(\frac{3}{4}\right)^n}=0$

(2) $|r|<1,\ \lim_{n\to\infty} r^n = 0,\ \lim_{n\to\infty}\frac{r^n}{1+r^n}=0$

$r=1,\ \lim_{n\to\infty} r^n = 1,\ \lim_{n\to\infty}\frac{r^n}{1+r^n}=\frac{1}{2}$

$|r|>1,\ \lim_{n\to\infty}|r|^n = \infty,\ \lim_{n\to\infty}\frac{r^n}{1+r^n}=1$

연습문제 1.2

1. (1) $\lim_{n\to\infty}\sum_{k=1}^{n} 3\left(\frac{1}{2k-1}-\frac{1}{2k+1}\right)$

$= \lim_{n\to\infty} 3\left(1-\frac{1}{2n+1}\right)=3$

(2) $\lim_{n\to\infty}\sum_{n=1}^{n}\left(\frac{1}{n^2}-\frac{1}{(n+1)^2}\right)$

$= \left(1-\frac{1}{(n+1)^2}\right)=1$

(3) $-\frac{1}{\ln 2}$

(4) $\lim_{n\to\infty}\sum_{k=1}^{n}\left(\tan^{-1}k-\tan^{-1}(k+1)\right)$

$=\lim_{n\to\infty}\tan^{-1}(1)-\tan^{-1}(n+1)$

$=\tan^{-1}1-\tan^{-1}\infty$

$=\frac{\pi}{4}-\frac{\pi}{2}=-\frac{\pi}{4}$

2. (1) $\frac{3/2}{1-\left(-\frac{1}{2}\right)}=1$

(2) $\frac{1}{1-\frac{1}{e^2}}=\frac{e^2}{e^2-1}$

(3) $\frac{1}{1-\frac{2}{3}}-\frac{1}{1-\frac{1}{3}}=\frac{3}{2}$

(4) $\frac{1}{1-\frac{e}{\pi}}=\frac{\pi}{\pi-e}$

3. (1) $|x|<\frac{1}{2}$, $\frac{1}{1-2x}$

(2) $|x+1|<1$ 또는 $-2<x<0$,

$\frac{1}{1+(x+1)}=\frac{1}{2+x}$

(3) $x\neq(2k+1)\frac{\pi}{2}$, k은 정수, $\frac{1}{1-\sin x}$

(4) $|\ln x|<1$ 또는 $e^{-1}<x<e$, $\frac{1}{1-\ln x}$

연습문제 1.3

1. (1) $\lim_{n\to\infty}\frac{n(n+1)}{(n+2)(n+3)}=\lim_{n\to\infty}\frac{n^2+n}{n^2+5n+6}$

$=\lim_{n\to\infty}\frac{2n+1}{2n+5}$

$=\lim_{n\to\infty}\frac{2}{2}=1\neq 0$

$\Rightarrow$ 발산

(2) $\lim_{n\to\infty}\frac{n}{n^2+3}=0$

$\Rightarrow$ 판정 불가

(3) $\lim_{n\to\infty}\frac{e^n}{e^n+n}=\lim_{n\to\infty}\frac{e^n}{e^n+1}$

$=\lim_{n\to\infty}\frac{e^n}{e^n}$

$=\lim_{n\to\infty}\frac{1}{1}=1\neq 0$

$\Rightarrow$ 발산

(4) $\lim_{n\to\infty}\cos n\pi=$ 안존재

$\Rightarrow$ 발산

2. (1) $\int_1^\infty\frac{1}{x^{0.2}}dx=\lim_{b\to\infty}\int_1^b\frac{1}{x^{0.2}}dx$

$=\lim_{b\to\infty}\left[\frac{5}{4}x^{0.8}\right]_1^b$

$=\infty$

(2) $\int_1^\infty\frac{1}{x+4}dx=\lim_{b\to\infty}\int_1^b\frac{1}{x+4}dx$

$=\lim_{n\to\infty}[\ln(x+4)]_1^b$

$=\infty$

(3) $\int_2^\infty\frac{1}{x(\ln x)^2}dx=\lim_{b\to\infty}\int_2^b\frac{1}{x(\ln x)^2}dx$

$=\lim_{b\to\infty}\left[-\frac{1}{\ln x}\right]_2^b$

$=\frac{1}{\ln 2}$, 수렴

(4) $\int_2^\infty\frac{\ln x^2}{x}dx=\lim_{b\to\infty}\int_2^b\frac{2\ln x}{x}dx$

$=\lim_{b\to\infty}[(\ln x)^2]_2^b$

$=\infty$, 발산

3. (1) 수렴

(2) $\frac{1}{\sqrt{n}-1}\geq\frac{1}{\sqrt{n}}$, $\sum\frac{1}{\sqrt{n}}$이 발산함으로

$\sum_{n=2}^{\infty}\frac{1}{\sqrt{n}-1}$ 발산

(3) $\sum_{n=1}^{\infty}\frac{1}{n^3}$ 수렴하고

$n^4\leq n^4+2$

$\Rightarrow\frac{1}{n^4}\geq\frac{1}{n^4+2}$

$\Rightarrow\frac{n}{n^4}\geq\frac{n}{n^4+2}$

$\Rightarrow \frac{1}{n^3} \geq \frac{n}{n^4+2} \geq \frac{n-1}{n^4+2}$ 이므로

$\sum_{n=1}^{\infty} \frac{n-1}{n^4+2}$ 수렴

(4) $\sum_{n=1}^{\infty} \frac{1}{3^n}$ 은 수렴하고

$n \cdot 3^n \geq 3^n \Rightarrow \frac{1}{n \cdot 3^n} \leq \frac{1}{3^n}$ 이므로

$\sum_{n=1}^{\infty} \frac{1}{n \cdot 3^n}$ 수렴

4. (1) 수렴

(2) $\sum_{n=1}^{\infty} \frac{1}{\sqrt{n}}$ 발산하고

$$\lim_{n\to\infty} \frac{a_n}{b_n} = \lim_{n\to\infty} \frac{\sqrt{\frac{n+1}{n^2+2}}}{1/\sqrt{n}} = \lim_{n\to\infty} \sqrt{\frac{n^2+n}{n^2+2}}$$

이므로, 극한비교검정법에 의해

$\sum_{n=1}^{\infty} \sqrt{\frac{n+1}{n^2+2}}$ 발산

(3) $\sum_{n=1}^{\infty} \frac{1}{2^n}$ 수렴하고

$$\lim_{n\to\infty} \frac{a_n}{b_n} = \lim_{n\to\infty} \frac{2^n}{3+4^n} / 1/2^n = \lim_{n\to\infty} \frac{4^n}{3+4^n} = 1 > 0$$

극한비교검정법에 의해

$\sum 2^n/(3+4^n)$ 수렴

(4) $\sum_{n=1}^{\infty} \frac{1}{n^2}$ 수렴하고

$$\lim_{n\to\infty} \frac{a_n}{b_n} = \lim_{n\to\infty} \frac{\ln\left(1+\frac{1}{n^2}\right)}{1/n^2} = 1 > 0.$$

극한비교검정법에 의해

$\sum_{n=1}^{\infty} \ln\left(1+\frac{1}{n^2}\right)$ 수렴

5. (1) 수렴

(2) $$\lim_{n\to\infty} \frac{\frac{(n+1)+2}{3^{n+1}}}{\frac{n+2}{3^n}} = \lim_{n\to\infty} \left(\frac{n+3}{3^n \cdot 3} \cdot \frac{3^n}{n+2}\right) = \lim_{n\to\infty} \left(\frac{n+3}{3n+6}\right) = \lim_{n\to\infty} \left(\frac{1}{3}\right) = \frac{1}{3} < 1$$

$\Rightarrow \sum_{n=1}^{\infty} \frac{n+2}{3^n}$ 수렴

(3) $$\lim_{n\to\infty} \frac{\frac{2^{(n+1)+1}}{(n+1) \cdot 3^{(n+1)-1}}}{\frac{2^{n+1}}{n \cdot 3^{n-1}}} = \lim_{n\to\infty} \left(\frac{2^{n+1} \cdot 2}{(n+1) \cdot 3^{n-1} \cdot 3} \cdot \frac{n \cdot 3^{n-1}}{2^{n+1}}\right) = \lim_{n\to\infty} \frac{2n}{3n+3} = \frac{2}{3}$$

$\Rightarrow \sum_{n=1}^{\infty} \frac{2^{n+1}}{n \cdot 3^{n-1}}$ 수렴

(4) $$\lim_{n\to\infty} \left(\frac{\frac{3^{(n+1)+2}}{\ln(n+1)}}{\frac{3^{n+2}}{\ln n}}\right) = \lim_{n\to\infty} \left(\frac{3^{n+1} \cdot 3^2}{\ln(n+1)} \cdot \frac{\ln n}{3^{n+2}}\right)$$

$$= \lim_{n\to\infty} \left(\frac{3\ln n}{\ln(n+1)}\right) = \lim_{n\to\infty} \frac{\frac{3}{n}}{\frac{1}{n+1}}$$

$$= \lim_{n\to\infty} \left(\frac{3n+3}{n}\right) = \lim_{n\to\infty} \left(\frac{3}{1}\right) = 3 > 1$$

$\Rightarrow \sum_{n=2}^{\infty} \frac{3^{n+2}}{\ln n}$ 발산

6. (1) 수렴

(2) $\frac{4^n}{(3n)^n} \geq 0,\ n \geq 1;$

$$\lim_{n\to\infty} \sqrt[n]{\frac{4^n}{(3n)^n}} = \lim_{n\to\infty} \left(\frac{4}{3n}\right) = 0 < 1$$

$\Rightarrow \sum_{n=1}^{\infty} \frac{4^n}{(3n)^n}$ 수렴

(3) $\dfrac{8}{\left(3+\frac{1}{n}\right)^{2n}} \geq 0,\ n \geq 1;$

$$\lim_{n\to\infty}\sqrt[n]{\frac{8}{\left(3+\frac{1}{n}\right)^{2n}}} = \lim_{n\to\infty}\left(\frac{\sqrt[n]{8}}{\left(3+\frac{1}{n}\right)^{2}}\right)$$

$$=\frac{1}{9}<1$$

$\Rightarrow \displaystyle\sum_{n=1}^{\infty}\frac{8}{\left(3+\frac{1}{n}\right)^{2n}}$ 수렴

(4) $\dfrac{1}{n^{1+n}} \geq 0,\ n \geq 2;$

$$\lim_{n\to\infty}\sqrt[n]{\frac{1}{n^{1+n}}} = \lim_{n\to\infty}\left(\frac{1^{1/n}}{n^{n+1/n}}\right)$$

$$= \lim_{n\to\infty}\left(\frac{\sqrt[n]{1}}{n\sqrt[n]{n}}\right)$$

$$=0<1$$

$\Rightarrow \displaystyle\sum_{n=2}^{\infty}\frac{1}{n^{1+n}}$ 수렴

7. (1) 수렴

(2) $a_n = \dfrac{1}{n \cdot 3^n} > 0,\ n \geq 1;$

$n \geq 1 \Rightarrow n+1 \geq n \Rightarrow 3^{n+1} \geq 3^n$

$\Rightarrow (n+1)3^{n+1} \geq n3^n$

$\Rightarrow \dfrac{1}{(n+1)3^{n+1}} \leq \dfrac{1}{n3^n} \Rightarrow a_{n+1} \leq a_n;$

$\displaystyle\lim_{n\to\infty}a_n = \lim_{n\to\infty}\frac{1}{n \cdot 3^n} = 0$이므로 교대급수이므로 수렴

(3) $\displaystyle\lim_{n\to\infty}\frac{2^n}{n^2} = \infty \Rightarrow \lim_{n\to\infty}(-1)^{n+1}\frac{2^n}{n^2}$ 존재하지 않으므로 발산

(4) $f(x) = \dfrac{\ln x}{x} \Rightarrow f'(x) = \dfrac{1-\ln x}{x^2} < 0,$

$x > e \Rightarrow f(x)$ 감소 $\Rightarrow a_n \geq a_{n+1};$

$a_n \geq 0,\ n \geq 1$

$\displaystyle\lim_{n\to\infty}a_n = \lim_{n\to\infty}\frac{\ln n}{n} = \lim_{n\to\infty}\frac{\left(\frac{1}{n}\right)}{1} = 0.$ 교대급수이므로 수렴

8. (1) $\displaystyle\sum_{n=1}^{\infty}|a_n| = \sum_{n=1}^{\infty}\left(\frac{1}{10}\right)^n$이 수렴함으로 수렴

(2) $\dfrac{1}{\sqrt{n}} > \dfrac{1}{\sqrt{n+1}} > 0,$

$\displaystyle\lim_{n\to\infty}\frac{1}{\sqrt{n}} = 0 \Rightarrow$ 수렴

(3) $\dfrac{1}{n+3} > \dfrac{1}{(n+1)+3} > 0,$

$\displaystyle\lim_{n\to\infty}\frac{1}{n+3} = 0 \Rightarrow$ 수렴

(4) $\displaystyle\lim_{n\to\infty}a_n = \lim_{n\to\infty}10^{1/n} = 1 \neq 0$이므로 발산

연습문제 1.4

1. (1) $\displaystyle\lim_{n\to\infty}(n+1)(x-3) = \infty,\ x=3$을 제외한 모든 x에 대하여 발산

(2) $\displaystyle\lim_{n\to\infty}\left|\frac{a_{n+1}}{a_n}\right| = |x|,\ |x| < 1,\ x=1$일 때 발산; $x=-1$일 때 수렴. 따라서 수렴구간은 $-1 \leq x < 1$

(3) $\displaystyle\lim_{n\to\infty}\left|\frac{x+1}{n+1}\right| = 0,\ x \neq -1;\ x \neq -1$인 모든 구간에서 수렴

(4) $\left|\dfrac{a_{n+1}}{a_n}\right| = \left|\dfrac{(n+1)!x^{n+1}}{n!x^n}\right|$

$= (n+1)|x| \to \infty.$

$x=0$을 제외한 모든 x에 대하여 발산

2. (1) 모든 x에 대해

$$\lim_{k\to\infty}\left|\frac{a_k+1}{a_k}\right| = \lim_{k\to\infty}\left|\frac{2^{k+1}k!(x-2)^{k+1}}{2^k(k+1)!(x-2)^k}\right|$$

$$=2|x-2|\lim_{k\to\infty}\frac{1}{k+1}=0$$

이고 $0<1$이므로 비판정법에 의해 절대수렴한다. 따라서 수렴구간은 $(-\infty,\infty)$이고 $r=\infty$이다.

(2) $\displaystyle\lim_{k\to 0}\left|\frac{a_{k+1}}{a_k}\right|$

$$=\lim_{k\to\infty}\left|\frac{(-1)^{k+1}k3^k(x-1)^{k+1}}{(-1)^k(k+1)3^{k+1}(x-1)^k}\right|$$

$$= \frac{|x-1|}{3}\lim_{k\to\infty}\frac{k}{k+1} = \frac{|x-1|}{3}$$

이고 비판정법에 의해 $\frac{|x-1|}{3}<1$일 때, $(-2,4)$에서 절대수렴한다.

$x=-2$일 때, $\sum_{k=0}^{\infty}\frac{1}{k}$이고, 이것은 발산하는 조화급수이다.

$x=4$일 때, $\sum_{k=0}^{\infty}\frac{(-1)^k}{k3^k}(3)^k = \sum_{k=0}^{\infty}\frac{(-1)^k}{k}$ 이고 이 급수는 교대급수판정법에 의해 수렴한다.

따라서 수렴구간은 $(-2,4]$이고, $r=3$이다.

(3) $\lim_{k\to\infty}\left|\frac{a_{k+1}}{a_k}\right| = \lim_{k\to\infty}\left|\frac{k(x-1)^{k+1}}{(k+1)(x-1)^k}\right|$

$$= |x-1|\lim_{k\to\infty}\frac{k}{k+1} = |x-1|$$

이고 비판정법에 의해 $|x-1|<1$일 때, 즉 $(0,2)$에서 절대수렴한다.

$x=0$일 때, $\sum_{k=0}^{\infty}\frac{(-1)^k}{k}$이고, 이것은 교대급수판정법에 의해 수렴한다.

$x=2$일 때, $\sum_{k=0}^{\infty}\frac{1}{k}$이고, 이 급수는 발산하는 조화급수이다.

따라서 수렴구간은 $[0,2)$이고 $r=1$이다.

(4) 모든 $x\in(-\infty,\infty)$에 대하여

$\lim_{k\to\infty}\left|\frac{a_{k+1}}{a_k}\right| = \lim_{k\to\infty}\left|\frac{(k+1)!(2k)!x^{k+1}}{(2k+2)!x^k}\right|$

$$= |x|\lim_{k\to\infty}\frac{k+1}{(2k+2)(2k+1)} = 0$$

이고 비판정법에 의해 절대수렴한다.

따라서 수렴구간은 $(-\infty,\infty)$이고 $r=\infty$이다.

3. (1) $P_3(x) = 1+2x+2x^2+\frac{4}{3}x^3$

(2) $f(x)=\ln x, f'(x)=\frac{1}{x}, f''(x)=-\frac{1}{x^2}$,

$f'''(x)=\frac{2}{x^3}; f(1)=\ln 1=0, f'(1)=1$,

$f''(1)=-1, f'''(1)=2$,

$P_3(x)=(x-1)-\frac{1}{2}(x-1)^2+\frac{1}{3}(x-1)^3$

(3) $f(x)=\sin x, f'(x)=\cos x, f''(x)=-\sin x$,

$f'''(x)=-\cos x; f\left(\frac{\pi}{4}\right)=\sin\frac{\pi}{4}=\frac{\sqrt{2}}{2}$,

$f'\left(\frac{\pi}{4}\right)=\cos\frac{\pi}{4}=\frac{\sqrt{2}}{2}$,

$f''\left(\frac{\pi}{4}\right)=-\sin\frac{\pi}{4}=-\frac{\sqrt{2}}{2}$,

$f'''\left(\frac{\pi}{4}\right)=-\cos\frac{\pi}{4}=-\frac{\sqrt{2}}{2}$,

$$P_3(x)=\frac{\sqrt{2}}{2}+\frac{\sqrt{2}}{2}\left(x-\frac{\pi}{4}\right)-\frac{\sqrt{2}}{4}\left(x-\frac{\pi}{4}\right)^2-\frac{\sqrt{2}}{12}\left(x-\frac{\pi}{4}\right)^3$$

(4) $f(x)=\tan x, f'(x)=\sec^2 x$,

$f''(x)=2\sec^2 x\tan x$,

$f'''(x)=2\sec^4 x+4\sec^2 x\tan^2 x$;

$f\left(\frac{\pi}{4}\right)=\tan\frac{\pi}{4}=1, f'\left(\frac{\pi}{4}\right)=\sec^2\left(\frac{\pi}{4}\right)=2$,

$f''\left(\frac{\pi}{4}\right)=2\sec^2\left(\frac{\pi}{4}\right)\tan\left(\frac{\pi}{4}\right)=4$,

$f'''\left(\frac{\pi}{4}\right)=2\sec^4\left(\frac{\pi}{4}\right)+4\sec^2\left(\frac{\pi}{4}\right)\tan^2\left(\frac{\pi}{4}\right)=16$

$$P_3(x)=1+2(x-\frac{\pi}{4})+2\left(x-\frac{\pi}{4}\right)^2+\frac{8}{3}\left(x-\frac{\pi}{4}\right)^3$$

4. (1) $e^x=1+x+\frac{x^2}{2!}+\cdots=\sum_{n=0}^{\infty}\frac{x^n}{n!}$

$\Rightarrow e^{-5x}=1+(-5x)+\frac{(-5x)^2}{2!}+\cdots$

$$=1-5x+\frac{5^2x^2}{2!}-\frac{5^3x^3}{3!}+\cdots$$

$$=\sum_{n=0}^{\infty}\frac{(-1)^n5^nx^n}{n!}$$

(2) $\sin x = x-\frac{x^3}{3!}+\frac{x^5}{3!}-\cdots$

$$=\sum_{n=0}^{\infty}\frac{(-1)^nx^{2n+1}}{(2n+1)!}$$

$\Rightarrow \sin\frac{\pi x}{2}$

$$=\frac{\pi x}{2}-\frac{\left(\frac{\pi x}{2}\right)^3}{3!}+\frac{\left(\frac{\pi x}{2}\right)^5}{5!}-\frac{\left(\frac{\pi x}{2}\right)^7}{7!}+\cdots$$

$$=\sum_{n=0}^{\infty}\frac{(-1)^n\pi^{2n+1}x^{2n+1}}{2^{2n+1}(2n+1)!}$$

(3) $\ln(1+x)=\sum_{n=1}^{\infty}\frac{(-1)^{n-1}x^n}{n}\Rightarrow\ln(1+x^2)$

$$=\sum_{n=1}^{\infty}\frac{(-1)^{n-1}(x^2)^n}{n}$$

$$=\sum_{n=1}^{\infty}\frac{(-1)^{n-1}x^{2n}}{n}$$

$$=x^2-\frac{x^4}{2}+\frac{x^6}{3}-\frac{x^8}{4}+\cdots$$

(4) $\frac{1}{1-x}=\sum_{n=0}^{\infty}x^n$

$$\Rightarrow\frac{1}{2-x}=\frac{1}{2}\frac{1}{1-\frac{1}{2}x}=\frac{1}{2}\sum_{n=0}^{\infty}(\frac{1}{2}x)^n$$

$$=\frac{1}{2}\sum_{n=0}^{\infty}\left(\frac{1}{2}\right)^n x^n$$

$$=\frac{1}{2}+\frac{1}{4}x+\frac{1}{8}x^2+\frac{1}{16}x^3+\cdots$$

5. (1) $e^x=\sum_{n=0}^{\infty}\frac{x^n}{n!}$

$$\Rightarrow xe^x=x\left(\sum_{n=0}^{\infty}\frac{x^n}{n!}\right)=\sum_{n=0}^{\infty}\frac{x^{n+1}}{n!}$$

$$=x+x^2+\frac{x^3}{2!}+\frac{x^4}{3!}+\frac{x^5}{4!}+\cdots$$

(2) $\cos x=\sum_{n=0}^{\infty}\frac{(-1)^n x^{2n}}{(2n)!}$

$$\Rightarrow x\cos\pi x=x\sum_{n=0}^{\infty}\frac{(-1)^n(\pi x)^{2n}}{(2n)!}$$

$$=\sum_{n=0}^{\infty}\frac{(-1)^n\pi^{2n}x^{2n+1}}{(2n)!}$$

$$=x-\frac{\pi^2x^3}{2!}+\frac{\pi^4x^5}{4!}-\frac{\pi^6x^7}{6!}+\cdots$$

(3) $x\ln(1+2x)$

$$=x\sum_{n=1}^{\infty}\frac{(-1)^{n-1}(2x)^n}{n}$$

$$=\sum_{n=1}^{\infty}\frac{(-1)^{n-1}2^n x^{n+1}}{n}$$

$$=2x^2-\frac{2^2x^3}{2}+\frac{2^3x^4}{3}-\frac{2^4x^5}{4}+\cdots$$

(4) $\tan^{-1}x=x-\frac{1}{3}x^3+\frac{1}{5}x^5-\frac{1}{7}x^7+\cdots$

$$\Rightarrow x\tan^{-1}x^2$$

$$=x\left(x^2-\frac{1}{3}(x^2)^3+\frac{1}{5}(x^2)^5-\frac{1}{7}(x^2)^7+\cdots\right)$$

$$=x^3-\frac{1}{3}x^7+\frac{1}{5}x^{11}-\frac{1}{7}x^{15}+\cdots$$

$$=\sum_{n=1}^{\infty}\frac{(-1)^{n-1}x^{4n-1}}{2n-1}$$

6. (1) $\int_0^{0.1}\frac{\sin x}{x}dx$

$$=\int_0^{0.1}\left(1-\frac{x^2}{3!}+\frac{x^4}{5!}-\frac{x^6}{7!}+\cdots\right)dx$$

$$=\left[x-\frac{x^3}{3\cdot3!}+\frac{x^5}{5\cdot5!}-\frac{x^7}{7\cdot7!}+\cdots\right]_0^{0.1}$$

$$\approx\left[x-\frac{x^3}{3\cdot3!}+\frac{x^5}{5\cdot5!}\right]_0^{0.1}\approx 0.0999444611$$

(2) $\int_0^{0.1}\exp(-x^2)\,dx$

$$=\int_0^{0.1}\left(1-x^2+\frac{x^4}{2!}-\frac{x^6}{3!}+\frac{x^8}{4!}-\cdots\right)dx$$

$$=\left[x-\frac{x^3}{3}+\frac{x^5}{10}+\frac{x^7}{42}+\cdots\right]_0^{0.1}$$

$$\approx\left[x-\frac{x^3}{3}+\frac{x^5}{10}+\frac{x^7}{42}\right]_0^{0.1}$$

$$\approx 0.0996676643$$

(3) $\int_0^1\left(\frac{1-\cos x}{x^2}\right)dx$

$$=\int_0^1\left(\frac{1}{2}-\frac{x^2}{4!}+\frac{x^4}{6!}-\frac{x^6}{8!}+\frac{x^8}{10!}-\cdots\right)dx$$

$$\approx\left[\frac{x}{2}-\frac{x^3}{3\cdot4!}+\frac{x^5}{5\cdot6!}-\frac{x^7}{7\cdot8!}+\frac{x^9}{9\cdot10!}\right]_0^1$$

$$\approx 0.4863853764$$

(4) $\int_0^{0.2}\sin x^2\,dx=\int_0^{0.2}\left(x^2-\frac{x^6}{3!}+\frac{x^{10}}{5!}-\cdots\right)dx$

$$=\left[\frac{x^3}{3}-\frac{x^7}{7\cdot3!}+\cdots\right]_0^{0.2}$$

$$\approx\left[\frac{x^3}{3}\right]_0^{0.2}\approx 0.00267$$

7. (1) $\frac{1}{x^2}(e^x-(1+x))$

$$=\frac{1}{x^2}\left(\left(1+x+\frac{x^2}{2}+\frac{x^3}{3!}+\cdots\right)-1-x\right)$$

$$=\frac{1}{2}+\frac{x}{3!}+\frac{x^2}{4!}+\cdots\Rightarrow\lim_{x\to0}\frac{e^x-(1+x)}{x^2}$$

$$=\lim_{x\to0}\left(\frac{1}{2}+\frac{x}{3!}+\frac{x^2}{4!}+\cdots\right)=\frac{1}{2}$$

(2) $\frac{1}{t^4}\left(1-\cos t-\frac{t^2}{2}\right)$

$=\frac{1}{t^4}\left[1-\frac{t^2}{2}-\left(1-\frac{t^2}{2}+\frac{t^4}{4!}-\frac{t^6}{6!}+\cdots\right)\right]$

$=-\frac{1}{4!}+\frac{t^2}{6!}-\frac{t^4}{8!}+\cdots$

$\Rightarrow\lim_{t\to0}\frac{1-\cos t-\left(\frac{t^2}{2}\right)}{t^4}$

$=\lim_{t\to0}\left(-\frac{1}{4!}+\frac{t^2}{6!}-\frac{t^4}{8!}+\cdots\right)=-\frac{1}{24}$

(3) $\frac{1}{y^3}(y-\tan^{-1}y)$

$=\frac{1}{y^3}\left[y-\left(y-\frac{y^3}{3}+\frac{y^5}{5}-\cdots\right)\right]$

$=\frac{1}{3}-\frac{y^2}{5}+\frac{y^4}{7}-\cdots$

$\Rightarrow\lim_{y\to0}\frac{y-\tan^{-1}y}{y^3}=\lim_{y\to0}\left(\frac{1}{3}-\frac{y^2}{5}+\frac{y^4}{7}-\cdots\right)$

$=\frac{1}{3}$

(4) $\frac{\ln(1+x^2)}{1-\cos x}=\frac{\left(x^2-\frac{x^4}{2}+\frac{x^6}{3}-\cdots\right)}{1-\left(1-\frac{x^2}{2!}+\frac{x^4}{4!}-\cdots\right)}$

$=\frac{\left(1-\frac{x^2}{2}+\frac{x^4}{3}-\cdots\right)}{\left(\frac{1}{2!}-\frac{x^2}{4!}+\cdots\right)}$

$\Rightarrow\lim_{x\to0}\frac{\ln(1+x^2)}{1-\cos x}=2$

CHAPTER 2

연습문제 2.1

1. (1) $t=y$이므로, $x=1-y^2$

(2) $\cos^2\theta+\sin^2\theta=1$에서,

$x^2+y^2=1(y\geq0)$

(3) $\sec^2\theta-\tan^2\theta=1$이므로, $x^2-y^2=1$

(4) $\cos^2t+\sin^2t=1$에서,

$\cos t=\frac{x-2}{4}, \sin t=\frac{y-3}{4}$이므로

$(x-2)^2+(y-3)^2=4^2$

2. (1) $y=-x+2\sqrt{2}$, $\frac{d^2y}{dx^2}=-\sqrt{2}$

(2) $y=x+\frac{1}{4}$, $\frac{d^2y}{dx^2}=-2$

(3) $y=x-4$, $\frac{d^2y}{dx^2}=\frac{1}{2}$

(4) $y=2$, $\frac{d^2y}{dx^2}=-1$

3. (1) $\frac{dy}{dx}=\frac{y'(t)}{x'(t)}=\frac{4\cos4t}{-2\sin2t}=-\frac{2\cos4t}{\sin2t}$

(a) 수평점근선:

$\frac{dy}{dx}=-\frac{2\cos4t}{\sin2t}=0$

$\Rightarrow\cos4t=0\Rightarrow4t=\frac{\pi}{2}+n\pi$

$\Rightarrow t=\frac{\pi}{8}+\frac{n\pi}{4}\Rightarrow x=\cos\left(\frac{\pi}{4}+\frac{n\pi}{2}\right)$,

$y=\sin\left(\frac{\pi}{2}+n\pi\right)$

$\Rightarrow\left(\frac{\sqrt{2}}{2},1\right),\left(-\frac{\sqrt{2}}{2},-1\right)$,

$\left(-\frac{\sqrt{2}}{2},1\right),\left(\frac{\sqrt{2}}{2},-1\right)$

(b) 수직점근선: $\frac{dy}{dx}=-\frac{2\cos4t}{\sin2t}$는 정의되지 않음

$\Rightarrow\sin2t=0\Rightarrow2t=n\pi$

$\Rightarrow t=\frac{n\pi}{2}\Rightarrow(1,0),(-1,0)$

(2) $\dfrac{dy}{dx}=\dfrac{y'(t)}{x'(t)}=\dfrac{4t^3-4}{2t}=\dfrac{2(t^3-1)}{t}$

(a) 수평점근선:

$\dfrac{dy}{dx}=\dfrac{2(t^3-1)}{t}=0$

$\Rightarrow t^3-1=0 \Rightarrow t=1 \Rightarrow x=0;$

$y=-3 \Rightarrow (0,\ -3)$

(b) 수직점근선: $\dfrac{dy}{dx}=\dfrac{2(t^3-1)}{t}$는 정의되지 않음

$\Rightarrow t=0 \Rightarrow x=-1,\ y=0 \Rightarrow (-1,0)$

4. (1) $x'(t)=-3\sin t, y(t)=2\sin t,$

t값이 증가하면 (x,y)좌표가 시계반대방향으로 움직이므로

$$A=-\int_c^d y(t)x'(t)dt$$
$$=-\int_0^{2\pi}(2\sin t)(-3\sin t)dt$$
$$=\int_0^{2\pi}6\sin^2 t dt$$
$$=6\int_0^{2\pi}\frac{1-\cos 2t}{2}dt$$
$$=\left[\frac{3}{2}(2t-\sin 2t)\right]_0^{2\pi}=6\pi$$

(2) $y(t)=\sin 2t, x'(t)=-\sin t$

$$A=\int_c^d y(t)x'(t)dt$$
$$=\int_{\frac{\pi}{2}}^{\frac{3\pi}{2}}(\sin 2t)(-\sin t)dt$$
$$=-\int_{\frac{\pi}{2}}^{\frac{3\pi}{2}}\sin t\sin 2t dt$$
$$=-\left[\frac{1}{2}\sin t-\frac{1}{6}\sin 3t\right]_{\frac{\pi}{2}}^{\frac{3\pi}{2}}=\frac{4}{3}$$

(3) $y(t)=t^4-1, x'(t)=3t^2-4$

$$A=\int_c^d y(t)x'(t)dt$$
$$=\int_{-2}^{2}(t^4-1)(3t^2-4)dt$$
$$=\int_{-2}^{2}(3t^6-4t^4-3t^2+4)dt$$
$$=\left[\frac{3t^7}{7}-\frac{4t^5}{5}-t^3+4t\right]_{-2}^{2}=\frac{2048}{35}$$

(4)

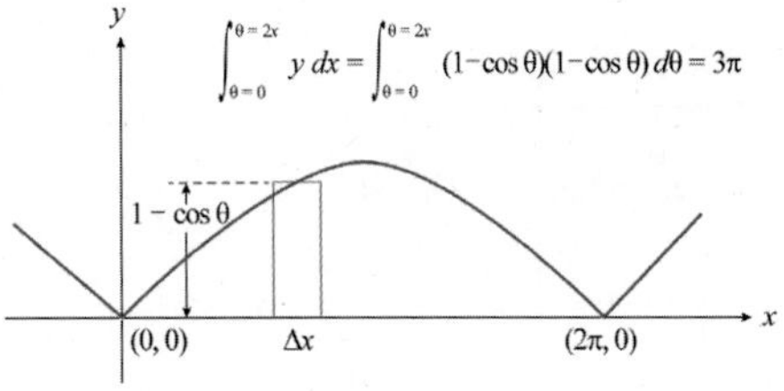

5. (1) $\dfrac{1}{27}(13^{3/2}-8)$

(2) $\dfrac{dx}{dt}=2\cos 2t$와 $\dfrac{dy}{dt}=-2\sin 2t$이므로,

$$L=\int_0^{2\pi}\sqrt{\left(\frac{dx}{dt}\right)^2+\left(\frac{dy}{dt}\right)^2}dt$$
$$=\int_0^{2\pi}\sqrt{4\cos^2 2t+4\sin^2 2t}\ dt$$
$$=\int_0^{2\pi}2dt=4\pi$$

(3) $\sqrt{2}\left(1-\dfrac{e}{\pi}\right)$

(4) $\dfrac{dx}{d\theta}=r(1-\cos\theta),\ \dfrac{dy}{d\theta}=r\sin\theta$이므로

$$L=\int_0^{2\pi}\sqrt{\left(\frac{dx}{d\theta}\right)^2+\left(\frac{dy}{d\theta}\right)^2}d\theta$$
$$=\int_0^{2\pi}\sqrt{r^2(1-\cos\theta)^2+r^2\sin^2\theta}\,d\theta$$
$$=\int_0^{2\pi}\sqrt{r^2(1-2\cos\theta+\cos^2\theta+\sin^2\theta)}\,d\theta$$
$$=r\int_0^{2\pi}\sqrt{2(1-\cos\theta)}\,d\theta$$

$$\sqrt{2(1-\cos\theta)}=\sqrt{4\sin^2\frac{\theta}{2}}$$
$$=2\left|\sin\frac{\theta}{2}\right|=2\sin\frac{\theta}{2}$$

이고, 따라서

$$L=2r\int_0^{2\pi}\sin\frac{\theta}{2}d\theta=2r\left[-2\cos\frac{\theta}{2}\right]_0^{2\pi}$$
$$=2r[2+2]=8r$$

연습문제 2.2

1.

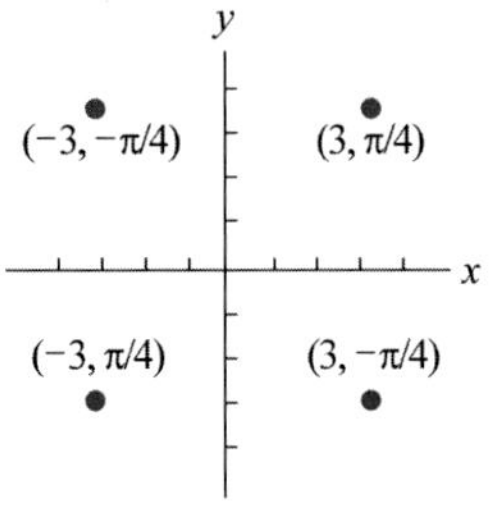

2. (1) $\left(4, \dfrac{\pi}{3}\right)$ (2) $\left(2, -\dfrac{\pi}{6}\right)$

(3) $\left(4\sqrt{2}, \dfrac{5\pi}{4}\right)$ (4) $\left(2, \dfrac{\pi}{6}\right)$

(5) $\left(3\sqrt{2}, \dfrac{3\pi}{4}\right)$ (6) $\left(4, \dfrac{2\pi}{3}\right)$

3. (1) $x = \sqrt{2}\ \cos\dfrac{\pi}{4} = 1,\ y = \sqrt{2}\sin\dfrac{\pi}{4} = 1$

$\Rightarrow (1,1)$

(2) $x = 1\cos 0 = 1,\ y = 1\ \sin 0 = 0$

$\Rightarrow (1,0)$

(3) $x = 0\ \cos\ \dfrac{\pi}{2}\ = 0,\ y = 0\ \sin\ \dfrac{\pi}{2}\ = 0$

$\Rightarrow (0,0)$

(4) $x = -\sqrt{2}\ \cos\left(\dfrac{\pi}{4}\right) = -1,$

$y = -\sqrt{2}\ \sin\left(\dfrac{\pi}{4}\right) = -1$

$\Rightarrow (-1, -1)$

(5) $x = -3\cos\dfrac{5\pi}{6} = \dfrac{3\sqrt{3}}{2},$

$y = -3\sin\dfrac{5\pi}{6} = -\dfrac{3}{2}$

$\Rightarrow \left(\dfrac{3\sqrt{3}}{2},\ -\dfrac{3}{2}\right)$

(6) $x = 5\ \cos\left(\tan^{-1}\dfrac{4}{3}\right) = 3,$

$y = 5\sin\left(\tan^{-1}\dfrac{4}{3}\right) = 4$

$\Rightarrow (3,4)$

(7) $x = -1\ \cos 7\pi = 1,\ y = -1\sin 7\pi = 0$

$\Rightarrow (1,0)$

(8) $x = 2\sqrt{3}\ \cos\ \dfrac{2\pi}{3} = -\sqrt{3},$

$y = 2\sqrt{3}\ \sin\ \dfrac{2\pi}{3} = 3$

$\Rightarrow (-\sqrt{3}, 3)$

4. (1) $r\cos\theta = r\sin\theta,\ \ \theta = \dfrac{\pi}{4}$

(2) $4r^2\cos^2\theta + 9r^2\sin^2\theta = 36$

(3) $x^2 + y^2 - 4y + 4 = 4,\ r^2 = 4r\sin\theta$

(4) $r^2 = 6r\cos\theta - 2r\sin\theta - 6$

5. (1) $y = 4$ (2) $x + y = 1$

(3) $y = e^x$ (4) $r^2 = 2r\cos\theta + 2r\sin\theta,$

$x^2 + y^2 = 2x + 2y$

6. (1)

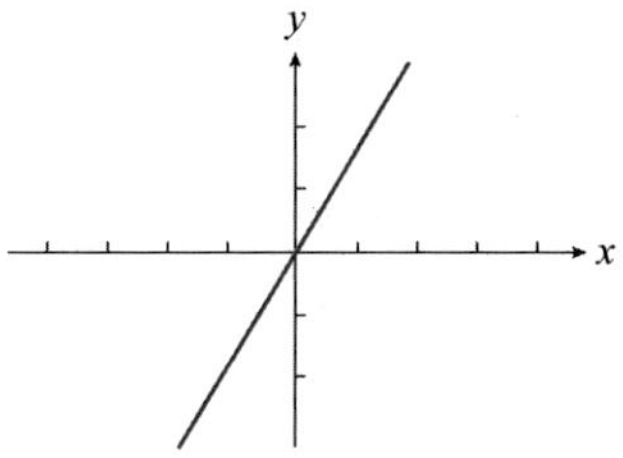

(2)

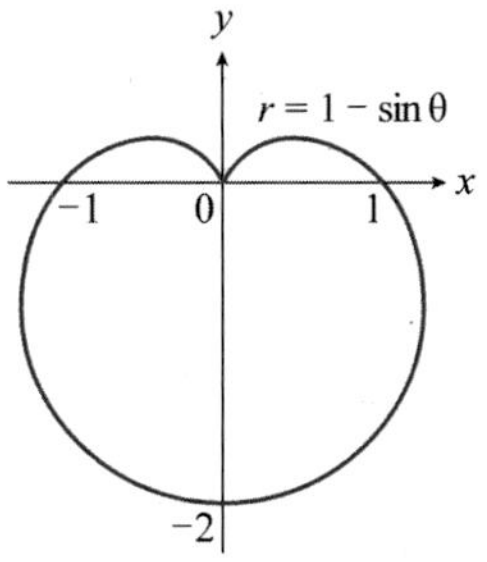

(3)

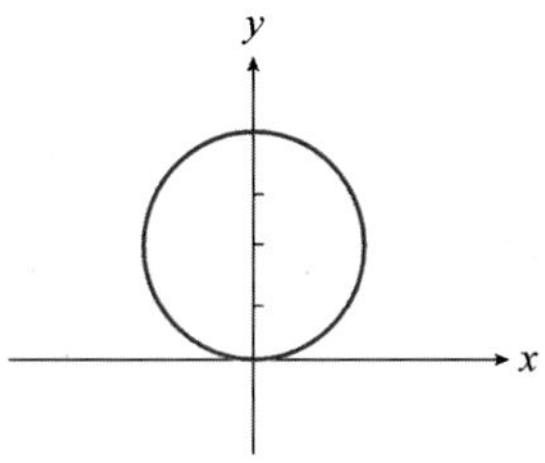

(4)

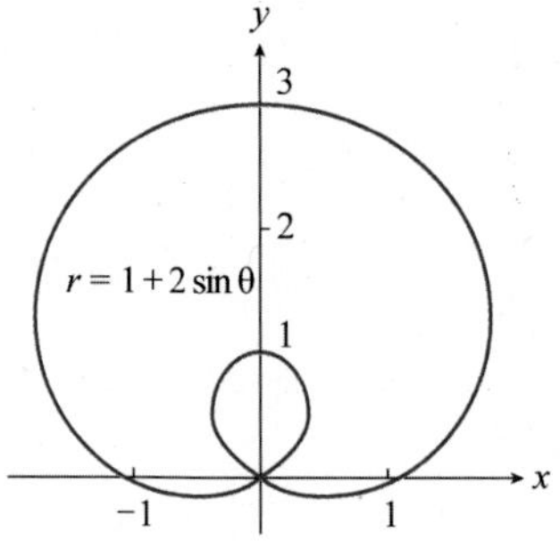

(5)

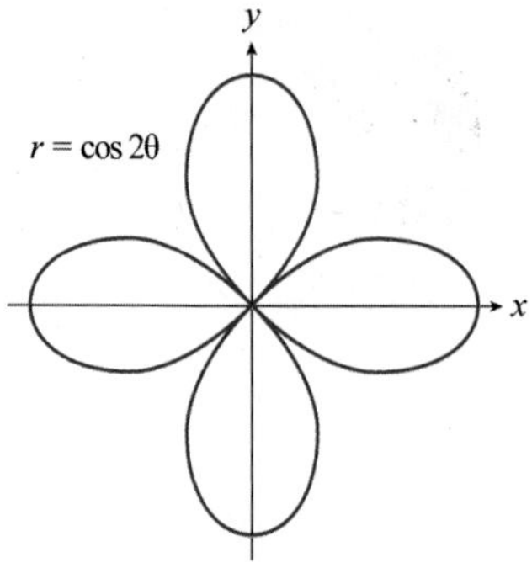

(6)

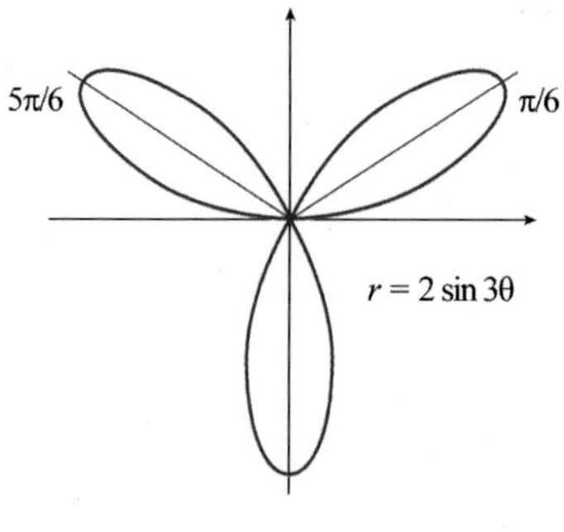

7. (1) $A = \int_0^{\pi} \frac{1}{2}\theta^2 d\theta = \left[\frac{1}{6}\theta^3\right]_0^{\pi} = \frac{\pi^3}{6}$

(2) $A = \int_{\pi/4}^{\pi/2} \frac{1}{2}(2\sin\theta)^2 d\theta$

$= 2\int_{\pi/4}^{\pi/2} \sin^2\theta\, d\theta$

$= 2\int_{\pi/4}^{\pi/2} \frac{1-\cos 2\theta}{2} d\theta$

$= \int_{\pi/4}^{\pi/2} (1-\cos 2\theta) d\theta$

$= \left[\theta - \frac{1}{2}\sin 2\theta\right]_{\pi/4}^{\pi/2}$

$= \left(\frac{\pi}{2} - 0\right) - \left(\frac{\pi}{4} - \frac{1}{2}\right) = \frac{\pi}{4} + \frac{1}{2}$

(3) 적절한 θ의 범위를 찾기 위해 $2\cos\theta = 0$이라 놓자.

$: 0 \le \theta \le \pi$

$A = \int_0^{\pi} 2\cos^2\theta d\theta = \int_0^{\pi} (1+\cos 2\theta) d\theta$

$= \left[\theta + \frac{1}{2}\sin 2\theta\right]_0^{\pi} = \pi$

(4) $A = \int_{-\pi/6}^{\pi/6} \frac{1}{2}(\cos 3\theta)^2 d\theta$

$= \frac{1}{2}\int_{-\pi/6}^{\pi/6} \cos^2 3\theta\, d\theta$

$= \frac{1}{2}\int_{-\pi/6}^{\pi/6} \frac{1+\cos 6\theta}{2} d\theta$

$= \frac{1}{4}\int_{-\pi/6}^{\pi/6} (1+\cos 6\theta) d\theta$

$= \frac{1}{4}\left[\theta + \frac{1}{6}\sin 6\theta\right]_{-\pi/6}^{\pi/6}$

$= \frac{1}{4}\left(\frac{\pi}{6} + 0\right) - \frac{1}{4}\left(-\frac{\pi}{6} + 0\right) = \frac{\pi}{12}$

8. (1)

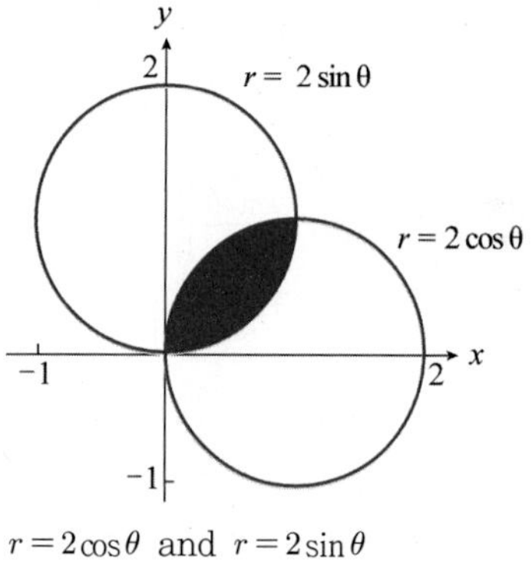

$r = 2\cos\theta$ and $r = 2\sin\theta$

$\Rightarrow 2\cos\theta = 2\sin\theta$

$\Rightarrow \cos\theta = \sin\theta \Rightarrow \theta = \frac{\pi}{4};$

$A = 2\int_0^{\pi/4} \frac{1}{2}(2\sin\theta)^2 d\theta$

$= \int_0^{\pi/4} 4\sin^2\theta\, d\theta$

$= \int_0^{\pi/4} 4\left(\frac{1-\cos 2\theta}{2}\right) d\theta$

$= \int_0^{\pi/4} (2 - 2\cos 2\theta)\, d\theta$

$= [2\theta - \sin 2\theta]_0^{\pi/4} = \frac{\pi}{2} - 1$

(2)

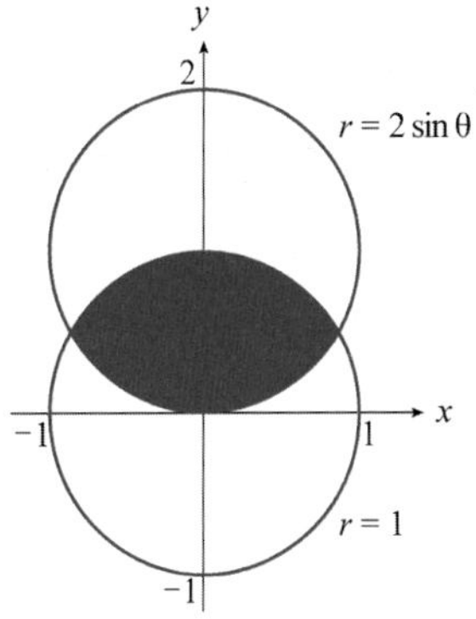

$r=1,\ r=2\sin\theta$

$\Rightarrow 2\sin\theta = 1 \Rightarrow \sin\theta = \dfrac{1}{2}$

$\Rightarrow \theta = \dfrac{\pi}{6}$ 또는 $\dfrac{5\pi}{6}$;

$A=\pi(1)^2-\displaystyle\int_{\pi/6}^{5\pi/6}\frac{1}{2}[(2\sin\theta)^2-1^2]d\theta$

$=\pi-\displaystyle\int_{\pi/6}^{5\pi/6}\left(2\sin^2\theta-\frac{1}{2}\right)d\theta$

$=\pi-\displaystyle\int_{\pi/6}^{5\pi/6}(1-\cos 2\theta-\frac{1}{2})\theta$

$=\pi-\displaystyle\int_{\pi/6}^{5\pi/6}\left(\frac{1}{2}-\cos 2\theta\right)d\theta$

$=\pi-\left[\dfrac{1}{2}\theta-\dfrac{\sin 2\theta}{2}\right]_{\pi/6}^{5\pi/6}$

$=\pi-\left(\dfrac{5\pi}{12}-\dfrac{1}{2}\sin\dfrac{5\pi}{3}\right)+\left(\dfrac{\pi}{12}-\dfrac{1}{2}\sin\dfrac{\pi}{3}\right)$

$=\dfrac{4\pi-3\sqrt{3}}{6}$

(3)

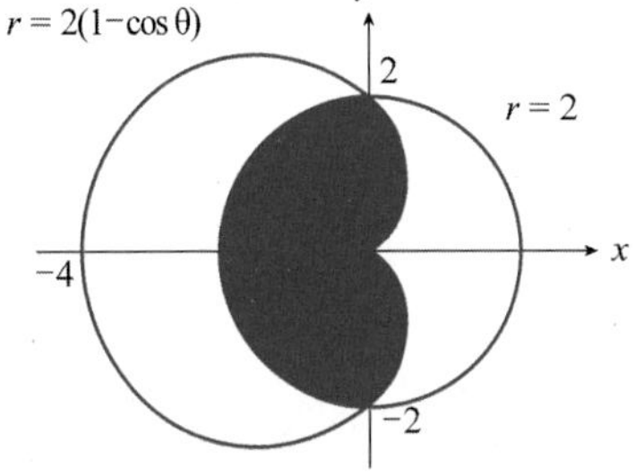

$r=2,\ r=2(1-\cos\theta) \Rightarrow 2=2(1-\cos\theta)$

$\Rightarrow \cos\theta = 0 \Rightarrow \theta = \pm\dfrac{\pi}{2}$;

$A=2\displaystyle\int_0^{\pi/2}\frac{1}{2}[2(1-\cos\theta)]^2d\theta+\frac{1}{2}$

(원의 면적)

$=\displaystyle\int_0^{\pi/2}4(1-2\cos\theta+\cos^2\theta)d\theta+\frac{\pi}{2}(2)^2$

$=\displaystyle\int_0^{\pi/2}4\left(1-2\cos\theta+\frac{1+\cos 2t\theta}{2}\right)d\theta+2\pi$

$=\displaystyle\int_0^{\pi/2}(4-8\cos\theta+2+2\cos 2\theta)d\theta+2\pi$

$=[6\theta-8\sin\theta+\sin 2\theta]_0^{\pi/2}+2\pi$

$=5\pi-8$

(4)

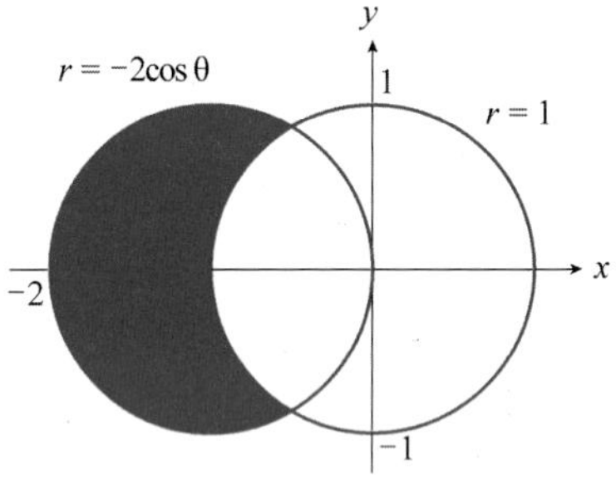

$r=1,\ r=-2\cos\theta \Rightarrow 1=-2\cos\theta$

$\Rightarrow \cos\theta = -\dfrac{1}{2} \Rightarrow \theta = \dfrac{2\pi}{3}$

$A=2\displaystyle\int_{2\pi/3}^{\pi}\frac{1}{2}\left[(-2\cos\theta)^2-1^2\right]d\theta$

$=\displaystyle\int_{2\pi/3}^{\pi}(4\cos^2\theta-1)d\theta$

$=\displaystyle\int_{2\pi/3}^{\pi}[2(1+\cos 2\theta)-1]d\theta$

$=\displaystyle\int_{2\pi/3}^{\pi}(1+2\cos 2\theta)d\theta$

$=[\theta+\sin 2\theta]_{2\pi/3}^{\pi}$

$=\dfrac{\pi}{3}+\dfrac{\sqrt{3}}{2}$

(5)

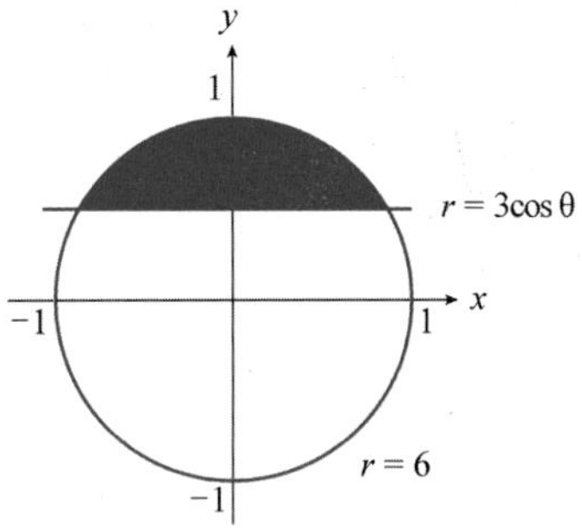

$r=6,\ r=3\csc\theta \Rightarrow 6\sin\theta = 3 \Rightarrow \sin\theta = \dfrac{1}{2}$

$\Rightarrow \theta = \dfrac{\pi}{6}$ 또는 $\dfrac{5\pi}{6}$;

$$A=\int_{\pi/6}^{5\pi/6}\frac{1}{2}(6^2-9\csc^2\theta)d\theta$$
$$=\int_{\pi/6}^{5\pi/6}(18-\frac{9}{2}\csc^2\theta)d\theta$$
$$=\left[18\theta+\frac{9}{2}\cot\theta\right]_{\pi/6}^{5\pi/6}$$
$$=\left(15\pi-\frac{9}{2}\sqrt{3}\right)-\left(3\pi+\frac{9}{2}\sqrt{3}\right)$$
$$=12\pi-9\sqrt{3}$$

(6)

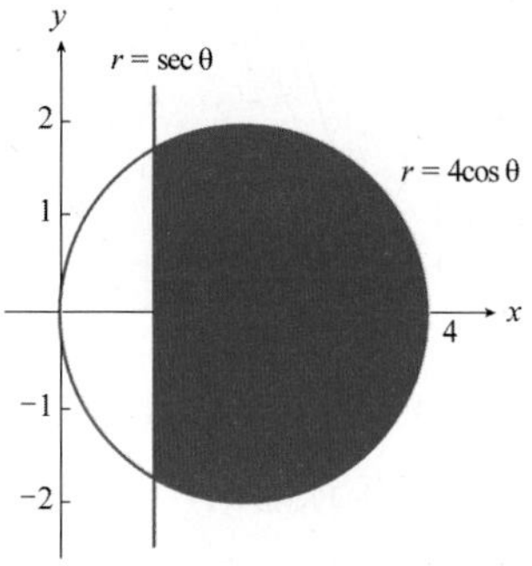

$r=\sec\theta,\ r=4\cos\theta \Rightarrow 4\cos\theta=\sec\theta$

$\Rightarrow \cos^2\theta=\frac{1}{4} \Rightarrow \theta=\frac{\pi}{3}, \frac{2\pi}{3}, \frac{4\pi}{3}$ or $\frac{5\pi}{3}$;

$$A=2\int_0^{\pi/3}\frac{1}{2}(16\cos^2\theta-\sec^2\theta)d\theta$$
$$=\int_0^{\pi/3}(8+8\cos2\theta-\sec^2\theta)d\theta$$
$$=[8\theta+4\sin 2\theta-\tan\theta]_0^{\pi/3}$$
$$=\left(\frac{8\pi}{3}+2\sqrt{3}-\sqrt{3}\right)-(0+0-0)$$
$$=\frac{8\pi}{3}+\sqrt{3}$$

9. (1) $\frac{1}{\sqrt{3}}$ (2) $-\pi$ (3) 1 (4) 생략

연습문제 2.3

1. (1) $(0,0), \left(\frac{1}{8},0\right), x=-\frac{1}{8}$

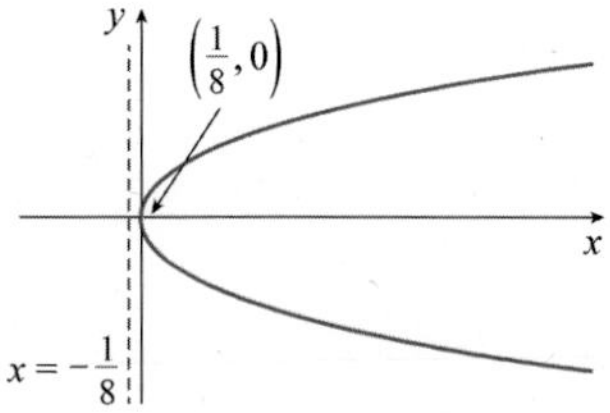

(2) $(0,0), \left(0,-\frac{1}{16}\right), y=\frac{1}{16}$

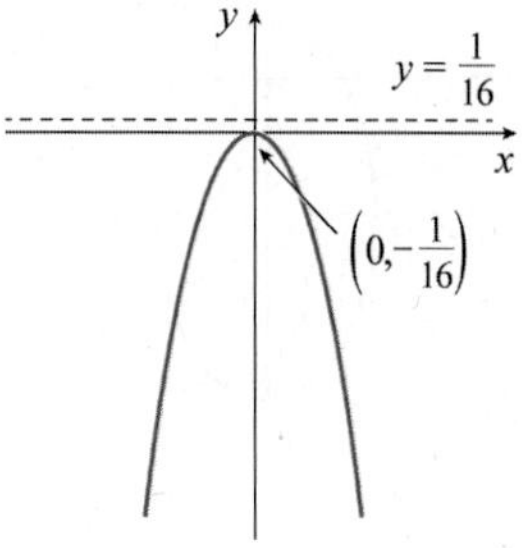

(3) $(-2,3), (-2,5), y=1$

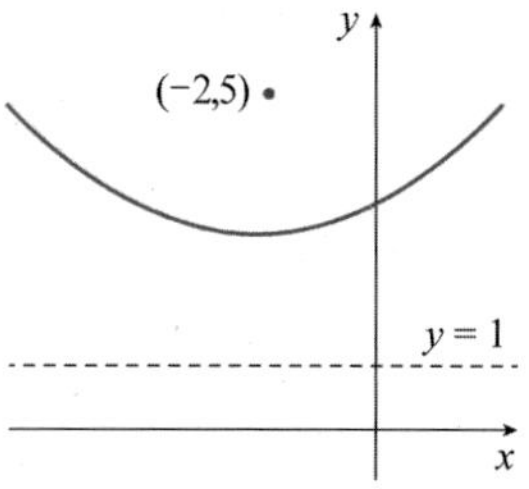

(4) $(-2,-1), (-5,-1), x=1$

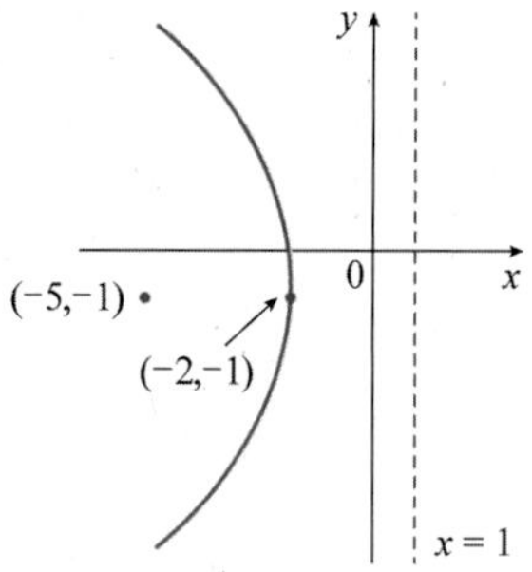

2. $x=-y^2$, 초점 $\left(-\frac{1}{4},0\right)$, 준선 $x=\frac{1}{4}$

3. (1) $(\pm4,0), (\pm2\sqrt{3},0)$

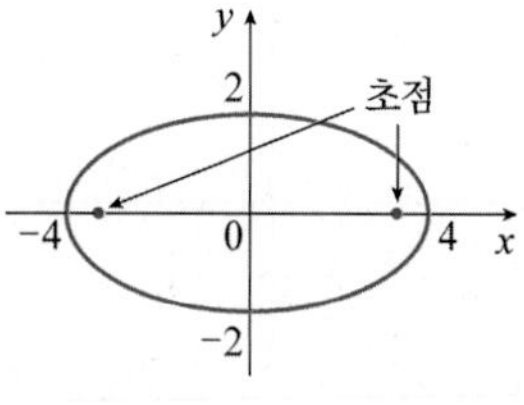

(2) $(0,\pm 5)$, $(0,\pm 4)$

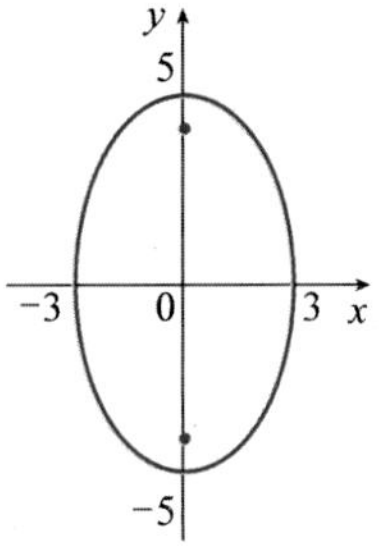

(3) $(1,\pm 3)$, $(1,\pm \sqrt{5})$

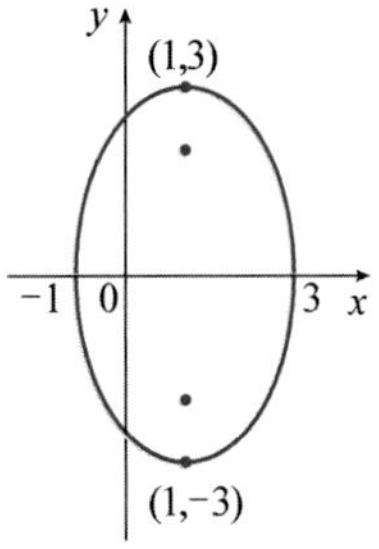

4. $\dfrac{x^2}{4}+\dfrac{y^2}{9}=1$, 초점 $(0,\ \pm\sqrt{5})$

5. (1) $(\pm 12,0)$, $(\pm 13,0)$, $y=\pm\dfrac{1}{12}x$

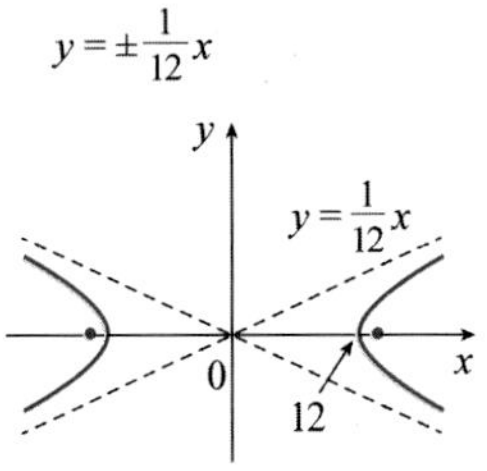

(2) $(0,\pm 2)$, $(0,\pm 2\sqrt{2})$, $y=\pm x$

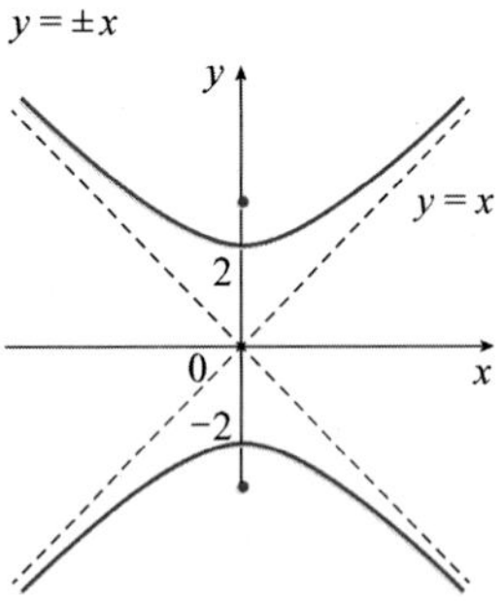

(3) $(4,-2)$, $(2,-2)$; $(3\pm\sqrt{5},-2)$;
$y+2=\pm 2(x-3)$

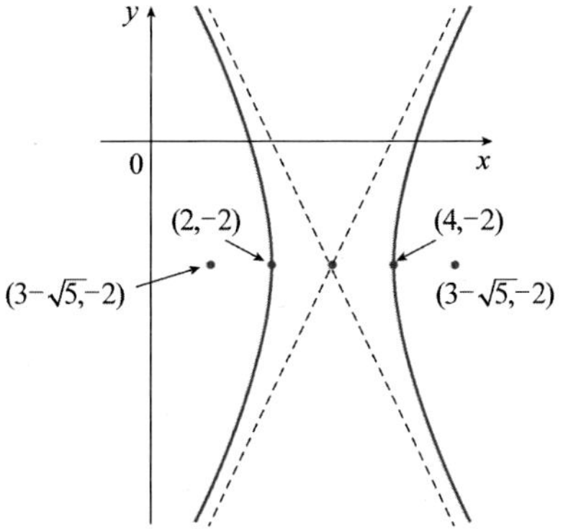

6. (1) 포물선, $(0,-1)$, $\left(0,-\dfrac{3}{4}\right)$

(2) 타원, $(\pm\sqrt{2},1)$, $(\pm 1,1)$

(3) 쌍곡선, $(0,1)$, $(0,-3)$; $(1,-1\pm\sqrt{5})$

7. (1) $x^2=-8y$

(2) $y^2=-12(x+1)$

(3) $y^2=16x$

(4) $\dfrac{x^2}{25}+\dfrac{y^2}{21}=1$

(5) $\dfrac{x^2}{12}+\dfrac{(y-4)^2}{16}=1$

(6) $\dfrac{(x+1)^2}{12}+\dfrac{(y-4)^2}{16}=1$

(7) $\dfrac{x^2}{9}-\dfrac{y^2}{16}=1$

(8) $\dfrac{(y-1)^2}{25}-\dfrac{(x+3)^2}{39}=1$

(9) $\dfrac{x^2}{9}-\dfrac{y^2}{36}=1$

8. $\dfrac{x^2}{3,763,600}+\dfrac{y^2}{3,753,196}=1$

CHAPTER 3

연습문제 3.1

1. (1)

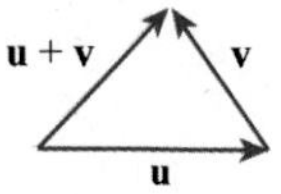

(2)

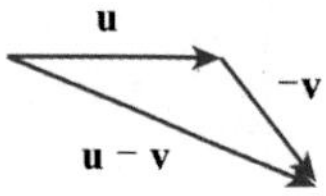

(3)

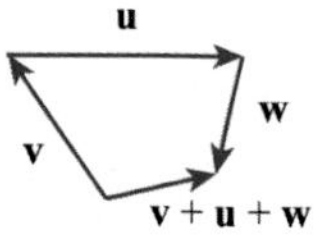

(4)

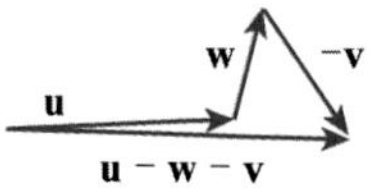

2. (1)

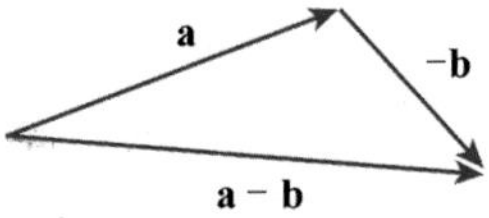

(2)

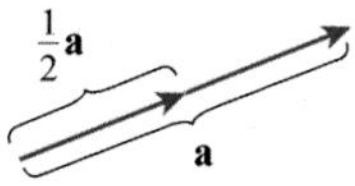

(3)

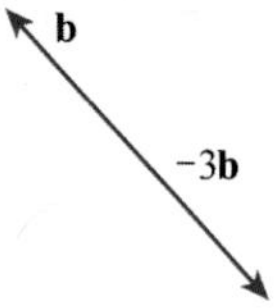

(4)

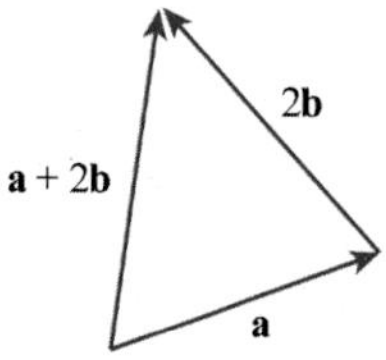

3. (1) (a)

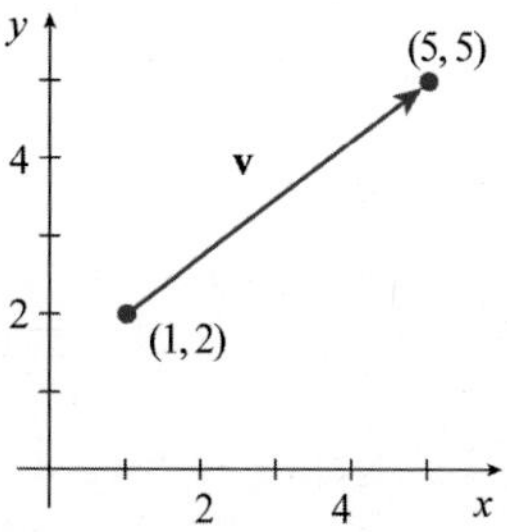

(b) $\mathrm{v}=\langle 5-1,\ 5-2\rangle=\langle 4,\ 3\rangle$

(c) $|\mathrm{v}|=\sqrt{16+9}=5$

(2) (a)

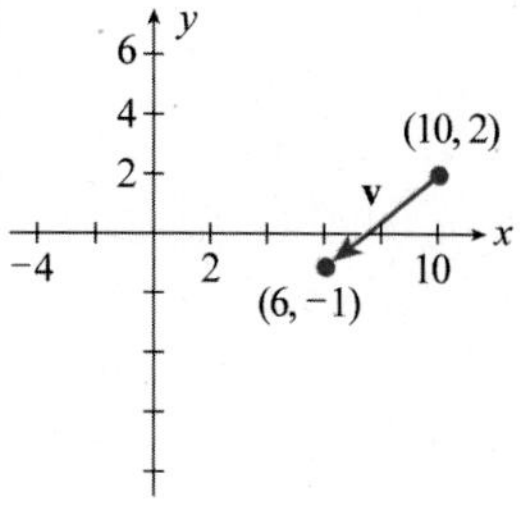

(b) $\mathrm{v}=\langle 6-10,\ -1-2\rangle=\langle -4,\ -3\rangle$

(c) $|\mathrm{v}|=\sqrt{16+9}=5$

(3) (a)

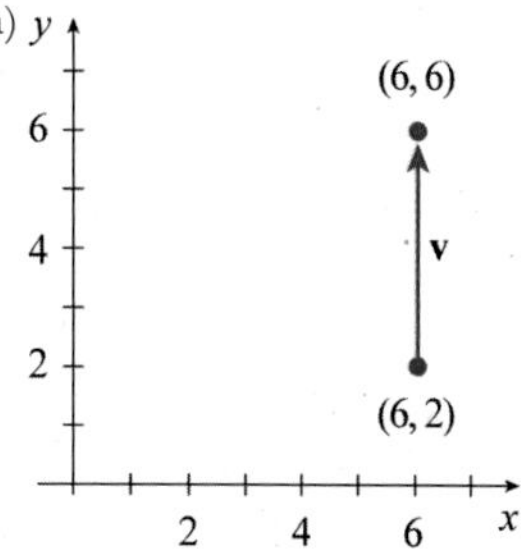

(b) $\mathrm{v}=\langle 6-6,\ 6-2\rangle=\langle 0,\ 4\rangle$

(c) $|\mathrm{v}|=\sqrt{0^2+4^2}=4$

(4) (a)

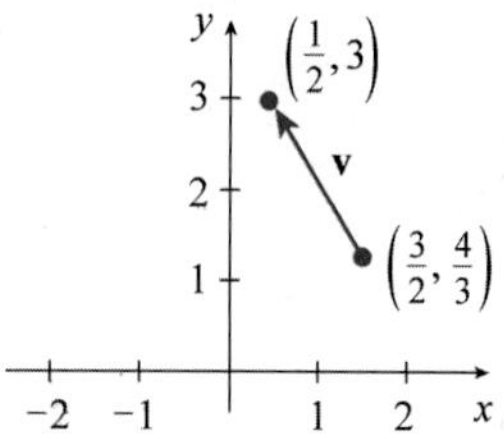

(b) $\mathrm{v}=\left\langle \frac{1}{2}-\frac{3}{2},\ 3-\frac{4}{3}\right\rangle=\left\langle -1,\ \frac{5}{3}\right\rangle$

(c) $|\mathrm{v}|=\sqrt{(-1)^2+\left(\frac{5}{3}\right)^2}=\frac{\sqrt{34}}{3}$

4. (1) $\frac{2}{3}\mathrm{u}=\frac{2}{3}\langle -3,\ -8\rangle=\left\langle -2,\ -\frac{16}{3}\right\rangle$

(2) $\mathrm{v}-\mathrm{u}=\langle 8,\ 25\rangle-\langle -3,\ -8\rangle=\langle 11,\ 33\rangle$

(3) $2\mathrm{u}+5\mathrm{v}=2\langle -3,\ -8\rangle+5\langle 8,\ 25\rangle$

$=\langle 34,\ 109\rangle$

5. (1) $|\mathrm{u}| = \sqrt{3^2+12^2} = \sqrt{153}$

$\mathrm{v} = \dfrac{\mathrm{u}}{|\mathrm{u}|} = \dfrac{\langle 3, 12\rangle}{\sqrt{153}} = \left\langle \dfrac{3}{\sqrt{153}}, \dfrac{12}{\sqrt{153}} \right\rangle$

$= \left\langle \dfrac{\sqrt{17}}{17}, \dfrac{4\sqrt{17}}{17} \right\rangle$

(2) $|\mathrm{u}| = \sqrt{5^2+15^2} = \sqrt{250} = 5\sqrt{10}$

$\mathrm{v} = \dfrac{\mathrm{u}}{|\mathrm{u}|} = \dfrac{\langle 5, 15\rangle}{5\sqrt{10}} = \left\langle \dfrac{1}{\sqrt{10}}, \dfrac{3}{\sqrt{10}} \right\rangle$

(3) $|\mathrm{u}| = \sqrt{\left(\dfrac{3}{2}\right)^2 + \left(\dfrac{5}{2}\right)^2} = \dfrac{\sqrt{34}}{2}$

$\mathrm{v} = \dfrac{\mathrm{u}}{|\mathrm{u}|} = \dfrac{\langle (3/2), (5/2)\rangle}{\sqrt{34}/2}$

$= \left\langle \dfrac{3}{\sqrt{34}}, \dfrac{5}{\sqrt{34}} \right\rangle$

$= \left\langle \dfrac{3\sqrt{34}}{34}, \dfrac{5\sqrt{34}}{34} \right\rangle$

(4) $|\mathrm{u}| = \sqrt{(-6.2)^2+(3.4)^2} = \sqrt{50} = 5\sqrt{2}$

$\mathrm{v} = \dfrac{\mathrm{u}}{|\mathrm{u}|} = \dfrac{\langle -6.2, 3.4\rangle}{5\sqrt{2}} = \left\langle \dfrac{-1.24}{\sqrt{2}}, \dfrac{0.68}{\sqrt{2}} \right\rangle$

6. (1) $x = 3\cos 0 = 3$,

$y = 3\sin 0 = 0$,

$\mathrm{v} = 3\mathrm{i} + 0\mathrm{j}$

(3) $x = 2\cos 150 = \sqrt{3}$,

$y = 2\sin 150 = 1$,

$\mathrm{v} = \sqrt{3}\mathrm{i} + \mathrm{j}$

연습문제 3.2

1. (1)

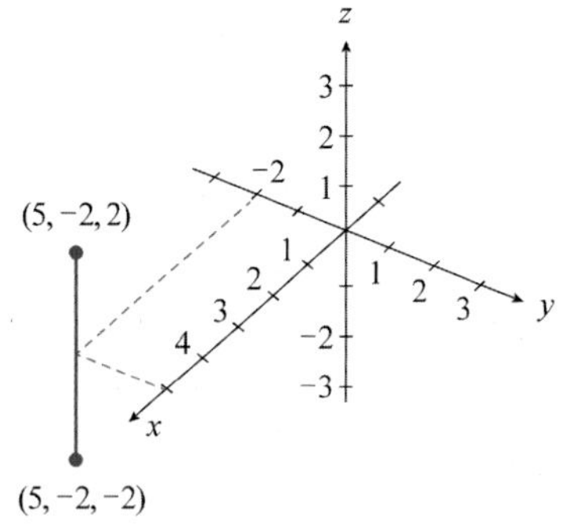

(2)

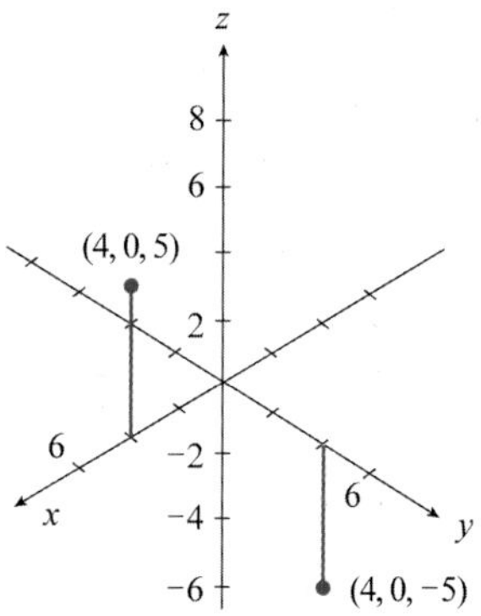

2. (1) $|\mathrm{P}_1\mathrm{P}_2| = \sqrt{(3-1)^2+(3-1)^2+(0-1)^2}$

$= \sqrt{9} = 3$

(2) $|\mathrm{P}_1\mathrm{P}_2| = \sqrt{(2+1)^2+(5-1)^2+(0-5)^2}$

$= \sqrt{50} = 5\sqrt{2}$

(3) $|\mathrm{P}_1\mathrm{P}_2| = \sqrt{(4-1)^2+(-2-4)^2+(7-5)^2}$

$= \sqrt{49} = 7$

(4) $|\mathrm{P}_1\mathrm{P}_2| = \sqrt{(2-3)^2+(3-4)^2+(4-5)^2}$

$= \sqrt{3}$

3. (1) $(x^2-2x+1)+(y^2-4y+4)+(z^2+8z+16)$

$= 15+1-4+16$

$\Rightarrow (x-1)^2+(y-2)^2+(z+4)^2$

$= 36,\ (1,2,-4),\ 6$

(2) $(x^2+8x+16)+(y^2-6y+9)+(z^2+2z+1)$

$= -17+16+9+1$

$\Rightarrow (x+4)^2+(y-3)^2+(z+1)^2$

$= 9,\ (-4, 3, -1),\ 3$

(3) $2(x^2-4x+4)+2y^2+2(x^2+12z+36)$

$= 1+8+72$

$\Rightarrow\ 2(x-2)^2+2y^2+2(z+6)^2 = 81$

$\Rightarrow\ (x-2)^2+y^2+(z+6)^2$

$= \dfrac{81}{2},\ (2, 0, -6),\ \sqrt{\dfrac{81}{2}} = 9/\sqrt{2}$

(4) $3x^2+3(y^2-2y+1)+3(z^2-4z+4)$

$= 10+3+12$

$\Rightarrow\ 3x^2+3(y-1)^2+3(z-2)^2 = 25$

$\Rightarrow\ x^2+(y-1)^2+(z-2)^2$

$= \dfrac{25}{3},\ (0, 1, 2),\ \sqrt{\dfrac{25}{3}} = 5/\sqrt{3}$

4. (1) $(x-1)^2+[y-(-4)]^2+(x-3)^2=5^2$,

$(x-1)^2+(y+4)^2+(z-3)^2=25,\ y=0,$

$(x-1)^2+4^2+(z-3)^2=25,\ y=0,$

$(x-1)^2+(z-3)^3=9,\ y=0.$

(2) $(x-2)^2+[y-(-6)]^2+(z-4)^2=5^2$,

$(x-2)^2+(y+6)^2+(z-4)^2=25$

$(x-2)^2+(y+6)^2=9,\ z=0$

$(x-2)^2+(z-4)^2=-11.\ x=0:$

$(y+6)^2+(z-4)^2=21,\ x=0,$

(3) $r=\sqrt{(3-4)^2+(8-3)^2+[1-(-1)]^2}$

$=\sqrt{30}.$

$(x-3)^2+(y-8)^2+(z-1)^2=30$

(4) $r=\sqrt{(1-0)^2+(2-0)^2+(3-0)^2}$

$=\sqrt{14}.$

$(x-1)^2+(y-2)^2+(z-3)^2=14$

5. (1) $\overrightarrow{P_1P_2}=(3,\ 4,\ -5),\ |\overrightarrow{P_1P_2}|=5\sqrt{2}$

$\Rightarrow \left(\dfrac{3}{5\sqrt{2}},\ \dfrac{4}{5\sqrt{2}},\ \dfrac{-5}{5\sqrt{2}}\right)$

(2) $\overrightarrow{P_1P_2}=3i-6j+2k,\ |\overrightarrow{P_1P_2}|=7$

$\Rightarrow \dfrac{3}{7}i-\dfrac{6}{7}j+\dfrac{2}{7}k$

(3) $\overrightarrow{P_1P_2}=-i-j-k,\ |\overrightarrow{P_1P_2}|=\sqrt{3}$

$\Rightarrow -\dfrac{1}{\sqrt{3}}i-\dfrac{1}{\sqrt{3}}j-\dfrac{1}{\sqrt{3}}k$

(4) $\overrightarrow{P_1P_2}=(2,-2,-2),\ |\overrightarrow{P_1P_2}|=2\sqrt{3}$

$\Rightarrow \left(\dfrac{1}{\sqrt{3}},\ -\dfrac{1}{\sqrt{3}},\ -\dfrac{1}{\sqrt{3}}\right)$

연습문제 3.3

1. (1) (a) $u \cdot v=\langle 5,\ -1\rangle \cdot \langle -3,\ 2\rangle$

$=5(-3)+(-1)(2)=-17$

(b) $|u|^2=u\cdot u=26$

(c) $(u\cdot v)v=(-17)\langle -3,\ 2\rangle=\langle 51,\ -34\rangle$

(d) $u\cdot(2v)=2(u\cdot v)=2(-17)=-34$

(2) $u=\langle 2,\ -3,\ 4\rangle,\ v=\langle 0,6,5\rangle$

(a) $u\cdot v=2(0)+(-3)(6)+(4)(5)=2$

(b) $|u|^2=29$

(c) $(u\cdot v)v=2\langle 0,6,5\rangle=\langle 0,12,10\rangle$

(d) $u\cdot(2v)=2(u\cdot v)=2(2)=4$

(3) $u=2i-j+k,\ v=i-k$

(a) $u\cdot v=2(1)+(-1)(0)+1(-1)=1$

(b) $|u|^2=6$

(c) $(u\cdot v)v=v=i-k$

(d) $u\cdot(2v)=2(u\cdot v)=2$

2. (1) $u=3i+j,\ v=-2i+4j$

$\cos\theta=\dfrac{u\cdot v}{|u||v|}=\dfrac{-2}{\sqrt{10}\sqrt{20}}=\dfrac{-1}{5\sqrt{2}}$

$\theta=\arccos\left(\dfrac{1}{5\sqrt{2}}\right)=98.1^\circ$

(2) $u=\cos\left(\dfrac{\pi}{6}\right)i+\sin\left(\dfrac{\pi}{6}\right)j=\dfrac{\sqrt{3}}{2}i+\dfrac{1}{2}j$

$v=\cos\left(\dfrac{3\pi}{4}\right)i+\sin\left(\dfrac{3\pi}{4}\right)j=-\dfrac{\sqrt{2}}{2}i+\dfrac{\sqrt{2}}{2}j$

$\cos\theta=\dfrac{u\cdot v}{|u||v|}=\dfrac{\sqrt{3}}{2}\left(-\dfrac{\sqrt{2}}{2}\right)+\dfrac{1}{2}\left(\dfrac{\sqrt{2}}{2}\right)$

$=\dfrac{\sqrt{2}}{4}(1-\sqrt{3})$

$\theta=\arccos\left[\dfrac{\sqrt{2}}{4}(1-\sqrt{3})\right]=105^\circ$

(3) $u=\langle 1,1,1\rangle,\ v=\langle 2,1,-1\rangle$

$\cos\theta=\dfrac{u\cdot v}{|u||v|}=\dfrac{2}{\sqrt{3}\sqrt{6}}=\dfrac{\sqrt{2}}{3}$

$\theta=\arccos\dfrac{\sqrt{2}}{3}=61.9^\circ$

(4) $u=3i+2j+k,\ v=2i-3j$

$\cos\theta=\dfrac{u\cdot v}{|u||v|}=\dfrac{3(2)+2(-3)+0}{|u||v|}=0$

$\theta=\dfrac{\pi}{2}$, 직교

3. (1) $u=\langle 3,2,-2\rangle\ \ |u|=\sqrt{17}$

$\cos\alpha=\dfrac{3}{\sqrt{17}}\ \Rightarrow\ \alpha\approx 0.7560$ or 43.3°

$\cos\beta=\dfrac{2}{\sqrt{17}}\ \Rightarrow\ \beta\approx 1.0644$ or 61.0°

$\cos\gamma=\dfrac{-2}{\sqrt{17}}\ \Rightarrow\ \gamma\approx 2.0772$ or 119.0°

(2) $u=\langle -2,6,1\rangle$ $|u|=\sqrt{41}$

$$\cos\alpha=\frac{-2}{\sqrt{41}} \Rightarrow \alpha\approx 1.8885 \text{ or } 108.2^\circ$$

$$\cos\beta=\frac{6}{\sqrt{41}} \Rightarrow \beta\approx 0.3567 \text{ or } 20.4^\circ$$

$$\cos\gamma=\frac{1}{\sqrt{41}} \Rightarrow \gamma\approx 1.4140 \text{ or } 81.0^\circ$$

4. (1) $u=\langle 2, 3\rangle$, $v=\langle 5, 1\rangle$

(a) $w_1=\left(\frac{u\cdot v}{|v|^2}\right)v=\frac{13}{26}\langle 5, 1\rangle=\left\langle \frac{5}{2}, \frac{1}{2}\right\rangle$

(b) $w_2=u-w_1=\left\langle -\frac{1}{2}, \frac{5}{2}\right\rangle$

(2) $u=\langle 2, -3\rangle$, $v=\langle 3, 2\rangle$

(a) $w_1=\left(\frac{u\cdot v}{|v|^2}\right)v=0v=\langle 0, 0\rangle$

(b) $w_2=u-w_1=\langle 2, -3\rangle$

(3) $u=\langle 2, 1, 2\rangle$, $v=\langle 0, 3, 4\rangle$

(a) $w_1=\left(\frac{u\cdot v}{|v|^2}\right)v$

$$=\frac{11}{25}\langle 0,3,4\rangle=\left\langle 0, \frac{33}{25}, \frac{44}{25}\right\rangle$$

(b) $w_2=u-w_1=\left\langle 2, -\frac{8}{25}, \frac{6}{25}\right\rangle$

(4) $u=\langle 1,0,4\rangle$, $v=\langle 3,0,2\rangle$

(a) $w_1=\left(\frac{u\cdot v}{|v|^2}\right)v$

$$=\frac{11}{13}\langle 3,0,2\rangle=\left\langle \frac{33}{13}, 0, \frac{22}{13}\right\rangle$$

(b) $w_2=u-w_1=\langle 1,0,4\rangle-\left\langle \frac{33}{13}, 0, \frac{22}{13}\right\rangle$

$$=\left\langle -\frac{20}{13}, 0, \frac{30}{13}\right\rangle$$

5. (1) $D=(6-0)i+(12-10)j+(20-8)k$

$=6i+2j+12k$

$W=F\cdot D$

$=(8i-6j+9k)\cdot(6i+2j+12k)$

$=48-12+108=144$ joules.

(2) $|D|=1000\text{m}$, $|F|=1500\text{N}$, $\theta=30^\circ$.

$W=F\cdot D=|F||D|\cos\theta$

$=(1500)(1000)\left(\frac{\sqrt{3}}{2}\right)$

$=750{,}000\sqrt{3}$ joules

(3) $W=|F||D|\cos\theta$

$=(140)(4)\cos 20^\circ$

$=560\cos 20^\circ$

$\approx 526\text{J}$

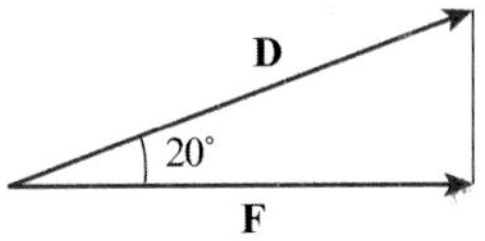

(4) $W=|F||D|\cos\theta$

$=(100)(5)\cos 40^\circ$

$=500\cos 40^\circ$

$\approx 383\text{J}$

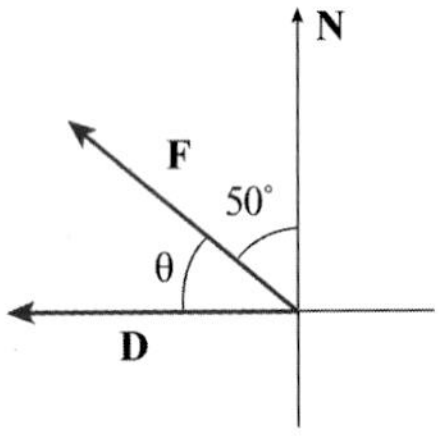

연습문제 3.4

1. (1) $a\times b=\begin{vmatrix} i & j & k \\ 1 & 1 & -1 \\ 2 & 4 & 6 \end{vmatrix}$

$$=\begin{vmatrix} 1 & -1 \\ 4 & 6 \end{vmatrix}i-\begin{vmatrix} 1 & -1 \\ 2 & 6 \end{vmatrix}j+\begin{vmatrix} 1 & 1 \\ 2 & 4 \end{vmatrix}k$$

$=[6-(-4)]i-[6-(-2)]j+(4-2)k$

$=10i-8j+2k$

(2) $a\times b=\begin{vmatrix} i & j & k \\ 1 & 3 & -2 \\ -1 & 0 & 5 \end{vmatrix}$

$$=\begin{vmatrix} 3 & -2 \\ 0 & 5 \end{vmatrix}i-\begin{vmatrix} 1 & -2 \\ -1 & 5 \end{vmatrix}j+\begin{vmatrix} 1 & 3 \\ -1 & 0 \end{vmatrix}k$$

$=(15-0)i-(5-2)j+[0-(-3)]k$

$=15i-3j+3k$

(3) $a\times b=\begin{vmatrix} i & j & k \\ 0 & 1 & 7 \\ 2 & -1 & 4 \end{vmatrix}$

$$=\begin{vmatrix} 1 & 7 \\ -1 & 4 \end{vmatrix}i-\begin{vmatrix} 0 & 7 \\ 2 & 4 \end{vmatrix}j+\begin{vmatrix} 0 & 1 \\ 2 & -1 \end{vmatrix}k$$

$=[4-(-7)]i-(0-14)j+(0-2)k$

$=11i+14j-2k$

(4) $\mathrm{a}\times\mathrm{b}=\begin{vmatrix} \mathrm{i} & \mathrm{j} & \mathrm{k} \\ t & \cos t & \sin t \\ 1 & -\sin t & \cos t \end{vmatrix}$

$=\begin{vmatrix} \cos t & \sin t \\ -\sin t & \cos t \end{vmatrix}\mathrm{i}-\begin{vmatrix} t & \sin t \\ 1 & \cos t \end{vmatrix}\mathrm{j}$

$+\begin{vmatrix} t & \cos t \\ 1 & -\sin t \end{vmatrix}\mathrm{k}$

$=[\cos^2 t-(-\sin^2 t)]\mathrm{i}-(t\cos t-\sin t)\mathrm{j}$

$+(-t\sin t-\cos t)\mathrm{k}$

$=\mathrm{i}+(\sin t-t\cos t)\mathrm{j}+(-t\sin t-\cos t)\mathrm{k}$

2. (1) $\mathrm{u}=\langle 12,\ -3,\ 0\rangle,\ \mathrm{v}=\langle -2,\ 5,\ 0\rangle$

$\mathrm{u}\times\mathrm{v}=\begin{vmatrix} \mathrm{i} & \mathrm{j} & \mathrm{k} \\ 12 & -3 & 0 \\ -2 & 5 & 0 \end{vmatrix}=54\mathrm{k}=\langle 0, 0, 54\rangle$

$\mathrm{u}\cdot(\mathrm{u}\times\mathrm{v})=12(0)+(-3)(0)+0(54)$

$=0 \Rightarrow \mathrm{u}\perp\mathrm{u}\times\mathrm{v}$

$\mathrm{v}\cdot(\mathrm{u}\times\mathrm{v})=-2(0)+5(0)+0(54)$

$=0 \Rightarrow \mathrm{v}\perp\mathrm{u}\times\mathrm{v}$

(2) $\mathrm{u}=\mathrm{i}+\mathrm{j}+\mathrm{k},\ \mathrm{v}=2\mathrm{i}+\mathrm{j}-\mathrm{k}$

$\mathrm{u}\times\mathrm{v}=\begin{vmatrix} \mathrm{i} & \mathrm{j} & \mathrm{k} \\ 1 & 1 & 1 \\ 2 & 1 & -1 \end{vmatrix}$

$=-2\mathrm{i}+3\mathrm{j}-\mathrm{k}=\langle -2, 3, -1\rangle$

$\mathrm{u}\cdot(\mathrm{u}\times\mathrm{v})=1(-2)+1(3)+1(-1)$

$=0 \Rightarrow \mathrm{u}\perp\mathrm{u}\times\mathrm{v}$

$\mathrm{v}\cdot(\mathrm{u}\times\mathrm{v})=2(-2)+1(3)+(-1)(-1)$

$=0 \Rightarrow \mathrm{v}\perp\mathrm{u}\times\mathrm{v}$

$(-\mathrm{v})\times\mathrm{u}=-(\mathrm{v}\times\mathrm{u})=\mathrm{u}\times\mathrm{v}$

3. (1) $\mathrm{u}=\mathrm{j}$

$\mathrm{v}=\mathrm{i}+\mathrm{k}$

$\mathrm{u}\times\mathrm{v}=\begin{vmatrix} \mathrm{i} & \mathrm{j} & \mathrm{k} \\ 0 & 1 & 0 \\ 0 & 1 & 1 \end{vmatrix}=\mathrm{i}$

$A=\|\mathrm{u}\times\mathrm{v}\|=\|\mathrm{i}\|=1$

(2) $\mathrm{u}=\mathrm{i}+\mathrm{j}+\mathrm{k}$

$\mathrm{v}=\mathrm{j}+\mathrm{k}$

$\mathrm{u}\times\mathrm{v}=\begin{vmatrix} \mathrm{i} & \mathrm{j} & \mathrm{k} \\ 1 & 1 & 1 \\ 0 & 1 & 1 \end{vmatrix}=-\mathrm{j}+\mathrm{k}$

$A=|\mathrm{u}\times\mathrm{v}|=|-\mathrm{j}+\mathrm{k}|=\sqrt{2}$

(3) $\mathrm{u}=\langle 3, 2, -1\rangle$

$\mathrm{v}=\langle 1, 2, 3\rangle$

$\mathrm{u}\times\mathrm{v}=\begin{vmatrix} \mathrm{i} & \mathrm{j} & \mathrm{k} \\ 3 & 2 & -1 \\ 1 & 2 & 3 \end{vmatrix}=\langle 8, -10, 4\rangle$

$A=|\mathrm{u}\times\mathrm{v}|$

$=|\langle 8, -10, 4\rangle|=\sqrt{180}=6\sqrt{5}$

(4) $\mathrm{u}=\langle 2, -1, 0\rangle$

$\mathrm{v}=\langle -1, 2, 0\rangle$

$\mathrm{u}\times\mathrm{v}=\begin{vmatrix} \mathrm{i} & \mathrm{j} & \mathrm{k} \\ 2 & -1 & 0 \\ -1 & 2 & 0 \end{vmatrix}=\langle 0, 0, 3\rangle$

$A=|\mathrm{u}\times\mathrm{v}|=|\langle 0, 0, 3\rangle|=3$

4. (1) $A(0, 0, 0),\ B(1, 2, 3),\ C(-3, 0, 0)$

$\overrightarrow{AB}=\langle 1, 2, 3\rangle,\ \overrightarrow{AC}=\langle -3, 0, 0\rangle$

$\overrightarrow{AB}\times\overrightarrow{AC}=\begin{vmatrix} \mathrm{i} & \mathrm{j} & \mathrm{k} \\ 1 & 2 & 3 \\ -3 & 0 & 0 \end{vmatrix}=-9\mathrm{j}+6\mathrm{k}$

$A=\frac{1}{2}|\overrightarrow{AB}\times\overrightarrow{AC}|=\frac{1}{2}\sqrt{117}=\frac{3}{2}\sqrt{13}$

(2) $A(2, -3, 4),\ B(0, 1, 2),\ C(-1, 2, 0)$

$\overrightarrow{AB}=\langle -2, 4, -2\rangle,\ \overrightarrow{AC}=\langle -3, 5, -4\rangle$

$\overrightarrow{AB}\times\overrightarrow{AC}=\begin{vmatrix} \mathrm{i} & \mathrm{j} & \mathrm{k} \\ -2 & 4 & -2 \\ -3 & 5 & -4 \end{vmatrix}=-6\mathrm{i}-2\mathrm{j}+2\mathrm{k}$

$A=\frac{1}{2}|\overrightarrow{AB}\times\overrightarrow{AC}|=\frac{1}{2}\sqrt{44}=\sqrt{11}$

(3) $A(2, -7, 3),\ B(-1, 5, 8),\ C(4, 6, -1)$

$\overrightarrow{AB}=\langle -3, 12, 5\rangle,\ \overrightarrow{AC}=\langle 2, 13, -4\rangle$

$\overrightarrow{AB}\times\overrightarrow{AC}=\begin{vmatrix} \mathrm{i} & \mathrm{j} & \mathrm{k} \\ -3 & 12 & 5 \\ 2 & 13 & -4 \end{vmatrix}$

$=\langle -113, -2, -63\rangle$

$A=\frac{1}{2}|\overrightarrow{AB}\times\overrightarrow{AC}|=\frac{1}{2}\sqrt{16,742}$

(4) $A(1, 2, 0),\ B(-2, 1, 0),\ C(0, 0, 0)$

$\overrightarrow{AB}=\langle -3, -1, 0\rangle,\ \overrightarrow{AC}=\langle -1, -2, 0\rangle$

$\overrightarrow{AB}\times\overrightarrow{AC}=\begin{vmatrix} \mathrm{i} & \mathrm{j} & \mathrm{k} \\ -3 & -1 & 0 \\ -1 & -2 & 0 \end{vmatrix}=5k$

$A=\frac{1}{2}|\overrightarrow{AB}\times\overrightarrow{AC}|=\frac{5}{2}$

5. (1) $\mathrm{u}\cdot(\mathrm{v}\times\mathrm{w})=\begin{vmatrix} 1 & 1 & 0 \\ 0 & 1 & 1 \\ 1 & 0 & 1 \end{vmatrix}=2$

$\mathrm{V}=|\mathrm{u}\cdot(\mathrm{v}\times\mathrm{w})|=2$

(2) $\mathrm{u}\cdot(\mathrm{v}\times\mathrm{w})=\begin{vmatrix} 1 & 3 & 1 \\ 0 & 6 & 6 \\ -4 & 0 & -4 \end{vmatrix}=-72$

$V=|\mathrm{u}\cdot(\mathrm{v}\times\mathrm{w})|=72$

6. (1) $\mathrm{u}=\langle 3,0,0\rangle$

$\mathrm{v}=\langle 0,5,1\rangle$

$\mathrm{w}=\langle 2,0,5\rangle$

$\mathrm{u}\cdot(\mathrm{v}\times\mathrm{w})=\begin{vmatrix} 3 & 0 & 0 \\ 0 & 5 & 1 \\ 2 & 0 & 5 \end{vmatrix}=75$

$V=|\mathrm{u}\cdot(\mathrm{v}\times\mathrm{w})|=75$

(2) $\mathrm{u}=\langle 1,1,0\rangle$

$\mathrm{v}=\langle 1,0,2\rangle$

$\mathrm{w}=\langle 0,1,1\rangle$

$\mathrm{u}\cdot(\mathrm{v}\times\mathrm{w})=\begin{vmatrix} 1 & 1 & 0 \\ 1 & 0 & 2 \\ 0 & 1 & 1 \end{vmatrix}=-3$

$V=|\mathrm{u}\cdot(\mathrm{v}\times\mathrm{w})|=3$

연습문제 3.5

1. (1) (a) 매개방정식: $x=t,\ y=2t,\ z=3t$

(b) 대칭방정식: $x=\frac{y}{2}=\frac{z}{3}$

(2) (a) 매개방정식: $x=-4t,\ y=5t,\ z=2t$

(b) 대칭방정식: $\frac{x}{-4}=\frac{y}{5}=\frac{z}{2}$

(3) (a) 매개방정식:

$x=-2+2t,\ y=4t,\ z=3-2t$

(b) 대칭방정식: $\frac{x+2}{2}=\frac{y}{4}=\frac{z-3}{-2}$

(4) (a) 매개방정식:

$x=-3t,\ y=2t,\ z=2+t$

(b) 대칭방정식: $\frac{y}{2}=z-2,\ x=-3$

(5) (a) 매개방정식:

$x=1+3t,\ y=-2t,\ z=1+t$

(b) 대칭방정식: $\frac{x-1}{3}=\frac{y}{-2}=\frac{z-1}{1}$

(6) (a) 매개방정식:

$x=-3+3t,\ y=5-2t,\ z=4+t$

(b) 대칭방정식: $\frac{x+3}{3}=\frac{y-5}{-2}=z-4$

2. (1) (a) 매개방정식: $x=5+17t,$

$y=-3-11t,\ z=-2-9t$

(b) 대칭방정식: $\frac{x-5}{17}=\frac{y+3}{-11}=\frac{z+2}{-9}$

(2) (a) 매개방정식:

$x=2+t,\ y=-4t,\ z=2+5t$

(b) 대칭방정식: $x-2=\frac{y}{-4}=\frac{z-2}{5}$

(3) (a) 매개방정식:

$x=2+8t,\ y=3+5t,\ z=12t$

(b) 대칭방정식: $\frac{x-2}{8}=\frac{y-3}{5}=\frac{z}{12}$

(4) (a) 매개방정식:

$x=2t,\ y=2t,\ z=25-5t$

(b) 대칭방정식: $\frac{x}{2}=\frac{y}{2}=\frac{z-25}{-5}$

3. (1) $\mathrm{n}=\mathrm{i}=\langle 1,0,0\rangle$

$1(x-2)+0(y-1)+0(z-2)=0$

$x-2=0$

(2) $\mathrm{n}=\mathrm{k}=\langle 0,0,1\rangle$

$0(x-1)+0(y-1)+1[z-(-3)]=0$

$z+3=0$

(3) 법선벡터: $\mathrm{n}=2\mathrm{i}+3\mathrm{j}-\mathrm{k}$

$2(x-3)+3(y-2)-1(z-2)=0$

$2x+3y-z=10$

(4) 법선벡터: $\mathrm{n}=-3\mathrm{i}+2\mathrm{k}$

$-3(x-0)+0(y-0)+2(z-0)=0$

$-3x+2z=0$

(5) 법선벡터: $\mathrm{n}=-\mathrm{i}+\mathrm{j}-2\mathrm{k}$

$-1(x-0)+1(y-0)-2(z-6)=0$

$-x+y-2z+12=0$

$x-y+2z=12$

(6) 법선벡터: $\mathrm{n}=4\mathrm{i}+\mathrm{j}-3\mathrm{k}$

$4(x-3)+(y-2)-3(z-2)=0$

$4x+y-3z=8$

4. (1) 법선벡터: $\mathrm{u}\times\mathrm{v}=\begin{vmatrix} \mathrm{i} & \mathrm{j} & \mathrm{k} \\ 1 & 2 & 3 \\ -2 & 3 & 3 \end{vmatrix}$

$=-3\mathrm{i}+(-9)\mathrm{j}+7\mathrm{k}$

$-3(x-0)-9(y-0)+7(z-0)=0$

$3x+9y-7z=0$

(2) 법선벡터: $u\times v=\begin{vmatrix} i & j & k \\ 1 & 1 & 4 \\ -1 & -4 & 2 \end{vmatrix}$

$=\langle 18, -6, -3\rangle$

$=-3\langle -6, 2, 1\rangle$

$-6(x-2)+2(y-3)+1(z+2)=0$

$-6x+2y+z=-8$

(3) 법선벡터: $\left(\frac{1}{2}u\right)\times(-v)=\begin{vmatrix} i & j & k \\ 1 & 0 & -1 \\ 2 & 4 & 1 \end{vmatrix}$

$=4i-3j+4k$

$4(x-1)-3(y-2)+4(z-3)=0$

$4x-3y+4z=10$

(4) $(1, 2, 3)$,

법선벡터: $v=j$, $1(y-2)=0$, $y=2$

5. (1) $n_1=i+j+k$, $n_2=i+j$

$\Rightarrow n_1\times n_2=\begin{vmatrix} i & j & k \\ 1 & 1 & 1 \\ 1 & 1 & 0 \end{vmatrix}=-i+j,$

$x=1-t,\ y=1+t,\ z=-1$

(2) $n_1=3i-6j-2k$, $n_2=2i+j-2k$

$\Rightarrow n_1\times n_2=\begin{vmatrix} i & j & k \\ 3 & -6 & -2 \\ 2 & 1 & -2 \end{vmatrix}$

$=14i+2j+15k.$

$x=1+14t,\ y=2t,\ z=15t$

(3) $n_1=i-2j+4k$, $n_2=i+j-2k$

$\Rightarrow n_1\times n_2=\begin{vmatrix} i & j & k \\ 1 & -2 & 4 \\ 1 & 1 & -2 \end{vmatrix}=6j+3k.$

$x=4,\ y=3+6t,\ z=1+3t$

(4) $n_1=5i-2j$, $n_2=4j-5k$

$\Rightarrow n_1\times n_2=\begin{vmatrix} i & j & k \\ 5 & -2 & 0 \\ 0 & 4 & -5 \end{vmatrix}$

$=10i+25j+20k,$

$x=1+10t,\ y=-3+25t,\ z=1+20t$

6. (1) $S(2, -3, 4)$, $x+2y+2z=13$ a, $P(13, 0, 0)$

$\Rightarrow \overrightarrow{PS}=-11i-3j+4k,\ n=i+2j+2k$

$\Rightarrow d=\left|\overrightarrow{PS}\cdot\frac{n}{|n|}\right|=\left|\frac{-11-6+8}{\sqrt{1+4+4}}\right|$

$=\left|\frac{-9}{\sqrt{9}}\right|=3$

(2) $S(0, 1, 1)$, $4y+3z=-12$, $P(0, -3, 0)$

$\Rightarrow \overrightarrow{PS}=4j+k,\ n=4j+3k$

$\Rightarrow d=\left|\overrightarrow{PS}\cdot\frac{n}{|n|}\right|=\left|\frac{16+3}{\sqrt{16+9}}\right|=\frac{19}{5}$

(3) $S(0, -1, 0)$, $2x+y+2z=4$, $P(2, 0, 0)$

$\Rightarrow \overrightarrow{PS}=-2i-j,\ n=2i+j+2k$

$\Rightarrow d=\left|\overrightarrow{PS}\cdot\frac{n}{|n|}\right|=\left|\frac{-4-1+0}{\sqrt{4+1+4}}\right|=\frac{5}{3}$

(4) $P(1, 0, 0)$, $S(10, 0, 0)$

$\Rightarrow \overrightarrow{PS}=9i,\ n=i+2j+6k$

$\Rightarrow d=\left|\overrightarrow{PS}\cdot\frac{n}{|n|}\right|=\left|\frac{9}{\sqrt{1+4+36}}\right|$

$=\frac{9}{\sqrt{41}}$

7. (1) $n_1=i+j$, $n_2=2i+j-2k$

$\Rightarrow \theta=\cos^{-1}\left(\frac{n_1n_2}{|n_1||n_2|}\right)=\cos^{-1}\left(\frac{2+1}{\sqrt{2}\sqrt{9}}\right)$

$=\cos^{-1}\left(\frac{1}{\sqrt{2}}\right)=\frac{\pi}{4}$

(2) $n_1=5i+j-k$, $n_2=i-2j+3k$

$\Rightarrow \theta=\cos^{-1}\left(\frac{n_1n_2}{|n_1||n_2|}\right)$

$=\cos^{-1}\left(\frac{5-2-3}{\sqrt{27}\sqrt{14}}\right)=\cos^{-1}(0)=\frac{\pi}{2}$

8. (1) $u=-2i+j+k.$

$v=-3i+4j-k$

$u\times v=\begin{vmatrix} i & j & k \\ -2 & 1 & 1 \\ -3 & 4 & -1 \end{vmatrix}=-5(i+j+k)$

$(x+1)+(y-5)+(z-1)=0$

$x+y+z=5$

(2) $u=2i-j+k.$

$v=2i-2j+k$

$u\times v=\begin{vmatrix} i & j & k \\ 2 & -1 & 1 \\ 2 & -2 & 1 \end{vmatrix}=i-2k$

$(x-2)-2(z-1)=0$

$x-2z=0$

(3) $\mathrm{v}\times\mathrm{n}=\begin{vmatrix} \mathrm{i} & \mathrm{j} & \mathrm{k} \\ 3 & 1 & 2 \\ 2 & -3 & 1 \end{vmatrix}=7\mathrm{i}+\mathrm{j}-11\mathrm{k}$

$7(x-2)+1(y-2)-11(z-1)=0$

$7x+y-11z=5$

(4) $\mathrm{u}\times\mathrm{v}=\begin{vmatrix} \mathrm{i} & \mathrm{j} & \mathrm{k} \\ 1 & 0 & 0 \\ 1 & 7 & 7 \end{vmatrix}$

$=-7\mathrm{j}+7\mathrm{k}=-7(\mathrm{j}-\mathrm{k})$

$[y-(-2)]-[z-(-1)]=0$

$y-z=-1$

CHAPTER 4

연습문제 4.1

1. $f(t)=t^2$, $g(t)=\ln(5-t)$, $h(t)=\sqrt{t-2}$ 이다.

r의 정의역은 $r(t)$의 각 성분함수가 정의되는 집합의 교집합이다. t^2은 모든 실수, $\ln(5-t)$는 $t<5$이고, $\sqrt{t-2}$는 $t\geq 2$이므로 $r(t)$의 정의역은 구간 $[2,5)$이다.

2. 성분함수 $\left\langle \frac{t-2}{t+2}, \sin t, \ln(9-t^2)\right\rangle$에서

$t\neq -2, 9-t^2>0$

$\Rightarrow -3<t<3,\ (-3,-2)\cup(-2,3).$

r의 정의역은 $(-3,-2)\cup(-2,3)$이다.

3. 이 곡선의 매개방정식은

$x=2\cos t, y=\sin t, z=t$

이다. $\left(\frac{x}{2}\right)^2+y^2=\cos^2 t+\sin^2 t=1$이므로,

주어진 곡선은 타원주면 $\frac{x^2}{4}+y^2=1$ 위에 놓여 있다. $z=t$이므로, 이 곡선은 t가 증가함에 따라 원기둥 둘레를 따라서 위쪽으로 선회한다. 이 곡선은 다음 그림과 같다. 이 곡선을 나선이라 한다.

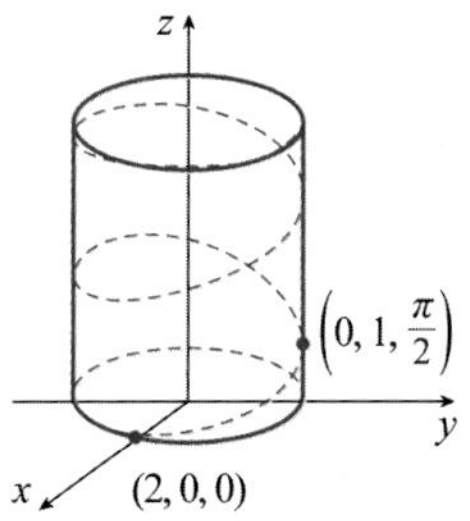

4. (1) $r_0=\langle 0,0,0\rangle$,

$r_1=\langle 1,2,3\rangle$,

$r(t)=(1-t)r_0+tr_1$

$=<(1-t)\langle 0,0,0\rangle+t(1,2,3), 0\leq t\leq 1$

$r(t)=<t,2t,3t>, 0\leq t\leq 1$,

$x=t, y=2t, z=3t, 0\leq t\leq 1$

(2) $r_0=<1,0,1>$,

$r_1=<2,3,1>$,

$r(t)=(1-t)r_0+tr_1$

$=(1-t)<1,0,1>+t<2,3,1>, 0\leq t\leq 1$

또는 $r(t)=<1+t,3t,1>, 0\leq t\leq 1$,

$x=1+t, y=3t, z=1, 0\leq t\leq 1$

(3) $r_0=<0,-1,1>$,

$r_1=\left\langle \frac{1}{2},\frac{1}{3},\frac{1}{4}\right\rangle$,

$r(t)=(1-t)r_0+tr_1$

$=(1-t)<0,-1,1>+t\left\langle \frac{1}{2},\frac{1}{3},\frac{1}{4}\right\rangle, 0\leq t\leq 1$

또는

$r(t)=\left\langle \frac{1}{2}t, -1+\frac{4}{3}t, 1-\frac{3}{4}t\right\rangle, 0\leq t\leq 1.$

$x=\frac{1}{2}t,\ y=-1+\frac{4}{3}t,\ z=1-\frac{3}{4}t, 0\leq t\leq 1$

(4) $r_0=<a,b,c>$,

$r_1=<u,v,w>$,

$r(t)=(1-t)r_0+tr_1$

$=(1-t)<a,b,c>+t<u,v,w>, 0\leq t\leq 1$

$r(t)=<a+(u-a)t, b+(v-b)t, c$

$+(w-c)t>,\ 0\leq t\leq 1$

$x=a+(u-a)t, y=b+(v-b)t$,

$x=c+(w-c)t, 0\leq t\leq 1$

5. $\lim_{t\to 0} r(t) = \left[\lim_{t\to 0}(1+t^3)\right]\mathrm{i} + \left[\lim_{t\to 0} te^{-t}\right]\mathrm{j}$

$+\left[\lim_{t\to 0}\frac{\sin t}{t}\right]\mathrm{k}$

$= i + k$

6. (1) $\lim_{t\to 1}\frac{t^2-t}{t-1} = \lim_{t\to 1}\frac{t(t-1)}{t-1} = \lim_{t\to 1} t = 1,$

$\lim_{t\to 1}\sqrt{t+8} = 3,$

$\lim_{t\to 1}\frac{\sin \pi t}{\ln t} = \lim_{t\to 1}\frac{\pi\cos\pi t}{1/t} = -\pi$(로피탈정리)

따라서 $\mathrm{i}+3\mathrm{j}-\pi\mathrm{k}$

(2) $\lim_{t\to\infty} te^{-t} = \lim_{t\to\infty}\frac{t}{e^t}$

$= \lim_{t\to\infty}\frac{1}{e^t} = 0$ (로피탈정리),

$\lim_{t\to\infty}\frac{t^3+t}{2t^3-1} = \lim_{t\to\infty}\frac{1+(1/t^2)}{2-(1/t^3)} = \frac{1+0}{2-0} = \frac{1}{2},$

$\lim_{t\to\infty} t\sin\frac{1}{t} = \lim_{t\to\infty}\frac{\sin(1/t)}{1/t}$

$= \lim_{t\to\infty}\frac{\cos(1/t)(-1/t^2)}{-1/t^2}$

$= \lim_{t\to\infty}\cos\frac{1}{t}$

$= \cos 0 = 1$(로피탈정리)

$\lim_{t\to\infty}\left\langle te^{-t}, \frac{t^3+t}{2t^3-1}, t\sin\frac{1}{t}\right\rangle = \left\langle 0, \frac{1}{2}, 1\right\rangle$

연습문제 4.2

1. (1) (a) $x = t^2 = (t^3)^{2/3} = y^{2/3}$이므로,

$x = y^{2/3}$

(b) $r'(t) = <2t, 3t^2>$

$r'(1) = <2, 3>$

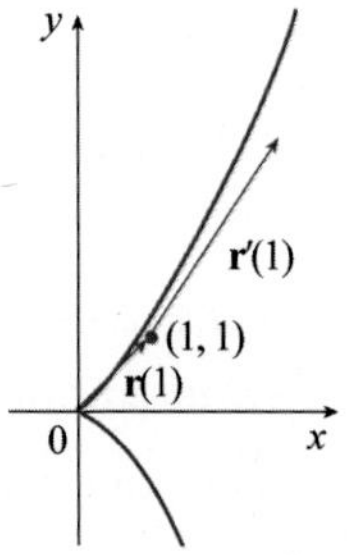

(2) (a) $y = e^{-t} = \frac{1}{e^t} = \frac{1}{x}$이므로,

$y = \frac{1}{x}$, 단 $x>0, y>0$

(b) $r'(t) = e^t\mathrm{i} - e^{-t}\mathrm{j},$

$r'(0) = \mathrm{i}-\mathrm{j}$

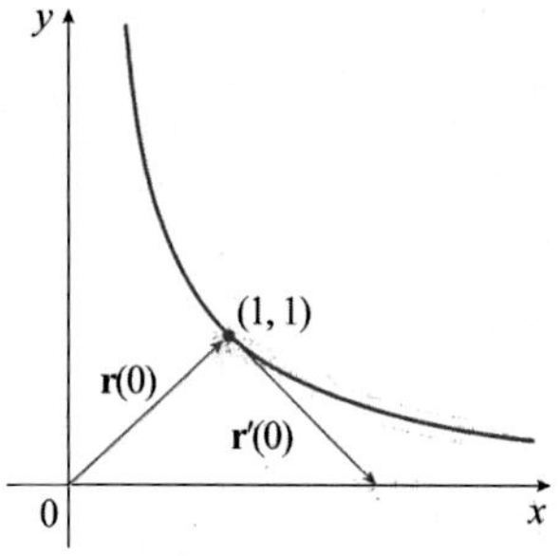

2. (1) $r(t) = \langle \tan t, \sec t, 1/t^2\rangle$

$\Rightarrow r'(t) = \langle \sec^2 t, \sec t\tan t, -2/t^3\rangle$

(2) $r(t) = \frac{1}{1+t}\mathrm{i} + \frac{t}{1+t}\mathrm{j} + \frac{t^2}{1+t}\mathrm{k}$

$\Rightarrow r'(t) = \frac{0-1(1)}{(1+t)^2}\mathrm{i} + \frac{(1+t)\cdot 1 - t(1)}{(1+t)^2}\mathrm{j}$

$+\frac{(1+t)\cdot 2t - t^2(1)}{(1+t)^2}k$

$= -\frac{1}{(1+t)^2}\mathrm{i} + \frac{1}{(1+t)^2}\mathrm{j} + \frac{t^2+2t}{(1+t)^2}\mathrm{k}$

3. (1) $\frac{d}{dt}[\mathrm{u}(t)\cdot \mathrm{v}(t)]$

$= \mathrm{u}'(t)\cdot\mathrm{v}(t) + \mathrm{u}(t)\cdot\mathrm{v}'(t)$

$= \langle \cos t, -\sin t, 1\rangle \cdot \langle t, \cos t, \sin t\rangle$

$+ \langle \sin t, \cos t, t\rangle \cdot \langle 1, -\sin t, \cos t\rangle$

$= t\cos t - \cos t\sin t + \sin t$

$+\sin t - \cos t\sin t + t\cos t$

$= 2t\cos t + 2\sin t - 2\cos t\sin t$

(2) $(\cos^2 t - \sin^2 t - \cos t + t\sin t, 2t,$

$-2\cos t\sin t, \cos^2 t - \sin^2 t - \cos t + t\sin t)$

4. (1) $f'(t) = \mathrm{u}'(t)\cdot\mathrm{v}(t) + \mathrm{u}(t)\cdot\mathrm{v}'(t),$

$v'(t) = \langle 1, 2t, 3t^2, \rangle$ *so*

$f'(2) = \mathrm{u}'(2)\cdot\mathrm{v}(2) + \mathrm{u}(2)\cdot\mathrm{v}'(2)$

$= \langle 3,0,4\rangle \cdot \langle 2,4,8\rangle + <1,2,-1> \cdot <1,4,12>$

$= 6+0+32+1+8-12 = 35$

(2) $(12, -29, 14)$

5. $r(t)=2\cos t\,\mathrm{i}+\sin t\,\mathrm{j}+2t\,\mathrm{k}$이면

$$\int r(t)\,dt=\left(\int 2\cos t\,dt\right)\mathrm{i}+\left(\int \sin t\,dt\right)j+\left(\int 2t\,dt\right)\mathrm{k}$$
$$=2\sin t\,\mathrm{i}-\cos t\,\mathrm{j}+t^2\mathrm{k}+\mathrm{C}$$

여기서 C는 적분의 상수벡터이다.

$$\int_0^{\pi/2} r(t)\,dt=[2\sin t\,\mathrm{i}-\cos t\,\mathrm{j}+t^2\mathrm{k}]_0^{\pi/2}$$
$$=2\mathrm{i}+\mathrm{j}+\frac{\pi^2}{4}\mathrm{k}$$

6. (1) $\displaystyle\int_0^1\left(\frac{4}{1+t^2}\mathrm{j}+\frac{2t}{1+t^2}\mathrm{k}\right)dt$

$=[4\tan^{-1}t\,\mathrm{j}+\ln(1+t^2)\mathrm{k}]_0^1$

$=[4\tan^{-1}1\mathrm{j}+\ln 2\mathrm{k}]-[4\tan^{-1}0\mathrm{j}+\ln 1\mathrm{k}]$

$=4\left(\frac{\pi}{4}\right)\mathrm{j}+\ln 2\mathrm{k}-0\mathrm{j}-0\mathrm{k}=\pi\mathrm{j}+\ln 2\mathrm{k}$

(2) $\displaystyle\int_1^2(t^2\mathrm{i}+t\sqrt{t-1}\,\mathrm{j}+t\sin\pi t\,\mathrm{k})dt$

$=\frac{7}{3}\mathrm{i}+\frac{16}{15}\mathrm{j}-\frac{3}{\pi}\mathrm{k}$

(3) $\displaystyle\int(\cos\pi t\mathrm{i}+\sin\pi t\,\mathrm{j}+t\mathrm{k})dt$

$=\left(\int\cos\pi t\,dt\right)\mathrm{i}+\left(\int\sin\pi t\,dt\right)\mathrm{j}+\left(\int t\,dt\right)\mathrm{k}$

$=\frac{1}{\pi}\sin\pi t\,\mathrm{i}-\frac{1}{\pi}\cos\pi t\,\mathrm{j}+\frac{1}{2}t^2\mathrm{k}+\mathrm{C}$

7. (1) $r'(t)=2t\,\mathrm{i}+3t^2\mathrm{j}+\sqrt{t}\,\mathrm{k}$

$\Rightarrow r(t)=t^2\mathrm{i}+t^3\mathrm{j}+\frac{2}{3}t^{\frac{3}{2}}\mathrm{k}+\mathrm{C}$

$\mathrm{i}+\mathrm{j}=\mathrm{r}(1)=\mathrm{i}+\mathrm{j}+\frac{2}{3}\mathrm{k}+\mathrm{C},\ \mathrm{C}=-\frac{2}{3}\mathrm{k}$

$r(t)=t^2\mathrm{i}+t^3\mathrm{j}+\left(\frac{2}{3}t^{\frac{3}{2}}-\frac{2}{3}\right)\mathrm{k}$

(2) $r'(t)=t\,\mathrm{i}+e^t\mathrm{j}+te^t\mathrm{k}$

$\Rightarrow r(t)=\frac{1}{2}t^2\mathrm{i}+e^t\mathrm{j}+(te^t-e^t)\mathrm{k}+\mathrm{C},$

$\mathrm{i}+\mathrm{j}+\mathrm{k}=\mathrm{r}(0)=\mathrm{j}-\mathrm{k}+\mathrm{C}$

$\mathrm{C}=\mathrm{i}+2\mathrm{k},$

$r(t)=\left(\frac{1}{2}t^2+1\right)\mathrm{i}+e^t\mathrm{j}+(te^t-e^t+2)\mathrm{k}$

연습문제 4.3

1. $r'(t)=-\sin t\,\mathrm{i}+\cos t\,\mathrm{j}+\mathrm{k}$이므로 다음을 얻는다.

$|r'(t)|=\sqrt{(-\sin t)^2+\cos^2 t+1}=\sqrt{2}$

$(1,0,0)$에서 $(1,0,2\pi)$까지의 호는 매개변수 구간이 $0\le t\le 2\pi$로 표현되므로, 다음을 얻는다.

$$L=\int_0^{2\pi}|r'(t)|dt=\int_0^{2\pi}\sqrt{2}\,dt=2\sqrt{2}\,\pi$$

2. (1) $r=t\mathrm{i}+\frac{2}{3}t^{3/2}\mathrm{k}\Rightarrow \mathrm{v}=\mathrm{i}+t^{1/2}k$

$\Rightarrow|\mathrm{v}|=\sqrt{1^2+(t^{1/2})^2}=\sqrt{1+t}\,;$

길이 $=\displaystyle\int_0^8\sqrt{1+t}\,dt=\left[\frac{2}{3}(1+t)^{3/2}\right]_0^8$

$=\frac{52}{3}$

(2) $r=(t\cos t)i+(t\sin t)j+\frac{2\sqrt{2}}{3}t^{3/2}k$

$\Rightarrow\mathrm{v}=(\cos t-t\sin t)\mathrm{i}+(\sin t+t\cos t)\mathrm{j}+(\sqrt{2}t^{1/2})k$

$\Rightarrow|\mathrm{v}|$

$=\sqrt{(\cos t-t\sin t)^2+(\sin t+t\cos t)^2+(\sqrt{2t})^2}$

$=\sqrt{1+t^2+2t}=\sqrt{(t+1)^2}$

$=|t+1|=t+1,\ t\ge 0$이면,

길이 $=\displaystyle\int_0^{\pi}(t+1)dt=\left[\frac{t^2}{2}+t\right]_0^{\pi}=\frac{\pi^2}{2}+\pi$

3. 시점 $(1,0,0)$은 매개변수값 $t=0$에 해당한다. 문제 1로부터 다음을 얻는다.

$\frac{ds}{dt}=|r'(t)|=\sqrt{2}$

따라서 다음과 같다.

$s=s(t)=\displaystyle\int_0^t|r'(u)|\,du=\int_0^t\sqrt{2}\,du=\sqrt{2}\,t$

그러므로 $t=s/\sqrt{2}$이고, t를 대입함으로써 구하고자 하는 s에 대한 매개변수화를 얻는다.

$r(t(s))=\cos\frac{s}{\sqrt{2}}\mathrm{i}+\sin\frac{s}{\sqrt{2}}\mathrm{j}+\frac{\mathrm{s}}{\sqrt{2}}\mathrm{k}$

4. (1) $r(t)=\langle t,3\cos t,3\sin t\rangle$

$\Rightarrow r'(t)=\langle 1,-3\sin t,3\cos t\rangle$

$\Rightarrow|r'(t)|=\sqrt{1+9\sin^2 t+9\cos^2 t}=\sqrt{10}$

$$T(t)=\frac{r'(t)}{|r'(t)|}=\frac{1}{\sqrt{10}}\langle 1,-3\sin t, 3\cos t\rangle$$

또는 $\left\langle \frac{1}{\sqrt{10}},-\frac{3}{\sqrt{10}}\sin t,\frac{3}{\sqrt{10}}\cos t\right\rangle$

(2) $r(t)=\langle \sqrt{2}t,e^t,e^{-t}\rangle$

$\Rightarrow r'(t)=\langle \sqrt{2},e^t,-e^{-t}\rangle$

$\Rightarrow |r'(t)|=\sqrt{2+e^{2t}+e^{-2t}}=\sqrt{(e^t+e^{-t})^2}$

$=e^t+e^{-t}$

$$T(t)=\frac{r'(t)}{|r'(t)|}$$

$$=\frac{1}{e^t+e^{-t}}\langle \sqrt{2},e^t,-e^{-t}\rangle$$

$$=\frac{1}{e^{2t}+1}\langle \sqrt{2}e^t,e^{2t},-1\rangle$$

5. $r'(t)=2t\mathrm{i}+(1-t)e^{-t}\mathrm{j}+2\cos 2t\mathrm{k}$, $r(0)=\mathrm{i}$이고, $r'(0)=\mathrm{j}+2\mathrm{k}$이므로, $t=1$ 즉 점 $(1,0,0)$에서의 단위접선벡터는

$$T(0)=\frac{r'(0)}{|r'(0)|}=\frac{\mathrm{j}+2\mathrm{k}}{\sqrt{1+4}}=\frac{1}{\sqrt{5}}\mathrm{j}+\frac{2}{\sqrt{5}}\mathrm{k}$$

6. $r'(t)=-\sin t\mathrm{i}+\cos t\mathrm{j}+\mathrm{k}$,

$|r'(t)|=\sqrt{(-\sin t)^2+\cos^2 t+1}=\sqrt{2}$

$$T(t)=\frac{r'(t)}{|r'(t)|}=\frac{1}{\sqrt{2}}(-\sin t\mathrm{i}+\cos t\mathrm{j}+\mathrm{k})$$

$$T'(t)=\frac{1}{\sqrt{2}}(-\cos t\mathrm{i}-\sin t\mathrm{j}),$$

$$|T'(t)|=\frac{1}{\sqrt{2}}(1)=\frac{1}{\sqrt{2}}$$

$$N(t)=\frac{T'(t)}{|T'(t)|}=-\cos t\mathrm{i}-\sin t\mathrm{j}$$

7. T를 먼저 구한다.

$\mathrm{v}=-(2\sin 2t)\mathrm{i}+(2\cos 2t)\mathrm{j}$,

$|\mathrm{v}|=\sqrt{4\sin^2 2t+4\cos^2 2t}=2$

$$T=\frac{\mathrm{v}}{|\mathrm{v}|}=-(\sin 2t)\mathrm{i}+(\cos 2t)\mathrm{j}$$

이것으로부터

$$\frac{dT}{dt}=-(2\cos 2t)\mathrm{i}-(2\sin 2t)\mathrm{j},$$

$$\left|\frac{dT}{dt}\right|=\sqrt{4\cos^2 2t+4\sin^2 2t}=2$$

그리고 $N=\frac{dT/dt}{|dT/dt|}=-(\cos 2t)\mathrm{i}-(\sin 2t)\mathrm{j}$ 임을 주목하면 N은 T에 직교함을 알 수 있다. 이 원 운동에 대하여 N은 $r(t)$로부터 원의 중심인 원점을 향함을 알 수 있다.

8. 먼저 단위접선벡터를 구하기 위해 필요한 성분들을 다음과 같이 계산한다.

$r'(t)=-\sin t\mathrm{i}+\cos t\mathrm{j}+\mathrm{k}$,

$|r'(t)|=\sqrt{2}$,

$$T(t)=\frac{r'(t)}{|r'(t)|}=\frac{1}{\sqrt{2}}(-\sin t\mathrm{i}+\cos t\mathrm{j}+\mathrm{k})$$

$$T'(t)=\frac{1}{\sqrt{2}}(-\cos t\,\mathrm{i}-\sin t\,\mathrm{j}),$$

$$|T'(t)|=\frac{1}{\sqrt{2}}$$

$$N(t)=\frac{T'(t)}{|T'(t)|}=-\cos t\mathrm{i}-\sin t\mathrm{j}$$

$$=\langle -\cos t,-\sin t,0\rangle$$

이것은 나선 위의 임의의 점에서의 법선벡터가 수평이며 z축을 향하는 것을 보여 준다.

연습문제 4.4

1. 중심이 원점에 있는 원을 택할 수 있으며, 이때 매개변수화는 다음과 같다.

$r(t)=a\cos t\mathrm{i}+a\sin t\mathrm{j}$

따라서 $r'(t)=-a\sin t\,\mathrm{i}+a\cos t\mathrm{j}$이고 $|r'(t)|=a$이므로 다음을 얻는다.

$$T(t)=\frac{r'(t)}{|r'(t)|}=-\sin t\mathrm{i}+\cos t\,\mathrm{j}$$

$T'(t)=-\cos t\,\mathrm{i}-\sin t\,\mathrm{j}$

이것으로부터 $|T'(t)|=1$이므로 공식을 이용하면 다음을 얻는다.

$$K(t)=\frac{T'(t)}{|r'(t)|}=\frac{1}{a}$$

2. (1) $r=t\mathrm{i}+\ln(\cos)\mathrm{j}$

$\Rightarrow \mathrm{v}=i+\left(\frac{-\sin t}{\cos t}\right)\mathrm{j}=\mathrm{i}-(\tan t)j$

$\Rightarrow |\mathrm{v}|=\sqrt{1^2+(-\tan t)^2}=\sqrt{\sec^2 t}=|\sec t|$

$=\sec t$, $\left(-\frac{\pi}{2}<t<\frac{\pi}{2}\right)$이므로

$$\Rightarrow T=\frac{v}{|v|}=\left(\frac{1}{\sec t}\right)i-\left(\frac{\tan t}{\sec t}\right)j$$

$$=(\cos t)i-(\sin t)j;\frac{dT}{dt}$$

$$=(-\sin t)i-(\cos t)j$$

$$\Rightarrow\left|\frac{dT}{dt}\right|=\sqrt{(-\sin t)^2+(-\cos t)^2}=1$$

$$\Rightarrow N=\frac{\left(\frac{dT}{dt}\right)}{\left|\frac{dT}{dt}\right|}=(-\sin t)i-(\cos t)j;$$

$$K=\frac{1}{|v|}\cdot\left|\frac{dT}{dt}\right|=\frac{1}{\sec}$$

(2) $r=(2t+3)i+(5-t^2)j$

$$\Rightarrow v=2i-2tj$$

$$\Rightarrow|v|=\sqrt{2^2+(-2t)^2}=2\sqrt{1+t^2}$$

$$\Rightarrow T=\frac{v}{|v|}=\frac{2}{2\sqrt{1+t^2}}i+\frac{-2t}{2\sqrt{1+t^2}}j$$

$$=\frac{1}{\sqrt{1+t^2}}i-\frac{t}{\sqrt{1+t^2}}j;$$

$$\frac{dT}{dt}=\frac{-t}{\left(\sqrt{1+t^2}\right)^3}i-\frac{1}{\left(\sqrt{1+t^2}\right)^3}j$$

$$\Rightarrow\left|\frac{dT}{dt}\right|$$

$$=\sqrt{\left(\frac{-t}{\left(\sqrt{1+t^2}\right)}\right)^2+\left(-\frac{1}{\left(\sqrt{1+t^2}\right)^3}\right)^2}$$

$$=\sqrt{\frac{1}{(1+t^2)^2}}=\frac{1}{1+t^2}$$

$$\Rightarrow N=\frac{\left(\frac{dT}{dt}\right)}{\left|\frac{dT}{dt}\right|}=\frac{-t}{\sqrt{1+t^2}}i-\frac{1}{\sqrt{1+t}}j$$

$$K=\frac{1}{|v|}\cdot\left|\frac{dT}{dt}\right|$$

$$=\frac{1}{2\sqrt{1+t^2}}\cdot\frac{1}{1+t^2}=\frac{1}{2(1+t^2)^{3/2}}$$

3. (1) $r=(e^t\cos t)i+(e^t\sin t)j+2k$

$$\Rightarrow v=(e^t\cos t-e^t\sin t)i$$

$$+(e^t\cos t+e^t\sin t)j$$

$$\Rightarrow|v|$$

$$=\sqrt{(e^t\cos t-e^t\sin t)^2+(e^t\sin t+e^t\cos t)^2}$$

$$=\sqrt{2e^{2t}}=e^t\sqrt{2};$$

$$T=\frac{v}{|v|}$$

$$=\left(\frac{\cos t-\sin t}{\sqrt{2}}\right)i+\left(\frac{\sin t+\cos t}{\sqrt{2}}\right)j$$

$$\Rightarrow\frac{dT}{dt}=\left(\frac{-\sin t-\cos t}{\sqrt{2}}\right)i$$

$$+\left(\frac{\cos t-\sin t}{\sqrt{2}}\right)j$$

$$\Rightarrow\left|\frac{dT}{dt}\right|$$

$$=\sqrt{\left(\frac{-\sin t-\cos t}{\sqrt{2}}\right)^2+\left(\frac{\cos t-\sin t}{\sqrt{2}}\right)^2}=1$$

$$\Rightarrow N=\frac{\left(\frac{dT}{dt}\right)}{\left|\frac{dT}{dt}\right|}$$

$$=\left(\frac{-\cos t-\sin t}{\sqrt{2}}\right)i+\left(\frac{-\sin t+\cos t}{\sqrt{2}}\right)j;$$

$$K=\frac{1}{|v|}\cdot\left|\frac{dT}{dt}\right|=\frac{1}{e^t\sqrt{2}}\cdot 1=\frac{1}{e^t\sqrt{2}}$$

(2) $r=\left(\frac{t^3}{3}\right)i+\left(\frac{t^2}{2}\right)j,t>0$

$$\Rightarrow v=t^2i+tj$$

$$\Rightarrow|v|=\sqrt{t^4+t^2}=t\sqrt{t^2+1},(t>0\text{이므로})$$

$$\Rightarrow T=\frac{v}{|v|}=\frac{t}{\sqrt{t^2+t}}i+\frac{1}{\sqrt{t^2+1}}j$$

$$\Rightarrow\frac{dT}{dt}=\frac{1}{(t^2+1)^{3/2}}i-\frac{t}{(t^2+1)^{3/2}}j$$

$$\Rightarrow\left|\frac{dT}{dt}\right|$$

$$=\sqrt{\left(\frac{1}{(t^2+1)^{3/2}}\right)^2+\left(\frac{-t}{(t^2+1)^{3/2}}\right)^2}$$

$$=\sqrt{\frac{1+t^2}{(t^2+1)^3}}=\frac{1}{t^2+1}$$

$$\Rightarrow N=\frac{\left(\frac{dT}{dt}\right)}{\left|\frac{dT}{dt}\right|}=\frac{1}{\sqrt{t^2+1}}i-\frac{t}{\sqrt{t^2+1}}j;$$

$$K=\frac{1}{|v|}\cdot\left|\frac{dT}{dt}\right|$$

$$=\frac{1}{t\sqrt{t^2+1}}\cdot\frac{1}{t^2+1}=\frac{1}{t(t^2+1)^{3/2}}$$

4. 매개변수가 호의 길이를 나타내는지 분명하지 않으므로 공식 $K=|T'(t)|/|r'(t)|$를 쓰자.

$r'(t)=2\mathrm{i}+2t\mathrm{j}-t^2\mathrm{k}$,

$|r'(t)|=\sqrt{4+4t^2+t^4}=t^2+2$

$$T(t)=\frac{r'(t)}{|r'(t)|}=\frac{2\mathrm{i}+2t\mathrm{j}-t^2\mathrm{k}}{t^2+2},$$

$$T'(t)=\frac{(t^2+2)(2\mathrm{j}-2t\mathrm{k})-(2t)(2\mathrm{i}+2t\mathrm{j}-t^2\mathrm{k})}{(t^2+2)^2}$$

$$=\frac{-4t\mathrm{i}+(4-2t^2)\mathrm{j}-4t\mathrm{k}}{(t^2+2)^2},$$

$$|T'(t)|=\frac{\sqrt{16t^2+16-16t^2+4t^4+16t^2}}{(t^2+2)^2}$$

$$=\frac{2(t^2+2)}{(t^2+2)^2}\quad=\frac{2}{t^2+2}$$

그러므로 구하는 곡률은

$$K=\frac{|T'(t)|}{|r'(t)|}=\frac{2}{(t^2+2)^2}$$

이다.

5. 먼저 필요한 성분들을 다음과 같이 계산한다.

$r'(t)=\langle 1,\ 2t,\ 3t^2\rangle$,

$r''(t)=\langle 0,\ 2,\ 6t\rangle$,

$|r'(t)|=\sqrt{1+4t^2+9t^4}$

$$r'(t)\times r''(t)=\begin{vmatrix}\mathrm{i} & \mathrm{j} & \mathrm{k}\\ 1 & 2\mathrm{t} & 3\mathrm{t}^2\\ 0 & 2 & 6\mathrm{t}\end{vmatrix}=6t^2\mathrm{i}-6t\mathrm{j}+2\mathrm{k},$$

$$|r'(t)\times r''(t)|=\sqrt{36t^4+36t^2+4}$$

$$=2\sqrt{9t^4+9t^2+1}$$

이제 다음을 얻는다.

$$K(t)=\frac{|r'(t)\times r''(t)|}{|r'(t)|^3}=\frac{2\sqrt{1+9t^2+9t^4}}{(1+4t^2+9t^4)^{3/2}}$$

따라서 원점에서의 곡률은 $K(0)=2$이다.

6. $r(t)=t\mathrm{i}+t\mathrm{j}+(1+t^2)\mathrm{k}$

$\Rightarrow r'(t)=\mathrm{i}+\mathrm{j}+2t\mathrm{k},\ r''(t)=2\mathrm{k}$,

$|r'(t)|=\sqrt{1^2+1^2+(2t)^2}=\sqrt{4t^2+2}$

$r'(t)\times r''(t)=2\mathrm{i}-2\mathrm{j}$,

$|r'(t)\times r''(t)|=\sqrt{2^2+2^2+0^2}=\sqrt{8}=2\sqrt{2}$

$$K(t)=\frac{|r'(t)\times r''(t)|}{|r'(t)|^3}=\frac{2\sqrt{2}}{\left(\sqrt{4t^2+2}\right)^3}$$

$$=\frac{2\sqrt{2}}{\left(\sqrt{2}\sqrt{2t^3+1}\right)^3}=\frac{1}{(2t^2+1)^{3/2}}$$

7. $r(t)=\langle e^t\cos t,\ e^t\sin t,\ t\rangle$

$\Rightarrow r'(t)=\langle e^t\cos t-e^t\sin t,\ e^t\cos t+e^t\sin t,\ 1\rangle$

$(1,0,0)$은 $t=0$일 때이고,

$r'(0)=\langle 1,1,1\rangle$

$\Rightarrow |r'(0)|=\sqrt{1^2+1^2+1^2}=\sqrt{3}$.

$r''(t)=\langle e^t\cos t-e^t\sin t-e^t\cos t-e^t\sin t,$

$e^t\cos t-e^t\sin t+e^t\cos t+e^t\sin t,0\rangle$

$=\langle -2e^t\sin t,\ 2e^t\cos t,0\rangle$

$\Rightarrow r''(0)=\langle 0,2,0\rangle$,

$r'(0)\times r''(0)=\langle -2,\ 0,\ 2\rangle$

$|r'(0)\times r''(0)|=\sqrt{(-2)^2+0^2+2^2}$

$=\sqrt{8}=2\sqrt{2}$

$$K(0)=\frac{|r'(0)\times r''(0)|}{|r'(0)|^3}=\frac{2\sqrt{2}}{(\sqrt{3})^3}=\frac{2\sqrt{2}}{3\sqrt{3}}$$

또는 $\dfrac{2\sqrt{6}}{9}$

8. $y'=2x,\ y''=2$이므로 공식에 따라 다음을 얻는다.

$$K(x)=\frac{|y''|}{[1+(y')^2]^{3/2}}=\frac{2}{(1+4x^2)^{3/2}}$$

$(0,0)$에서의 곡률은 $K(0)=2$이다.

$(1,1)$에서는 $K(1)=2/5^{3/2}\approx 0.18$이고

$(2,\ 4)$에서는 $K(2)=2/17^{3/2}\approx 0.03$ 이다.

$x\to\pm\infty$일 때, $K(x)\to 0$임에 주목하자(그림). 이것은 포물선이 $x\to\pm\infty$일수록 평탄하게 되어간다는 사실과 부합한다.

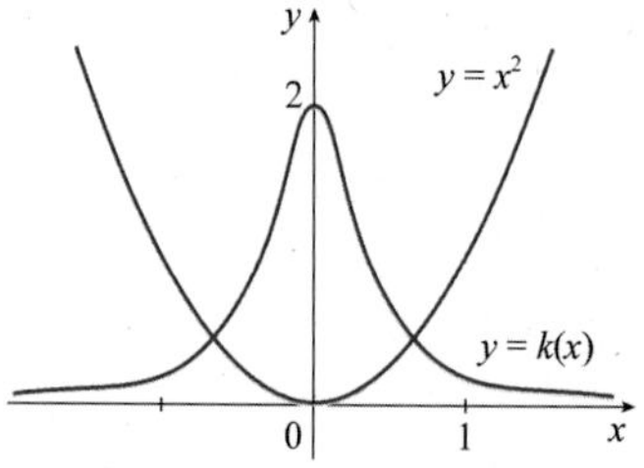

9. $f(x)=\tan x,\ f'(x)=\sec^2 x$,

$f''(x)=2\sec x\sec x\tan x=2\sec^2 x\tan x$,

$$K(x)=\frac{|f''(x)|}{[1+(f'(x))^2]^{3/2}}=\frac{|2\sec^2 x\tan x|}{[1+(\sec^2 x)^2]^{3/2}}$$

$$=\frac{2\sec^2 x\,|\tan x|}{(1+\sec^4 x)^{3/2}}$$

연습문제 4.5

1. 시각 t일 때 속도와 가속도 그리고 속력은 다음과 같다.

$v(t)=r'(t)=3t^2i+2tj$

$a(t)=r''(t)=6ti+2j$

$|v(t)|=\sqrt{(3t^2)^2+(2t)^2}=\sqrt{9t^4+4t^2}$

따라서 $t=1$일 때 속도와 가속도 그리고 속력은 다음과 같다.

$v(1)=3i+2j$, $a(1)=6i+2j$, $|v(1)|=\sqrt{13}$

이들 속도벡터와 가속도벡터는 그림에서 보여 준다.

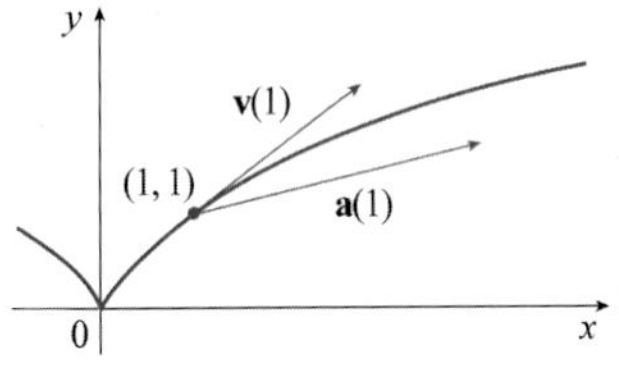

2. $v(t)=r'(t)=\langle 2t,\ e^t,\ (1+t)e^t\rangle$

$a(t)=v'(t)=\langle 2,\ e^t,\ (2+t)e^t\rangle$

$|v(t)|=\sqrt{4t^2+e^{2t}+(1+t)^2e^{2t}}$

3. $a(t)=v'(t)$이므로 다음을 얻는다.

$v(t)=\int a(t)\,dt=\int(4t\,i+6t\,j+k)dt$

$=2t^2i+3t^2j+tk+C$

상수벡터 C의 값을 결정하기 위해 $v(0)=i-j+k$를 이용한다. 위의 식에서 $v(0)=C$이므로 $C=i-j+k$이고 다음을 얻는다.

$v(t)=2t^2i+3t^2j+tk+i-j+k$

$=(2t^2+1)i+(3t^2-1)j+(t+1)k$

$v(t)=r'(t)$이므로 다음을 얻는다.

$r(t)=\int v(t)\,dt$

$=\int\left[(2t^2+1)i+(3t^2-1)j+(t+1)k\right]dt$

$=\left(\frac{2}{3}t^3+t\right)i+(t^3-t)j+\left(\frac{1}{2}t^2+t\right)k+D$

$t=0$이라 놓으면, $D=r(0)=i$이므로 t에서의 위치는 다음과 같다.

$r(t)=\left(\frac{2}{3}t^3+t+1\right)i+(t^3-t)j+\left(\frac{1}{2}t^2+t\right)k$

4. (1) $r(t)=\left\langle -\frac{1}{2}t^2,t\right\rangle \Rightarrow\ t=2;$

$v(t)=r'(t)=\langle -t,1\rangle \quad v(2)=\langle -2,1\rangle$

$a(t)=r''(t)=\langle -1,0\rangle \quad a(2)=\langle -1,0\rangle$

$|v(t)|=\sqrt{t^2+1}$

또는 $x=-\frac{1}{2}y^2$이므로 포물선이다.

(2) $r(t)=ti+2\cos tj+\sin t k \ \Rightarrow\ t=0;$

$v(t)=i-2\sin tj+\cos t\,k \qquad v(0)=i+k$

$a(t)=-2\cos tj-\sin t\,k \qquad a(0)=-2j$

$|v(t)|=\sqrt{1+4\sin^2t+\cos^2t}=\sqrt{2+3\sin^2t}$

$y^2/4+z^2=1,\ x=t$이므로, 분자의 경로는 x축에 관하여 타원나선이다.

5. (1) $r(t)=\sqrt{2}ti+e^tj+e^{-t}k$

$\Rightarrow v(t)=r'(t)=\sqrt{2}i+e^tj-e^{-t}k,$

$a(t)=v'(t)=e^tj+e^{-t}k,$

$|v(t)|=\sqrt{2+e^{2t}+e^{-2t}}$

$=\sqrt{(e^t+e^{-t})^2}=e^t+e^{-t}$

(2) $r(t)=t\sin t\,i+t\cos t\,j+t^2k$

$\Rightarrow v(t)=r'(t)$

$=(\sin t+t\cos t)i+(\cos t-t\sin t)j+2tk,$

$a(t)=v'(t)$

$=(2\cos t-t\sin t)i+(-2\sin t-t\cos t)j+2k,$

$|v(t)|$

$=\sqrt{(\sin^2t+2t\sin t\cos t+t^2\cos^2t)+(\cos^2t-2t\sin t\cos t+t^2\sin^2t)+4t^2}$

$=\sqrt{5t^2+1}$

6. (1) $a(t)=2i+6tj+12t^2k$

$\Rightarrow v(t)=\int(2i+6tj+12t^2k)dt$

$=2ti+3t^2j+4t^3k+C,$

$i=v(0)=C,\ C=i,$

$v(t)=(2t+1)i+3t^2j+4t^3k.$

$r(t)=\int\left[(2t+1)i+3t^2j+4t^3k\right]dt$

$=(t^2+t)i+t^3j+t^4k+D$

$j-k=r(0)=D,\ D=j-k,$

$r(t)=(t^2+t)i+(t^3+1)j+(t^4-1)k$

(2) $a(t) = t\mathrm{i} + e^t\mathrm{j} + e^{-t}\mathrm{k} \Rightarrow$

$$\mathrm{v}(t) = \int (t\mathrm{i} + e^t\mathrm{j} + e^{-t}\mathrm{k})dt$$

$$= \frac{1}{2}t^2\mathrm{i} + e^t\mathrm{j} - e^{-t}\mathrm{k} + \mathrm{C}$$

$\mathrm{k} = \mathrm{v}(0) = \mathrm{j} - \mathrm{k} + \mathrm{C}$, $\mathrm{C} = -\mathrm{j} + 2\mathrm{k}$

$$\mathrm{v}(t) = \frac{1}{2}t^2\mathrm{i} + (e^t - 1)\mathrm{j} + (2 - e^{-t})\mathrm{k}$$

$$r(t) = \int \left[\frac{1}{2}t^2\mathrm{i} + (e^t - 1)\mathrm{j} + (2 - e^{-t})\mathrm{k}\right]dt$$

$$= \frac{1}{6}t^3\mathrm{i} + (e^t - t)\mathrm{j} + (e^{-t} + 2t)\mathrm{k} + \mathrm{D}$$

$\mathrm{j} + \mathrm{k} = \mathrm{r}(0) = \mathrm{j} + \mathrm{k} + \mathrm{D}$, $\mathrm{D} = 0$,

$$r(t) = \frac{1}{6}t^3\mathrm{i} + (e^t - t)\mathrm{j} + (e^{-t} + 2t)\mathrm{k}.$$

7. $x = (v_0 \cos\alpha)t$

$$\Rightarrow (21km)\left(\frac{1000m}{1km}\right) = (840\ m/s)(\cos 60^\circ)t$$

$$\Rightarrow t = \frac{21{,}000m}{(840\ m/s)(\cos 60^\circ)} = 50\text{초}$$

8. $x = x_0 + (v_0 \cos\alpha)t$

$= 0 + (44\cos 45^\circ)t = 22\sqrt{2}t$,

$y = y_0 + (v_0 \sin\alpha)t - \frac{1}{2}gt^2$

$= 6.5 + (44\sin 45^\circ)t - 16t^2$

$= 6.5 + 22\sqrt{2}t - 16t^2$;

포환은 $y = 0$일 때 지면에 도달한다.

$\Rightarrow t > 0$이므로 걸린 시간은

$t = \dfrac{22\sqrt{2} \pm \sqrt{968 + 416}}{32} \approx 2.135$ sec이다.

따라서 $x = 22\sqrt{2}t \approx (22\sqrt{2})(2.135) \approx 66.43ft$

9. $x = (v_0 \cos\alpha)t$

$\Rightarrow 135ft = (90\ ft/\text{sec})(\cos 30^\circ)t$

$\Rightarrow t \approx 1.732$ sec; $y = (v_0 \sin\alpha)t - \frac{1}{2}gt^2$

$\Rightarrow y \approx (90\ ft/\text{sec})(\sin 30^\circ)(1.732\ \text{sec})$

$\quad - \frac{1}{2}(32\ ft/\text{sec}^2)(1.732\ \text{sec})^2$

$\Rightarrow y \approx 29.94\ ft$

$\Rightarrow$ 따라서 골프공은 나무의 꼭대기를 넘길 수 있다.

CHAPTER 5

연습문제 5.1

1. (1) $f(1,2,3) = 1^3 \cdot 2^2 \cdot 3\sqrt{10-1-2-3}$
$= 12\sqrt{4} = 24$

(2) $10 - x - y - z \geq 0 \to z \leq 10 - x - y$
$D = \{(x,y,z) \mid z \leq 10 - x - y\}$

2. (1) $x + y \geq 0$, $y \geq -x$, $D = \{(x,y) \mid y \geq -x\}$

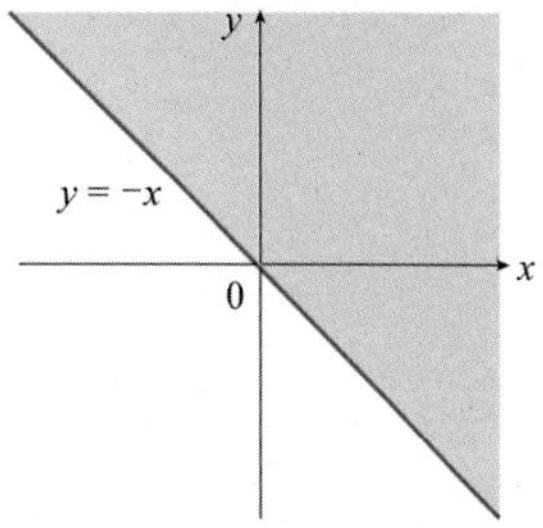

(2) $x^2 - y^2 \geq 0 \Leftrightarrow y^2 \leq x^2 \Leftrightarrow |y| \leq |x|$
$D = \{(x,y) \mid -|x| \leq y \leq |x|\}$

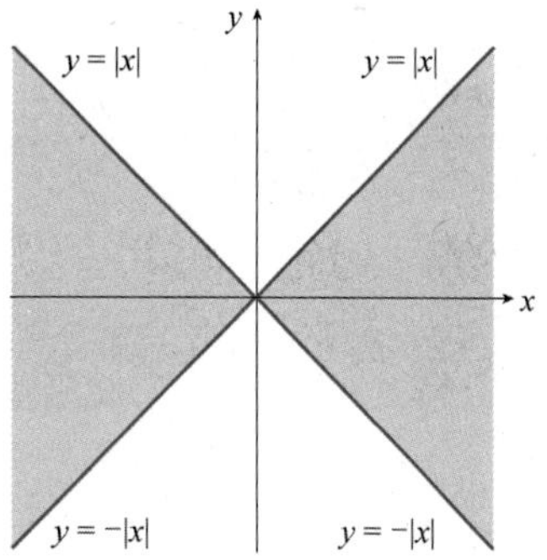

(3) $y \geq 0,\ 25 - x^2 - y^2 \geq 0$
$\Leftrightarrow y \geq 0,\ x^2 + y^2 \leq 25$
$D = \{(x,y) \mid x^2 + y^2 \leq 25,\ y \geq 0\}$

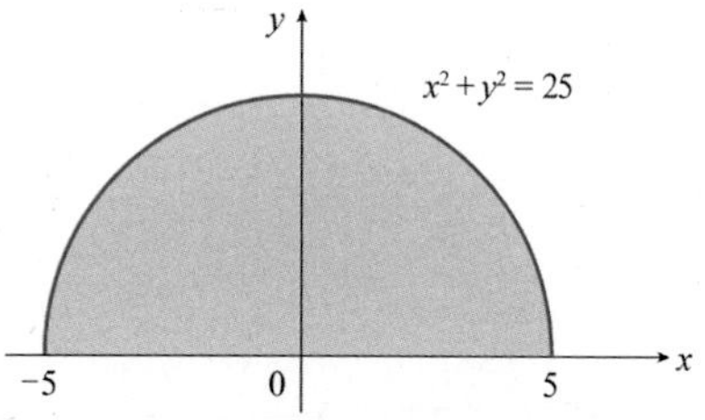

(4) $-1 \le x^2+y^2-2 \le 1 \Leftrightarrow +1 \le x^2+y^2 \le 3$

$D = \{(x,y) \mid 1 \le x^2+y^2 \le 3\}$

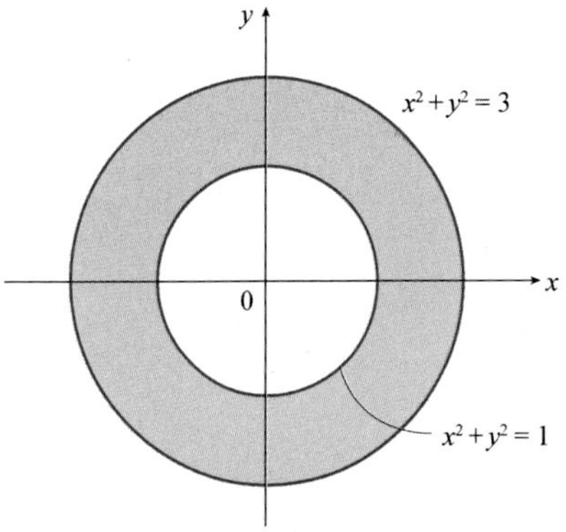

3. (1) $(y-2x)^2 = c, y = 2x \pm \sqrt{c}, c > 0$

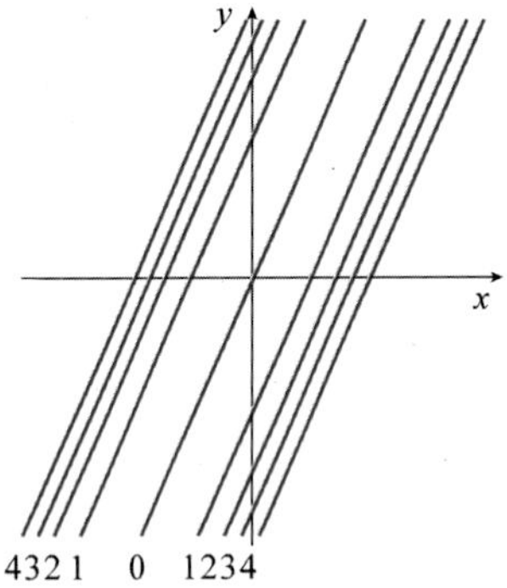

(2) $\sqrt{x}+y = c, y = -\sqrt{x}+c$

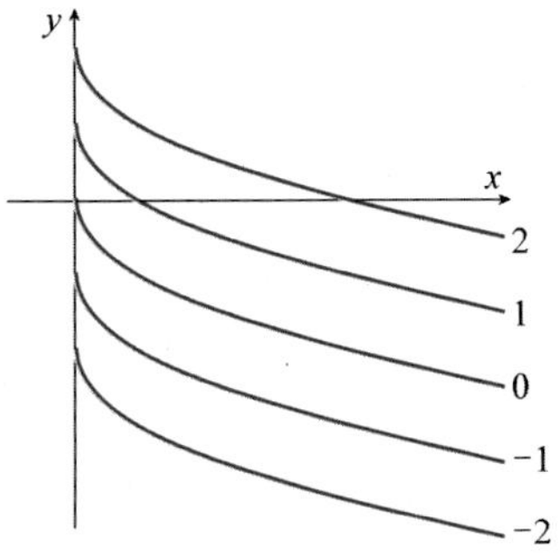

(3) $ye^x = c, y = ce^{-x}$

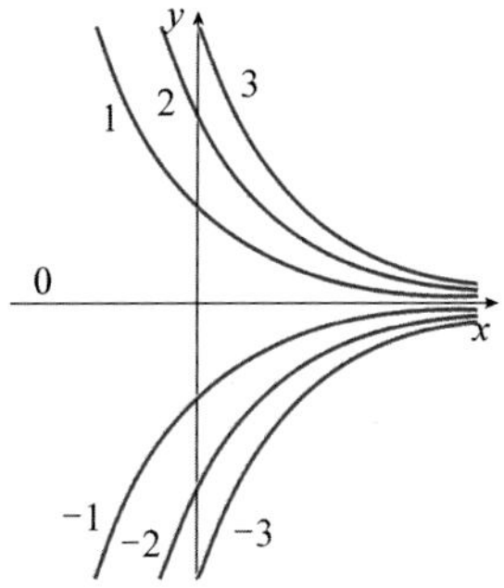

(4) $\sqrt{y^2 = x^2} = c, y^2 = x^2 = c^2$

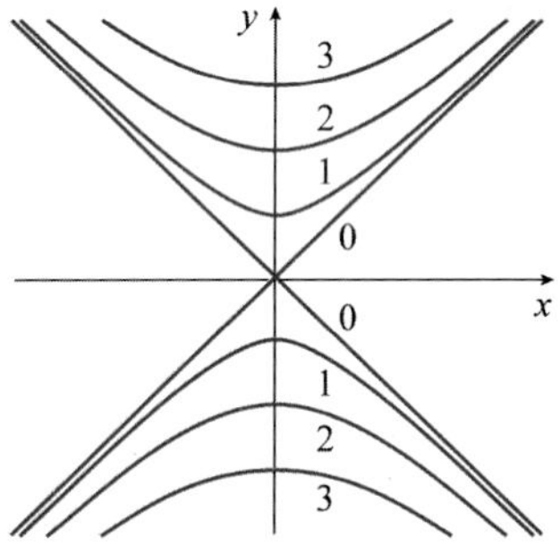

4. (1)

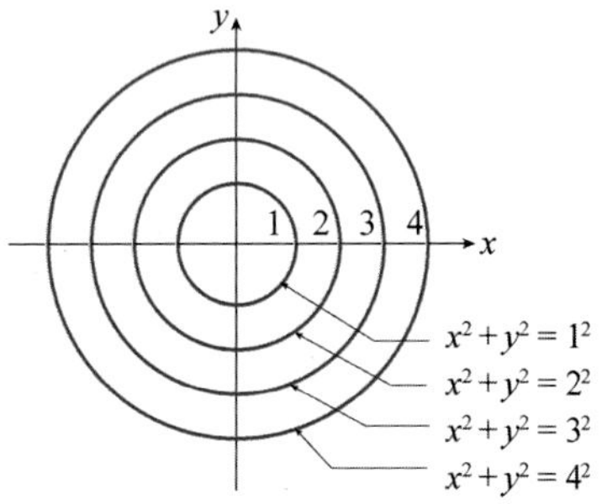

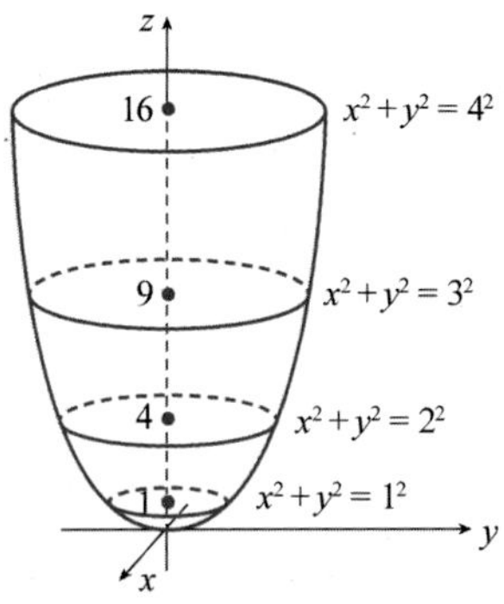

(2)

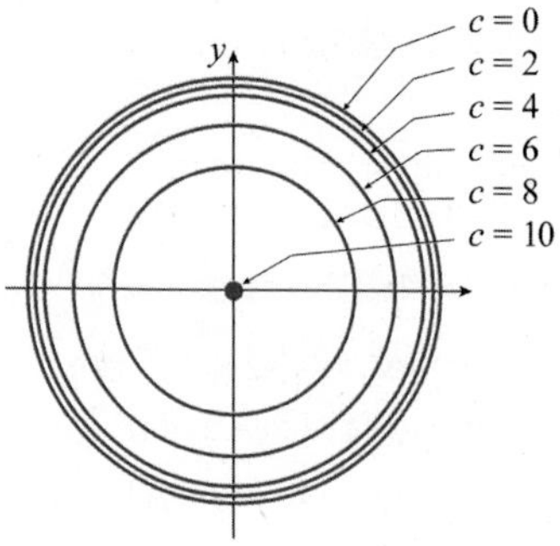

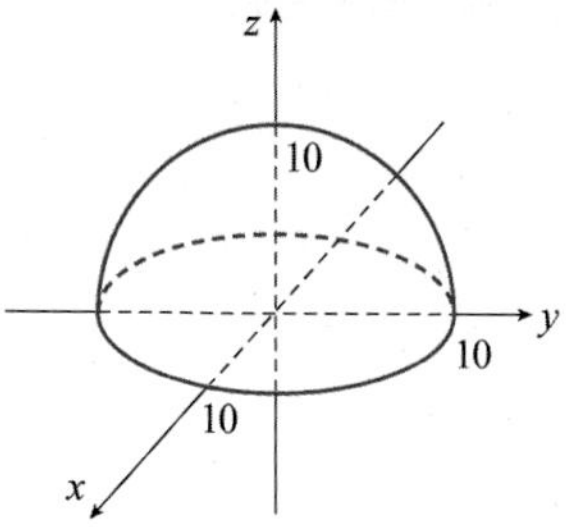

연습문제 5.2

1. (1) 2025

(2) $\frac{2}{7}$

(3) $x = 0$

준식 $= \lim_{(x,y)\to(0,0)} \frac{y^4}{3y^4} = \frac{1}{3}$

$y = 0$

준식 $= \lim_{(x,y)\to(0,0)} \frac{0}{x^4} = 0$

따라서 발산

(4) 발산

(5) $x = 0$ 준식 $= 0$,

$y = 0$ 준식 $= 0$

$y = x$

준식 $= \lim_{(x,y)\to(0,0)} \frac{x^2}{\sqrt{2x^2}}$

$= \lim_{(x,y)\to(0,0)} \frac{|x|}{\sqrt{2}} = 0$

따라서 수렴

(6) 발산

(7) $\lim_{(x,y)\to(0,0)} \frac{x^2+y^2}{\sqrt{x^2+y^2+1}-1}$

$\cdot \frac{\sqrt{x^2+y^2+1}+1}{\sqrt{x^2+y^2+1}+1}$

$= \lim_{(x,y)\to(0,0)} \frac{(x^2+y^2)(\sqrt{x^2+y^2+1}+1)}{x^2+y^2}$

$= 2$

(8) 1

(9) $y = 0, z = 0$

준식 $= \lim_{(x,y,z)\to(0,0,0)} \frac{0}{x^2} = 0$

$x = 0, z = y$

준식 $= \lim_{(x,y,z,)\to(0,0,0)} \frac{y^2}{y^2+y^4}$

$= \lim_{(x,y,z,)\to(0,0,0)} \frac{1}{1+y^2} = 1$

따라서 발산

(10) 발산

2. (1) $\{(x,y) \mid y \neq x^2\}$

(2) $\{(x,y) \mid y \geq 0\}$

(3) $\{(x,y) \mid x^2+y^2-4>0\}$

(4) $\{(x,y,z) \mid y \geq 0,\ y \neq \pm\sqrt{x^2+z^2}\}$

(5) $x^2 \leq 2x^2+y^2$에서 $|x^2y^3/(2x^2+y^2)| \leq |y^3|$

$(x,y)\to 0$일 때, $|y^3|\to 0$ 이므로

샌드위치정리에 의해

$\lim_{(x,y)\to(0,0)} \frac{x^2y^3}{2x^2+y^2} = 0$, $f(0,0) = 1$

그러므로 $(x,y) = (0,0)$에서 불연속이다.

3. (1) $\frac{3}{4-3} = 3$

(2) 2

(3) $x = 0$ 준식 $= 0$,

$y = 0$ 준식 $= 0$

$y = x$ 준식 $= \lim_{(x,y)\to(0,0)} \frac{4x^2}{2x^2} = 2$

$\therefore$ 발산

(4) 발산

(5) $x = 0$ 준식 $= 0$,

$y = 0$ 준식 $= 0$

$y=x$ 준식 $= \lim_{(x,y)\to(0,0)} \dfrac{2x^2\sin x}{3x^2} = 0$

$\therefore 0$

(6) 1

4. (1) R^2

(2) $\{(x,y) \mid 9-x^2-y^2 \geq 0\}$

(3) $\{(x,y) \mid 3-x^2+y>0\}$

(4) $\{(x,y,z) \mid y \neq 0\}$

(5) $\{(x,y,z) \mid x^2+y^2+z^2-4 \geq 0\}$

연습문제 5.3

1. (1) $f_x(x,y)=3,\ f_y(x,y)=-8y^3$

(2) $\dfrac{\partial z}{\partial x}=e^{3y},\ \dfrac{\partial z}{\partial y}=3xe^{3y}$

(3) $f_x(x,y)=\dfrac{2y}{(x+y)^2},\ f_y(x,y)=-\dfrac{2x}{(x+y)^2}$

(4) $w=\sin\alpha\cos\beta \Rightarrow \dfrac{\partial w}{\partial \alpha}=\cos\alpha\cos\beta$

$\dfrac{\partial w}{\partial \beta}=\sin\alpha\sin\beta$

(5) $f(r,s)=r\ln(r^2+s^2) \Rightarrow f_r(r,s)$

$=\dfrac{2r^2}{r^2+s^2}+\ln(r^2+s^2)$

$f_x(r,s)=\dfrac{2rs}{r^2+s^2}$

(6) $f(x,y,z)=xz-5x^2y^3z^4$

$\Rightarrow f_x(x,y,z)=z-10xy^3z^4, f_y(x,y,z)$

$=-15x^2y^2z^4,\ f_z(x,y,z)=x-20x^2y^3z^3$

(7) $w=\ln(x+2y+3z)$

$\Rightarrow \dfrac{\partial w}{\partial x}=\dfrac{1}{x+2y+3z},$

$\dfrac{\partial w}{\partial y}=\dfrac{2}{x+2y+3z},$

$\dfrac{\partial w}{\partial z}=\dfrac{3}{x+2y+3z}$

(8) $u=xy\sin^{-1}(yz) \Rightarrow \dfrac{\partial u}{\partial x}=y\sin^{-1}(yz),$

$\dfrac{\partial u}{\partial y}=\dfrac{xyz}{\sqrt{1-y^2z^2}}+x\sin^{-1}(yz)$

$\dfrac{\partial u}{\partial z}=\dfrac{xy^2}{\sqrt{1-y^2z^2}}$

2. (1) $f_x=3y^4+3x^2y^2,\ f_{xx}=6xy^2,$

$f_{xxy}=12xy,\ f_y=12xy^3+2x^3y$

$f_{yy}=36xy^2+2x^3,\ f_{yyy}=72xy$

(2) $f_x=-\sin(4x+3y+2z)(4)$

$f_{xy}=-12\cos(4x+3y+2z),$

$f_{xyz}=24\sin(4x+3y+2z),$

$f_y=-3\sin(4x+3y+2z),$

$f_{yz}=-6\cos(4x+3y+2z),$

$f_{yzz}=12\sin(4x+3y+2z)$

(3) $\dfrac{\partial u}{\partial \theta}=e^{r\theta}(\cos\theta+r\sin\theta)$

$\dfrac{\partial^2 u}{\partial r\partial \theta}=e^{r\theta}(\theta\cos\theta+r\theta\sin\theta+\sin\theta)$

$\dfrac{\partial^3 u}{\partial r^2\partial \theta}=\theta e^{r\theta}(2\sin\theta+\theta\cos\theta+r\theta\sin\theta)$

(4) $\dfrac{\partial w}{\partial x}=\dfrac{1}{y+2z},$

$\dfrac{\partial^2 w}{\partial y\partial x}=-(y+2z)^{-2},$

$\dfrac{\partial^3 w}{\partial z\partial y\partial x}=4(y+2z)^{-3},$

$\dfrac{\partial w}{\partial y}=-x(y+2z)^{-2},$

$\dfrac{\partial^2 w}{\partial x\partial y}=-(y+2z)^{-2},\ \dfrac{\partial^3 w}{\partial x^2\partial y}=0$

3. (1) $f_x=3x^2-4y^2,\ f_y=4y^3-8xy$

(2) $f_x=2xe^y,\ f_y=x^2e^y-4$

(3) $f_x=x^2y\cos xy+2x\sin xy,$

$f_y=x^3\cos xy-9y^2$

(4) $f_x=4\cdot\dfrac{1}{y}e^{x/y}+\dfrac{y}{x^2}=\dfrac{4}{y}e^{x/y}+\dfrac{y}{x^2},$

$f_y=4\left(\dfrac{-x}{y^2}\right)e^{x/y}-\dfrac{1}{x}=\dfrac{4x}{-y^2}e^{x/y}-\dfrac{1}{x}$

(5) $f_x=12x^2y^3z+3\sin y,$

$f_y=8x^3yz+3x\cos y,\ f_z=4x^3y^2$

4. (1) $\frac{\partial f}{\partial x}=3x^2-4y^2,\ \frac{\partial f}{\partial y}=-8xy+3$

$\frac{\partial^2 f}{\partial x^2}=6x,\ \frac{\partial^2 f}{\partial y^2}=-8x,\ \frac{\partial^2 f}{\partial y\partial x}=-8y$

(2) $f_x=4x^3-6xy^3,\ f_{xx}=12x^2-6y^3$

$f_{xy}=-18xy^2,\ f_{xyy}=-36xy$

(3) $f_x=3x^2y^2,\ f_{xx}=6xy^2,$

$f_y=2x^3y-z\cos yz,$

$f_{yz}=yz\sin yz-\cos yz,$

$f_{xy}=6x^2y,\ f_{xyz}=0$

(4) $f_x=2ye^{2xy}+z\sin y,\ f_{xx}=4y^2e^{2xy}$

$f_y=2xe^{2xy}+z^2y^{-2}+xz\cos y$

$f_{yy}=4x^2e^{2xy}-2z^2y^{-3}-xz\sin y$

$=4x^2e^{2xy}-\frac{2z^2}{y^3-xz\sin y}$

$f_{yyz}=-\frac{4z}{y^3}-x\sin y$

$f_{yyzz}=-\frac{4}{y^3}$

(5) $f_w=2wxy-ze^{wz},\ f_{ww}=2xy-z^2e^{wz}$

$f_{wx}=2yw,\ f_{wxy}=2w,\ f_{wwz}=2y$

$f_{wwxy}=2,\ f_{wwxyz}=0$

5. $G=H-TS,\ \frac{G}{T}=\frac{H}{T}-S$

$T\neq 0,\ \frac{\partial(G/T)}{\partial T}=-\frac{H}{T^2}$

연습문제 5.4

1. (1) $z=x^2+y^2+xy,\ x=\sin t,\ y=e^t$

$\Rightarrow \frac{dz}{dt}=\frac{\partial z}{\partial x}\frac{dx}{dt}+\frac{\partial z}{\partial y}\frac{dy}{dt}$

$=(2x+y)\cos t+(2y+x)e^4$

(2) $z=\cos(x+4y),\ x=5t^4,\ y=1/t$

$\Rightarrow \frac{dz}{dt}=\frac{\partial z}{\partial x}\frac{dz}{dt}+\frac{\partial z}{\partial y}\frac{dy}{dt}$

$=-\sin(x+4y)(1)(20t^3)$

$+[-\sin(x+4y)(4)](-t^{-2})$

$=-20t^3\sin(x+4y)+\frac{4}{t^2}\sin(x+4y)$

$=\left(\frac{4}{t^3}-20t^3\right)\sin(x+4y)$

(3) $w=xe^{y/z},x=t^2,y=1-t,z=1+2t$

$\Rightarrow \frac{dw}{dt}=\frac{\partial w}{\partial x}\frac{dx}{dt}+\frac{\partial w}{\partial y}\frac{dy}{dt}+\frac{\partial w}{\partial z}\frac{dz}{dt}$

$=e^{y/z}\cdot 2t+xe^{y/z}\left(\frac{1}{z}\right)\cdot(-1)$

$+xe^{y/z}\left(-\frac{y}{z^2}\right)\cdot 2$

$=e^{y/z}\left(2t-\frac{x}{z}-\frac{2xy}{z^2}\right)$

(4) $w=\ln\sqrt{x^2+y^2+z^2}=\frac{1}{2}\ln(x^2+y^2+z^2),$

$x=\sin t,\ y=\cos t,\ z=\tan t$

$\Rightarrow \frac{dw}{dt}=\frac{\partial w}{\partial x}\frac{dx}{dt}+\frac{\partial w}{\partial y}\frac{dy}{dt}+\frac{\partial w}{\partial z}\frac{dz}{dt}$

$=\frac{1}{2}\cdot\frac{2x}{x^2+y^2+z^2}\cdot\cos t$

$+\frac{1}{2}\cdot\frac{2y}{x^2+y^2+z^2}\cdot(-\sin t)$

$+\frac{1}{2}\cdot\frac{2z}{x^2+y^2+z^2}\cdot\sec^2 t$

$=\frac{x\cos t-y\sin t+z\sec^2 t}{x^2+y^2+z^2}$

2. (1) $z=x^2y^3,\ x=s\cos t,\ y=s\sin t$

$\Rightarrow \frac{\partial z}{\partial s}=\frac{\partial z}{\partial x}\frac{\partial x}{\partial s}+\frac{\partial z}{\partial y}\frac{\partial y}{\partial s}$

$=2xy^3\cos t+3x^2y^2\sin t$

$\frac{\partial z}{\partial t}=\frac{\partial z}{\partial x}\frac{\partial x}{\partial t}+\frac{\partial z}{\partial y}\frac{\partial y}{\partial t}$

$=(2xy^3)(-s\sin t)+(3x^2y^2)(s\cos t)$

$=-2sxy^3\sin t+3sx^2y^2\cos t$

(2) $z=\arcsin(x-y),\ x=s^2+t^2,\ y=1-2st$

$\Rightarrow \frac{\partial z}{\partial s}=\frac{\partial z}{\partial x}\frac{\partial x}{\partial s}+\frac{\partial z}{\partial y}\frac{\partial y}{\partial s}$

$=\frac{1}{\sqrt{1-(x-y)^2}}(1)\cdot 2s$

$+\frac{1}{\sqrt{1-(x-y)^2}}(-1)\cdot(-2t)$

$=\frac{2s+2t}{\sqrt{1-(x-y)^2}}$

$\frac{\partial z}{\partial t}=\frac{\partial z}{\partial x}\frac{\partial x}{\partial t}+\frac{\partial z}{\partial y}\frac{\partial y}{\partial t}$

$$= \frac{1}{\sqrt{1-(x-y)^2}}(1) \cdot 2t$$

$$+ \frac{1}{\sqrt{1-(x-y)^2}}(-1) \cdot (-2s)$$

$$= \frac{2s+2t}{\sqrt{1-(x-y)^2}}$$

(3) $z = \sin\theta\cos\phi,\ \theta = st^2, \phi = s^2 t$

$$\Rightarrow \frac{\partial z}{\partial s} = \frac{\partial z}{\partial \theta}\frac{\partial \theta}{\partial s} + \frac{\partial z}{\partial \phi}\frac{\partial \phi}{\partial s}$$

$$= (\cos\theta\cos\phi)(t^2) + (-\sin\theta\sin\phi)(2st)$$

$$= t^2\cos\theta\cos\phi - 2st\sin\theta\sin\phi$$

$$\frac{\partial z}{\partial t} = \frac{\partial z}{\partial \theta}\frac{\partial \theta}{\partial t} + \frac{\partial z}{\partial \phi}\frac{\partial \phi}{\partial t}$$

$$= (\cos\theta\cos\phi)(2st) + (-\sin\theta\sin\phi)(s^2)$$

$$= 2st\cos\theta\cos\phi - s^2\sin\theta\sin\phi$$

(4) $z = e^{x+2y},\ x = s/t,\ y = t/s$

$$\Rightarrow \frac{\partial z}{\partial s} = \frac{\partial z}{\partial x}\frac{\partial x}{\partial s} + \frac{\partial z}{\partial y}\frac{\partial y}{\partial s}$$

$$= (e^{x+2y})(1/t) + (2e^{x+2y})(-ts^{-2})$$

$$= e^{x+2y}\left(\frac{1}{t} - \frac{2t}{s^2}\right)$$

$$\frac{\partial z}{\partial t} = \frac{\partial z}{\partial x}\frac{\partial x}{\partial t} + \frac{\partial z}{\partial y}\frac{\partial y}{\partial t}$$

$$= (e^{x+2y})(-st^{-2}) + (2e^{x+2y})(1/s)$$

$$= e^{x+2y}\left(\frac{2}{s} - \frac{s}{t^2}\right)$$

(5) $z = e^r\cos\theta,\ r = st,\ \theta = \sqrt{s^2+t^2}$

$$\Rightarrow \frac{\partial z}{\partial s} = \frac{\partial z}{\partial r}\frac{\partial r}{\partial s} + \frac{\partial z}{\partial \theta}\frac{\partial \theta}{\partial s}$$

$$= e^r\cos\theta \cdot t$$

$$+ e^r(-\sin\theta) \cdot \frac{1}{2}(s^2+t^2)^{-1/2}(2s)$$

$$= te^r\cos\theta - e^r\sin\theta \cdot \frac{s}{\sqrt{s^2+t^2}}$$

$$= e^r\left(t\cos\theta - \frac{s}{\sqrt{s^2+t^2}}\sin\theta\right)$$

$$\frac{\partial z}{\partial t} = \frac{\partial z}{\partial r}\frac{\partial r}{\partial t} + \frac{\partial z}{\partial \theta}\frac{\partial \theta}{\partial t}$$

$$= e^r\cos\theta \cdot s$$

$$+ e^r(-\sin\theta) \cdot \frac{1}{2}(s^2+t^2)^{-1/2}(2t)$$

$$= se^r\cos\theta - e^r\sin\theta \cdot \frac{t}{\sqrt{s^2+t^2}}$$

$$= e^r\left(s\cos\theta - \frac{t}{\sqrt{s^2+t^2}}\sin\theta\right)$$

(6) $z = \tan(u/v),\ u = 2s+3t,\ v = 3s-2t$

$$\Rightarrow \frac{\partial z}{\partial s} = \frac{\partial z}{\partial u}\frac{\partial u}{\partial s} + \frac{\partial z}{\partial v}\frac{\partial v}{\partial s}$$

$$= \sec^2(u/v)(1/v) \cdot 2$$

$$+ \sec^2(u/v)(-uv^{-2}) \cdot 3$$

$$= \frac{2}{v}\sec^2\left(\frac{u}{v}\right) - \frac{3u}{v^2}\sec^2\left(\frac{u}{v}\right)$$

$$= \frac{2v-3u}{v^2}\sec^2\left(\frac{u}{v}\right)$$

$$\frac{\partial z}{\partial t} = \frac{\partial z}{\partial u}\frac{\partial u}{\partial t} + \frac{\partial z}{\partial v}\frac{\partial v}{t}$$

$$= \sec^2(u/v)(1/v) \cdot 3$$

$$+ \sec^2(u/v)(-uv^{-2}) \cdot (-2)$$

$$= \frac{3}{v}\sec^2\left(\frac{u}{v}\right) + \frac{2u}{v^2}\sec^2\left(\frac{u}{v}\right)$$

$$= \frac{2u+3v}{v^2}\sec^2\left(\frac{u}{v}\right)$$

3. (1) $\dfrac{\partial w}{\partial r} = \dfrac{\partial w}{\partial x}\dfrac{\partial x}{\partial r} + \dfrac{\partial w}{\partial y}\dfrac{\partial y}{\partial r} + \dfrac{\partial w}{\partial z}\dfrac{\partial z}{\partial r}$

$$= 2(x+y+z)(1) + 2(x+y+z)[-\sin(r+s)]$$

$$+ 2(x+y+z)[\cos(r+s)]$$

$$= 2(x+y+z)[1-\sin(r+s)+\cos(r+s)]$$

$$= 2[r-s+\cos(r+s)+\sin(r+s)]$$

$$[1-\sin(r+s)+\cos(r+s)]$$

$$\Rightarrow \frac{\partial w}{\partial r}\Big|_{r=1,\,s=-1} = 2(3)(2) = 12$$

(2) $\dfrac{\partial w}{\partial v} = \dfrac{\partial w}{\partial x}\dfrac{\partial x}{\partial v} + \dfrac{\partial w}{\partial y}\dfrac{\partial y}{\partial v} + \dfrac{\partial w}{\partial z}\dfrac{\partial z}{\partial v}$

$$= y\left(\frac{2v}{u}\right) + x(1) + \left(\frac{1}{z}\right)(0)$$

$$= (u+v)\left(\frac{2v}{u}\right) + \frac{v^2}{u}$$

$$\Rightarrow \frac{\partial w}{\partial v}\Big|_{u=-1,v=2} = (1)\left(\frac{4}{-1}\right) + \left(\frac{4}{-1}\right) = -8$$

(3) $\dfrac{\partial w}{\partial v} = \dfrac{\partial w}{\partial x}\dfrac{\partial x}{\partial v} + \dfrac{\partial w}{\partial y}\dfrac{\partial y}{\partial v}$

$$= \left(2x - \frac{y}{x^2}\right)(-2) + \left(\frac{1}{x}\right)(1)$$

$$= \left[2(u-2v+1) - \frac{2u+v-2}{(u-2v+1)^2}\right](-2)$$

$$+ \frac{1}{y-2v+1}$$

$$\Rightarrow \frac{\partial w}{\partial v}\Big|_{u=0,v=0} = -7$$

(4) $\dfrac{\partial z}{\partial u} = \dfrac{\partial z}{\partial x}\dfrac{\partial x}{\partial u} + \dfrac{\partial z}{\partial y}\dfrac{\partial y}{\partial u}$

$$= (y\cos xy + \sin y)(2u)$$

$$+ (x\cos xy + x\cos y)(v)$$

$$= [uv\cos(u^3v+uv^3) + \sin uv](2u)$$

$$+ [(u^2+v^2)\cos(u^3v+uv^3)$$

$$+ (u^2+v^2)\cos uv](v)$$

$$\Rightarrow \frac{\partial z}{\partial u}\Big|_{u=0,v=1} = 0 + (\cos 0 + \cos 0)(1)$$

$$= 2$$

5.5 연습문제

1. (1) $f_x = 2x+4y^2$, $f_y = 8xy-5y^4$

$\nabla f = \langle 2x+4y^2, 8xy-5y^4 \rangle$

(2) $f_x = xy^2e^{xy^2} + e^{xy^2}$, $f_y = 2x^2ye^{xy^2} - 2y\sin y^2$

$\nabla f = \langle e^{xy^2}(xy^2+1), 2y(x^2e^{xy^2} - \sin y^2) \rangle$

2. (1) $f_x = \dfrac{8}{y}e^{4x/y} - 2$, $f_y = -\dfrac{8x}{y^2}e^{4x/y}$

$f_x(2, -1) = -8e^{-8} - 2$, $f_y(2, -1) = -16e^{-8}$

$\nabla f(2, -1) = \langle -8e^{-8} - 2, -16e^{-8} \rangle$

(2) $f_x = 6xy + z\sin x$, $f_y = 3x^2$, $f_z = -\cos x$

$f_x(0, 2, -1) = 0$, $f_y = (0, 2, -1) = 0$,

$f_z(0, 2, -1) = -1$

$\nabla f(0, 2, -1) = \langle 0, 0, -1 \rangle$

(3) $\dfrac{\partial f}{\partial x} = 2x + \dfrac{z}{x}$

$\Rightarrow \dfrac{\partial f}{\partial x}(1, 1, 1) = 3$; $\dfrac{\partial f}{\partial y} = 2y$

$\Rightarrow \dfrac{\partial f}{\partial y}(1, 1, 1) = 2$; $\dfrac{\partial f}{\partial z} = -4z + \ln x$

$\Rightarrow \dfrac{\partial f}{\partial z}(1, 1, 1) = -4$

따라서 $\nabla f = 3\mathrm{i} + 2\mathrm{j} - 4\mathrm{k}$

(4) $\dfrac{\partial f}{\partial x} = -\dfrac{x}{(x^2+y^2+z^2)^{3/2}} + \dfrac{1}{x}$

$\Rightarrow \dfrac{\partial f}{\partial x}(-1, 2, -2) = -\dfrac{26}{27}$;

$\dfrac{\partial f}{\partial y} = -\dfrac{y}{(x^2+y^2+z^2)^{3/2}} + \dfrac{1}{y}$

$\Rightarrow \dfrac{\partial f}{\partial y}(-1, 2, -2) = \dfrac{23}{54}$;

$\dfrac{\partial f}{\partial z} = -\dfrac{z}{(x^2+y^2+z^2)^{3/2}} + \dfrac{1}{z}$

$\Rightarrow \dfrac{\partial f}{\partial z}(-1, 2, -2) = -\dfrac{23}{54}$;

따라서 $\nabla f = -\dfrac{26}{27}\mathrm{i} + \dfrac{23}{54}\mathrm{j} - \dfrac{23}{54}\mathrm{k}$

(5) $\left(\dfrac{\sqrt{3}}{2}+1, \dfrac{\sqrt{3}}{2}, -\dfrac{1}{2}\right)$

3. (1) $\nabla f = \langle 2xy, x^2+8y \rangle$

$\nabla f(2, 1) = \langle 4, 12 \rangle$

$D_{\mathrm{u}}f(2,1) = \langle 4, 12 \rangle \cdot \left\langle \dfrac{1}{2}, \dfrac{\sqrt{3}}{2} \right\rangle = 2 + 6\sqrt{3}$

(2) $\nabla f = \langle 8xe^{4x^2y}, -e^{4x^2y} \rangle$

$\nabla f(1,4) = \langle 8, -1 \rangle$

$|\langle -2, -1 \rangle| = \sqrt{(-2)^2 + (-1)^2} = \sqrt{5}$

$D_{\mathrm{u}}f(1,4) = \langle 8, -1 \rangle \cdot \left\langle -\dfrac{2}{\sqrt{5}}, -\dfrac{1}{\sqrt{5}} \right\rangle$

$$= -\frac{15}{\sqrt{5}} = -3\sqrt{5}$$

(3) $\nabla f = \langle -2\sin(2x-y), \sin(2x-y) \rangle$

$\nabla f(\pi, 0) = \langle 0, 0 \rangle$

$(\pi, 0)$에서 $(2\pi, \pi)$까지의 벡터는 $\langle \pi, \pi \rangle$

$|\langle \pi, \pi \rangle| = \sqrt{\pi^2 + \pi^2} = \pi\sqrt{2}$

$\langle 0, 0 \rangle \cdot \left\langle \dfrac{1}{\sqrt{2}}, \dfrac{1}{\sqrt{2}} \right\rangle = 0$

(4) $\dfrac{23}{10}$

(5) $f(x,y,z) = xe^y + ye^z + ze^x$

$\Rightarrow \nabla f(x,y,z) = \langle e^y + ze^x, xe^y + e^z, ye^z + e^x \rangle$,

$\nabla f(0,0,0) = \langle 1,1,1 \rangle$

그리고 v의 단위벡터

$u = \dfrac{1}{\sqrt{25+1+4}}\langle 5,1,-2 \rangle$

$= \dfrac{1}{\sqrt{30}}\langle 5,1,-2 \rangle$, $D_{\mathrm{u}}f\,(0,0,0)$

$= \nabla f(0,0,0) \cdot \mathrm{u} = \langle 1,1,1 \rangle \cdot \frac{1}{\sqrt{30}} \langle 5,1,-2 \rangle$

$= \frac{4}{\sqrt{30}}$

(6) $\frac{9}{2\sqrt{5}}$

4. (1) $\nabla f = \langle 2x, -3y^2 \rangle$

$\nabla f(2, 1) = \langle 4, -3 \rangle$

$|\nabla f(2, 1)| = 5$

최대변화율은 5이다. $d = \langle 4, -3 \rangle$의 방향

최소변화율은 -5이다. $d = \langle -4, 3 \rangle$의 방향

(2) $\nabla f = \langle 4y^2 e^{4x}, 2ye^{4x} \rangle$

$\nabla f(0, -2) = \langle 16, -4 \rangle$

$|\nabla f(0, -2)| = \sqrt{272} = 4\sqrt{17}$

최대변화율은 $4\sqrt{17}$ 이다. $d = \langle 16, -4 \rangle$의 방향

최소변화율은 $-4\sqrt{17}$ 이다. $d = \langle -16, 4 \rangle$의 방향

(3) $\nabla f = \langle \cos 3y, -3x \sin 3y \rangle$

$\nabla f(2, 0) = \langle 1, 0 \rangle$

$|\nabla f(2, 0)| = 1$

최대변화율은 1이다. $\mathrm{u} = \langle 1, 0 \rangle$의 방향

최소변화율은 -1이다. $\mathrm{u} = \langle -1, 0 \rangle$의 방향

(4) $\nabla f = \langle 8xyz^3, 4x^2z^3, 12x^2yz^2 \rangle$

$\nabla f(1, 2, 1) = \langle 16, 4, 24 \rangle$

$|\nabla f(1, 2, 1)| = \sqrt{848} = 4\sqrt{53}$

최대변화율은 $4\sqrt{53}$ 이다. $d = \langle 16, 4, 24 \rangle$의 방향

최소변화율은 $-4\sqrt{53}$ 이다.

$d = \langle -16, -4, -24 \rangle$의 방향

5. (1) $f(x, y, z) = x^2 + y^3 - z$

$\nabla f = \langle 2x, 3y^2, -1 \rangle$

$\nabla f(1, -1, 0) = \langle 2, 3, -1 \rangle$

$2(x-1) + 3(y+1) - z = 0$

$2x + 3y - z + 1 = 0$

법선의 매개변수방정식은

$x = 1 + 2t,\ y = -1 + 3t,\ z = -t$이다.

(2) $f(x, y, z) = x^2 + y^2 + z^2$

$\nabla f = \langle 2x, 2y, 2z \rangle$

$\nabla f(-1, 2, 1) = \langle -2, 4, 2 \rangle$

$-2(x+1) + 4(y-2) + 2(z-1) = 0$

$-2x + 4y + 2z - 12 = 0$

법선의 매개변수방정식은

$x = -1 - 2t,\ y = 2 + 4t,\ z = 1 + 2t$

(3) $F(x, y, z) = 2(x-2)^2 + (y-1)^2 + (z-3)^2$ 라 하자.

$2(x-2)^2 + (y-1)^2 + (z-3)^2 = 10$은 F의 표면등고선이다.

$F_x(x, y, z) = 4(x-2)$

$\Rightarrow F_x(3, 3, 5) = 4,\ F_y(x, y, z) = 2(y-1)$

$\Rightarrow F_y(3, 3, 5) = 4,$

$F_z(x, y, z) = 2(z-3) \Rightarrow F_z(3, 3, 5) = 4$

$(3, 3, 5)$에서 평면의 방정식은

$4(x-3) + 4(y-3) + 4(z-5) = 0$

$\Leftrightarrow 4x + 4y + 4z = 44 \Rightarrow x + y + z = 11.$

법선의 방정식은

$\frac{x-3}{4} = \frac{y-3}{4} = \frac{z-5}{4},\ x-3 = y-3 = z-5,$

또는 $x = 3 + 4t,\ y = 3 + 4t,\ z = 5 + 4t$

(4) $4x - 5y - z = 4,$

$x = 2 + 4t,\ y = 1 - 5t,\ z = -1 - t$

(5) $x + y - z = 1$

$x = 1 + t,\ y = t,\ z = -t$

연습문제 5.6

1. (1) $D(1,1) = f_{xx}(1,1) f_{yy}(1,1) - [f_{xy}(1,1)]^2$

$= (4)(2) - (1)^2 = 7$

$D(1,1) > 0,\ f_{xx}(1,1) > 0,$

따라서 f는 $(1,1)$에서 극솟값

(2) $D(1,1) = f_{xx}(1,1) f_{yy}(1,1) - [f_{xy}(1,1)]^2$

$= (4)(2) - (3)^2$

$= -1,\ D(1,1) < 0$

따라서 f는 $(1,1)$에서 안장점이다.

2. (1) $D = g_{xx}(0,2) g_{yy}(0,2) - [g_{xy}(0,2)]^2$

$= (-1)(1) - (6)^2$

$= -37,\ D < 0$

따라서 g는 $(0,2)$에서 안장점이다.

(2) $D = g_{xx}(0,2)g_{yy}(0,2) - [g_{xy}(0,2)]^2$
$= (-1)(-8) - (2)^2$
$= 4,\ D > 0,\ g_{xx}(0,2) < 0$

따라서 g는 $(0,2)$에서 극댓값이다.

(3) $D = g_{xx}(0,2)g_{yy}(0,2) - [g_{xy}(0,2)]^2$
$= (4)(9) - (6)^2 = 0$

따라서 g는 $(0,2)$에서 정보가 없다.

3. (1) $f(x,y) = 9 - 2x + 4y - x^2 - 4y^2$

$\Rightarrow f_x = -2 - 2x,\ f_y = 4 - 8y,$
$f_{xx} = -2,\ f_{xy} = 0,\ f_{yy} = -8,$
$f_x = 0$ 그리고 $f_y = 0$

$x = -1,\ y = \frac{1}{2}$, 임계점 $\left(-1, \frac{1}{2}\right)$.

$D\left(-1, \frac{1}{2}\right) = 16 > 0,$

$f_{xx}\left(-1, \frac{1}{2}\right) = -2 < 0,$

$f\left(-1, \frac{1}{2}\right) = 11$은 극대이다.

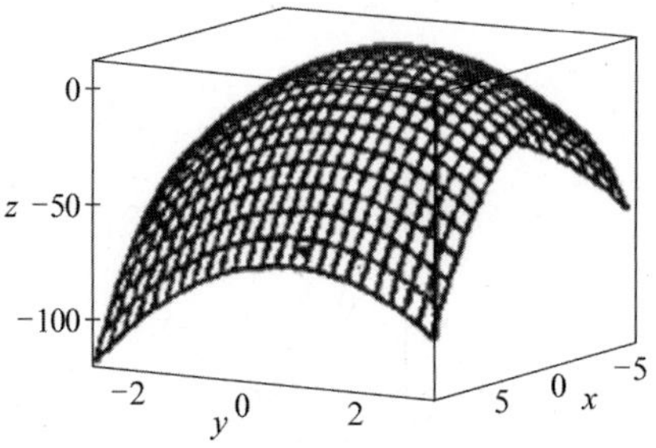

(2) $f(x,y) = x^2 + y^2 + x^2y + 4$

$\Rightarrow f_x = 2x + 2xy,\ f_y = 2y + 2^2,$
$f_{xx} = 2 + 2y,\ f_{yy} = 2,\ f_{xy} = 2x,$
$f_y = 0,\ y = -\frac{1}{2}x^2,\ f_x = 0,\ 2x - x^3 = 0$

그래서 $x = 0$ 또는 $x = \pm\sqrt{2}$.
그러므로 임계점은 $(0,0)$, $(\sqrt{2}, -1)$
그리고 $(-\sqrt{2}, -1)$, $D(0,0) = 4, D(\sqrt{2})$
이므로 극솟값 $f(0,0) = 4$이다.
$D(\pm\sqrt{2}, -1) = -8,$
$f_{xx} = 2, f_{xx}(\pm\sqrt{2}, -1) = 0$이므로
$(\pm\sqrt{2}, -1)$은 안장점이다.

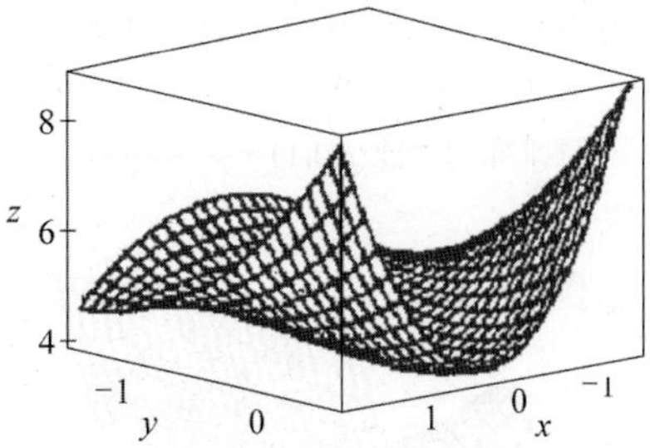

(3) $f(x,y) = xy - 2x - y$

$\Rightarrow f_x = y - 2,\ f_y = x - 1,$
$f_{xx} = f_{yy} = 0,\ f_{xy} = 1$

임계점은 $(1,2)$ $\quad D(1,2) = -1$,
그래서 $(1,2)$은 안장점이고 f는 극대, 극솟값이 없다.

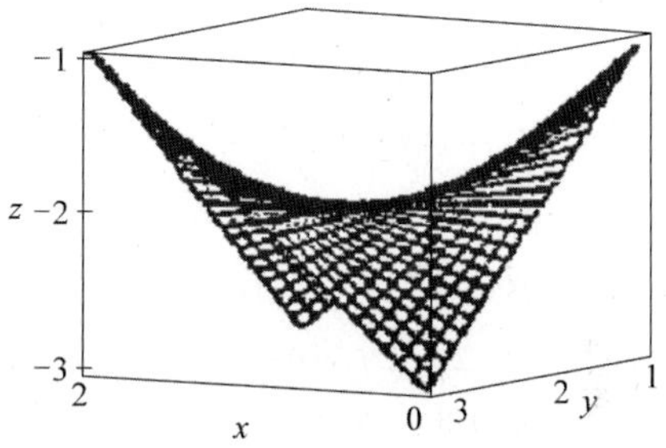

(4) $f(x,y) = x^3 - 12xy + 8y^3$

$\Rightarrow f_x = 3x^2 - 12y, f_y = -12x + 24y^2,$
$f_{xx} = 6x,\ f_{xy} = -12,\ f_{yy} = 48y,$
$f_x = 0,\ x^2 = 4y$
그리고 $f_y = 0,\ x = 2y^2$

$(2y^2)^2 = 4y$
$\Rightarrow 4y^4 = 4y$
$\Rightarrow 4y(y^3 - 1) = 0$
$\Rightarrow y = 0$ 또는 $y = 1,$

만약 $y = 0$이면 $x = 0$
그리고 만약 $y = 1$이면 $x = 2$
따라서 임계점은 $(0,0)$ 그리고 $(2,1)$이다.
$D(0,0) = (0)(0) - (-12)^2 = -144 < 0,$
그래서 $(0,0)$에서 극값이 존재하지 않는다

(안장점).

$D(2,1) = (12)(48) - (-12)^2 = 432 > 0$,

$f_{xx}(2,1) = 12 > 0$

그래서 극솟값 $f(2,1) = -8$이다.

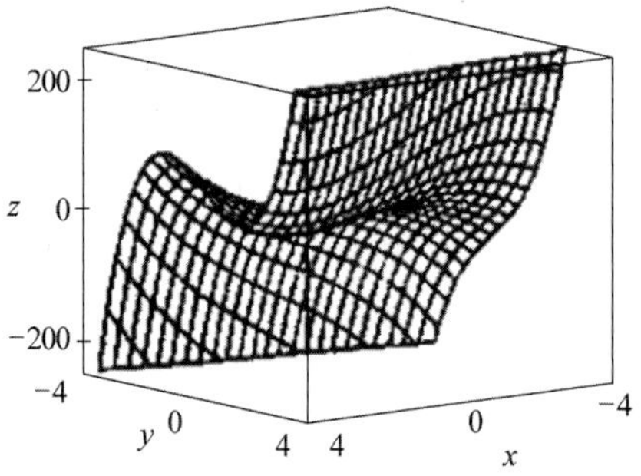

(5) $f(x,y) = e^{4y - x^2 - y^2}$

$\Rightarrow f_x = -2xe^{4y-x^2-y^2}$,

$f_y = (4-2y)e^{4y-x^2-y^2}$,

$f_{xx} = (4x^2-2)e^{4y-x^2-y^2}$,

$f_{xy} = -2x(4-2y)e^{4y-x^2-y^2}$,

$f_{yy} = (4y^2-16y+14)e^{4y-x^2-y^2}$

$f_x = 0$ 그리고 $f_y = 0$

$x = 0$ 그리고 $y = 2$,

그래서 임계점은

$(0,2)$ $D(0,2) = (-2e^4)(-2e^4) - 0^2$

$= 4e^8 > 0$

그리고 $f_{xx}(0,2) = -2e^4 < 0$

그래서 극댓값은 $f(0,2) = e^4$이다.

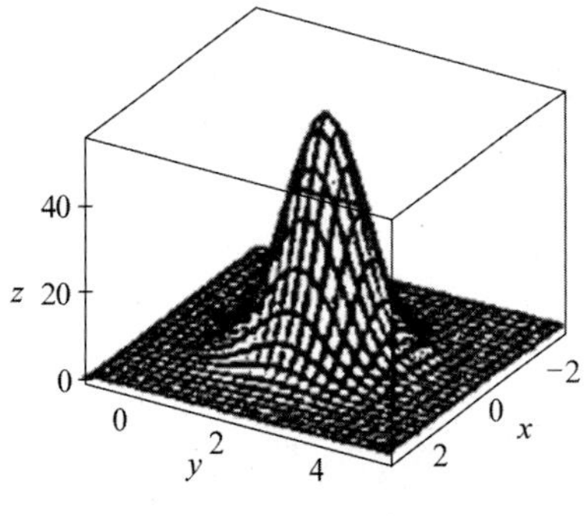

4. (1) f는 다항식이고 D에서 연속이므로 최댓값과 최솟값이 존재한다.

$f_x = 4$, $f_y = -5$이므로 D에서 임계점이 없다. 그러므로 경계에서 최대 최소가 있다.

L_1에서 $x = 0$이고

$f(0, y) = 1 - 5y$, $0 \le y \le 3$이다. 이것은 y의 감소함수이므로 최댓값은 $f(0,0) = 1$이고, 최솟값은 $f(0,3) = -14$이다.

L_2에서 $y = 0$이고

$f(x,0) = 1 + 4x$, $0 \le x \le 2$이다. 이것은 x의 증가함수이므로 최댓값은 $f(2,0) = 9$이고 최솟값은 $f(0,0) = 1$이다.

L_3에서 $y = -\dfrac{3}{2}x + 3$이고

$f(x, -\dfrac{3}{2}x + 3) = \dfrac{23}{2}x - 14$, $0 \le x \le 2$이다. 이것은 x의 증가함수이므로 최댓값은 $f(2,0) = 9$이고 최솟값은 $f(0,3) = -14$이다. 그러므로 경계에서 f의 최댓값은 $f(2,0) = 9$이고 f의 최솟값은 $f(0,3) = -14$이다.

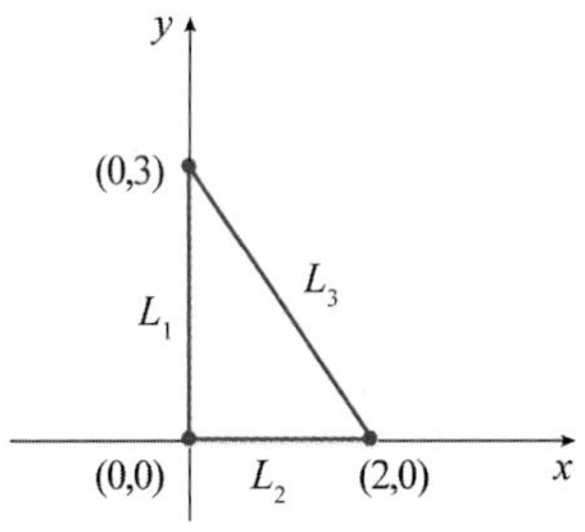

(2) $f_x(x,y) = 2x + 2xy = 9$,

$f_y(x,y) = 2y + x^2 = 0$에서 임계점$(0,0)$이고 $f(0,0) = 4$

L_1에서 $y = -1$, $f(x,-1) = 5$,

L_2에서 $x = 1$, $f(1,y) = y^2y + 5$, $-1 \le y \le 1$에서 최댓값 $f(1,1) = 7$,

최솟값 $f(1, -\dfrac{1}{2}) = \dfrac{19}{4}$,

L_3에서 $f(x,1) = 2x^2 + 5$, $-1 \le x \le 1$에서 최댓값 $f(\pm 1, 1) = 7$, 최솟값 $f(0,1) = 5$.

L_4에서 $f(-1, y) = y^2 + y + 5$, $-1 \le y \le 1$

에서 최댓값 $f(-1,1)=7$,

최솟값 $f\left(-1,-\frac{1}{2}\right)=\frac{19}{4}$.

그러므로 D에서 f의 최댓값 $f(\pm1,1)=7$,

최솟값 $f(0,0)=4$이다.

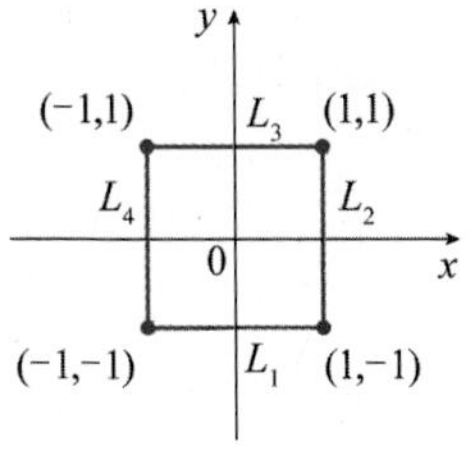

(3) $f_x=4x^3-4y=0$, $\quad f_y=4y^3-4x=0$에서

임계점 $(1,1)$이고 $f(1,1)=0$,

L_1에서 $y=0$, $f(x,0)=x^4+2$, $0\le x\le 3$

에서 최댓값 $f(3,0)=83$,

최솟값 $f(0,0)=2$

L_2에서 $x=3$, $f(3,y)=y^4-12y+83$,

$0\le y\le 2$에서 최댓값 $f(3,0)=83$, 최솟값

$f(3,\sqrt[3]{3})=83-3\sqrt[3]{3}\approx 70.0$

L_3에서 $y=2$, $f(x,2)=x^4-8x+18$,

$0\le x\le 3$에서 최댓값 $f(3,2)=75$,

최솟값 $f(\sqrt[3]{2},2)=18-6\sqrt[3]{2}\approx 10.4$

L_4에서 $x=0$, $f(0,y)=y^4+2$, $0\le y\le 2$

에서 최댓값 $f(0,2)=18$,

최솟값 $f(0,0)=2$이다.

그러므로 D에서 f의 최댓값 $f(3,0)=83$,

최솟값은 $f(1,1)=0$이다.

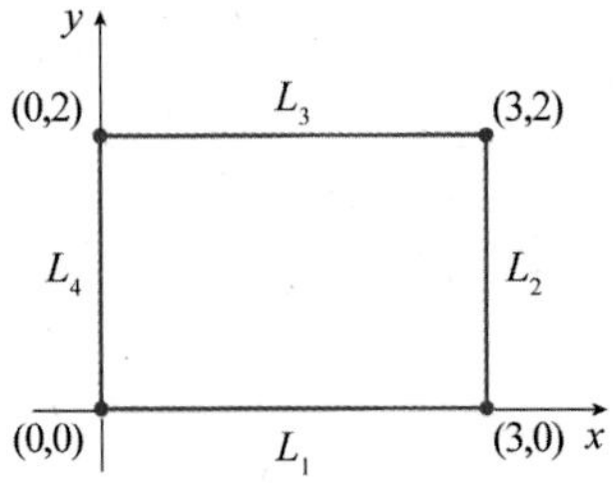

5. 주어진 점에서 평면 위의 임의의 점(x,y,z)에 이르는 거리 L은

$$L=\sqrt{(x-1)^2+(y-2)^2+(z-3)^2} \qquad (1)$$

이다. 이 L을 x와 y만의 함수로 나타내면 문제에서 $z=5-2x-2y$이므로

$$L^2=(x-1)^2+(y-2)^2+(2-2x-2y)^2 \qquad (2)$$

이 된다. L^2이 최소일 때 L도 최소가 되므로 편미분을 적용하면

$$\frac{\partial(L^2)}{\partial x}=2(x-1)-4(2-2x-2y)=0$$

$$\frac{\partial(L^2)}{\partial y}=2(y-2)-4(2-2x-2y)=0.$$

이것을 연립시켜 풀면

$$\begin{cases}5x+4y=5\\4x+5y=6\end{cases} \quad \text{즉 } x=\frac{1}{9},\ y=\frac{10}{9}$$

따라서 $z=5-2\left(\frac{1}{9}\right)-2\left(\frac{10}{9}\right)=\frac{23}{9}$, 이것을 (1)에 대입하면,

$$L=\sqrt{\left(-\frac{8}{9}\right)^2+\left(-\frac{8}{9}\right)^2+\left(-\frac{4}{9}\right)^2}=\frac{4}{3}$$

6. $\frac{\partial T}{\partial x}=32x+24=0$, $\frac{\partial T}{\partial y}=80y=0$

따라서 임계점 $(-3/4,\ 0)$에서 가장 낮은 온도 $T=-9^\circ C$를 얻는다. 가장 높은 온도는 반드시 경계선에 있으므로 T에 대한 공식에서 y^2 대신 $1-x^2$을 대입하여 경계온도를 얻는다.

즉, $T=-24x^2+24x+40$, $-1\le x\le 1$

$dT/dx=-48x+24=0$에서 $x=\frac{1}{2}$일 때 T의 최댓값 46을 얻는다. 주어진 영역에 대하여 이러한 사실을 두 점 $\left(\frac{1}{2},\frac{1}{2}\sqrt{3}\right)$, $\left(\frac{1}{2},-\frac{1}{2}\sqrt{3}\right)$에서 가장 높은 온도 $46^\circ C$를 가짐을 뜻한다.

연습문제 5.7

1. (1) $f(x,y)=x^2-y^2$의 최소화

제약조건 : $x-2y=-6$

$\nabla f=\lambda\nabla g$

$2x\mathrm{i}-2y\mathrm{j}=\lambda\mathrm{i}-2\lambda\mathrm{j}$

$2x=\lambda \quad \Rightarrow \quad x=\frac{\lambda}{2}$

$-2y=-2\lambda \quad \Rightarrow \quad y=\lambda$

$x-2y=-6 \quad \Rightarrow \quad -\frac{3}{2}\lambda=-6$

$\lambda=4,\ x=2,\ y=4$

$f(2,\ 4)=-12$

(2) $f(x,\ y)=2x+2xy+y$의 최대화

제약조건 : $2x+y=100$

$\nabla f=\lambda\nabla g$

$(2+2y)\mathrm{i}+(2x+1)\mathrm{j}=2\lambda\mathrm{i}+\lambda\mathrm{j}$

$$\left.\begin{array}{l} 2+2y=2\lambda \quad \Rightarrow \quad y=\lambda-1 \\ 2x+1=\lambda \quad \Rightarrow \quad x=\frac{\lambda-1}{2} \end{array}\right\} y=2x$$

$2x+y=100 \quad \Rightarrow \quad 4x=100$

$x=25,\quad y=50$

$f(25,\ 50)=2600$

(3) $g(x,\ y)$가 최대일 때

$f(x,y)=\sqrt{6-x^2-y^2}$ 도 최대이다.

$g(x,\ y)=6-x^2-y^2$의 최대화

제약조건 : $x+y=2$

$$\left.\begin{array}{l} -2x=\lambda \\ -2y=\lambda \end{array}\right\} x=y$$

$x+y=2 \quad \Rightarrow \quad x=y=1$

$f(1,\ 1)=\sqrt{g(1,1)}=2$

(4) $f(x,\ y)=e^{xy}$의 최대화

제약조건 : $x^2+y^2=8$

$$\left.\begin{array}{l} ye^{xy}=2x\lambda \\ xe^{xy}=2y\lambda \end{array}\right\} x=y$$

$x^2+y^2=8 \quad \Rightarrow \quad 2x^2=8$

$x=y=2$

$f(2,\ 2)=e^4$

2. $f(x,\ y)=x^2+3xy+y^2$의 최댓값 또는 최솟값

제약조건 : $x^2+y^2\le 1$

$$\left.\begin{array}{l} 2x+3y=2x\lambda \\ 3x+2y=2y\lambda \end{array}\right\} x^2=y^2$$

$x^2+y^2=1 \quad \Rightarrow \quad x=\pm\frac{\sqrt{2}}{2},\ y=\pm\frac{\sqrt{2}}{2}$

최댓값 $f\left(\pm\frac{\sqrt{2}}{2},\ \pm\frac{\sqrt{2}}{2}\right)=\frac{5}{2}$

최솟값 $f\left(\pm\frac{\sqrt{2}}{2},\ \frac{\sqrt{2}}{2}\right)=-\frac{1}{2}$

3. (1) $f(x,\ y,\ z)=x^2+y^2+z^2$의 최소화

제약조건 : $x+y+z=6$

$$\left.\begin{array}{l} 2x=\lambda \\ 2y=\lambda \\ 2z=\lambda \end{array}\right\} x=y=z$$

$x+y+z=6 \quad \Rightarrow \quad x=y=z=2$

$f(2,\ 2,\ 2)=12$

(2) $f(x,\ y,\ z)=x^2+y^2+z^2$의 최소화

제약조건 : $x+y+z=1$

$$\left.\begin{array}{l} 2x=\lambda \\ 2y=\lambda \\ 2z=\lambda \end{array}\right\} x=y=z$$

$x+y+z=1 \quad \Rightarrow \quad x=y=z=\frac{1}{3}$

$f\left(\frac{1}{3},\frac{1}{3},\frac{1}{3}\right)=\frac{1}{3}$

4. (1) $f(x,\ y,\ z)=x^2+y^2+z^2$의 최소화

제약조건 : $x+2z=6$

$x+y\ =12$

$\nabla f=\lambda\nabla g+\mu\nabla h$

$2x\mathrm{i}+2y\mathrm{j}+2z\mathrm{k}=\lambda(\mathrm{i}+2\mathrm{k})+\mu(\mathrm{i}+\mathrm{j})$

$$\left.\begin{array}{l} 2x=\lambda+\mu \\ 2y=\mu \\ 2z=2\lambda \end{array}\right\} 2x=2y+z$$

$x+2z=6 \quad \Rightarrow \quad z=\frac{6-x}{2}=3-\frac{x}{2}$

$x+y=12 \quad \Rightarrow \quad y=12-x$

$2x=2(12-x)+\left(3+\frac{x}{2}\right) \quad \Rightarrow \quad \frac{9}{2}x=27$

$\Rightarrow \quad x=6$

$y=6,\quad z=0$

$f(6,\ 6,\ 0)=72$

(2) $f(x,\ y,\ z)=xyz$의 최소화

제약조건 : $x^2+y^2=5$

$x-2y\ =0$

$\nabla f=\lambda\nabla g+\mu\nabla h$

$yz\mathrm{i}+xz\mathrm{j}+xy\mathrm{k}=\lambda(2x\mathrm{i}+2z\mathrm{k})+\mu(\mathrm{i}-2\mathrm{j})$

$yz=2x\lambda+\mu$

$xz=-2\mu \quad \Rightarrow \quad \mu=-\frac{xz}{2}$

$xy=2z\lambda \quad \Rightarrow \quad \lambda=\frac{xy}{2z}$

$x^2+z^2=5 \quad \Rightarrow \quad z=\sqrt{5-x^2}$

$x-2y=0 \quad \Rightarrow \quad y=\frac{x}{2}$

$$yz = 2x\left(\frac{xy}{2z}\right) - \frac{xz}{2}$$

$$\frac{x\sqrt{5-x^2}}{2} = \frac{x^3}{2\sqrt{5-x^2}} - \frac{x\sqrt{5-x^2}}{2}$$

$$x\sqrt{5-x^2} = \frac{x^3}{2\sqrt{5-x^2}}$$

$$2x(5-x^2) = x^3$$

$$0 = 3x^3 - 10x = x(3x^2 - 10)$$

$x = 0$ 또는 $x = \sqrt{\frac{10}{3}}$, $y = \frac{1}{2}\sqrt{\frac{10}{3}}$,

$$z = \sqrt{\frac{5}{3}}$$

$$f\left(\frac{\sqrt{10}}{3}, \frac{1}{2}\sqrt{\frac{10}{3}}, \sqrt{\frac{5}{3}}\right) = \frac{5\sqrt{15}}{9}$$

5. (1) $f(x, y) = x^2 + y^2$의 최소화

제약조건 : $2x + 3y = -1$

$$\left.\begin{aligned} 2y &= 2\lambda \\ 2y &= 3\lambda \end{aligned}\right\} y = \frac{3x}{2}$$

$$2x + 3y = -1 \quad \Rightarrow \quad x = -\frac{2}{13},\ y = -\frac{3}{13}$$

$$d = \sqrt{\left(-\frac{2}{13}\right)^2 + \left(-\frac{3}{13}\right)^2} = \frac{\sqrt{13}}{13}$$

(2) $f(x, y, z) = (x-2)^2 + (y-1)^2 + (z-1)^2$의 최소화

제약조건 : $x + y + z = 1$

$$\left.\begin{aligned} 2(x-2) &= \lambda \\ 2(y-1) &= \lambda \\ 2(z-1) &= \lambda \end{aligned}\right\} y = z \text{ and } y = x - 1$$

$$x + y + z = 1 \quad \Rightarrow \quad x + 2(x-1) = 1$$

$$x = 1,\ y = z = 0$$

$$d = \sqrt{(1-2)^2 + (0-1)^2 + (0-1)^2} = \sqrt{3}$$

6. (1) $f(x, y, z) = xyz$의 최대화

제약조건 : $x + 2y + 2z = 108$

$$\left.\begin{aligned} yz &= \lambda \\ xz &= 2\lambda \\ xy &= 2\lambda \end{aligned}\right\} y = z,\ x = 2y$$

$$x + 2y + 2z = 108 \quad \Rightarrow \quad 6y = 108,\ y = 18$$

$$x = 36,\ y = z = 18$$

가장 큰 부피의 직사각형 상자의 치수는 $36 \times 18 \times 18$이다.

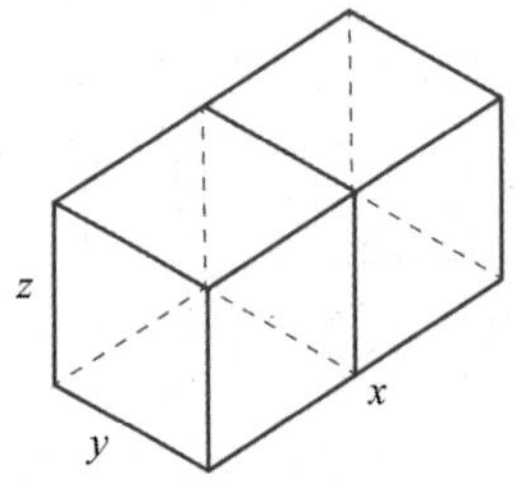

(2) $A(h, r) = 2\pi rh + 2\pi r^2$의 최소화

제약조건 : $\pi r^2 h = V_0$

$$\left.\begin{aligned} 2\pi h + 4\pi r &= 2\pi rh\lambda \\ 2\pi r &= \pi r^2 \lambda \end{aligned}\right\} h = 2r$$

$$\pi r^2 h = V_0 \quad \Rightarrow \quad 2\pi r^3 = V_0$$

$$d = \sqrt{(1-2)^2 + (0-1)^2 + (0-1)^2} = \sqrt{3}$$

$r = \sqrt[3]{\frac{V_0}{2\pi}}$ 그리고 $h = 2\sqrt[3]{\frac{V_0}{2\pi}}$

CHAPTER 6

연습문제 6.1

1. 상합은

$$U_f(P) = \frac{3}{2}\left(\frac{1}{2}\right) + 3\left(\frac{3}{2}\right) + \frac{5}{2}\left(\frac{1}{2}\right) + 4\left(\frac{3}{2}\right) + \frac{7}{2}\left(\frac{1}{2}\right) + 5\left(\frac{3}{2}\right) = \frac{87}{4}$$

이며, 하합은

$$L_f(P) = 0\left(\frac{1}{2}\right) + \frac{1}{2}\left(\frac{3}{2}\right) + 1\left(\frac{1}{2}\right) + \frac{3}{2}\left(\frac{3}{2}\right) + 2\left(\frac{1}{2}\right) + \frac{5}{2}\left(\frac{3}{2}\right) = \frac{33}{4}$$

이다.

2. 정사각형의 넓이는 1이다. $m = n = 2$인 리만 합에 의한 근사 부피는 다음과 같다.

$$V \approx \sum_{i=1}^{2}\sum_{j=1}^{2} f(x_i, y_j)\Delta A$$
$$= f(1,1)\Delta A + f(1,2)\Delta A + (2,1)\Delta A + f(2,2)\Delta A$$
$$= 13(1)+7(1)+10(1)+4(1)=34$$

3. 그림에 보인 4개의 부분 사각형의 중심에서 $f(x,y)=x-3y^2$을 계산한다.
따라서 $\overline{x_1}=1/2,\ \overline{x_2}=3/2,\ \overline{y_1}=5/4,\ \overline{y_2}=7/4$ 이고 각 부분사각형의 넓이는 $\Delta A=1/2$이다.
그러므로 다음을 얻는다.

$$\iint_R (x-3y^2)\,dA$$
$$\approx \sum_{i=1}^{2}\sum_{j=1}^{2} f(\overline{x_i},\overline{y_j})\Delta A$$
$$= f(\overline{x_1},\overline{y_1})\Delta A + f(\overline{x_1},\overline{y_2})\Delta A + f(\overline{x_2},\overline{y_1})\Delta A + f(\overline{x_2},\overline{y_2})\Delta A$$
$$= f\left(\frac{1}{2},\frac{5}{4}\right)\Delta A + f\left(\frac{1}{2},\frac{7}{4}\right)\Delta A + f\left(\frac{3}{2},\frac{5}{4}\right)\Delta A + f\left(\frac{3}{2},\frac{7}{4}\right)\Delta A$$
$$= \left(-\frac{67}{16}\right)\frac{1}{2} + \left(-\frac{139}{16}\right)\frac{1}{2} + \left(-\frac{51}{16}\right)\frac{1}{2} + \left(-\frac{123}{16}\right)\frac{1}{2} = -\frac{95}{8}$$

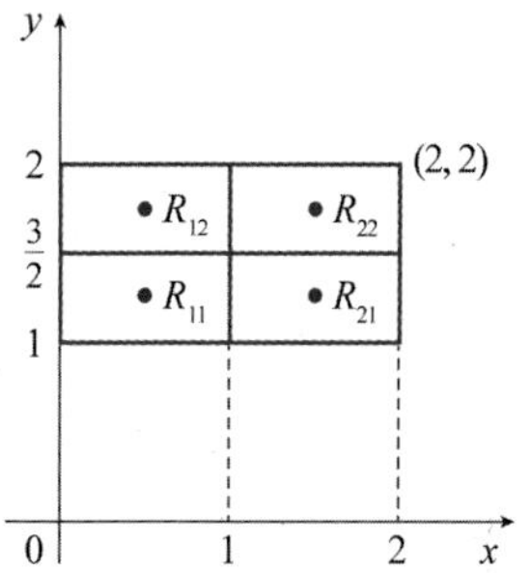

4. 곡면 $f(x,y)=1+x^2+3y$ 이고

$$\Delta x = \frac{1}{2}\cdot\frac{3}{2} = \frac{3}{4}$$

(a) $$V = \iint_R (1+x^2+3y)\,d\Delta$$
$$\approx \sum_{i=1}^{2}\sum_{j=1}^{2} f(x_{ij}^*, y_{ij}^*)\Delta A$$
$$= f(1,0)\Delta A + f\left(1,\frac{3}{2}\right)\Delta A + f\left(\frac{3}{2},0\right)\Delta A + f\left(\frac{3}{2},\frac{3}{2}\right)\Delta A$$
$$= 2\left(\frac{3}{4}\right) + \frac{13}{2}\left(\frac{3}{4}\right) + \frac{13}{4}\left(\frac{3}{4}\right) + \frac{31}{4}\left(\frac{3}{4}\right) = \frac{39}{2}\left(\frac{3}{4}\right)$$
$$= \frac{117}{8} = 14.625$$

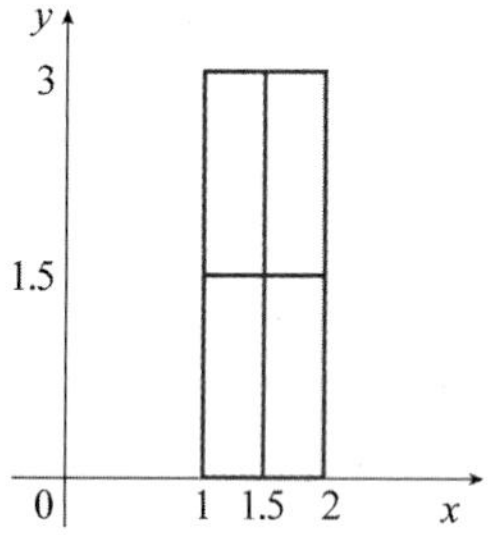

(b) $$V = \iint_R (1+x^2+3y)\,dA$$
$$\approx \sum_{i=1}^{2}\sum_{j=1}^{2} f(\overline{x_i},\overline{y_j})\Delta A$$
$$= f\left(\frac{5}{4},\frac{3}{4}\right)\Delta A + f\left(\frac{5}{4},\frac{9}{4}\right)\Delta A + f\left(\frac{7}{4},\frac{3}{4}\right)\Delta A + f\left(\frac{7}{4},\frac{9}{4}\right)\Delta A$$
$$= \frac{77}{16}\left(\frac{3}{4}\right) + \frac{149}{16}\left(\frac{3}{4}\right) + \frac{101}{16}\left(\frac{3}{4}\right) + \frac{173}{16}\left(\frac{3}{4}\right) = \frac{375}{16} = 23.4375$$

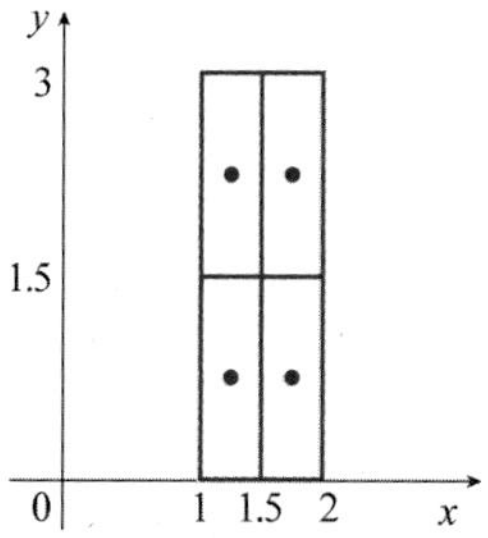

연습문제 6.2

1. (1) $\displaystyle\int_{\pi/6}^{\pi/2}\int_{-1}^{5} \cos y\,dx\,dy$

$= \int_{-1}^{5} dx \int_{\pi/6}^{\pi/2} \cos y\, dy$

$= [x]_{-1}^{5} [\sin y]_{\pi/6}^{\pi/2}$

$= [5-(-1)]\left(\sin\frac{\pi}{2} - \sin\frac{\pi}{6}\right) = 6(1-\frac{1}{2}) = 3$

(2) $\int_0^1 \int_0^3 e^{x+3y} dx\, dy$

$= \int_0^1 \int_0^3 e^x e^{3y} dx\, dy$

$= \int_0^3 e^x dx \int_0^1 e^{3y} dy$

$= [e^x]_0^3 \left[\frac{1}{3}e^{3y}\right]_0^1$

$= (e^3 - e^0) \cdot \frac{1}{3}(e^3 - e^0)$

$= \frac{1}{3}(e^3-1)^2,\ \frac{1}{3}(e^6 - 2e^3 + 1)$

(3) $\int_0^2 \int_0^\pi r \sin^2\theta\, d\theta\, dr$

$= \int_0^2 r\, dr \int_0^\pi \sin^2\theta\, d\theta$

$= \int_0^2 r\, dr \int_0^\pi \frac{1}{2}(1-\cos 2\theta)\, d\theta$

$= \left[\frac{1}{2}r^2\right]_0^2 \cdot \left[\theta - \frac{1}{2}\sin 2\theta\right]_0^\pi$

$= (2-0) \cdot \frac{1}{2}\left[\left(\pi - \frac{1}{2}\sin 2\pi\right) - \left(0 - \frac{1}{2}\sin 0\right)\right]$

$= 2 \cdot \frac{1}{2}[(\pi-0)-(0-0)] = \pi$

(4) $\int_0^1 \int_0^1 \sqrt{s+t}\, ds\, dt$

$= \int_0^1 \left[\frac{2}{3}(s+t)^{3/2}\right]_{s=0}^{s=1} dt$

$= \frac{2}{3}\int_0^1 [(1+t)^{3/2} - t^{3/2}]\, dt$

$= \frac{2}{3}\left[\frac{2}{5}(1+t)^{5/2} - \frac{2}{5}t^{5/2}\right]_0^1$

$= \frac{4}{15}[(2^{5/2}-1)-(1-0)]$

$= \frac{4}{15}(2^{5/2}-2)\ ,\ \frac{8}{15}(2\sqrt{2}-1)$

2. (1) $\iint_D (y + xy^{-2})\, dA$

$= \int_1^2 \int_0^2 (y+xy^{-2})\, dx\, dy$

$= \int_1^2 \left[xy + \frac{1}{2}x^2y^{-2}\right]_{x=0}^{x=2} dy$

$= \int_1^2 (2y + 2y^{-2}$

$= [y^2 - 2y^{-1}]_1^2 = (4-1)-(1-2) = 4$

(2) $\iint_D \frac{1+x^2}{1+y^2}\, dA$

$= \int_0^1 \int_0^1 \frac{1+x^2}{1+y^2}\, dy\, dx$

$= \int_0^1 (1+x^2)\, dx \int_0^1 \frac{1}{1+y^2}\, dy$

$= \left(1+\frac{1}{3}-0\right)\left(\frac{\pi}{4}-0\right) = \frac{\pi}{3}$

(3) $\iint_D \frac{x}{1+xy}\, dA$

$= \int_0^1 \int_0^1 \frac{x}{1+xy}\, dy\, dx$

$= \int_0^1 [\ln(1+xy)]_{y=0}^{y=1}$

$= \int_0^1 \ln(1+x)\, dx = [(1+x)\ln(1+x) - x]_0^1$

$= (2\ln 2 - 1) - (\ln 1 - 0) = 2\ln 2 - 1$

(4) $\iint_D ye^{-xy}\, dA$

$= \int_0^3 \int_0^2 ye^{-xy}\, dx\, dy$

$= \int_0^3 [-e^{-xy}]_{x=0}^{x=2} dy$

$= \int_0^3 (-e^{-2y}+1)\, dy = \left[\frac{1}{2}e^{-2y} + y\right]_0^3$

$= \frac{1}{2}e^{-6} + 3 - \left(\frac{1}{2}+0\right) = \frac{1}{2}e^{-6} + \frac{5}{2}$

3. $V = \iint_R (3y^2 - x^2 + 2)\, dA$

$= \int_{-1}^1 \int_1^2 (3y^2 - x^2 + 2)\, dy\, dx$

$= \int_{-1}^1 [y^3 - x^2y + 2y]_{y=1}^{y=2} dx$

$= \int_{-1}^1 [(12-2x^2)-(3-x^2)]\, dx$

$$= \int_{-1}^{1} (9-x^2)dx$$

$$= \left[9x - \frac{1}{3}x^3\right]_{-1}^{1}$$

$$= \frac{26}{3} + \frac{26}{3} = \frac{52}{3}$$

4. $V = \int_{-1}^{1}\int_{0}^{\pi} (1+e^x \sin y)dy\,dx$

$$= \int_{-1}^{1} [y - e^x \cos y]_{y=0}^{y=\pi} dx$$

$$= \int_{-1}^{1} (\pi + e^x - 0 + e^x)dx$$

$$= \int_{-1}^{1} (\pi + 2e^x)dx$$

$$= [\pi x + 2e^x]_{-1}^{1} = 2\pi + 2e - \frac{2}{e}$$

5. (1) $\int_{0}^{1}\int_{2x}^{2} (x-y)dy\,dx$

$$= \int_{0}^{1} \left[xy - \frac{1}{2}y^2\right]_{y=2x}^{y=2} dx$$

$$= \int_{0}^{1} \left[x(2) - \frac{1}{2}(2)^2 - x(2x) + \frac{1}{2}(2x)^2\right] dx$$

$$= \int_{0}^{1} (2x-2)dx$$

$$= [x^2 - 2x]_0^1 = 1 - 2 - 0 + 0 = -1$$

(2) $\int_{0}^{1}\int_{0}^{s^2} \cos(s^3)dt\,ds$

$$= \int_{0}^{1} [t\cos(s^3)]_{t=0}^{t=s^2} ds$$

$$= \int_{0}^{1} s^2\cos(s^3)ds$$

$$= \frac{1}{3}\sin(s^3)]_0^1 = \frac{1}{3}(\sin 1 - \sin 0) = \frac{1}{3}\sin 1$$

6. (1) $\iint_D \frac{y}{x^5+1}dA = \int_{0}^{1}\int_{0}^{x^2} \frac{y}{x^5+1}dy\,dx$

$$= \int_{0}^{1} \frac{1}{x^5+1}\left[\frac{y^2}{2}\right]_{y=0}^{y=x^2}$$

$$= \frac{1}{2}\int_{0}^{1} \frac{x^4}{x^5+1}dx$$

$$= \frac{1}{2}\left[\frac{1}{5}\ln|x^5+1|\right]_0^1$$

$$= \frac{1}{10}(\ln 2 - \ln 1) = \frac{1}{10}\ln 2$$

(2) $\iint_D x^3 dA = \int_{1}^{e}\int_{0}^{\ln x} x^3\,dy\,dx$

$$= \int_{1}^{e} [x^3 y]_{y=0}^{y=\ln x} dx$$

$$= \left[\frac{1}{4}x^4\ln x - \frac{1}{16}x^4\right]_1^e$$

$$= \frac{1}{4}e^4 - \frac{1}{16}e^4 - 0 + \frac{1}{16}$$

$$= \frac{3}{16}e^4 + \frac{1}{16}$$

(3) $\iint_D (x^2+2y)dA = \int_{0}^{1}\int_{x^3}^{x} (x^2+2y)dy\,dx$

$$= \int_{0}^{1} [x^2y + y^2]_{y=x^3}^{y=x} dx$$

$$= \int_{0}^{1} (x^3 + x^2 - x^5 - x^6)dx$$

$$= \left[\frac{1}{4}x^4 + \frac{1}{3}x^3 - \frac{1}{6}x^6 - \frac{1}{7}x^7\right]_0^1$$

$$= \frac{1}{4} + \frac{1}{3} - \frac{1}{6} - \frac{1}{7} = \frac{23}{84}$$

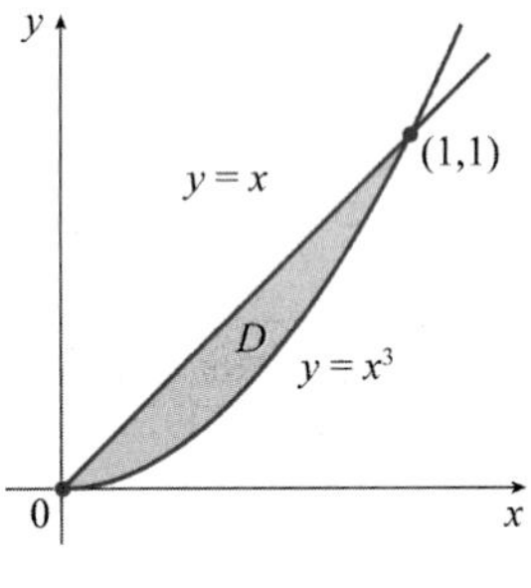

(4) $\iint_D xy^2 dA = \int_{-1}^{1}\int_{0}^{\sqrt{1-y^2}} xy^2\,dx\,dy$

$$= \int_{-1}^{1} y^2\left[\frac{1}{2}x^2\right]_{x=0}^{x=\sqrt{1-y^2}} dy$$

$$= \frac{1}{2}\int_{-1}^{1} y^2(1-y^2)dy$$

$$= \frac{1}{2}\int_{-1}^{1} (y^2 - y^4)dy$$

$$= \frac{1}{2}\left[\frac{1}{3}y^3 - \frac{1}{5}y^5\right]_{-1}^{1}$$

$$= \frac{1}{2}\left(\frac{1}{3} - \frac{1}{5} + \frac{1}{3} - \frac{1}{5}\right) = \frac{2}{15}$$

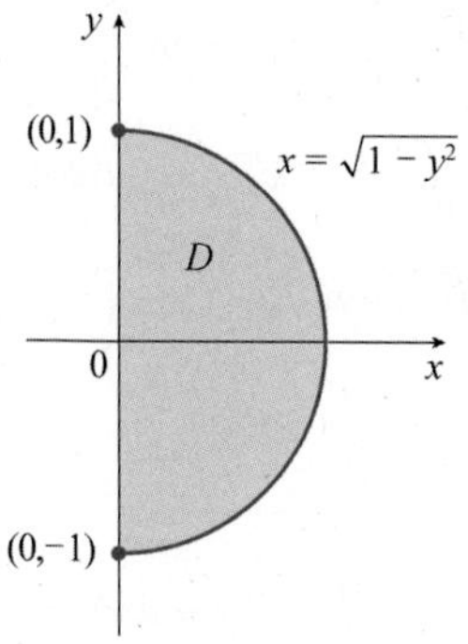

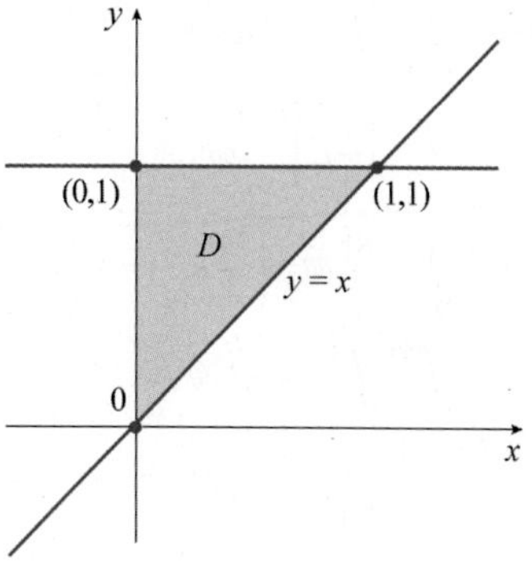

7. (1) $V=\int_0^1\int_{y^3}^{y^2}(2x+y^2)\,dx\,dy$

$=\int_0^1\left[x^2+xy^2\right]_{x=y^3}^{x=y^2}dy$

$=\int_0^1(2y^4-y^6-y^5)dy$

$=\left[\frac{2}{5}y^5-\frac{1}{7}y^7-\frac{1}{6}y^6\right]_0^1=\frac{19}{210}$

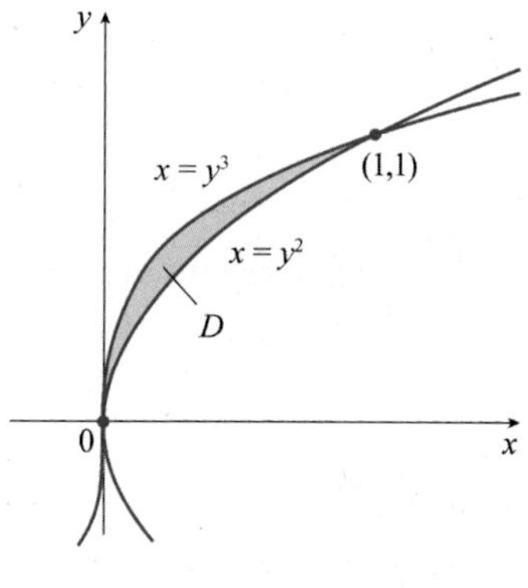

(2) $V=\int_0^1\int_x^1(x^2+3y^2)\,dy\,dx$

$=\int_0^1\left[x^2y+y^3\right]_{y=x}^{y=1}dx$

$=\int_0^1(x^2+1-2x^3)dx$

$=\left[\frac{1}{3}x^3+x-\frac{1}{2}x^4\right]_0^1=\frac{5}{6}$

연습문제 6.3

1. (1) $\int_0^{2\pi}\int_0^3 r^2\,dr\,d\theta=\int_0^{2\pi}9\,d\theta=18\pi$

(2) $\int_0^{2\pi}\int_0^2 e^{-r^2}r\,dr\,d\theta=-\frac{1}{2}\int_0^{2\pi}(e^{-4}-1)d\theta$

$=\pi-\pi e^{-4}$

(3) $\int_0^{2\pi}\int_0^{2-\cos\theta}r\sin\theta\, r\,dr\,d\theta$

$=\int_0^{2\pi}\left[\frac{1}{3}(2-\cos\theta)^3\sin\theta\right]d\theta=0$

(4) $\int_0^{2\pi}\int_0^3 r^2 r\,dr\,d\theta=\int_0^{2\pi}\frac{81}{4}d\theta=\frac{81}{2}\pi$

2. (1) $\int_0^{2\pi}\int_0^2 r^2\,dr\,d\theta=\int_0^{2\pi}\frac{8}{3}d\theta=\frac{16\pi}{3}$

(2) $\int_{-\pi/2}^{\pi/2}\int_0^2 e^{-r^2}r\,dr\,d\theta$

$=\int_{-\pi/2}^{\pi/2}\left(\frac{1}{2}-\frac{1}{2}e^{-4}\right)d\theta=(1-e^{-4})\frac{\pi}{2}$

(3) $\int_{\pi/4}^{\pi/2}\int_0^{\sqrt{8}}r^3 r\,dr\,d\theta=\int_{\pi/4}^{\pi/2}\frac{64\sqrt{8}}{5}d\theta$

$=\frac{32\sqrt{2}}{5}\pi$

(4) $V=\int_0^{2\pi}\int_0^1 20000e^{-r^2}r\,dr\,d\theta$

$=20000\pi(1-1/e)\approx 39717$

3. (1) $V=\int_0^{2\pi}\int_0^3 r^2 \cdot rdrd\theta$

$=\int_0^{2\pi}\left[\frac{1}{4}r^4\right]_{r=0}^{r=3} d\theta$

$=\int_0^{2\pi}\frac{81}{4}d\theta=\left[\frac{81}{4}\theta\right]_0^{2\pi}=\frac{81\pi}{2}$

(2) $V=\int_0^{2\pi}\int_0^2 r \cdot rdrd\theta$

$=\int_0^{2\pi}\left[\frac{1}{3}r^3\right]_{r=0}^{r=2} d\theta$

$=\int_0^{2\pi}\frac{8}{3}d\theta=\left[\frac{8}{3}\theta\right]_0^{2\pi}=\frac{16\pi}{3}$

4. $\int\int_R (x^2+y^2+3)dydx$

$=\int_0^{2\pi}\int_0^2 (r^2+3)rdrd\theta$

$=\int_0^{2\pi}\int_0^2 (r^3+3r)drd\theta$

$=\int_0^{2\pi}\left[\left(\frac{2^4}{4}+3\frac{2^2}{2}-0\right)\right]d\theta=10\int_0^{2\pi}d\theta=20\pi$

5. $V=\int\int_R (9-x^2-y^2)dydx$

$=\int_0^{2\pi}\int_2^3 (9-r^2)rdrd\theta$

$=\int_0^{2\pi}\int_2^3 (9r-r^3)drd\theta=\frac{25}{2}\pi$

6. $\int_{-1}^1\int_0^{\sqrt{1-x^2}} x^2(x^2+y^2)^2dydx$

$=\int\int_R x^2(x^2+y^2)^2dA$

$=\int_0^{\pi}\int_0^1 r^7\cos^2\theta drd\theta$

$=\frac{1}{8}\int_0^{\pi}\frac{1}{2}(1+\cos2\theta)d\theta=\frac{\pi}{16}$

연습문제 6.4

1. (1) $\int_0^2\int_{-2}^2\int_0^2 (2x+y-z)dzdydx$

$=\int_0^2\int_{-2}^2 (4x+2y-2)dydx$

$=\int_0^2 (16x-8)dx=16$

(2) $\int_2^3\int_0^1\int_{-1}^1 (\sqrt{y}-3z^2)dzdydx$

$=\int_2^3\int_0^1 2(\sqrt{y}-1)dydx$

$=\int_2^3\left(-\frac{2}{3}\right)dx=-\frac{2}{3}$

2. (1) $\int_0^1\int_0^z\int_0^{x+z} 6xzdydxdz$

$=\int_0^1\int_0^z 6xz(x+z)dxdz$

$=\int_0^1 (2z^4+3z^4)dz=1$

(2) $\int_0^3\int_0^1\int_0^{\sqrt{1-z^2}} ze^y dxdzdy$

$=\int_0^3\int_0^1 ze^y\sqrt{1-z^2}\,dzdy$

$=\int_0^3\frac{1}{3}e^y dy=\frac{1}{3}(e^3-1)$

(3) $\int_0^{\pi/2}\int_0^y\int_0^x \cos(x+y+z)dzdxdy$

$=\int_0^{\pi/2}\int_0^y \begin{bmatrix}\sin(2x+y)\\-\sin(x+y)\end{bmatrix}dxdy$

$=\int_0^{\pi/2}\begin{bmatrix}-\frac{1}{2}\cos3y+\cos2y\\+\frac{1}{2}\cos y-\cos y\end{bmatrix}dy=-\frac{1}{3}$

3. (1) $\int\int\int_E 2xdzdxdy$

$=\int_0^2\int_0^{\sqrt{4-y^2}}\int_0^y 2xdzdxdy$

$=\int_0^2\int_0^{\sqrt{4-y^2}} 2xydxdy$

$=\int_0^2 (4-y^2)ydy=4$

(2) $E=[(x,y,z)|0\le x\le 1, 0\le y\le\sqrt{x},$
$0\le z\le 1+x+y]$

$\iiint_E 6xydV$

$=\int_0^1\int_0^{\sqrt{x}}\int_0^{1+x+y} 6xydzdydx$

$=\int_0^1\int_0^{\sqrt{x}} [6xyz]_{z=0}^{z=1+x+y}dydx$

$$=\int_0^1\int_0^{\sqrt{x}} 6xy(1+x+y)dydx$$

$$=\int_0^1(3x^2+3x^3+2x^{5/2})dx=\frac{65}{28}$$

4. $2x+y+z=4$에서 xy평면 위 $y=4-2x$,

$E=[(x,y,z)|0\le x\le 2, 0\le y\le 4-2x,$

$0\le z\le 4-2x-y]$

$$V=\int_0^2\int_0^{4-2x}\int_0^{4-2x-y} dzdydx$$

$$=\int_0^2\int_0^{4-2x}(4-2x-y)dydx$$

$$=\int_0^2\left[4y-2xy-\frac{y^2}{2}\right]_0^{4-2x}dx=\frac{16}{3}$$

5. (1) $\int_0^1\int_0^1\int_0^1(x^2+y^2+z^2)dzdydx$

$$=\int_0^1\int_0^1\left(x^2+y^2+\frac{1}{3}\right)dydx$$

$$=\int_0^1\left(x^2+\frac{2}{3}\right)dx=1$$

(2) $\int_1^e\int_1^e\int_1^e\frac{1}{xyz}dxdydz$

$$=\int_1^e\int_1^e\left[\frac{\ln x}{yz}\right]_1^e dydz=\int_0^e\int_0^e\frac{1}{yz}dydz$$

$$=\int_1^e\left[\frac{\ln y}{z}\right]_1^e dz=\int_1^e\frac{1}{z}dz=1$$

(3) $\int_0^1\int_0^\pi\int_0^\pi y\sin z\,dxdydz$

$$=\int_0^1\int_0^\pi \pi y\sin z\,dydz$$

$$=\frac{\pi^3}{2}\int_0^1\sin z\,dz=\frac{\pi^3}{2}(1-\cos 1)$$

(4) $\int_0^3\int_0^{\sqrt{9-x^2}}\int_0^{\sqrt{9-x^2}} dzdydx$

$$=\int_0^3\int_0^{\sqrt{9-x^2}}\sqrt{9-x^2}\,dydx$$

$$=\int_0^3(9-x^2)dx$$

$$=\left[9x-\frac{x^3}{3}\right]_0^3=18$$

(5) $\int_0^1\int_0^{2-x}\int_0^{2-x-y} dzdydx$

$$=\int_0^1\int_0^{2-x}(2-x-y)\,dydx$$

$$=\int_0^1\left[(2-x)^2-\frac{1}{2}(2-x)^2\right]dx$$

$$=\frac{1}{2}\int_0^1(2-x)^2\,dx$$

$$=\left[-\frac{1}{6}(2-x)^3\right]_0^1=-\frac{1}{6}+\frac{8}{6}=\frac{7}{6}$$

(6) $\int_0^\pi\int_0^\pi\int_0^\pi\cos(u+v+w)\,dudvdw$

$$=\int_0^\pi\int_0^\pi[\sin(u+v+\pi)-\sin(w+v)]\,dvdw$$

$$=\int_0^\pi[(-\cos(w+2\pi)+\cos(w+\pi)$$

$$+\cos(w+\pi)-\cos w)]\,dw$$

$$=[-\sin(w+2\pi)+\sin(w+\pi)$$

$$-\sin w+\sin(w+\pi)]_0^\pi$$

$$=0$$

(7) $\int_1^e\int_1^e\int_1^e\ln r\ln s\ln t\,dtdrds$

$$=\int_1^e\int_1^e\ln r\ln s[t\ln t-t]_1^e\,drds$$

$$=\int_1^e\ln s[r\ln r-r]_1^e\,ds$$

$$=[s\ln s-s]_1^e=1$$

6. $\iiint_E(xz-y^3)dV$

$$=\int_0^1\int_0^2\int_{-1}^1(xz-y^3)dx\,dy\,dz$$

$$=\int_0^1\int_0^2\left[\frac{1}{2}x^2z-xy^3\right]_{x=-1}^{x=1}dy\,dz$$

$$=\int_0^1\int_0^2-2y^3\,dy\,dz$$

$$=\int_0^1\left[-\frac{1}{2}y^4\right]_{y=0}^{y=2}dz$$

$$=\int_0^1-8\,dz=-8z]_0^1=-8$$

7. 그림에서

$E=\{(x,y,z) \mid -1 \le x \le 1,\ x^2 \le y \le 1,$
$0 \le z \le 1-y\},$

$$V=\iiint_E dV$$
$$=\int_{-1}^{1}\int_{x^2}^{1}\int_{0}^{1-y} dz\,dy\,dx$$
$$=\int_{-1}^{1}\int_{x^2}^{1}(1-y)dy\,dx$$
$$=\int_{-1}^{1}\left[y-\frac{1}{3}y^2\right]_{y=x^2}^{y=1}dx$$
$$=\int_{-1}^{1}\left(\frac{1}{2}-x^2+\frac{1}{2}x^4\right)dx$$
$$=\left[\frac{1}{2}x-\frac{1}{3}x^2+\frac{1}{10}x^5\right]_{-1}^{1}$$
$$=\frac{1}{2}-\frac{1}{3}+\frac{1}{10}+\frac{1}{2}-\frac{1}{3}+\frac{1}{10}=\frac{8}{15}$$

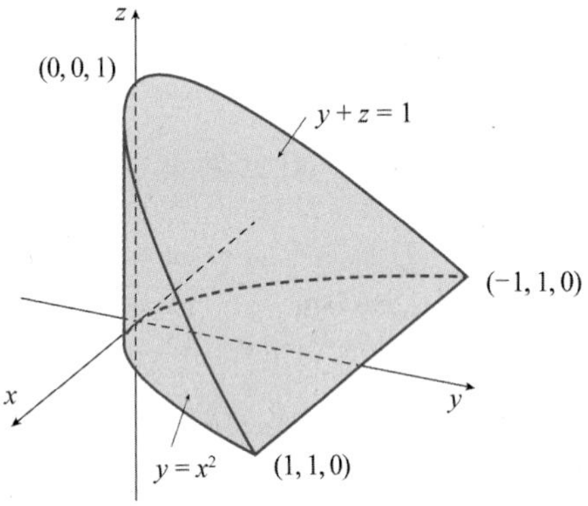

연습문제 6.5

1. (a)

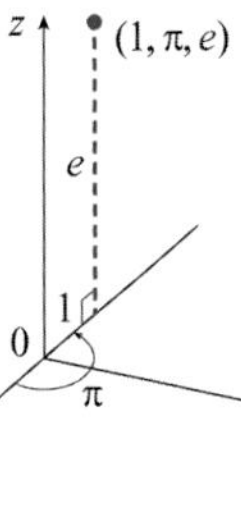

(b)

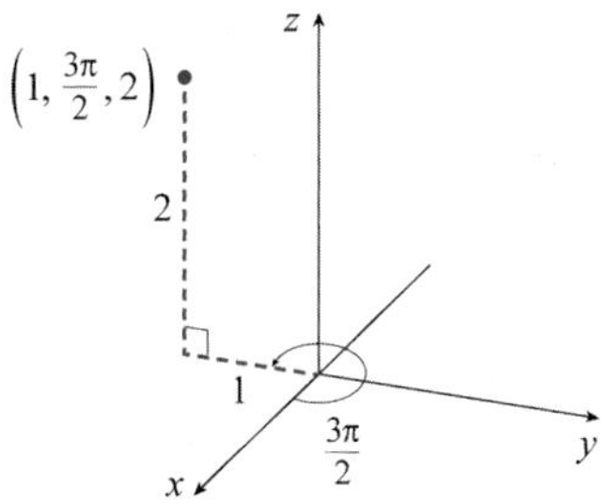

(1) $x=1\cos(\pi)=-1,$
$y=1\sin(\pi)=0, z=e$이다.
직교좌표 $(-1, 0, e)$

(2) $x=1\cos(3\pi/2)=0,$
$y=1\sin(3\pi/2)=-1, z=2$이다.
직교좌표 $(-0, -1, 2)$

2. (1) $\left(3\sqrt{2},\ \frac{7\pi}{4},\ -7\right)$

(2) $\left(4,\ \frac{\pi}{6},\ -1\right)$

3. 이 반복적분은 공간영역

$$E=\left\{(x,y,z) \mid -2 \le x \le 2,\ -\sqrt{4-x^2} \le y \le \sqrt{4-x^2},\ \sqrt{x^2+y^2} \le z \le 2\right\}$$

이다.

$E=\{(r,\ \theta,\ z) \mid 0 \le \theta \le 2\pi,$
$0 \le r \le 2,\ r \le z \le 2\}$

$$\int_{-2}^{2}\int_{-\sqrt{4-x^2}}^{\sqrt{4-x^2}}\int_{\sqrt{x^2+y^2}}^{2}(x^2+y^2)dz\,dy\,dx$$
$$=\iiint_E (x^2+y^2)dV$$
$$=\int_0^{2\pi}\int_0^2\int_r^2 r^2\,r\,dz\,dr\,d\theta$$
$$=\int_0^{2\pi}d\theta\int_0^2 r^3(2-r)\,dr$$
$$=2\pi\left[\frac{1}{2}r^4-\frac{1}{5}r^5\right]_0^2=\frac{16\pi}{5}$$

4. 공간영역은

$E=\{(r,\ \theta,\ z) \mid 0 \le \theta \le \pi/2,$
$0 \le r \le 2,\ 0 \le z \le 9-r^2\}$

이다.

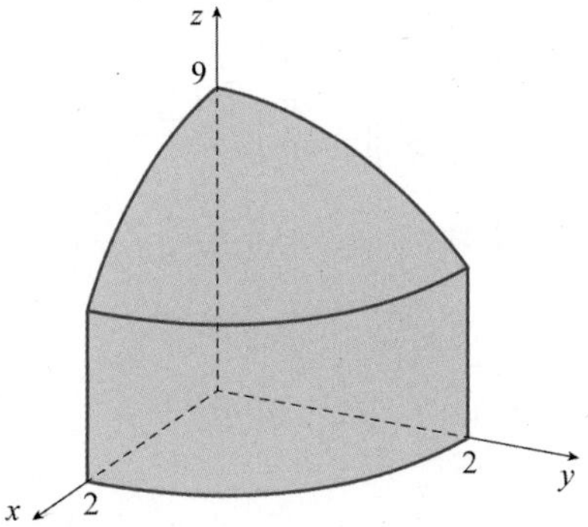

따라서 $\int_0^{\pi/2}\int_0^2\int_0^{9-r^2} r\,dz\,dr\,d\theta$

$$= \int_0^{\pi/2}\int_0^2 [rz]_{z=0}^{z=9-r^2} dr\,d\theta$$

$$= \int_0^{\pi/2}\int_0^2 r(9-r^2)dr\,d\theta$$

$$= \int_0^{\pi/2} d\theta \int_0^2 (9r-r^3)dr$$

$$= [\theta]_0^{\pi/2}\left[\frac{9}{2}r^2 - \frac{1}{4}r^4\right]_0^2 = \frac{\pi}{2}(18-4) = 7\pi$$

5. (1) 원기둥좌표에서

$E=[(r,\ \theta,\ z)\,|\,0 \le \theta \le 2\pi,$

$0 \le r \le 4,\ -5 \le z \le 4]$

$$\iiint_E \sqrt{x^2+y^2}\,dV$$

$$= \int_0^{2\pi}\int_0^4\int_{-5}^4 \sqrt{r^2}\,r\,dz\ dr\ d\theta$$

$$= \int_0^{2\pi} d\theta \int_0^4 r^2 dr \int_{-5}^4 dz$$

$$= [\theta]_0^{2\pi}\left[\frac{1}{3}r^3\right]_0^4 [x]_{-5}^4 = (2\pi)\left(\frac{64}{3}\right)(9) = 384\pi$$

(2) $z=x^2+y^2=r^2$과 $z=4$의 교점은 $r=2$이다. 그래서 원기둥좌표에서,

$E=[(r,\ \theta,\ z)\,|\,0 \le \theta \le 2\pi,$

$0 \le r \le 2,\ r^2 \le z \le 4],$

그러므로

$$\iiint_E z\,dV = \int_0^{2\pi}\int_0^2\int_{r^2}^4 (z)r\,dz\ dr\ d\theta$$

$$= \int_0^{2\pi}\int_0^x \left[\frac{1}{2}rz^2\right]_{z=r^2}^{z=4} dr\,d\theta$$

$$= \int_0^{2\pi}\int_0^2 \left(8r - \frac{1}{2}r^5\right)dr\,d\theta$$

$$= \int_0^{2\pi} d\theta \int_0^3 \left(8r - \frac{1}{2}r^5\right)dr$$

$$= 2\pi\left[4r^2 - \frac{1}{12}r^6\right]_0^2$$

$$= 2\pi\left(16 - \frac{16}{3}\right) = \frac{54}{3}\pi$$

(3) 원기둥좌표에서, E는 원기둥곡면 $r=1$과 평면 $z=0$, 원기둥곡면 $z=2r$과 둘러싸인 영역이다. 그래서

$E=[(r,\ \theta,\ z)\,|\,0 \le \theta \le 2\pi,$

$0 \le r \le 1,\ 0 \le z \le 2r]$

$$\iiint_E x^2 dV$$

$$= \int_0^{2\pi}\int_0^1\int_0^{2r} r^2\cos^2\theta\, r\,dz\,dr\,d\theta$$

$$= \int_0^{2\pi}\int_0^1 \left[r^3\cos^2\theta\, z\right]_{z=0}^{z=2r} dr\,d\theta$$

$$= \int_0^{2\pi}\int_0^1 2r^4\cos^2\theta\,dr\,d\theta$$

$$= \int_0^{2\pi}\left[\frac{2}{5}r^5\cos^2\theta\right]_{r=0}^{r=1} d\theta$$

$$= \frac{2}{5}\int_0^{2\pi}\cos^2\theta\,d\theta$$

$$= \frac{2}{5}\int_0^{2\pi}\frac{1}{2}(1+\cos 2\theta)d\theta$$

$$= \frac{1}{5}\left[\theta + \frac{1}{2}\sin 2\theta\right]_0^{2\pi} = \frac{2\pi}{5}$$

(4) 원기둥좌표에서 E는 원기둥곡면 $r=1$ 위와 구면 $r^2+z^2=4$ 아래로 둘러싸인 영역이다. 그래서

$E=[(r,\ \theta,\ z)\,|\,0 \le \theta \le 2\pi,\ 0 \le r \le 1,$

$-\sqrt{4-r^2} \le z \le \sqrt{4-r^2}\,]$

$$\iiint_E dV = \int_0^{2\pi}\int_0^1\int_{-\sqrt{4-r^2}}^{\sqrt{4-r^2}} r\,dz\ dr\ d\theta$$

$$= \int_0^{2\pi}\int_0^1 2r\sqrt{4-r^2}\,dr\,d\theta$$

$$= \int_0^{2\pi} d\theta \int_0^1 2r\sqrt{4-r^2}\,dr$$

$$= 2\pi\left[-\frac{2}{3}(4-r^2)^{3/2}\right]_0^1 = \frac{4}{3}\pi(8-3^{3/2})$$

연습문제 6.6

1. $x=\rho\sin\phi\cos\theta = 2\sin\frac{\pi}{3}\cos\frac{\pi}{4}$

$=2\left(\frac{\sqrt{3}}{2}\right)\left(\frac{1}{\sqrt{2}}\right)=\sqrt{\frac{3}{2}}$

$y=\rho\sin\phi\sin\theta = 2\sin\frac{\pi}{3}\sin\frac{\pi}{4}$

$=2\left(\frac{\sqrt{3}}{2}\right)\left(\frac{1}{\sqrt{2}}\right)=\sqrt{\frac{3}{2}}$

$z=\rho\cos\phi = 2\cos\frac{\pi}{3}=2\left(\frac{1}{2}\right)=1$

을 얻는다. 따라서 점 $(2, \pi/4, \pi/3)$의 직교좌표는 $(\sqrt{3/2}, \sqrt{3/2}, 1)$이다.

2. $\rho=\sqrt{x^2+y^2+z^2}=\sqrt{0+12+4}=4$가 얻어지므로,

$\cos\phi=\frac{z}{\rho}=\frac{-2}{4}=-\frac{1}{2},\ \phi=\frac{2\pi}{3}$

$\cos\theta=\frac{x}{\rho\sin\phi}=0,\quad \theta=\frac{\pi}{2}$

($y=2\sqrt{3}>0$이므로 $\theta\neq 3\pi/2$임을 주목하라.)
따라서 주어진 점의 구면 좌표는
$(4,\ \pi/2,\ 2\pi/3)$이다.

3. $x=\rho\sin\phi\cos\theta \quad y=\rho\sin\phi\sin\theta \quad z=\rho\cos\phi$

을 주어진 방정식에 대입하면

$\rho^2\sin^2\phi\cos^2\theta-\rho^2\sin^2\phi\sin^2\theta-\rho^2\cos^2\phi=1$

$\rho^2[\sin^2\phi(\cos^2\theta-\sin^2\theta)-\cos^2\phi]=1$

또는

$\rho^2\sin^2\phi\cos2\theta-\cos^2\phi=1$

을 얻는다.

4. $\rho=\sin\theta\sin\phi \Rightarrow \rho^2=\rho\sin\theta\sin\phi$

$x^2+y^2+z^2=\rho^2=\rho\sin\theta\sin\phi=y$

$x^2+\left(y-\frac{1}{2}\right)^2+z^2=\frac{1}{4}$

5. (1) $x=5\sin\frac{\pi}{2}\cos\pi=-5,\ y=5\sin\frac{\pi}{2}\sin\pi=0,$

$z=5\cos\frac{\pi}{2}=0$ 따라서 $(-5,\ 0,\ 0)$

(2) $x=4\sin\frac{\pi}{3}\cos\frac{3\pi}{4}$

$=4\left(\frac{\sqrt{3}}{2}\right)\left(-\frac{\sqrt{2}}{2}\right)=-\sqrt{6}$

$y=4\sin\frac{\pi}{3}\sin\frac{3\pi}{4}=4\left(\frac{\sqrt{3}}{2}\right)\left(\frac{\sqrt{2}}{2}\right)=\sqrt{6}$

$z=4\cos\frac{\pi}{3}=4\left(\frac{1}{2}\right)=2$

따라서 $(-\sqrt{6},\ \sqrt{6},\ 2)$

6. (1) $\rho=\sqrt{1+1+2}=2,\ \cos\varnothing=\frac{\sqrt{2}}{2},$

$\varnothing=\frac{\pi}{4},\ \cos\theta=\frac{1}{2\sin\frac{\pi}{4}}=\frac{1}{\sqrt{2}}$

$\theta=\frac{\pi}{4}$ 따라서 $\left(2,\ \frac{\pi}{4},\ \frac{\pi}{4}\right)$

(2) $\rho=\sqrt{3+9+4}=4,\ \cos\varnothing=-\frac{2}{4}=-\frac{1}{2},$

$\varnothing=\frac{2\pi}{3},$

$\cos\theta=-\frac{\sqrt{3}}{4\sin\frac{2\pi}{3}}=-\frac{\sqrt{3}\cdot 2}{4\cdot\sqrt{3}}=-\frac{1}{2}$

$y=-3$

$\theta=\frac{4\pi}{3}$ 따라서 $\left(4,\ \frac{4\pi}{3},\ \frac{2\pi}{3}\right)$

7. $E=\{(\rho,\theta,\phi)\,|\,0\le\rho\le3,\ 0\le\theta\le\pi/2,$
$0\le\phi\le\pi/6\}$

$\int_0^{\frac{\pi}{6}}\int_0^{\frac{\pi}{2}}\int_0^3\rho^2\sin\phi\,d\rho\,d\theta\,d\phi$

$=\int_0^{\frac{\pi}{6}}\sin\phi\,d\phi\int_0^{\frac{\pi}{2}}d\theta\int_0^3\rho^2d\rho$

$=[-\cos\phi]_0^{\frac{\pi}{6}}\ [\theta]_0^{\frac{\pi}{2}}\ \left[\frac{1}{3}\rho^3\right]_0^3$

$=\left(1-\frac{\sqrt{3}}{2}\right)\left(\frac{\pi}{2}\right)(9)=\frac{9\pi}{4}(2-\sqrt{3})$

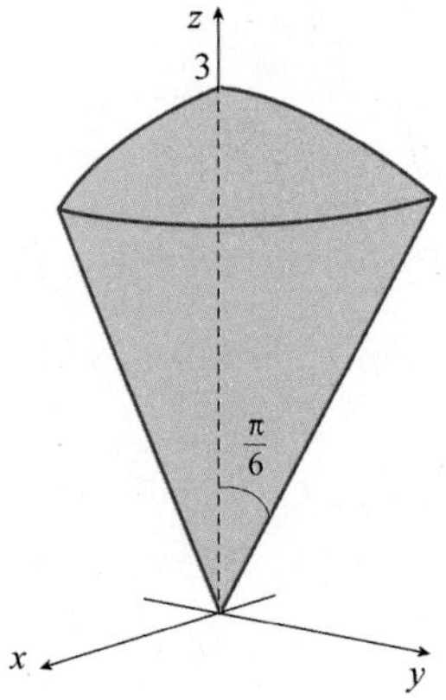

8.

$$B = \{(\rho, \theta, \phi) \mid 0 \le \rho \le 5,\ 0 \le \theta \le 2\pi,\ 0 \le \phi \le \pi\}$$

$$\iiint_B (x^2+y^2+z^2)^2 dV$$

$$= \int_0^{\pi}\int_0^{2\pi}\int_0^{5} (\rho^2)^2 \rho^2 \sin\phi\, d\rho\, d\theta\, d\phi$$

$$= \int_0^{\pi} \sin\phi\, d\phi \int_0^{2\pi} d\theta \int_0^{5} \rho^5 d\rho$$

$$= [-\cos\phi]_0^{\pi}\,[\theta]_0^{2\pi}\left[\frac{1}{7}\rho^7\right]_0^5 = (2)(2\pi)\left(\frac{78,125}{7}\right)$$

$$= \frac{312,500}{7}\pi \approx 140,249.7$$

9.

$$E = \left\{(\rho, \theta, \phi) \mid 1 \le \rho \le 2,\ \ 0 \le \theta \le \frac{\pi}{2},\ \ 0 \le \phi \le \frac{\pi}{2}\right\}$$

$$\iiint_E z\, dV$$

$$= \int_0^{\pi/2}\int_0^{\pi/2}\int_1^{2} (\rho\cos\phi)\,\rho^2 \sin\phi\, d\rho\, d\theta\, d\phi$$

$$= \int_0^{\pi/2} \cos\phi \sin\phi\, d\phi \int_0^{\pi/2} d\theta \int_1^{2} \rho^3 d\rho$$

$$= \left[\frac{1}{2}\sin^2\phi\right]_0^{\pi/2}\,[\theta]_0^{\pi/2}\,\left[\frac{1}{4}\rho^4\right]_1^2 = \left(\frac{1}{2}\right)\left(\frac{\pi}{2}\right)\left(\frac{15}{4}\right) = \frac{15\pi}{16}$$

연습문제 6.7

1. (1) $x = au + bv$

$y = cu + dv$

$$\frac{\partial x}{\partial u}\frac{\partial y}{\partial v} - \frac{\partial y}{\partial u}\frac{\partial x}{\partial v} = ad - cb$$

(2) $x = uv - 2u$

$y = uv$

$$\frac{\partial x}{\partial u}\frac{\partial y}{\partial v} - \frac{\partial y}{\partial u}\frac{\partial x}{\partial v} = (v-2)u - vu = -2u$$

(3) $x = u + a$

$y = v + a$

$$\frac{\partial x}{\partial u}\frac{\partial y}{\partial v} - \frac{\partial y}{\partial u}\frac{\partial x}{\partial v} = (1)(1) - (0)(0) = 1$$

(4) $x = u/v$

$y = u + v$

$$\frac{\partial x}{\partial u}\frac{\partial y}{\partial v} - \frac{\partial y}{\partial u}\frac{\partial x}{\partial v} = (1/v)1 - 1(-u/v^2)$$

$$= (u+v)/v^2$$

2. (1) $x = 3u + 2v$

$y = 3v$

$$v = \frac{y}{3}$$

$$u = \frac{x-2v}{3} = \frac{x-2(y/3)}{3} = \frac{x}{3} - \frac{2y}{9}$$

(x,y)	(u,v)
(0,0)	(0,0)
(3,0)	(1,0)
(2,3)	(0,1)

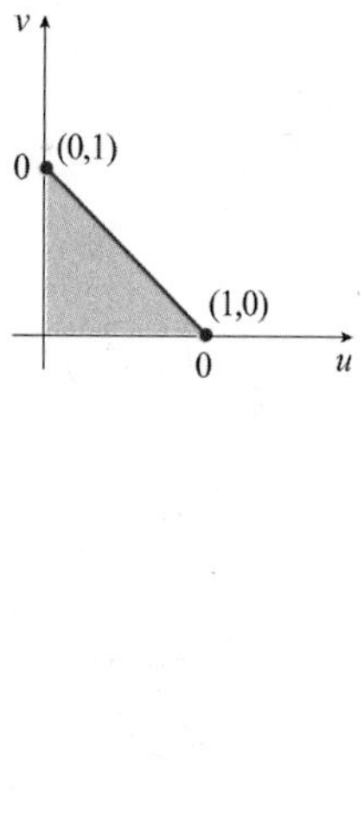

(2) $x = \frac{1}{3}(4u - v)$

$y = \frac{1}{3}(u - v)$

$u = x - y$

$v = x - 4y$

(x,y)	(u,v)
(0,0)	(0,0)
(4,1)	(3,0)
(2,2)	(0,−6)
(6,3)	(3,−6)

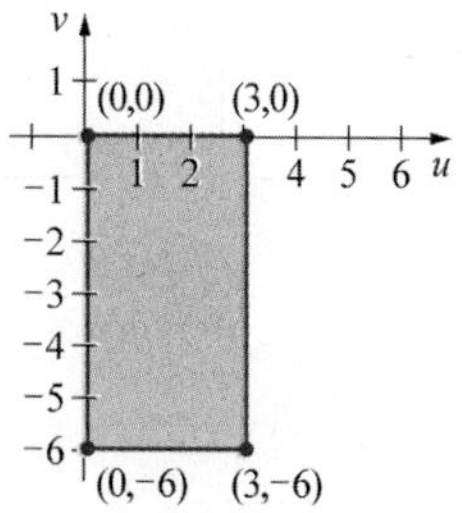

3. (1) $x+y=u,\ x-y=v$

$$x=\frac{1}{2}(u+v),\ y=\frac{1}{2}(u-v)$$

$$\frac{\partial x}{\partial u}\frac{\partial y}{\partial v}-\frac{\partial y}{\partial u}\frac{\partial x}{\partial v}=\left(\frac{1}{2}\right)\left(-\frac{1}{2}\right)-\left(\frac{1}{2}\right)\left(\frac{1}{2}\right)=-\frac{1}{2}$$

$$\int_R\int 4(x^2+y^2)dA$$

$$=\int_{-1}^{1}\int_{-1}^{1}4\left[\frac{1}{4}(u+v)^2+\frac{1}{4}(u-v)^2\right]\left(\frac{1}{2}\right)dv\,du$$

$$=\int_{-1}^{1}\int_{-1}^{1}(u^2+v^2)dv\,du$$

$$=\int_{-1}^{1}2\left(u^2+\frac{1}{3}\right)du$$

$$=\left[2\left(\frac{u^3}{3}+\frac{u}{3}\right)\right]_{-1}^{1}=\frac{8}{3}$$

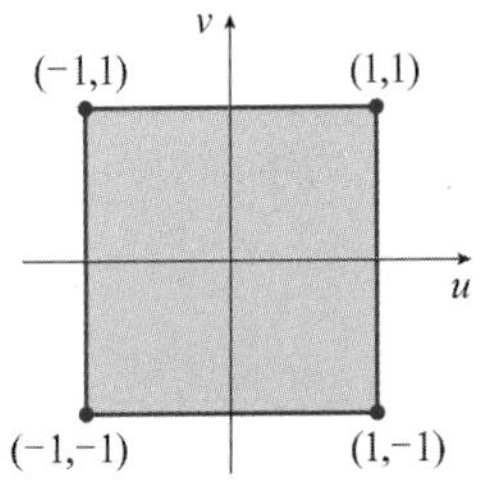

(2) $x=u+v$

$y=u$

$$\frac{\partial x}{\partial u}\frac{\partial y}{\partial v}-\frac{\partial y}{\partial u}\frac{\partial x}{\partial v}=(1)(0)-(1)(1)=-1$$

$$\int_R\int y(x-y)dA=\int_0^3\int_0^4 uv(1)dv\,du$$

$$=\int_0^3 8u\,du=36$$

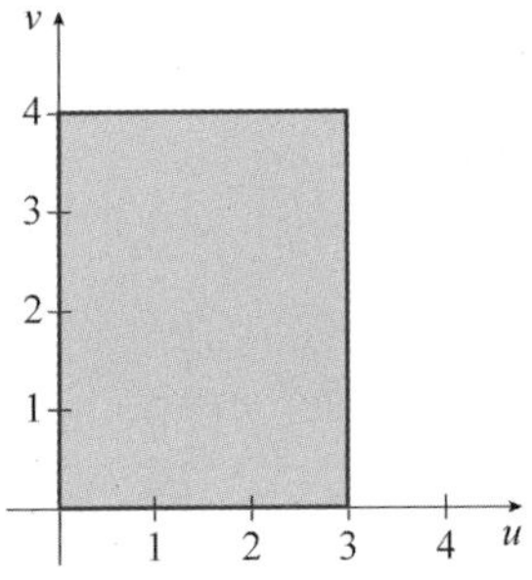

(3) $x=\dfrac{u}{v}$

$y=v$

$$\frac{\partial x}{\partial u}\frac{\partial y}{\partial v}-\frac{\partial y}{\partial u}\frac{\partial x}{\partial v}=\frac{1}{v}$$

$$\int_R\int y\sin xy\,dA$$

$$=\int_1^4\int_1^4 v(\sin u)\frac{1}{v}dv\,du=\int_1^4 3\sin u\,du$$

$$=[-3\cos u]_1^4=3(\cos 1-\cos 4)\approx 3.5818$$

4. (1) $u=x+y=4,\qquad v=x-y=0$

$u=x+y=8,\qquad v=x-y=4$

$$x=\frac{1}{2}(u+v),\qquad y=\frac{1}{2}(u-v)$$

$$\frac{\partial(x,y)}{\partial(u,v)}=\frac{1}{2}$$

$$\int_R\int(x+y)e^{x-y}dA$$

$$=\int_4^8\int_0^4 ue^v\left(\frac{1}{2}\right)dv\,du$$

$$=\frac{1}{2}\int_4^8 u(e^4-1)du$$

$$=\left[\frac{1}{4}u^2(e^4-1)\right]=12(e^4-1)$$

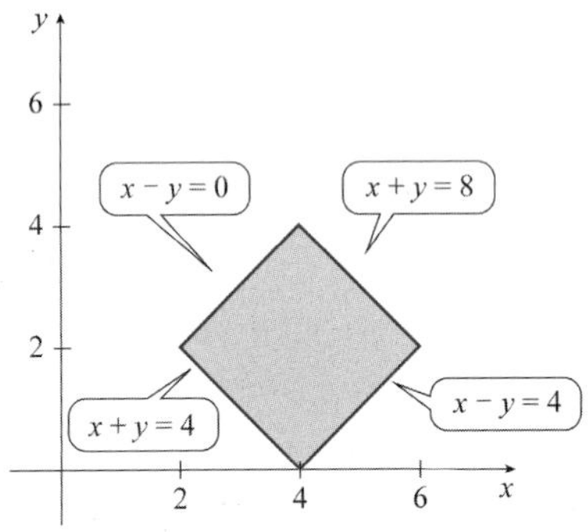

(2) $u=x+4y=0,\qquad v=x-y=0$

$u=x+4y=5,\qquad v=x-y=5$

$$x=\frac{1}{5}(u+4v),\qquad y=\frac{1}{5}(u-v)$$

$$\frac{\partial(x,y)}{\partial(u,v)}=\left(\frac{1}{5}\right)\left(-\frac{1}{5}\right)-\left(\frac{1}{5}\right)\left(\frac{4}{5}\right)=-\left(\frac{1}{5}\right)$$

$$\int_R\int\sqrt{(x-y)(x+4y)}\,dA$$

$$=\int_0^5\int_0^5\sqrt{uv}\left(\frac{1}{5}\right)du\,dv$$

$$= \int_0^5 \left[\frac{1}{5}\left(\frac{2}{3}\right) u^{3/2} \sqrt{v} \right]_0^5$$

$$= \left[\frac{2\sqrt{5}}{3}\left(\frac{2}{3}\right) v^{3/2} \right]_0^5 = \frac{100}{9}$$

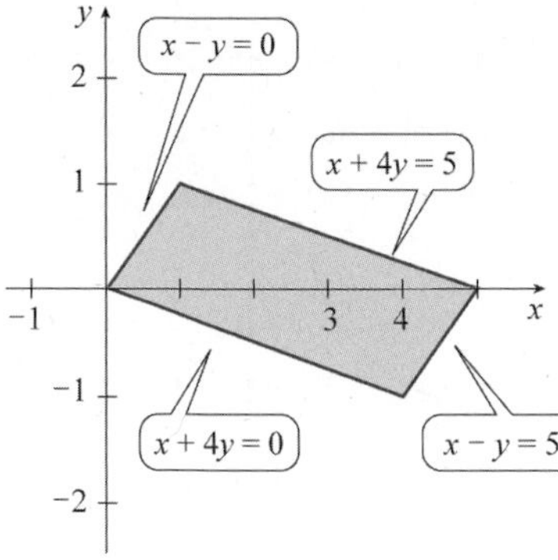

(3) $u = x + y, \qquad v = x - y$

$x = \frac{1}{2}(u+v), \qquad y = \frac{1}{2}(u-v)$

$\frac{\partial(x,y)}{\partial(u,v)} = -\frac{1}{2}$

$$\int_R \int \sqrt{x+y}\, dA = \int_0^a \int_{-u}^u \sqrt{u}\left(\frac{1}{2}\right) dv\, du$$

$$= \int_0^a u\sqrt{u}\, du$$

$$= \left[\frac{2}{5}u^{5/2}\right]_0^a = \frac{2}{5}a^{5/2}$$

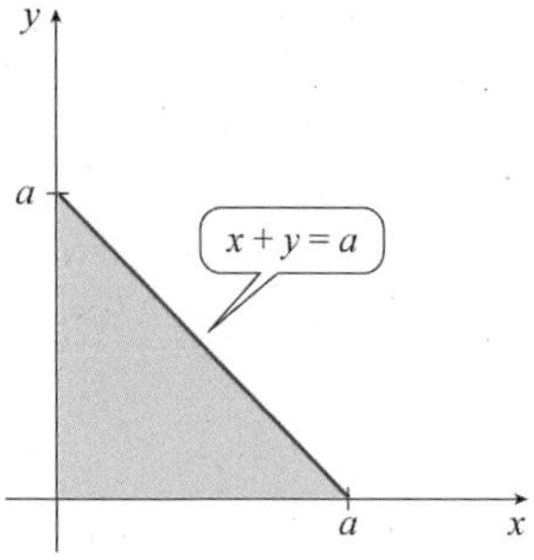

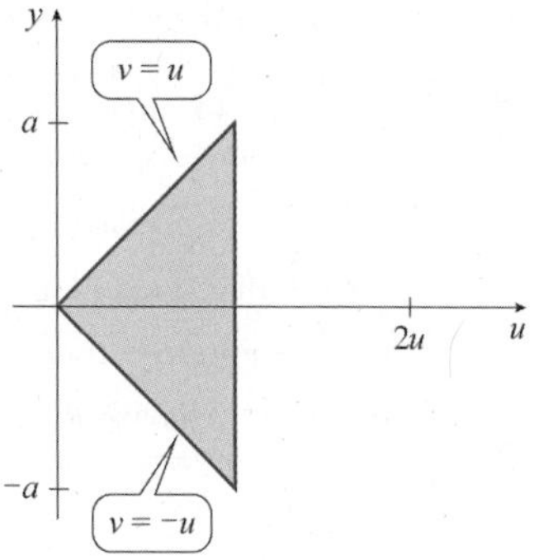

5. $\frac{x^2}{a^2} + \frac{y^2}{b^2} = 1,\ x = au,\ y = bv$

$\frac{(au)^2}{a^2} + \frac{(bv)^2}{b^2} = 1$

$u^2 + v^2 = 1$

(1) $\frac{x^2}{a^2} + \frac{y^2}{b^2} = 1, \qquad u^2 + v^2 = 1$

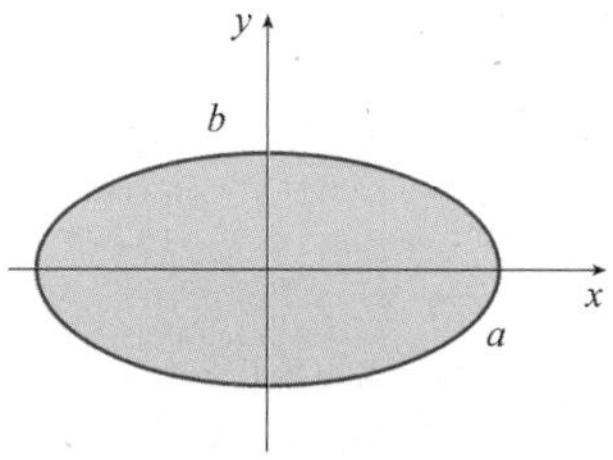

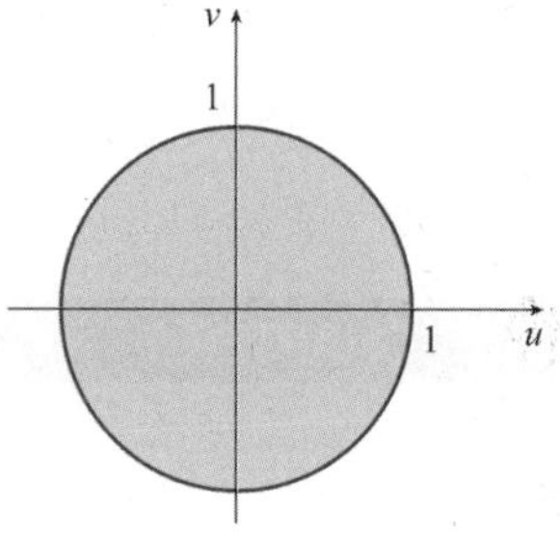

(2) $\frac{\partial(x,y)}{\partial(u,v)} = \frac{\partial x}{\partial u}\frac{\partial y}{\partial v} - \frac{\partial y}{\partial u}\frac{\partial x}{v}$

$= (a)(b) - (0)(0) = ab$

(3) $A = \int_S \int ab\, dS = ab(\pi(1)^2) = \pi ab$

6. (1) $x=u(1-v),\ y=uv(1-w),\ z=uvw$

$$\frac{\partial(x,y,z)}{\partial(u,v,w)}=\begin{vmatrix}1-v & -u & 0\\ v(1-w) & u(1-w) & -uv\\ vw & uw & uv\end{vmatrix}$$
$$=(1-v)[u^2v(1-w)+u^2vw]$$
$$+u[uv^2(1-w)+uv^2w]$$
$$=(1-v)(u^2v)+u(uv^2)=u^2v$$

(2) $x=\rho\sin\phi\cos\theta,\ y=\rho\sin\phi\sin\theta,\ z=\rho\cos\phi$

$$\frac{\partial(x,y,z)}{\partial(\rho,\theta,\phi)}$$
$$=\begin{vmatrix}\sin\phi\cos\theta & -\rho\sin\phi\sin\theta & \rho\cos\phi\cos\theta\\ \sin\phi\sin\theta & \rho\sin\phi\cos\theta & \rho\cos\phi\sin\theta\\ \cos\phi & 0 & -\rho\sin\phi\end{vmatrix}$$
$$=\cos\phi[-\rho^2\sin\phi\cos\phi\sin^2\theta-\rho^2\sin\phi\cos\phi\cos^2\theta]$$
$$-\rho\sin\phi[\rho\sin^2\phi\cos^2\theta+\rho\sin^2\phi\sin^2\theta]$$
$$=\cos\phi[-\rho^2\sin\phi\cos\phi(\sin^2\theta+\cos^2\theta)]$$
$$-\rho\sin\phi[\rho\sin^2\phi(\cos^2\theta+\sin^2\theta)]$$
$$=-\rho^2\sin\phi\cos^2\phi-\rho^2\sin^3\phi$$
$$=-\rho^2\sin\phi(\cos^2\phi+\sin^2\phi)$$
$$=-\rho^2\sin\phi$$

(3) $x=4u-v,\quad y=4v-w,\quad z=u+w$

$$\frac{\partial(x,y,z)}{\partial(u,v,w)}=\begin{vmatrix}4 & -1 & 0\\ 0 & 4 & -1\\ 1 & 0 & 1\end{vmatrix}=17$$

(4) $x=r\cos\theta,\quad y=r\sin\theta,\quad z=z$

$$\frac{\partial(x,y,z)}{\partial(\rho,\theta,\phi)}=\begin{vmatrix}\cos\theta & -r\sin\theta & 0\\ \sin\theta & r\cos\theta & 0\\ 0 & 0 & 1\end{vmatrix}$$
$$=1[r\cos^2\theta+r\sin^2\theta]=r$$

CHAPTER 7

연습문제 7.1

1. (1)

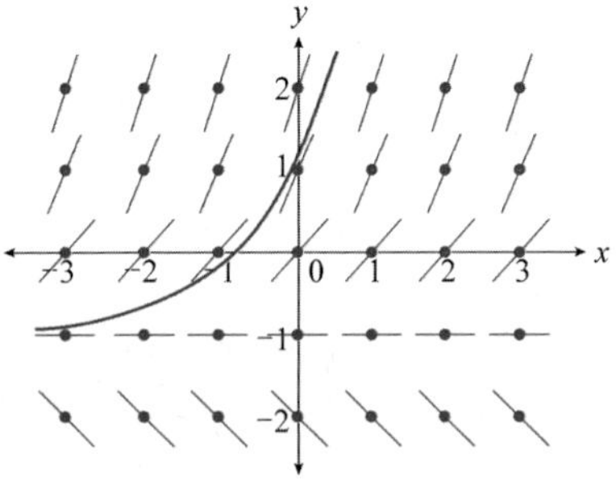

(2)

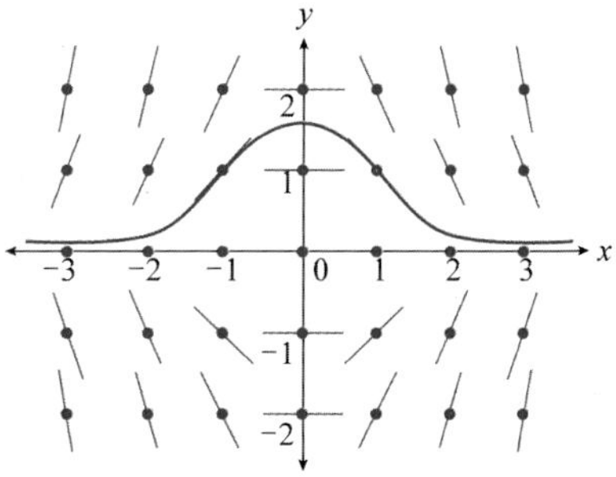

(3)

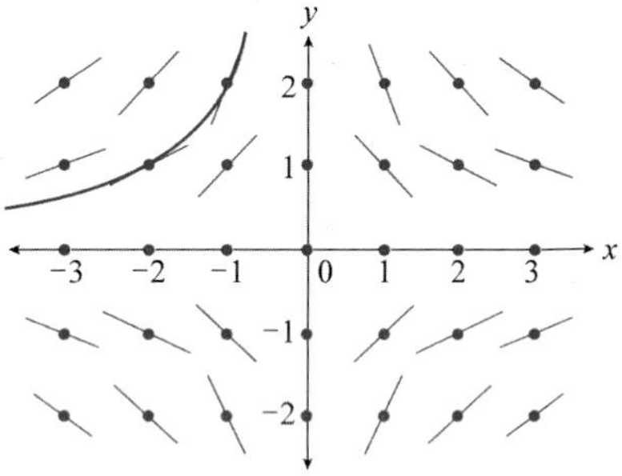

(4)

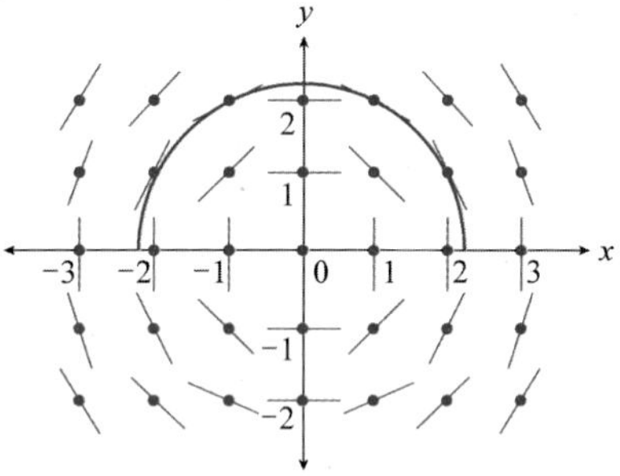

2. (1) 그림 c. $y=\sin x+C$이다.

(2) 그림 a. 일반 해는 $y=x^2+C$ 포물선이다.

(3) 기울기장은 그림 b에 나와있다. 일반 해는 $y=x^3-3x+C$ 세제곱 다항식이다.

(4) 그림 d. 일반 해답은 $y=-\frac{\pi}{2}x+C$ 이다.

3. (1) $y_1=y_0+\left(1-\dfrac{y_0}{x_0}\right)dx$

$$=-1+\left(1-\frac{-1}{2}\right)(.5)=-0.25,$$

$$y_2=y_1+\left(1-\frac{y_1}{x_1}\right)dx$$

$$=-0.25+\left(1-\frac{-0.25}{2.5}\right)(.5)=0.3,$$

$$y_3 = y_2 + \left(1 - \frac{y_2}{x_2}\right)dx$$
$$= 0.3 + \left(1 - \frac{0.3}{3}\right)(.5) = 0.75;$$

(2) $y_1 = y_0 + x_0(1 - y_0)dx$
$= 0 + 1(1-0)(.2) = .2,$
$y_2 = y_1 + x_1(1 - y_1)dx$
$= .2 + 1.2(1 - .2)(.2) = .392,$
$y_3 = y_2 + x_2(1 - y_2)dx$
$= .392 + 1.4(1 - .392)(.2) = .5622;$

(3) $y_1 = y_0 + (2x_0y_0 + 2y_0)dx$
$= 3 + [2(0)(3) + 2(3)](.2) = 4.2,$
$y_2 = y_1 + (2x_1y_1 + 2y_1)dx$
$= 4.2 + [2(.2)(4.2) + 2(4.2)](.2) = 6.216,$
$y_3 = y_2 + (2x_2y_2 + 2y_2)dx$
$= 6.216 + [2(.4)(6.216) + 2(6.216)](.2) = 9.6969;$

(4) $y_1 = y_0 + y_0^2(1 + 2x_0)dx$
$= 1 + 1^2[1 + 2(-1)](.5) = .5,$
$y_2 = y_1 + y_1^2(1 + 2x_1)dx$
$= .5 + (.5)^2[1 + 2(-.5)](.5) = .5,$
$y_3 = y_2 + y_2^2(1 + 2x_2)dx$
$= .5 + (.5)^2[1 + 2(0)](.5) = .625;$

4. (1) $\lim_{x\to 0}(f(x)+1) = -1+1 = 0,$

$\lim_{x\to 0}\sin x = 0$

Using L'Hospital's Rule,

$$\lim_{x\to 0}\frac{f(x)+1}{\sin x} = \lim_{x\to 0}\frac{f'(x)}{\cos x} = \frac{f'(0)}{\cos 0}$$
$$= \frac{(-1)^2 \cdot 2}{1} = 2$$

(2) $f\left(\frac{1}{4}\right) \approx f(0) + f'(0)\left(\frac{1}{4}\right)$

$= -1 + (2)\left(\frac{1}{4}\right) = -\frac{1}{2}$

$f\left(\frac{1}{2}\right) \approx f\left(\frac{1}{4}\right) + f'\left(\frac{1}{4}\right)\left(\frac{1}{4}\right)$

$= -\frac{1}{2} + \left(-\frac{1}{2}\right)^2\left(2 \cdot \frac{1}{4} + 2\right)\left(\frac{1}{2}\right)$

$= -\frac{11}{32}$

(3) $\frac{dy}{dx} = y^2(2x+2)$

$\frac{dy}{y^2} = (2x+2)dx$

$\int \frac{dy}{y^2} = \int (2x+2)dx$

$-\frac{1}{y} = x^2 + 2x + C$

$-\frac{1}{-1} = 0^2 + 2 \cdot 0 + C \Rightarrow C = 1$

$-\frac{1}{y} = x^2 + 2x + 1$

$y = -\frac{1}{x^2+2x+1} = -\frac{1}{(x+1)^2}$

연습문제 7.2

1. (1) $2y = \sin 2x + C$

(2) $\sec y = C\sin x$

(3) $\ln\left|\frac{y-1}{y+1}\right| + 4e^{-\frac{1}{2}x} = C$

(4) $2\ln|y| - e^{x^2} = C$

(5) $Cy^2 = \frac{x-1}{x+1}$

2. (1) $\frac{1}{y} + 4x + 6 = 0$

(2) $y = \tan x - x + \frac{\pi}{4} - 1$

(3) $y = 4x,\ x > 0$

(4) $1 - e^{-y} = \ln\left|\tan\frac{x}{2}\right|$

(5) $y = -\frac{40}{3}\ln\left|\frac{5-3\sin x}{8}\right|$

(6) $y^2 = 2x^2 + 1$

(7) $\tan x = 2\sin y$

연습문제 7.3

1. (1) $x + y\ln x = cy$

(2) $(x-y)\ln(x-y) = y + c(x-y)$

(3) $e^{y/x}(y-x) = x\ln x + cx$

(4) $4y^2\ln y = 2x^2\ln\frac{x}{y} - x^2 + cy^2$

(5) $2y + x = cy^2$

(6) $\ln(x^2+y^2) + 2\tan^{-1}\frac{y}{x} = c$

2. (1) $y^3 + 3x^3\ln x = 8x^3$

(2) $y^2 = 4x(x+y)^2$

(3) $\ln x = e^{y/x} - 1$

(4) $4x\ln\frac{y}{x} + x\ln x + y - x = 0$

(5) $3x^{3/2}\ln x + 3x^{1/2}y + 2y^{3/2} = 5x^{3/2}$

연습문제 7.4

1. (1) $x^2y^2 - 3x + 4y = c$

(2) $xy^3 + y^2\cos x - \frac{1}{2}x^2 = c$

(3) $xy - 2xe^x + 2e^x - 2x^3 = c$

(4) $x + y + xy - 3\ln(xy) = c$

(5) $x^3y^3 - \tan^{-1}3x = c$

(6) $-\ln(\cos x) + \cos x\sin y = c$

2. (1) $4xy + x^2 - 5x + 3y^2 - y = 8$

(2) $y^2\sin x - x^3y - x^2 + y\ln y - y = -1$

연습문제 7.5

1. (1) $xy = x\sin x + \cos x + C$

(2) $x^2y = x^4 + x^3 + C$

(3) $\frac{y}{x} = \frac{1}{2}(\ln|x|)^2 + C$

(4) $yx^{\frac{1}{2}} = C - \frac{1}{2}x^2$

(5) $y\sin x = \frac{3}{2}\cos^2 x - \cos^4 x + C$

(6) $y\sec^2 x = \sec x + C$

(7) $\frac{y}{1+x} = x - \ln|1+x| + C$

(8) $y\cot^2\frac{x}{2} = 2\ln\left|\sin\frac{x}{2}\right| + C$

2. (1) $y = x^3\ln|x| - x^3 + 3x^2$

(2) $y = \frac{1}{5}(2\sin x - \cos x + e^{-2x})$

(3) $ye^{2x} = \frac{x^4}{4} + \ln|x| + C,$

$y = \frac{1}{4}(x^4 - 1)e^{-2x} + e^{-2x}\ln x$

(4) $y = [e^x(x^2 - 2x + 2) + 1 - e]x^{-3}$

(5) $y = \frac{5x}{2} - \frac{1}{2x}$

연습문제 7.6

1. $P(t)$는 시간 t때의 인구라면, 문제는 P가 방정식 $\frac{dP}{dt} = 0.019P$를 충족시킨다. 지수 증가 방정식은 $P(t) = P_0e^{0.01pt}$. P_0는 처음 인구이다. 1970에 $t=0$으로 간주한다.

$3.5\times10^9 = P(0) = P_0e^0 = P_0,$

$P(t) = (3.5\times10^9)e^{0.019t},$

$(3.5)(10^9)e^{0.019t} = (5.5)10^{15}$

$e^{0.019t} \cong (1.6)10^6$

양 쪽의 로그를 적용하면

$0.019t \cong \ln1.6 + 6\ln10 \cong 14.3,\ t \cong 750$년

2. N을 시간 t때의 수이고 N_0가 시작 수라고 여긴다. 그렇다면

$\frac{dN}{dt} = kN, \frac{dN}{N} = kdt,\ \ln N = kt + C,$

그리고 $\ln N_0 = 0 + C$

$C = \ln N_0$이다. 일반 해답은 $N = N_0e^{kt}$이다.

k는 상수.

$t=6$일 때 $N = 3N_0$이므로, $3N_0 = N_0e^{6k}$

그리고 $k = \frac{1}{6}ln3$를 이다.

(1) $N = N_0e^{(tln3)/6}$, $t = 12$일 때,

$N = N_0e^{2\ln3} = N_0e^{\ln9} = 9N_0$

(2) $N = 4N_0$이다.

$4 = e^{(tln3)/6}, \ln4 = \frac{t}{6}ln3,$

그리고 $t = \frac{6\ln4}{\ln3} \approx 7.6$시간

3. $\frac{dQ}{Q}=-0.30dt \rightarrow \ln Q=-0.30t+C$

$Q(0)=Q_0$라고 두면,

$\ln Q=-0.30t+\ln Q_0 \rightarrow \ln\frac{Q}{Q_0}=-0.30t$

$\rightarrow \frac{Q}{Q_0}=e^{-0.30t}$

$Q=0.1Q_0$일 때,

$0.1=e^{-0.30t}$,

$t=\frac{\ln 0.1}{-0.3}\approx 7\frac{2}{3}$

4. 반감기가 5730년이므로

$-\frac{\ln 2}{r}=5730$

$r=-\frac{\ln 2}{5730}$

20%가 남아 있다면

$0.2A=Ae^{\left(-\frac{\ln 2}{5730}\right)t}$

$e^{\left(-\frac{\ln 2}{5730}\right)t}=0.2$

$-\frac{\ln 2}{5730}t=\ln 0.2$

$t=\frac{5730\ln 0.2}{\ln 2}\approx 13,304,648$

이다. 따라서 이 화석의 나이는 13,305년이다.

5. $L\frac{dI}{dt}+RI=E(t)$에 $L=0.1, R=5$,

$E(t)=12$이므로 $0.1\frac{dI}{dt}+5I=12$에서

$\frac{dI}{dt}+50I=120.$

적분인자 e^{50t}를 곱하고 적분하면

$\frac{d}{dt}(e^{50t}I)=120e^{50t}$

$e^{50t}I=\frac{120}{50}e^{50t}+c$

$\therefore I=2.4+ce^{-50t}$

6. $2\frac{dI}{dt}+6I=12,\ \frac{dI}{dt}+3I=6$

적분인자 e^{3t}를 곱하면

$e^{3t}\frac{dI}{dt}+3e^{3t}I=6e^{3t}$

$\frac{d}{dt}[e^{3t}I]=6e^{3t},\ I=e^{-3t}(2e^{3t}+c)$

$t=0$일 때, $I=0$이므로 $c=-2,\ I=2-2e^{-3t}$

7. $\frac{1}{2}\frac{dI}{dt}+10I=12$

$I(0)=0$

적분인자 e^{20t}를 곱하면

$\frac{1}{2}e^{20t}\frac{dI}{dt}+10e^{20t}I=12e^{20t}$

$\frac{d}{dt}[e^{20t}I]=24e^{20t}$

$e^{20t}I=\frac{24}{20}e^{20t}+c$

$I=\frac{6}{5}+ce^{-20t}$

$I(0)=0$이므로 $c=-6/5$

$I(t)=\frac{6}{5}-\frac{6}{5}e^{-20t}$

APPENDIX

문제 A.1

(1) $\frac{d}{dx}(x^{\sqrt{2}})=\sqrt{2}x^{\sqrt{2}-1}$

(2) $\frac{d}{dx}(x^{10})=10x^9$

(3) $\frac{d}{dx}\left(x^{-\frac{4}{3}}\right)=-\frac{4}{3}x^{-\frac{7}{3}}$

문제 A.2

(1) $y'=6x-5$

(2) $y'=15x^2-\frac{1}{\sqrt{x}}$

(3) $y=1+\frac{1}{x}+2x^{-2}$

$y'=0-\frac{1}{x^2}-4x^{-3}=-\frac{1}{x^2}-\frac{4}{x^3}$

(4) $y=2\sqrt{x}+\frac{2}{x}$

$$y' = \frac{1}{\sqrt{x}} - \frac{2}{x^2}$$

(5) $y' = 2x^{-2} - 8x^{-3}$

(6) $y' = -12x^{-2} + 12x^{-4} - 4x^{-5}$

문제 A.3

(1) $y = 1 + 5x^{-1} - x^{-2}$

$y' = -5x^{-2} + 2x^{-3}$

(2) $y = 2x^{5/2} - 3x - x^{-1/2}$

$y' = 5x^{3/2} - 3 + \frac{1}{2}x^{-3/2} = 5x^{3/2} - 3 + \frac{1}{2x^{3/2}}$

(3) $y = 3x^{-1} + 2x - x^2$

$y' = -3x^{-2} + 2 - 2x = -\frac{3}{x^2} + 2 - 2x$

(4) $f(x) = 12x^{5/3} - 6x^{2/3}$

$f'(x) = 20x^{2/3} - 4x^{-1/3} = 20x^{2/3} - \frac{4}{x^{1/3}}$

문제 A.4

(1) $y' = -5x^4 + 12x^2 - 2x - 3$

(2) $y' = 3x^2(3x^2 - 2x) + (x^3 - 2)(6x - 2)$

$= 9x^4 - 6x^3 + 6x^4 - 2x^3 - 12x + 4$

$= 15x^4 - 8x^3 - 12x + 4$

(3) $y' = \frac{3}{4}x^{-\frac{1}{4}} + 3x^{-4} + \frac{11}{4}x^{\frac{7}{4}} + x^{-2}$

(4) $y' = -3\sqrt{x} + (5 - 3x)\frac{1}{2\sqrt{x}}$

$= \frac{-6x + 5 - 3x}{2\sqrt{x}} = \frac{5 - 9x}{2\sqrt{x}}$

문제 A.5

(1) $\frac{-19}{(3x-2)^2}$

(2) $y' = \frac{-3(3x^2 + x) - (4 - 3x)(6x + 1)}{(3x^2 + x)^2}$

$= \frac{9x^2 - 24x - 4}{(3x^2 + x)^2}$

(3) $\frac{-6(x^2 - 2)}{(x-1)^2(x-2)^2}$

(4) $y' = \frac{\frac{1}{2\sqrt{x}}(\sqrt{x} + 1) - (\sqrt{x} - 1)\frac{1}{2\sqrt{x}}}{(\sqrt{x} + 1)^2}$

$= \frac{1}{\sqrt{x}(\sqrt{x} + 1)^2}$

문제 A.6

(1) $y' = -27(4 - 3x)^8$

(2) $y' = 4(3x^2 - \sqrt{x})^3\left(6x - \frac{1}{2\sqrt{x}}\right)$

(3) $y' = 4\left(\frac{x^2}{8} + x - \frac{1}{x}\right)\left(\frac{x}{4} + 1 + \frac{1}{x^2}\right)$

(4) $y' = \frac{2 - 2x}{3(2x - x^2)^{2/3}}$

문제 A.7

(1) $y' = \frac{12}{(2 - 3x)^5}$

(2) $y' = 3(2x + 1)^2(3x - 4)^4(16x - 3)$

(3) $y' = 2(2 - 5x)^3(3x^2 + 1)^2(-75x^2 + 18x - 10)$

(4) $y' = -\frac{2(x+1)(x+2)}{(2x+1)^4}$

문제 A.8

(1) $y' = -\frac{x^2}{y^2}$

(2) $\frac{d}{dx}\left(x^{\frac{2}{3}} + y^{\frac{2}{3}}\right) = \frac{d}{dx}(1)$

$\frac{2}{3}x^{-\frac{1}{3}} + \frac{2}{3}y^{-\frac{1}{3}} \cdot y' = 0$

$y' = \frac{-x^{-\frac{1}{3}}}{y^{-\frac{1}{3}}} = -\frac{y^{\frac{1}{3}}}{x^{\frac{1}{3}}}$

$\therefore \frac{dy}{dx} = -\frac{\sqrt[3]{y}}{\sqrt[3]{x}}$

(3) $\frac{d}{dx}(x^2 - xy + y^2) = \frac{d}{dx}(6)$

$2x - (1 \cdot y + x \cdot y') + 2y \cdot y' = 0$

$y'(2y - x) = y - 2x$

$\therefore \frac{dy}{dx} = \frac{y - 2x}{2y - x}$

(4) $y' = \dfrac{6y - x^2}{y^2 - 6x}$

(5) $y' = \dfrac{\sqrt{y}}{\sqrt{y}+1}$

(6) $\dfrac{d}{dx}(x^2y^3 - x^3y^2) = \dfrac{d}{dx}(-5)$

$2x \cdot y^3 + x^2 \cdot 3y^2y' - (3x^2 \cdot y^2 + x^3 \cdot 2yy') = 0$

$2xy^3 + 3x^2y^2y' - 3x^2y^2 - 2x^3yy' = 0$

$y'(3x^2y^2 - 2x^3y) = 3x^2y^2 - 2xy^3$

$\therefore \dfrac{dy}{dx} = \dfrac{xy^2(3x-2y)}{x^2y(3y-2x)} = \dfrac{y(3x-2y)}{x(3y-2x)}$

문제 A.9

(1) $y = (2x-1)^{-1}$

$y' = -(2x-1)^{-2} \cdot 2 = -2(2x-1)^{-2}$

$y'' = 4(2x-1)^{-3} \cdot 2 = \dfrac{8}{(2x-1)^3}$

(2) $y' = 6(x^2-2x)^5(2x-2)$

$y'' = 30(x^2-2x)^4(2x-2) \cdot (2x-2)$

$\quad + 6(x^2-2x)^5 \cdot 2$

$= 120(x^2-2x)^4(x-1)^2 + 12(x^2-2x)^5$

$= 12(x^2-2x)^4[10(x-1)^2 + (x^2-2x)]$

$= 12(x^2-2x)^4(11x^2 - 22x + 10)$

(3) $y' = \dfrac{1}{2\sqrt{x^2+2}} \cdot 2x = \dfrac{x}{\sqrt{x^2+2}}$

$$y'' = \dfrac{1 \cdot \sqrt{x^2+2} - x \cdot \dfrac{1}{2\sqrt{x^2+2}} \cdot 2x}{(x^2+2)}$$

$$= \dfrac{\left[\sqrt{x^2+2} - \dfrac{x^2}{\sqrt{x^2+2}}\right] \cdot \sqrt{x^2+2}}{(x^2+2) \cdot \sqrt{x^2+2}}$$

$$= \dfrac{x^2+2-x^2}{(x^2+2)\sqrt{x^2+2}} = \dfrac{2}{(x^2+2)\sqrt{x^2+2}}$$

(4) $2x - 2yy' = 0$

$y' = \dfrac{x}{y}$

$y'' = \dfrac{1 \cdot y - x \cdot y'}{y^2}$

$$= \dfrac{y - x\left(\dfrac{x}{y}\right)}{y^2} = \dfrac{\left[y - x\left(\dfrac{x}{y}\right)\right] \cdot y}{y^2 \cdot y}$$

$$= \dfrac{y^2 - x^2}{y^3}\left(\text{또는 } -\dfrac{4}{y^3}\right)$$

문제 A.10

(1) $y' = 3\cos(3x+1)$

(2) $y' = -\sin(-3x+2) \cdot (-3) = 3\sin(-3x+2)$

(3) $y' = 2\cos\left(x^3 - \dfrac{1}{x}\right) \cdot \left(3x^2 + \dfrac{1}{x^2}\right)$

$= 2\left(3x^2 + \dfrac{1}{x^2}\right)\cos\left(x^3 - \dfrac{1}{x}\right)$

(4) $y' = -\sin(\sin x) \cdot \cos x$

(5) $y' = 10\sec^2(10x-5)$

(6) $y' = -\csc^2(3x^2+2x) \cdot (6x+2)$

$= -(6x+2)\csc^2(3x^2+2x)$

(7) $y' = \sec\left(\dfrac{1}{2}x\right)\tan\left(\dfrac{1}{2}x\right) \cdot \dfrac{1}{2}$

$= \dfrac{1}{2}\sec\left(\dfrac{1}{2}x\right)\tan\left(\dfrac{1}{2}x\right)$

(8) $y' = \dfrac{1}{5}\csc(5x)\cot(5x) \cdot 5 = \csc(5x)\cot(5x)$

(9) $y' = \sec(\tan x)\tan(\tan x) \cdot \sec^2 x$

(10) $y' = \dfrac{1}{2\sqrt{1+2\cot x}} \cdot (-2\csc^2 x)$

$= \dfrac{-\csc^2 x}{\sqrt{1+2\cot x}}$

(11) $y' = -\csc^2\left(\pi - \dfrac{1}{x}\right) \cdot \dfrac{1}{x^2}$

(12) $y = \sin[(x^3-1)^4]$

$y' = \cos[(x^3-1)^4] \cdot 4(x^3-1)^3 \cdot 3x^2$

$= 12x^2(x^3-1)^3\cos(x^3-1)^4$

문제 A.11

(1) $y' = \sin x + x\cos x$

(2) $y' = 2x\cos\left(\dfrac{1}{x}\right) + x^2\left(\sin\left(\dfrac{1}{x}\right)\right) \cdot \left(-\dfrac{1}{x^2}\right)$

$= 2x\cos\left(\dfrac{1}{x}\right) - \sin\left(\dfrac{1}{x}\right)$

(3) $y' = \dfrac{6\csc x - 3x\csc x\cot x}{2\sqrt{\csc x}}$

(4) $y' = \dfrac{\cos x(1+\cos x) - \sin x(-\sin x)}{(1+\cos x)^2}$

$$= \frac{\cos x + \cos^2 x + \sin^2 x}{(1+\cos x)^2}$$

$$= \frac{\cos x + 1}{(1+\cos x)^2} = \frac{1}{1+\cos x}$$

(5) $y' = 4\cos 4x \cos^2 x - 2\sin 4x \cos x \sin x$

(6) $y' = (\sec\sqrt{x})\left[\frac{\tan\sqrt{x}\tan\left(\frac{1}{x}\right)}{2\sqrt{x}} - \frac{\sec^2\left(\frac{1}{x}\right)}{x^2}\right]$

(7) $y = \frac{(\cos x)^2}{\sin x}$

$$y' = \frac{2(\cos x)(-\sin x)(\sin x) - (\cos x)^2 \cdot \cos x}{\sin^2 x}$$

$$= \frac{-2\cos x \cdot \sin^2 x - \cos^3 x}{\sin^2 x}$$

$$= \frac{-\cos x(2\sin^2 x + \cos^2 x)}{\sin^2 x}$$

문제 A.12

(1) $y' = \frac{\cos(2x+3y) - 2x\sin(2x+3y) - y\cos x}{\sin x + 3x\sin(2x+3y)}$

(2) $-\sin(x+y) \cdot (1+y') + \cos(x-y) \cdot (1-y') = 0$

$-\sin(x+y) - y'\sin(x+y) + \cos(x-y) - y'\cos(x-y) = 0$

$-\sin(x+y) + \cos(x-y) = y'\sin(x+y) + y'\cos(x-y)$

$-\sin(x+y) + \cos(x-y) = y'[\sin(x+y) + \cos(x-y)]$

$\therefore \frac{dy}{dx} = \frac{-\sin(x+y) + \cos(x-y)}{\sin(x+y) + \cos(x-y)}$

(3) $y' = \frac{-1 - y\sec^2(xy)}{x\sec^2(xy)}$

(4) $2x + 2y \cdot y' = \sec(xy)\tan(xy) \cdot (y + xy')$

$2x + 2yy' = y\sec(xy)\tan(xy) + xy'\sec(xy)\tan(xy)$

$y'[2y - x\sec(xy)\tan(xy)] = y\sec(xy)\tan(xy) - 2x$

$\therefore \frac{dy}{dx} = \frac{y\sec(xy)\tan(xy) - 2x}{2y - x\sec(xy)\tan(xy)}$

문제 A.13

(1) $y' = e^{5-7x} \cdot (-7) = -7e^{5-7x}$

(2) $y' = e^{\sec x} \cdot \sec x \tan x$

(3) $y' = 2xe^{-x^2}\sin(e^{-x^2})$

(4) $y' = 3^{-x^2} \cdot (-2x) \cdot \ln 3 = -2x(3)^{-x^2}\ln 3$

(5) $y' = (1-x)e^{-x} + 3e^{3x}$

(6) $y' = a^{\cos x}(-\sin x) \cdot \ln a = -a^{\cos x}\sin x \ln a$

(7) $y' = 3x^2 \cdot e^{2x} + x^3 \cdot e^{2x} \cdot 2 = x^2 e^{2x}(3+2x)$

(8) $y' = (27x^4 - 18x^3 + 6x^2 + 18x - 6)e^{x^3}$

(9) $y' = \frac{e^{-2x} \cdot (-2) \cdot (x) - e^{-2x} \cdot 1}{x^2}$

$$= \frac{-e^{-2x}(2x+1)}{x^2}$$

(10) $y' = \frac{3}{2}\cos\left(\frac{x}{2}\right)e^{3\sin\left(\frac{x}{2}\right)}$

(11) $y' = \pi^{x\cos x} \cdot (\cos x + x \cdot (-\sin x))\ln\pi$

$= \pi^{x\cos x}(\cos x - x\sin x)\ln\pi$

(12) $y' = \frac{-e^{-x} \cdot (e^x - 1) - (e^{-x} + 1) \cdot e^x}{(e^x - 1)^2}$

$$= \frac{-1 + e^{-x} - 1 - e^x}{(e^x - 1)^2} = \frac{e^{-x} - 2 - e^x}{(e^x - 1)^2}$$

(13) $e^{x^2 y} = 2x + 2y \Rightarrow e^{x^2 y}(x^2 y' + 2xy) = 2 + 2y'$

$\Rightarrow x^2 e^{x^2 y}y' + 2xye^{x^2 y} = 2 + 2y'$

$\Rightarrow x^2 e^{x^2 y}y' - 2y' = 2 - 2xye^{x^2 y}$

$\Rightarrow y' = \frac{2 - 2xye^{x^2 y}}{x^2 e^{x^2 y} - 2}$

(14) $y' = (x^2 + 2x)e^x\cos(x^2 e^x)$

(15) $y' = 2e^{-x}(4e^{-x} + 2)^{-\frac{3}{2}}$

(16) $e^{x+y} \cdot (1+y') = 6x \cdot y + 3x^2 \cdot y'$

$e^{x+y} + y'e^{x+y} = 6xy + 3x^2 y'$

$y'(e^{x+y} - 3x^2) = 6xy - e^{x+y}$

$\therefore \frac{dy}{dx} = \frac{6xy - e^{x+y}}{(e^{x+y} - 3x^2)}$

(17) $e^{2x} = \sin(x+3y) \Rightarrow 2e^{2x} = (1+3y')\cos(x+3y)$

$\Rightarrow 1 + 3y' = \frac{2e^{2x}}{\cos(x+3y)}$

$\Rightarrow 3y' = \frac{2e^{2x}}{\cos(x+3y)} - 1$

$\Rightarrow y' = \frac{2e^{2x} - \cos(x+3y)}{3\cos(x+3y)}$

문제 A.14

(1) $y' = \frac{3}{3x}$

(2) $y' = \dfrac{1}{\ln x} \cdot \dfrac{1}{x}$

(3) $y' = \dfrac{\cos x}{\sin x}$

(4) $y' = \dfrac{1}{\tan x} \cdot \sec^2 x = \dfrac{\sec^2 x}{\tan x}$

(5) $y' = 5(\ln x)^4 \cdot \dfrac{1}{x} = \dfrac{5(\ln x)^4}{x}$

(6) $y' = \dfrac{1}{\sin x} \cdot \cos x \cdot \dfrac{1}{\ln 3} = \dfrac{\cot x}{\ln 3}$

(7) $y' = \dfrac{1}{x \ln 2}$

(8) $y' = \dfrac{1}{x \cos x}(\cos x - x \sin x) = \dfrac{\cos x - x \sin x}{x \cos x}$

(9) $y' = \dfrac{1}{x}(\log_2 3) 3^{\log_2 x}$

(10) $y' = 2x \ln x + x^2 \cdot \dfrac{1}{x} = 2x \ln x + x$

(11) $y' = (\ln x)^{1/2} + \dfrac{1}{2(\ln x)^{\frac{1}{2}}}$

(12) $y' = \dfrac{1}{\sec x + \tan x}(\sec x \tan x + \sec^2 x)$

$= \dfrac{\sec x(\tan x + \sec x)}{\sec x + \tan x} = \sec x$

(13) $y' = \sec^2[\log(x^2+4)] \cdot \dfrac{1}{x^2+4} \cdot 2x \cdot \dfrac{1}{\ln 10}$

$= \dfrac{2x \sec^2[\log(x^2+4)]}{(x^2+4)\ln 10}$

(14) $y' = 4x^7(\ln x)^3 + 8x^7(\ln x)^4$

(15) $y' = \dfrac{\dfrac{1}{x} \cdot x^2 - \ln x \cdot 2x}{x^4}$

$= \dfrac{x - 2x \ln x}{x^4} = \dfrac{1 - 2\ln x}{x^3}$

(16) $\dfrac{1}{xy} \cdot (y + xy') = 1 - y'$

$y + xy' = xy - xyy'$

$y'(x + xy) = xy - y$

$\therefore \dfrac{dy}{dx} = \dfrac{y(x-1)}{x(y+1)}$

(17) $y + 1 = x \cdot [\ln y]^3$

$y' = [\ln y]^3 + x \cdot 3[\ln y]^2 \cdot \dfrac{1}{y} \cdot y'$

$yy' = y\ln^3 y + 3x \ln^2 y \cdot y'$

$y'(y - 3x\ln^2 y) = y\ln^3 y$

$\therefore \dfrac{dy}{dx} = \dfrac{y\ln^3 y}{(y - 3x\ln^2 y)}$

(18) $y' = \dfrac{\tan(\ln x)}{x}$

문제 A.15

(1) $\ln y = \ln x^{\ln x}$

$\ln y = \ln x \cdot \ln x$

$\dfrac{1}{y} \cdot y' = \dfrac{1}{x}\ln x + \ln x \cdot \dfrac{1}{x}$

$y' = \dfrac{2y}{x}\ln x$

(2) $y' = (\sin x)^x [\ln(\sin x) + x \cot x]$

(3) $y' = (x+1)^x \left[\dfrac{x}{x+1} + \ln(x+1)\right]$

(4) $\ln y = \ln(\sin x)^{\sin x}$

$\ln y = \sin x \ln(\sin x)$

$\dfrac{1}{y} \cdot y' = \cos x \cdot \ln(\sin x) + \sin x \cdot \dfrac{1}{\sin x} \cdot \cos x$

$y' = y\cos x(\ln(\sin x) + 1)$

(5) $y' = \sqrt{(x^2+1)(x-1)^2}\left(\dfrac{x}{x^2+1} + \dfrac{1}{x-1}\right)$

(6) $\ln y = \ln(\ln x)^{\ln x}$

$\ln y = \ln x \cdot \ln(\ln x)$

$\dfrac{1}{y}y' = \dfrac{1}{x}\ln(\ln x) + \ln x \cdot \dfrac{1}{\ln x} \cdot \dfrac{1}{x}$

$y' = \dfrac{y}{x}(\ln(\ln x) + 1)$

(7) $y = \dfrac{x\sqrt{x^2+1}}{(x+1)^{2/3}}\left[\dfrac{1}{x} + \dfrac{x}{x^2+1} - \dfrac{2}{3(x+1)}\right]$

(8) $y = \dfrac{\theta \sin\theta}{\sqrt{\sec\theta}}$

$\Rightarrow \ln y = \ln\theta + \ln(\sin\theta) - \dfrac{1}{2}\ln(\sec\theta)$

$\Rightarrow \dfrac{1}{y}\dfrac{dy}{d\theta} = \left[\dfrac{1}{\theta} + \dfrac{\cos\theta}{\sin\theta} - \dfrac{(\sec\theta)(\tan\theta)}{2\sec\theta}\right]$

$\Rightarrow \dfrac{dy}{d\theta} = \dfrac{\theta\sin\theta}{\sqrt{\sec\theta}}\left(\dfrac{1}{\theta} + \cot\theta - \dfrac{1}{2}\tan\theta\right)$

(9) $\ln y = \ln\left(\dfrac{e^{-x}\cos x}{\sqrt[3]{x^2 - x}}\right)$

$\ln y = \ln e^{-x} + \ln(\cos x) - \ln(\sqrt[3]{x^2 - x})$

$\ln y = -x + \ln(\cos x) - \dfrac{1}{3}\ln(x^2 - x)$

$$\frac{1}{y}\cdot y' = -1 + \frac{1}{\cos x}(-\sin x)$$
$$-\frac{1}{3}\cdot\frac{1}{x^2-x}\cdot(2x-1)$$
$$y' = y\left(-1-\tan x-\frac{2x-1}{3(x^2-x)}\right)$$

문제 A.16

(1) $y' = \dfrac{-6}{x\sqrt{x^4-9}}$

(2) $y' = -\dfrac{1}{\sqrt{1-(-3x+2)^2}}\cdot(-3)$

$= \dfrac{3}{\sqrt{1-(-3x+2)^2}}$

(3) $y' = \dfrac{-1}{\sqrt{2x-x^2}}$

(4) $y' = -2\cdot\dfrac{1}{\sqrt{1-(\sqrt{x-1})^2}}\cdot\dfrac{1}{2\sqrt{x-1}}$

$= \dfrac{-1}{\sqrt{2-x}\sqrt{x-1}}$

(5) $y' = \dfrac{1}{x[1+(\ln x)^2]}$

(6) $y' = -\dfrac{1}{1+\left(\dfrac{1}{x}\right)^2}\cdot\dfrac{-1}{x^2} = \dfrac{1}{x^2+1}$

(7) $y = \ln(x^2+4) - x\tan^{-1}\left(\dfrac{x}{2}\right)$

$\Rightarrow \dfrac{dy}{dx} = \dfrac{2x}{x+4} - \tan^{-1}\left(\dfrac{x}{2}\right) - x\left[\dfrac{\left(\dfrac{1}{2}\right)}{1+\left(\dfrac{x}{2}\right)^2}\right]$

$= \dfrac{2x}{x^2+4} - \tan^{-1}\left(\dfrac{x}{2}\right) - \dfrac{2x}{4+x^2}$

$= -\tan^{-1}\left(\dfrac{x}{2}\right)$

(8) $y' = -\dfrac{1}{1+(\csc(x^2))^2}$

$\cdot(-\csc(x^2)\cot(x^2))\cdot 2x$

$= \dfrac{2x\csc(x^2)\cot(x^2)}{1+\csc^2(x^2)}$

(9) $y' = \dfrac{1}{|2x+1|\sqrt{x^2+x}}$

(10) $y' = \dfrac{1}{\sqrt{1-((1-x^2)^2)^2}}\cdot 2(1-x^2)\cdot(-2x)$

$= \dfrac{-4x(1-x^2)}{\sqrt{1-(1-x^2)^4}}$

(11) $y = \tan^{-1}\sqrt{x^2-1} + \csc^{-1}x$

$= \tan^{-1}(x^2-1)^{1/2} + \csc^{-1}x$

$\Rightarrow \dfrac{dy}{dx}$

$= \dfrac{\left(\dfrac{1}{2}\right)(x^2-1)^{-1/2}(2x)}{1+\left[(x^2-1)^{1/2}\right]^2} - \dfrac{1}{|x|\sqrt{x^2-1}}$

$= \dfrac{1}{x\sqrt{x^2-1}} - \dfrac{1}{|x|\sqrt{x^2-1}} = 0,\quad x>1$

(12) $y' = \dfrac{1}{2\sqrt{x^2-1}}\cdot 2x - \dfrac{1}{|x|\sqrt{x^2-1}},\quad x>1$

$= \dfrac{x}{\sqrt{x^2-1}} - \dfrac{1}{x\sqrt{x^2-1}}$

$= \dfrac{x^2-1}{x\sqrt{x^2-1}} = \dfrac{\sqrt{x^2-1}}{x}$

문제 A.17

(1) $= 3x - 2x^2 + \dfrac{1}{2}x^4 + C$

(2) $= \displaystyle\int 6x^{\frac{7}{3}}dx$

$= \dfrac{9}{5}x^{\frac{10}{3}} + C$

(3) $= \dfrac{1}{5}x^5 + \dfrac{3}{5}x^{\frac{5}{3}} + \dfrac{2}{x} - \dfrac{1}{2}x^{\frac{2}{3}} + C$

(4) $= 2\ln|x| + \dfrac{1}{x} + \sqrt{x} + C$

(5) $= \displaystyle\int \frac{1}{\ln 2}\cdot\frac{1}{x}dx$

$= \dfrac{\ln|x|}{\ln 2} + C$

(6) $= \displaystyle\int (x^3-27)dx$

$= \dfrac{1}{4}x^4 - 27x + C$

(7) $= \displaystyle\int (x^2-1)dx = \frac{1}{3}x^3 - x + C$

(8) $= \displaystyle\int [4\sin^2 x + 4\sin x\cos x + \cos^2 x + \sin^2 x$

$- 4\sin x\cos x + 4\cos^2 x]dx$

$= \displaystyle\int (5\sin^2 x + 5\cos^2 x)dx$

$= \int 5dx$

$= 5x + C$

(9) $= \frac{1}{4}t^4 + \frac{3}{2}t^2 + \frac{2}{7}t^{\frac{7}{2}} + 2t^{\frac{3}{2}} + C$

문제 A.18

(1) $= \frac{1}{2}x^2 - 6x + 12\ln|x| + \frac{8}{x} + C$

(2)$= \int \left(x^{\frac{3}{2}} - 2x^{\frac{1}{2}}\right)dx$

$= \frac{2}{5}x^{\frac{5}{2}} - 2 \cdot \frac{2}{3}x^{\frac{3}{2}} + C$

$= \frac{2}{5}x^{\frac{5}{2}} - \frac{4}{3}x^{\frac{3}{2}} + C$

(3) $= \frac{1}{2}x^2 - \ln|x| + \frac{1}{x} + C$

(4) $= \frac{1}{3}x^3 - x - \frac{1}{4x} + C$

문제 A.19

(1) $= e^x + 4x + C$

(2) $= \frac{5^x}{\ln 5} - \frac{7^x}{\ln 7} + C$

(3) $= \frac{10^x}{\ln 10} + 10\ln|x| + \frac{7}{2}x^{-2} + C$

문제 A.20

(1) $= 5\sin x - \cos x + C$

(2) $= 2\ln|\sec x| + 3\ln|\sin x| + C$

(3) $= \int \csc x \, dx$

$= \ln|\csc x - \cot x| + C$

(4) $= \ln|\sec x| - 3\cos x + C$

(5) $= \sec x + 5\sin x + C$

(6) $= \tan x - 4\ln|\csc x - \cot x| + C$

(7) $= -\cot x + C$

(8) $= \int \frac{1-\cos^2 x}{1-\cos x}dx$

$= \int \frac{(1-\cos x)(1+\cos x)}{1-\cos x}dx$

$= \int (1+\cos x)dx$

$= x + \sin x + C$

(9) $= \sec x + C$

(10) $= \int \frac{1}{\sin x} \cdot \frac{\cos x}{\sin x}dx$

$= \int \csc x \cot x \, dx$

$= -\csc x + C$

(11) $= \tan x - x + C$

(12) $= \int (\csc^2 x - 1)dx$

$= -\cot x - x + C$

(13) $= e^x - \cot x + C$

(14) $= \int \left(10^x - \frac{1}{\cot x}\right)dx$

$= \int (10^x - \tan x)dx$

$= \frac{10^x}{\ln 10} - \ln|\sec x| + C$

문제 A.21

(1) $= 5\sin^{-1}x + C$

(2) $= 4\tan^{-1}x + C$

문제 A.22

(1) $= \frac{1}{8}(2x+1)^4 + C$

(2) $= \frac{1}{27}(3x-2)^9 + C$

(3) $= 7\sqrt{2x+1} + C$

(4) $= (1-x)^{-1} + C = \frac{1}{1-x} + C$

문제 A.23

(1) $= \frac{1}{7}e^{7x} + \frac{1}{3}e^{3x} + C$

(2) $= -\frac{1}{2}e^{-2x} + \frac{1}{2}\sin 2x + C$

(3) $= -\frac{1}{2}e^{-2x} - 3e^{-\frac{1}{3}x} + C$

(4) $= -4e^{-x} + \frac{3^{x-1}}{\ln 3} + C$

(5) $= \frac{1}{3}\sin(3x+5) + C$

(6) $=\frac{1}{5}\sec 5x+C$

(7) $=\frac{1}{2}e^{2x}+2x-\frac{1}{2}e^{-2x}+C$

(8) $=\frac{1}{2}\tan 2x+\frac{1}{2}\ln|\sec 2x|+C$

문제 A.24

(1) $=-\frac{3}{4}\cos 2x+C$

(2) $=\int \frac{1}{2}\sin\theta d\theta$

$=-\frac{1}{2}\cos\theta+C$

(3) $=-\cos 4x+C$

(4) $=\frac{1}{2}x-\frac{1}{2}\sin x+C$

(5) $\frac{1}{2}x+\frac{1}{4}\sin 2x+C$

(6) $=\int \frac{1+\cos 8x}{2}dx$

$=\int\left(\frac{1}{2}+\frac{1}{2}\cos 8x\right)dx$

$=\frac{1}{2}x+\frac{1}{16}\sin 8x+C$

문제 A.25

(1) $=5\ln|\sin x|+C$

(2) $=\ln|x^3+x|+C$

(3) $=7\ln|x+1|+C$

(4) $=\int \frac{1}{2}\cdot\frac{2x}{x^2+1}dx$

$=\frac{1}{2}\ln|x^2+1|+C$

$=\frac{1}{2}\ln(x^2+1)+C$

(5) $=3\ln|x^2-4|+C$

(6) $\int \frac{2}{-3}\cdot\frac{-3}{1-3x}dx=-\frac{2}{3}\ln|1-3x|+C$

문제 A.26

(1) $u=x^2-2x+3$ $\quad =\int u^{10}\cdot\frac{1}{2}du$

$\frac{du}{dx}=2x-2$ $\quad =\frac{1}{2}\cdot\frac{1}{11}u^{11}+C$

$\frac{1}{2}du=(x-1)dx$ $\quad =\frac{1}{22}(x^2-2x+3)^{11}+C$

(2) $u=x^2-6x$ $\quad =\int \frac{1}{u^{\frac{1}{4}}}\cdot\frac{1}{2}du$

$\frac{du}{dx}=2x-6$ $\quad =\int \frac{1}{2}u^{-\frac{1}{4}}du$

$\frac{1}{2}du=(x-3)dx$ $\quad =\frac{1}{2}\cdot\frac{4}{3}u^{\frac{3}{4}}+C$

$=\frac{2}{3}(x^2-6x)^{\frac{3}{4}}+C$

(3) $u=4x-x^2$ $\quad =\int \frac{1}{\sqrt{u}}\cdot-\frac{1}{2}du$

$\frac{du}{dx}=4-2x$ $\quad =\int -\frac{1}{2}u^{-\frac{1}{2}}du$

$\frac{du}{dx}=-2(x-2)$ $\quad =-\frac{1}{2}\cdot 2u^{\frac{1}{2}}+C$

$-\frac{1}{2}du=(x-2)dx$ $\quad =-\sqrt{4x-x^2}+C$

(4) $u=1+\sqrt{x}$ $\quad =\int u^5\cdot 2du$

$\frac{du}{dx}=\frac{1}{2\sqrt{x}}$ $\quad =2\cdot\frac{1}{6}u^6+C$

$2du=\frac{1}{\sqrt{x}}dx$ $\quad =\frac{1}{3}(1+\sqrt{x})^6+C$

문제 A.27

(1) $u=\ln x$ $\quad =\int \frac{1}{u}\cdot du$

$\frac{du}{dx}=\frac{1}{x}$ $\quad =\ln|u|+C$

$du=\frac{1}{x}dx$ $\quad =\ln|\ln x|+C$

(2) $u=\ln(\ln x)$ $\quad =\int \frac{1}{u}\cdot du$

$\frac{du}{dx}=\frac{1}{\ln x}\cdot\frac{1}{x}$ $\quad =\ln|u|+C$

$du=\frac{1}{x\ln x}dx$ $\quad =\ln|\ln(\ln x)|+C$

(3) $u = \cos 3x$ $\quad = \int u^3 \cdot -\frac{1}{3}du$

$\frac{du}{dx} = -3\sin 3x$ $\quad = -\frac{1}{3} \cdot \frac{1}{4}u^4 + C$

$-\frac{1}{3}du = \sin 3x dx$ $\quad = -\frac{1}{12}\cos^4 3x + C$

(4) $u = \tan\theta$ $\quad = \int u^2 \cdot du$

$\frac{du}{d\theta} = \sec^2\theta$ $\quad = \frac{1}{3}u^3 + C$

$du = \sec^2\theta d\theta$ $\quad = \frac{1}{3}\tan^3\theta + C$

(5) $= \int \sec^2\theta \cdot \sec^2\theta d\theta = \int (1+\tan^2\theta) \cdot \sec^2\theta d\theta$

$u = \tan\theta$ $\quad = \int (1+u^2)du$

$\frac{du}{dx} = \sec^2\theta$ $\quad = u + \frac{1}{3}u^3 + C$

$du = \sec^2\theta d\theta$ $\quad = \tan\theta + \frac{1}{3}\tan^3\theta + C$

(6) $u = 1+\tan 2\theta$ $\quad = \int \frac{1}{u} \cdot \frac{1}{2}du$

$\frac{du}{d\theta} = 2 \cdot \sec^2 2\theta$ $\quad = \frac{1}{2}\ln|u| + C$

$\frac{1}{2}du = \sec^2 2\theta d\theta$ $\quad = \frac{1}{2}\ln|1+\tan 2\theta| + C$

(7) $u = 1+\sin 2x$ $\quad = \int \frac{1}{\sqrt{u}} \cdot \frac{1}{2}du$

$\frac{du}{dx} = 2\cos 2x$ $\quad = \int \frac{1}{2}u^{-\frac{1}{2}}du$

$\frac{1}{2}du = \cos 2x dx$ $\quad = \frac{1}{2} \cdot 2u^{\frac{1}{2}} + C$

$= \sqrt{1+\sin 2x} + C$

(8) $u = \cos x$ $\quad = \int \frac{1}{1+u^2} \cdot -du$

$\frac{du}{dx} = -\sin x$ $\quad = -\tan^{-1}u + C$

$-du = \sin x dx$ $\quad = -\tan^{-1}(\cos x) + C$

문제 A.28

(1) $= \frac{1}{2}\tan^{-1}(2x) + C$

(2) $= \sin^{-1}\left(\frac{x}{4}\right) + C$

(3) $= \tan^{-1}(x+1) + C$

(4) $= 3 \cdot \frac{1}{3}\tan^{-1}\left(\frac{x}{3}\right) + C$

$= \tan^{-1}\left(\frac{x}{3}\right) + C$

(5) $= -\frac{1}{2}\sqrt{4x-x^2} + C$

(6) $= \frac{1}{9}\int \frac{e^x dx}{1+\left(\frac{e^x}{3}\right)^2}$

$= 3 \cdot \frac{1}{9}\int \frac{\frac{e^x}{3}dx}{1+\left(\frac{e^x}{3}\right)^2}$

$= \frac{1}{3}\tan^{-1}\frac{e^x}{3} + C$

(7) $= \ln(x^2+4) + \frac{1}{2}\tan^{-1}\frac{x}{2} + C$

(8) $u = 4-x^2$ $\quad = \int \frac{x}{\sqrt{4-x^2}}dx + \int \frac{1}{\sqrt{4-x^2}}dx$

$\frac{du}{dx} = -2x$ $\quad = \int \frac{1}{\sqrt{u}} \cdot -\frac{1}{2}du + \sin^{-1}\left(\frac{x}{2}\right) + C$

$-\frac{1}{2}du = xdx$ $\quad = -\sqrt{u} + \sin^{-1}\left(\frac{x}{2}\right) + C$

$= -\sqrt{4-x^2} + \sin^{-1}\left(\frac{x}{2}\right) + C$

(9) $= \int \frac{1}{x^2-2x+1+4}dx$

$= \int \frac{1}{(x-1)^2+4}dx$

$= \frac{1}{2}\tan^{-1}\left(\frac{x-1}{2}\right) + C$

문제 A.29

(1) $= x\sin x + \cos x + C$

(2) $= -2xe^{-\frac{1}{2}x} - \int -2e^{-\frac{1}{2}x}dx$

$= -2xe^{-\frac{1}{2}} - 4e^{-\frac{1}{2}x} + C$

(3) $= \frac{1}{3}x\sin 3x - \int \frac{1}{3}\sin 3x\, dx$

$= \frac{1}{3}x\sin 3x + \frac{1}{9}\cos 3x + C$

(4) $= -\frac{1}{2}x\cos 2x - \int -\frac{1}{2}\cos 2x dx$

$= -\frac{1}{2}x\cos 2x + \frac{1}{4}\sin 2x + C$

(5) $= e^x(x^2-2x+2) + C$

(6) $= x\ln x - \int 1\,dx$

$= x\ln x - x + C$

(7) $= \frac{x^4}{16}(4\ln x - 1) + C$

(8) $= -\frac{1}{x}\ln x - \int -\frac{1}{x^2}dx$

$= -\frac{\ln x}{x} - \frac{1}{x} + C$

(9) $= 2\sqrt{x}\ln x - \int \frac{1}{x}\cdot 2\sqrt{x}\,dx$

$= 2\sqrt{x}\ln x - \int \frac{2}{\sqrt{x}}dx$

$= 2\sqrt{x}\ln x - 4\sqrt{x} + C$

(10) $= x\tan^{-1}x - \int \frac{x}{1+x^2}dx$

$= x\tan^{-1}x - \frac{1}{2}\ln(1+x^2) + C$

문제 A.30

(1) $-\frac{4}{3}$

(2) $= \left[4x + 4x^2 - 2x^3\right]_0^2$

$= 8$

(3) $= \frac{25}{3}$

(4) $= \int_{-1}^{8} x^{-\frac{1}{3}}dx$

$= \left[\frac{3}{2}x^{\frac{2}{3}}\right]_{-1}^{8} = \frac{9}{2}$

(5) $= 1 - \frac{1}{3}ln2$

(6) $= \int_2^1\left(9x^2 + 12 + \frac{4}{x^2}\right)dx$

$= \left[3x^3 + 12x - \frac{4}{x}\right]_2^1 =-35$

(7) $= 1$

(8) $= \left[\ln|\sec\theta| - \sec\theta\right]_0^{\frac{\pi}{3}}$

$= \ln 2 - 1$

문제 A.31

(1) $= 2$

(2) $= \left[2\ln(x^2+1)\right]_0^1$

$= \ln 4$

(3) $= \frac{8\pi}{3}$

(4) $= \left[3\tan^{-1}x\right]_{-1}^{\sqrt{3}}$

$= 3\tan^{-1}(\sqrt{3}) - 3\tan^{-1}(-1)$

$= 3\cdot\frac{\pi}{3} - 3\cdot\left(-\frac{\pi}{4}\right)$

$= \frac{7}{4}\pi$

(5) $= \frac{\pi}{6}$

(6) $= \left[\frac{1}{3}\tan^{-1}\left(\frac{x}{3}\right)\right]_0^{\sqrt{3}}$

$= \frac{1}{3}\tan^{-1}\left(\frac{\sqrt{3}}{3}\right) - \frac{1}{3}\tan^{-1}(0)$

$= \frac{\pi}{18}$

(7) $= \frac{\pi}{8} - \frac{1}{4}$

(8) $= \int_{\frac{\pi}{12}}^{\frac{\pi}{6}} \frac{1+\cos 4\theta}{2}d\theta$

$= \int_{\frac{\pi}{12}}^{\frac{\pi}{6}}\left(\frac{1}{2} + \frac{1}{2}\cos 4\theta\right)d\theta$

$= \left[\frac{1}{2}\theta + \frac{1}{8}\sin 4\theta\right]_{\frac{\pi}{12}}^{\frac{\pi}{6}}$

$= \frac{\pi}{24}$

문제 A.32

(1) $u = 1 + t^4 \Rightarrow du = 4t^3\,dt \Rightarrow \frac{1}{4}du = t^3\,dt;$

$t = 0 \Rightarrow u = 1, t = 1 \Rightarrow u = 2$

$\int_0^1 t^3(1+t^4)\,dt = \int_1^2 \frac{1}{4}u^3 du = \left[\frac{u^4}{16}\right]_1^2$

$= \frac{2^4}{16} - \frac{1^4}{16} = \frac{15}{16}$

(2) $u = 4 + r^2 \Rightarrow du = 2r\,dr \Rightarrow \frac{1}{2}du = r\,dr;$

$r = -1 \Rightarrow u = 5, r = 1 \Rightarrow u = 5$

$$\int_{-1}^{1} \frac{5r}{(4+r^2)} dr = 5\int_{5}^{5} \frac{1}{2} u^{-2} du = 0$$

(3) $u = \ln x \Rightarrow du = \frac{1}{x} dx;$

$x = 2 \Rightarrow u = \ln 2\ ,\ x = 4 \Rightarrow u = \ln 4;$

$$\int_{2}^{4} \frac{dx}{x(\ln x)^2} = \int_{\ln 2}^{\ln 4} u^{-2} du = \left[-\frac{1}{u}\right]_{\ln 2}^{\ln 4}$$

$$= -\frac{1}{\ln 4} + \frac{1}{\ln 2} = -\frac{1}{2\ln 2} + \frac{1}{\ln 2}$$

$$= \frac{1}{2\ln 2} = \frac{1}{\ln 4}$$

(4) $u = \tan\theta \Rightarrow du = \sec^2\theta\, d\theta;$

$\theta = 0 \Rightarrow u = 0,\ \theta = \frac{\pi}{4} \Rightarrow u = 1;$

$$\int_{0}^{\pi/4} (1 + e^{\tan\theta}) \sec^2\theta\, d\theta$$

$$= \int_{0}^{\pi/4} \sec^2\theta\, d\theta + \int_{0}^{1} e^u du$$

$$= [\tan\theta]_0^{\pi/4} + [e^u]_0^1$$

$$= \left[\tan\left(\frac{\pi}{4}\right) - \tan(0)\right] + (e^1 - e^0)$$

$$= (1-0) + (e-1) = e$$

(5) $u = \cos 2\theta \Rightarrow du = -2\sin 2\theta\, d\theta$

$$\Rightarrow -\frac{1}{2} du = \sin 2\theta\, d\theta;$$

$\theta = 0 \Rightarrow u = 1,\ \theta = \frac{\pi}{6} \Rightarrow u = \cos 2\left(\frac{\pi}{6}\right) = \frac{1}{2}$

$$\int_{0}^{\pi/6} \cos^{-3} 2\theta \sin 2\theta\, d\theta = \int_{1}^{1/2} u^{-3}\left(-\frac{1}{2} du\right)$$

$$= -\frac{1}{2}\int_{1}^{1/2} u^{-3} du$$

$$= \left[-\frac{1}{2}\left(\frac{u^{-2}}{-2}\right)\right]_1^{1/2}$$

$$= \frac{1}{4\left(\frac{1}{2}\right)^2} - \frac{1}{4(1)^2} = \frac{3}{4}$$

(6) $\int_{\sqrt{2}}^{2} \frac{\sec^2(\sec^{-1}x)}{x\sqrt{x^2-1}} dx = \int_{\pi/4}^{\pi/3} \sec^2 u\, du,$

$u = \sec^{-1}x\ ,\ du = \frac{dx}{x\sqrt{x^2-1}};$

$x = \sqrt{2} \Rightarrow u = \frac{\pi}{4},\ x = 2 \Rightarrow u = \frac{\pi}{3}$

$$= [\tan u]_{\pi/4}^{\pi/3} = \tan\frac{\pi}{3} - \tan\frac{\pi}{4} = \sqrt{3} - 1$$

(7) $u = \tan x \Rightarrow du = \sec^2 x\, dx;\ x = 0$

$$\Rightarrow u = 0,\ x = \frac{\pi}{4} \Rightarrow u = 1$$

$$\int_{0}^{\pi/4} \tan x \sec^2 x\, dx = \int_{0}^{1} u\, du = \left[\frac{u^2}{2}\right]^1$$

$$= \frac{1^2}{2} - 0 = \frac{1}{2}$$

문제 A.33

(1) $= \frac{2}{e}$

(2) $= [x(-\cos x) - 1(-\sin x)]_{\frac{\pi}{3}}^{\frac{\pi}{2}}$

$$= [-x\cos x + \sin x]_{\frac{\pi}{3}}^{\frac{\pi}{2}}$$

$$= \frac{\pi}{6} - \frac{\sqrt{3}}{2} + 1$$

(3) $= \frac{\pi^2 - 4}{8}$

(4) $u = \ln x,\ v' = x$

$u' = \frac{1}{x},\ v = \frac{1}{2}x^2$

$$= \left[\frac{1}{2}x^2 \ln x\right]_1^e - \int_{1}^{e} \frac{1}{2} x\, dx$$

$$= \left[\frac{1}{2}x^2 \ln x\right]_1^e - \left[\frac{1}{4}x^2\right]_1^e$$

$$= \frac{1}{4}e^2 + \frac{1}{4}$$

(5) 1

(6) $u = \tan^{-1}x,\ v' = 1$

$u' = \frac{1}{1+x^2},\ v = x$

$$= [x\tan^{-1}x]_0^1 - \int_{0}^{1} \frac{x}{1+x^2} dx$$

$$= [x\tan^{-1}x]_0^1 - \left[\frac{1}{2}\ln(1+x^2)\right]_0^1$$

$$= \frac{\pi}{4} - \ln\sqrt{2}$$

(7) $= \frac{5}{12}\pi - \frac{\sqrt{3}}{2}$

(8) $u = \sqrt{x}$

$u^2 = x$

$2u\,du = dx$

$x = 0,\ u = 0$

$x=4, u=2$

$= \int_0^2 e^u \cdot 2udu$

$= \int_0^2 2ue^u du$

$= [2u(e^u)-2(e^u)]_0^2$

$= [e^u(2u-2)]_0^2$

$= 2e^2+2$

문제 A.34

(1) $\ln \frac{27}{4}$

(2) $\frac{1}{x^2+2x} = \frac{A}{x} + \frac{B}{x+2} \Rightarrow 1 = A(x+2)+Bx;$

$x=0 \Rightarrow A = \frac{1}{2}; x = -2 \Rightarrow B = -\frac{1}{2};$

$\int \frac{dx}{x^2+2x} = \frac{1}{2}\int \frac{dx}{x} - \frac{1}{2}\int \frac{dx}{x+2}$

$= \frac{1}{2}[\ln|x| - \ln|x+2|] + C$

(3) $y - 2\ln|y+1| + C$

(4) $\frac{x+4}{x^2+5x-6} = \frac{A}{x+6} + \frac{B}{x-1}$

$\Rightarrow x+4 = A(x-1)+B(x+6);$

$x=1 \Rightarrow B = \frac{5}{7}; x = -6 \Rightarrow A = \frac{-2}{-7} = \frac{2}{7};$

$\int \frac{x+4}{x^2+5x-6}dx = \frac{2}{7}\int \frac{dx}{x+6} + \frac{5}{7}\int \frac{dx}{x-1}$

$\frac{2}{7}\ln|x+6| + \frac{5}{7}\ln|x-1| + C$

$= \frac{1}{7}\ln\left|(x+6)^2(x-1)^5\right| + C$

(5) $\frac{1}{t^3+t^2-2t} = \frac{A}{t} + \frac{B}{t+2} + \frac{C}{t-1} \Rightarrow 1$

$= A(t+2)(t-1) + Bt(t-1) + Ct(t+2);$

$t=0 \Rightarrow A = -\frac{1}{2}; t = -2$

$\Rightarrow B = \frac{1}{6}; t = 1 \Rightarrow C = \frac{1}{3};$

$\int \frac{dt}{t^3+t^2-2t}$

$= -\frac{1}{2}\int \frac{dt}{t} + \frac{1}{6}\int \frac{dt}{t+2} + \frac{1}{3}\int \frac{dt}{t-1}$

$= -\frac{1}{2}\ln|t| + \frac{1}{6}\ln|t+2| + \frac{1}{3}\ln|t-1| + C$

(6) $\frac{1}{(x+1)(x^2+1)} = \frac{A}{x+1} + \frac{Bx+C}{x^2+1} \Rightarrow 1$

$= A(x^2+1) + (Bx+C)(x+1);$

$x = -1 \Rightarrow A = \frac{1}{2};$

x^2의 계수$= A+B \Rightarrow A+B=0 \Rightarrow B = -\frac{1}{2};$

상수$= A+C \Rightarrow A+C=1$

$\Rightarrow C = \frac{1}{2}; \int_0^1 \frac{dx}{(x+1)(x^2+1)}$

$\frac{1}{2}\int_0^1 \frac{dx}{x+1} + \frac{1}{2}\int_0^1 \frac{(-x+1)}{x^2+1}dx$

$= \left[\frac{1}{2}\ln|x+1| - \frac{1}{4}\ln(x^2+1) + \frac{1}{2}\tan^{-1}x\right]_0^1$

$= \left(\frac{1}{2}\ln 2 - \frac{1}{4}\ln 2 + \frac{1}{2}\tan^{-1}1\right)$

$- \left(\frac{1}{2}\ln 1 - \frac{1}{4}\ln 1 + \frac{1}{2}\tan^{-1}0\right)$

$= \frac{1}{4}\ln 2 + \frac{1}{2}\left(\frac{\pi}{4}\right) = \frac{(\pi + 2\ln 2)}{8}$

문제 A.35

(1) 6

(2) $\int_0^\infty \frac{dx}{x^2+1} = \lim_{b\to\infty}\int_0^b \frac{dx}{x^2+1} = \lim_{b\to\infty}[\tan^{-1}x]_0^b$

$= \lim_{b\to\infty}(\tan^{-1}b - \tan^{-1}0)$

$= \frac{\pi}{2} - 0 = \frac{\pi}{2}$

(3) 0

(4) $\int_{-\infty}^{-2} \frac{2dx}{x^2-1}$

$= \int_{-\infty}^{-2}\frac{dx}{x-1} - \int_{-\infty}^{-2}\frac{dx}{x+1}$

$= \lim_{b\to-\infty}[\ln|x-1|]_b^{-2} - \lim_{b\to-\infty}[\ln|x+1|]_b^{-2}$

$= \lim_{b\to-\infty}\left[\ln\left|\frac{x-1}{x+1}\right|\right]_b^{-2}$

$= \lim_{b\to-\infty}\left(\ln\left|\frac{-3}{-1}\right| - \ln\left|\frac{b-1}{b+1}\right|\right)$

$= \ln 3 - \ln\left(\lim_{b\to-\infty}\frac{b-1}{b+1}\right) = \ln 3 - \ln 1 = \ln 3$

(5) -1

(6) $\int_0^{\infty} \frac{dx}{(1+x)\sqrt{x}}; \begin{bmatrix} u=\sqrt{x} \\ du=\frac{dx}{2\sqrt{x}} \end{bmatrix}$

$\rightarrow \int_0^{\infty} \frac{2du}{u^2+1} = \lim_{b\to\infty}\int_0^b \frac{2du}{u^2+1}$

$= \lim_{b\to\infty}[2\tan^{-1}u]_0^b$

$= \lim_{b\to\infty}(2\tan^{-1}b - 2\tan^{-1}0) = 2\left(\frac{\pi}{2}\right) - 2(0) = \pi$

(7) $\frac{\pi}{3}$

(8) $\int_0^1 x\ln x\,dx$

$= \lim_{b\to 0^+}\left[\frac{x^2}{2}\ln x - \frac{x^2}{4}\right]_b^1$

$= \left(\frac{1}{2}\ln 1 - \frac{1}{4}\right) - \lim_{b\to 0^+}\left(\frac{b^2}{2}\ln b - \frac{b^2}{4}\right)$

$= -\frac{1}{4} - \lim_{b\to 0^+}\frac{\ln b}{\left(\frac{2}{b^2}\right)} + 0$

$= -\frac{1}{4} - \lim_{b\to 0^+}\frac{\left(\frac{1}{b}\right)}{\left(-\frac{4}{b^3}\right)}$

$= -\frac{1}{4} + \lim_{b\to 0^+}\left(\frac{b^2}{4}\right) = -\frac{1}{4} + 0 = -\frac{1}{4}$

(9) 발산

(10) $\int_{-1}^{\infty} \frac{d\theta}{\theta^2+5\theta+6} = \lim_{b\to\infty}\left[\ln\left|\frac{\theta+2}{\theta+3}\right|\right]_{-1}^{b}$

$= \lim_{b\to\infty}\left[\ln\left|\frac{b+2}{b+3}\right|\right] - \ln\left|\frac{-1+2}{-1+3}\right|$

$= 0 - \ln\left(\frac{1}{2}\right) = \ln 2$

(11) -2

(12) $\int_0^{\ln 2} x^{-2}e^{-1/x}dx;$

$\left[\frac{1}{x} = y\right] \rightarrow \int_{\infty}^{1/\ln 2} \frac{y^2e^{-y}dy}{-y^2}$

$= \int_{1/\ln 2}^{\infty} e^{-y}dy = \lim_{b\to\infty}[-e^{-y}]_{1/\ln 2}^{b}$

$= \lim_{b\to\infty}[-e^{-b}] - [-e^{-1/\ln 2}]$

$= 0 + e^{-1/\ln 2}$, 따라서 적분은 수렴한다.

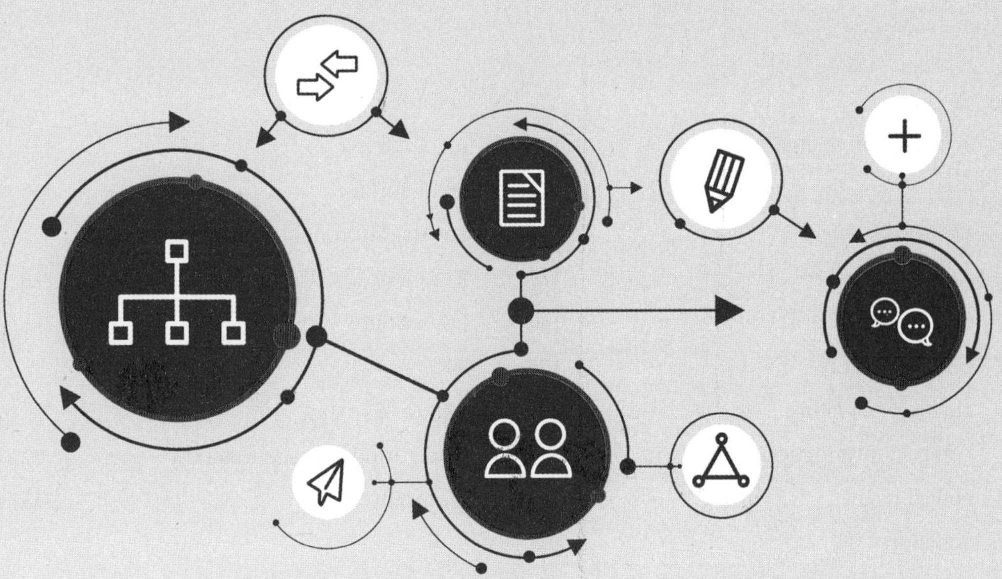

INDEX